Performance-Based Fire Engineering of Structures

성능기반 구조화재공학

YONG WANG, IAN BURGESS, FRANTISEK WALD AND MARTIN GILLIE 저

김상대 민정기 이승재 역

사단법인 한국초고층도시건축학회

서 문

화재시 구조안전을 달성하기 위한 과학적이고 공학적 원리의 적용을 기반으로 하는 구조물의 성능기반 화재공학은 현재 영국과 유럽을 비롯한 세계 여러 곳에서 확고하게 자리 잡고 있다. 성능기반 화재공학의 기본 목표는 화재시 구조안전성을 향상시키고 설계 유연성을 높이며 구조물에 대한 내화피복 비용을 줄이는 것이다. 구조물의 성능기반 화재공학은 이제 상징적인 건물에서 보통 건물에 이르기까지 고객, 설계팀 및 사회의 이익에 이르기까지 전 범위의 구조공학 프로젝트에서 점차 실용화되고 있다.

구조물의 성능기반 화재공학을 수행하는 것은 심각한 국부가열에 의해 영향을 받는 구조물의 거동을 제어하는 기본적인 과학적이고 공학적인 원리를 이해해야 한다. 특히, 화재가 발생했을 때 필요한 구조물의 성능과 화재과학, 재료과학, 열전달 및 구조역학의 원리에 따라 필요한 성능을 달성하는데 필요한 구조특성을 확인하는 것이 필요하다. 내화피복 비용의 감소와 함께 화재안전을 보장함으로써 단순한 규범규칙을 준수하는 것에서부터 예외적인 상황(예를 들어, 화재로 인한 비비례 붕괴를 제어함으로써)에서 화재시 구조 안전성을 향상시키기 것에 이르기까지 화재시 구조성능에 대한 요구사항의 수준이 다르다는 점을 인식해야 한다. 9/11의 10주년을 포함하는 해에 마지막 시점은 특히 중요하다. 왜냐하면 구조 화재안전은 이 주제에 대한 권위 있는 정보에 대한 요구를 만들어내는 엔지니어, 건축가, 건물 소유주, 정부 및 건축시공 관련자들의 가장 급격한 관심을 가져온 2001년 9월 11일 세계무역센터건물의 화재로 인한 전체 붕괴 때문이다. 또한 그 사건은 화재로 인한 연쇄붕괴의 원인과 메케니즘에 대한 이해를 높이고 화재시 구조물의 강건성을 향상시키기 위한 방법의 개발을 목적으로 한 연구활동에서의 최근의 대규모 성장의 주요 원인이기도 하다. 지난 10년 동안의 연구의 강도는 비록 많은 시스템들이 또한 재발명 되었지만 이 분야에서 많은 발전이 있었다.

이 배경에 대해 우리는 권위 있는 책이 체계적으로 최근 진전이 이루어진 분야와 그 의미를 종합하는데 필요하다고 느꼈다. 우리의 의도는 구조/방화 엔지니어, 연구자, 교육자/학생 및 규제기관을 포함하여 이 분야에 관심을 가지고 있는 사람들에게 정보를 제공하는 것이다. 우리는 이 주제에 관한 몇 권의 기존 서적이 유로코드와 같은 기존의 실행규범에 요약된 구조화재공학에 대한 표준지식의 보급과 관련하여 유용하지만 다른 목적으로 제공되어 왔다고 생각한다. 이 책의 완성도는 구조화재공학에 대한 "표준" 지식의 측면을 포함하지만, 주로 내화구획의 차염성, 화재로 인한 연쇄파괴 및 강건성에 대한 규정, 조인트(접합부) 거동 및 구조 강건성을 제공하는데 있어서 조인트의 중요한 역할, 화재시 구조물 거동의 전체 모델링, 고온에서 재료특성에 대한 정확한 정보와 이동화재를 포함하여 지난 10년 동안 더욱 중요하게 된 문제에 중점을 둔다. 우리는 구조화재공학 분야에서 국제적으로 매우 활발한 활동을 하는 연구원 중 소수에 속하며, 이 책은 우리의 최근 연구 노력을 반영한다. 우리는 유럽의 네트워크 프로젝트인 “COST C26 Urban Habitat Under Catastrophic Events”에서 내화에 관한 작업그룹의 핵심 멤버였으며 현재 유럽 네트워크 프로젝트인 “COST TU0904 : Integrated Fire Engineering and Response”를 시작하는데 중요한 역할을 했다. 이 책을 집필하는 것에 대한 아이디어는 프로젝트의 산출물 형식을 결정한 COST C26 핵심 그룹 회의 중 하나에서 시작되었다. COST 네트워크의 주요 목적은 유럽연합(EU) 전역에 최첨단 지식을 전파하기 위해 유럽연합(EU)의 주제에 관심 있는 모든 사람들을 적극 참여시키는 것이다. 이러한 네트워크는 수많은 광범위한 결과물을 생성하며 여기에 우리는 상당한 기여를 했다. 그러나 이러한 결과물의 보급이라는 피할 수 없는 문제 때문에 그리고 다소 전문화된 특성 때문에 전체 구조화재공학 커뮤니티를 염두에 두고 권위 있고 집중된 책을 만들어야 할 필요가 있음이 분명해졌다.

우리는 모두 유럽에 기반을 두고 있다. 우리는 다른 국제 연구자들과 폭 넓은 상호작용을 하고 있지만, 이 책, 특히 목록화된 설계 실무에 관한 절은 유럽을 주로 문맥으로 다루고 있다. 그러나 현재 우리는 구조 및 화재공학에 관한 현행 유로코드가 현존하는 가장 건실한 연구기반을 가지고 있으며 다른 지역의 독자들에게 관련성 있고 유익한 것으로 간주 될 것이라고 믿는다.

책을 저술하는 것은 상당한 시간과 노력이 필요하며 우리는 이 “자기만족” 프로젝트를 추구할 자유를 준 각 기관에 감사드린다. 책을 공동저술은 모든 저자의 전문지식을 활용하여 책을 얻을 수 있으며 독자가 그 이점을 인식 할 수 있기를 바란다. 또한 공동저술은 책을 전달하는데 있어서 상당한 시간과 노력을 공유하는 것을 의미했다. 그러나 조정은 서로 다른 시간 동안 서로 다른 공저자의 우선순위에 있어서 불가피한 차이들로 인해 원고를 출판사에 전달하는 것의 지연을 수반했다. 극도의 인내에 대한 필요성 때문에 우리 출판사인 Taylor & Francis와 특히 기획 편집자인 Siobhan Poole에게 감사드린다. 사례 연구에 대한 이 책의 11장은 Florian Block 박사가 제공한 증거를 토대로 작성되었다. 우리는 그가 구조물의 성능기반 화재공학의 원리 중 일부가 이미 실제로 적용되고 있음을 독자가 인식할 수 있게 해준 그의 가장 소중한 기여에 감사를 드린다. 우리는 우리의 구조화재공학에 대한 이해를 돕기 위해 수년 동안 상호 교류해 온 많은 동료들에게 감사드린다. 이 책에서 John Carpenter, Rachel Yin, Angus Law, Dougal Drysdale, Charlotte Rӧen Guillermo Rein, Stephen Welch, Jaroslav Prochka 및 Petr Kuklí이 조언을 제공하고 참고자료를 제공하며 활자체 및 개념 오류를 수정함으로써 기여한 모두에게 특별히 감사하다.

Y. C. Wang, I. W. Burgess, F. Wald and M. Gillie

역자 서문

현대 사회는 4차 산업혁명 시대를 맞이하여 빠르게 변화하고 있으며, 그에 따라 건축물도 점차 대형화, 다양화, 첨단화되고 있다. 더불어 신재료나 신공법 및 신구조해석 기법의 발달로 보다 나은 설계가 이루어지고 있다.

그러나 국내에서 내화설계는 구조 엔지니어에게 낯선 분야이고, 건축법에서는 건축물의 용도와 층수를 기준으로 내화시간만을 규정하고 있다. 내화설계는 화재가 발생했을 때 합리적인 시간 동안 건물의 안정성을 유지할 수 있도록 설계하고 시공되어야 한다는 전제가 필요하다. 이러한 전제에도 불구하고 현재의 방법은 설계에 대한 깊은 통찰 없이 건축구조물에 피복을 더해 화재로부터 안전성을 확보하는 전통적인 방법에 머물러 있다.

이에 반해 영국과 유럽에서는 20여년 전부터 성능기반(Performance-Based) 내화설계가 널리 적용되었고, 국내에서는 2006년부터 허용되었으나 그 근거만 명시되었을 뿐 구체적인 실행 방안은 규정되어 있지 않다.

이 책은 영국 맨체스터대학의 Yong Wang 교수가 집필한 「Performance-Based Fire Engineering of Structures」의 번역서로써 구조화재공학의 개념부터 화재역학, 열전달 이론, 고온의 재료특성 등으로부터 간단한 예제를 통한 내화설계에 필요한 정보에 이르기까지 기본에 충실하면서 최근 해외 성능기반 화재공학의 실제 사례도 포함하였다.

이 책을 번역하면서 국내에는 아직 익숙하지 않은 용어들이 많아 원문을 함께 수록하였으며, 전문용어에 대해서는 별도의 장을 구성하여 좀 더 자세히 설명하고자 노력하였다.

성능기반 내화설계의 취지는 실무에서 수용할 수 있는 공학 기반의 합리적인 설계대안을 찾는데 있다. 아무쪼록 이 책이 내화설계를 이해하고 적용하려는 대학(원)생, 구조엔지니어, 시공기술자들이 내화설계의 심도 있는 지식 습득을 위해 활용되기를 바라며, 또한 국내 교육현장 및 기술현장에 널리 활용되기를 기대한다.

아울러 이 책의 출간을 위해 노력해 주신 기문당 강해작 대표님을 비롯하여 관계자 여러 분의 노고에 감사드린다.

대표역자 김 상 대

Contents

차 례

제4장 열전달

제5장 재료 특성

제6장 부재의 구조내화설계

제7장 화재시 전체 구조물의 모델링

제8장 강재와 합성 조인트

제9장 구획의 차염

제10장 화재시 구조물의 강건성

제11장 구조화재공학의 실무 적용 사례

Notations
표기법

다음 표기법 목록은 유로코드 시스템에 따라 많이 사용하는 표기들을 정리하였다.

라틴 대문자

A_i 온도 θ_i를 갖는 단면의 면적 ; 요소 면적

A_m 단위길이당 부재의 표면적

A_m/V 피복되지 않은 철골부재에 대한 단면 형상계수

A_r 잔류 목재의 면적 또는 목재-기반 단면적

A_s 철근의 면적

C 콘크리트 등급

E_a 보통 온도 설계에 대한 강재의 탄성계수

$E_{a,\theta}$ 고온 θ_a에서 강재의 탄성계수

E_c 상온에서 콘크리트의 탄성계수

E_d 기본 조합으로부터 하중의 관련 효과의 설계값

$E_{fi,d}$ 열팽창 및 변형의 영향을 포함하여 EN 1991-1-2에 따라 결정된 화재 상황에 대한 하중의 설계 효과

$(EI)_{fi,eff,z}$ z축에 대한 화재 상황에서의 유효 휨강성

$(EI)_z$ z축에서 단면의 휨강성

F 압축에서 내력의 총합

G_k 영구하중의 특성값

I_z z축에서 단면 2차 모멘트

L 관련 층에서 기둥의 시스템 길이

$M_{b,fi,t,Rd}$ 시간 t에서의 설계 좌굴 저항 모멘트

$M_{el,Rd}$ 상온 설계에 있어서 총 단면적의 탄성 모멘트 저항

$M_{fi,Rd+}$ 화재 조건에서 정 모멘트 저항

$M_{fi,t,Rd}$	시간 t에서의 설계 모멘트 저항
$M_{2,fi}$	화재 조건에서 이차 모멘트
$M_{pl,Rd}$	상온 설계에 대한 총단면적의 소성 모멘트 저항
M_{Rd}	상온 설계에 대한 단면적의 모멘트 저항
$M_{0Rd,fi}$	화재 조건에 대한 일차 모멘트 저항
$N_{b,fi,t,Rd}$	시간 t에서의 설계 좌굴 저항 압축 부재
$N_{fi,cr,z}$	화재 상황에서 z축에 오일러 임계력
$N_{fi,pl,Rd}$	화재 상황에서 압축력에 소성 저항의 설계값
$N_{fi,\theta,Rd}$	균일한 온도 θ_a에서 인장 부재의 설계 저항
$N_{fi,Rd,z}$	화재 상황에서 z축의 설계 좌굴 저항
$N_{pl,Rd}$	상온 설계에 대한 단면의 소성 설계 저항
N_{Rd}	상온 설계에 대한 단면의 설계 저항
$P_{fi,Rd}$	용접된 헤드 스터드의 화재 상황에서 설계 전단 저항
O	개구부 계수 $[m^{1/2}]$
Q_1	활하중의 대표 값
$Q_{k,1}$	주요 활하중
$R_{fi,d,0}$	시간 $t=0$에 대한 화재 상황에서 설계 저항의 값
$R_{fi,d,t}$	화재 상황에서 설계 저항
T	인장에 있어서 내력의 총합
V	단위길이당 부재의 부피
$V_{fi,t,Rd}$	시간 t에서의 설계 전단 저항
V_{Rd}	EN 1993-1-1 2005에 따른 상온 설계에 대한 총단면적의 전단 저항
$W_{pl,y}$	소성 단면계수
$X_{d,fi}$	화재 상황에서 역학적인 재료 특성의 설계값
X_k	상온 설계에 대한 강도 또는 변형 특성의 특성값

라틴 소문자

a_{fi}	가산된 두께, 측면 부재의 폭 또는 측면 목재와 목재 기반 부재의 파스너 (조임쇠)에서 단부와 모서리 거리
a_z	단면의 감소된 두께 ; 화염의 흡수율

a_{500}	등온 500℃의 위치
b	두께 ; 폭
b_{eff}	콘크리트 슬래브의 유효폭
b_{fi}	유효 두께
b_{st}	목재 접합부에서 내부 철판의 폭
c	곡률 분포에 따른 인자($c \approx 10$) ; 비열
c_a	강재의 비열
c_p	온도-독립적인 내화피복 재료의 비열
d	높이
$d_{char,0}$	1차원 탄화에 대한 설계 탄화 깊이
d_{ef}	유효 탄화 깊이
d_f	내화피복 재료의 두께
d_{fi}	유효 높이
d_i	부재 표면 i의 단면 치수
d_p	내화피복 재료의 두께
$e_{\Delta\theta}$	조적조에 대한 온도 변화에 따른 편심
$f_{ay,\theta}$	화재 상황에서 구조용 강재의 최대 응력 수준 또는 유효 항복강도
$f_{ay,\theta cr}$	임계 온도 θ_{cr}에서 강재의 강도
f_b	조적조에 대한 특성 단위 강도
f_{ck}	콘크리트의 특성 실린더 압축강도
$f_{ck,fi\theta}$	특정 변형률에 대한 온도 θ에서의 콘크리트의 압축강도의 특성값
$f_{d\theta}$	온도 θ에서 조적조의 설계압축강도
f_k	상온에서 목재의 특성강도
$f_{o,\theta}$	고온에서 0.2% 증명강도
f_y	상온에서의 항복강도
$f_{y,\theta}$	고온 θ_a에서 강재의 유효 항복강도
$f_{y,i}$	요소 면적 A_i에 대한 공칭 항복강도
f_u	500N/mm^{2}를 넘지 않는 스터드 재료의 극한인장강도
g	고정하중
h	높이 ; 깊이

h_c	슬래브 깊이
h_{eff}	프로파일드 강재 시트를 가진 합성슬래브에 대한 유효 높이
h_p	목재 기반 패널 두께
$\dot{h}_{net,d}$	단위면적당 순열속의 설계값
k_θ	재료 온도에 따른 강도 또는 변형 특성에 대한 감소 계수
k_σ	좌굴 감소 계수
$k_{c,}\theta$	콘크리트의 압축강도의 감소 계수
$k_{c,\theta,M}$	특정점 M에서 콘크리트에 대한 감소 계수
$k_{E\theta}$	온도 θ에서 탄성계수에 대한 감소 계수
k_{fi}	목재 특성 강도의 특성값을 평균값으로 이전하기 위한 계수
k_{flux}	파스너(조임쇠)를 통해 증가된 열속을 고려한 계수
$k_{\max,\theta}$	고온에서 스터드의 감소 계수
$k_{\mathrm{mod},fi}$	목재의 화재하중 및 수분의 지속시간에 대한 수정 계수
$k_{o,\theta}$	화재에서 0.2 증명강도에 대한 강도 감소 계수
$k_{o,\theta,\max}$	요소 온도에서 0.2 증명강도에 대한 강도 감소 계수
k_{sh}	그림자 효과에 대한 수정 계수
$k_{y,\theta}$	온도에 따른 강재의 항복 강도에 대한 감소 계수
l_{fi}	화재 설계 상황에 대한 기둥의 좌굴 길이
$l_{fi}t$	화재에서 좌굴 길이
l_θ	고온 θ에서 강재 콘크리트 합성 기둥의 좌굴 길이
n	구역의 수
p	화재에 노출된 목재의 잔존 단면
q	활하중
$1/r$	곡률
t	플레이트 두께 ; 화재 노출 시간
$t_{d,fi}$	피복되지 않은 목재 접합부의 내화시간
t_F	내화 시간에 대한 벽의 두께
$t_{fi,d}$	화재 분류의 시간
t_{req}	필요 표준 내화시간
w	구역의 폭

z_i	소성중립축으로부터 요소 면적 A_i까지의 거리

그리스 대문자

Δt	시간 간격
Δl	온도로 인한 팽창
$\Delta\theta_{g,t}$	시간 간격 Δt 동안에 상온 가스 온도의 증가
Φ	조적조 벽의 성능 감소 계수 ; 형상계수

그리스 소문자

α	조적조 벽의 작용 설계 하중에 대한 조적조 벽의 설계 저항력의 비 ; 대류 열전달 계수
α_θ	탄성 계수의 감소 계수에 대한 고온에서 0.2% 증명 강도의 감소 계수의 비
α_t	조적조의 열팽창 계수
β_0	목재와 목재 기반 요소의 표준화재노출 하에서의 일차원 탄화에 대한 설계 탄화율
$\beta_{0,\rho,t}$	다른 특성 밀도 ρ_k와 패널 두께 t_p에 대한 탄화율
β_n	목재와 목재 기반 요소의 표준화재노출 하에서 설계 개념상의 탄화율
γ_G	고정 하중에 대한 부분 안전 계수
γ_{M2}	보통 온도에 대한 부분 안전 계수
$\gamma_{M,fi}$	화재 상황에서 관련 재료 특성에 대한 부분 안전 계수
$\gamma_{M,fi,v}$	화재 상황에서의 연결재의 부분 안전 계수
$\gamma_{M,fiv}$	화재 상황에서의 전단 연결재에 대한 부분 계수
$\gamma_{Q,1}$	활하중 1에 대한 부분 안전 계수
ε	강재 항복 강도에 대한 감소계수
ε_f	화염의 방사율 ; 개구부의 방사율
ε_m	요소의 표면 방사율
η_{fi}	화재 상황에서 설계 하중 수준에 대한 감소 계수
θ	섭씨에서의 온도
θ_a	강재 온도
$\theta_{a,cr}$	강재의 임계 온도
θ_{al}	알루미늄 온도

$\theta_{g,t}$	시간 t에서의 상온 가스 온도
θ_i	요소 면적 A_i에서의 온도
θ_{web}	단면의 웹에서 평균온도
κ_1	단면에서 비균일 온도에 대한 적응 계수
κ_2	보에서 비균일 온도에 대한 적응 계수
λ	열전도성
$\overline{\lambda}$	상온에서 좌굴을 받는 상대적인 세장
$\overline{\lambda}_\theta$	온도 θ_a에 대한 상대적인 세장
λ_a	상온에서 강재의 열전도성
$\overline{\lambda}_{LT}$	보통 온도 설계에 있어서 횡-비틀림 좌굴을 받는 상대적인 세장
$\overline{\lambda}_{LT,\theta,com}$	요소 온도 θ에 대한 횡-비틀림 좌굴을 받는 상대적인 세장
$\overline{\lambda}_{z,\theta}$	온도 θ_a에 대한 z축에서의 상대적인 세장
μ	프와송비
μ_0	시간 $t=0$에서의 이용도
ξ	불리한 고정하중 G에 대한 감소 계수
ρ_a	강재의 밀도
ρ_p	내화피복 재료의 밀도
ρ_k	특성 밀도
σ	슈테판볼츠만 상수 $[5.67 \cdot 10^{-8}\,W/m^2K^4]$
x_{fi}	화재 설계 상황에서 휨좌굴에 대한 감소 계수
$x_{LT,fi}$	화재 설계 상황에서 횡-비틀림 좌굴에 대한 감소 계수
$x_{z,fi}$	화재 설계 상황에서 z축에 대한 휨좌굴에 대한 감소 계수
χ_z	z축의 좌굴에 대한 감소 계수
Ψ_{fi}	$\Psi_{1,1}$ 또는 $\Psi_{2,1}$에 의해 주어진 빈도값에 대한 조합 계수

1장

구조화재공학의 개요와 역할

1.1 화재공학의 소개

건물이나 터널 같은 여러 종류의 기간시설에서 화재에 대한 안전성을 보장하는 것은 설계와 시공 및 운영의 가장 기본적인 요구사항 중 하나이다. 화재안전 예방의 주요 목적은 인명손실을 최소화하는 것이다. 그러나 대부분의 화재안전 규정은 재산, 소유물, 비즈니스의 연속성과 환경파괴로 인해 발생되는 재정적 손실을 최소화하기 위한 요건들로 고려되어 있다. 초기 설계단계에서부터 화재로 인해 제기될 수 있는 위험과 화재의 위험 수준까지 고려하여 화재안전에 대한 요구사항을 명확하게 정의하는 것이 중요하다.

화재안전을 확보할 수 있는 방법은 여러 가지이다. 즉 화재발생과 가연성(可燃性) 물질관리를 최소화하기 위한 화재관리, 재실자에게 화재를 알리는 경고방법과 대피를 돕기 위한 화재감지장치, 화재성장과 전파 및 확산을 막기 위한 건물재료 선정, 화재피해와 화재진압 및 구출의 범위를 한정하기 위한 화재방지 등이 있다. 이 책에서는 화재방지와 관련된 구조성능의 주제들을 설명한다.

화재안전 설계에는 두 가지 접근방법 중 하나를 택할 수 있다. ① 인명안전에 대한 정부의 규정과 재산보호를 위한 보험회사의 약관에 정해진 사양규정(prescriptive rules)을 준수하는 것과 ② 성능기반 화재공학 접근법(성능기반 설계법)을 사용하는 것이다. 이 책에서는 두 번째 '구조물의 성능기반 설계법'에 초점을 맞춘다.

성능기반 화재공학은 성능 요구사항을 구체적으로 명시하고, 나아가 과학적이고 공학적인 원리에 기초하여 해결책을 모색한다. 이러한 성능기반 설계법은 사양접근법과는 대조적이다. 사양설계법은 여러 해 동안 발생했던 화재사건들에 대해 취해진 과거의 경험에 근거하고 있다. 사양설계법은 일반적으로 적용하기에 간단하면서도 만족하는 정도의 화재안전 수준을 얻는 것으로 인식되어 왔다. 따라서 화재안전 대책을 수립할 때 사양설계법이 우선적으로 고려되어야 한다. 성능기반 설계법은 설계의 유연성, 공사비 절감 및 안전성 향상을 보장할 수 있을 때 사용되어야 한다. 성능기반 설계법의 경우 유연성과 복잡성의 수준이 높기 때문에 이를 적용하려면 기본적인 원리를 충분히 이해하여야 한다. 이 책은 구조물의 화재안전공학에서 '성능기반 접근법'의 원리를 독자들이 완전히 이해하는 데 도움을 주고자 한다.

성능기반 접근법은 구조공학과 같은 여러 공학 분야에서 오랫동안 당연한 것으로 여겨져 오고 있다. 그러나 화재안전 예방은 법으로 정해진 요구사항이나 규정에 의해 관리되어 왔기 때문에 과학적이고 공학적인 기초의 발전은 상당히 늦게 시작되었으나 화재안전 예방을 규정하는 성능기반 접근법은 1980년대 이후부터 적용되면서 빠르게 발전되어 왔다. 이렇듯 화재 분야에서의 연구와 발전 속도는 괄목할만 하였다. 그 결과 현재 성능기반 화재공학은 여러 나라에서 전문자격을 갖춘 화재 엔지니어에 의해 다양한 프로젝트에 적용되고 있는 것이 보편적이다. 그 예로 중국 중앙방송(CCTV) 건물(그림 1.1 ; Luo 등 2005)처럼 몇몇 주요 건물들이 있다. 이러한 화재공학 접근법은 사양에 기초한 내화피복 접근법이 적절했는지를 확신시켜 주는 역할도 하였다. 더 많은 일반 건물(그림 1.2[1)])에 성능기반 화재공학 접근법의 적용은 건물의 안전수준에 대해 확신을 주는 동시에 시공비용을 상당히 절감할 수 있었다.

(a) 건물

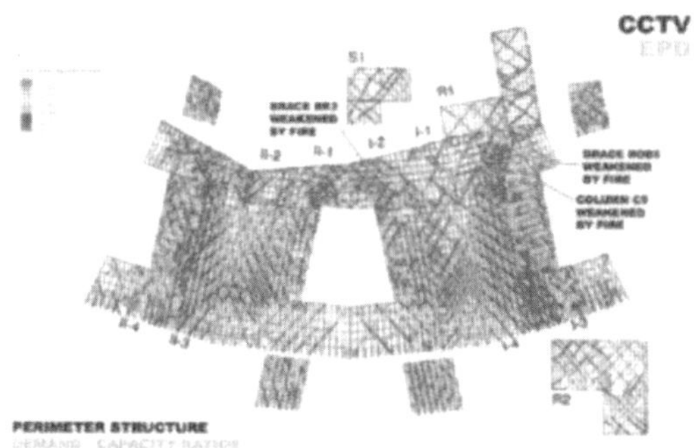

(b) 화재로 약해진 부재를 포함한 구조해석 모델

그림 1.1 화재공학 설계를 적용한 CCTV 본사 건물, 중국 베이징(Luo 등 2005)

1) http://www.mace.manchester.ac.uk/project/research/structures/strucfire/

(a) Nuffield병원, 리즈　　(b) 내화피복 계획

그림 1.2 화재공학 설계를 적용한 Nuffield병원, 영국 리즈

화재발생시 사양접근법에 의한 구조성능 평가는 단순한 편이다. 그러므로 성능기반 화재공학 접근법은, 시공비를 절감하고 구조안전을 향상시키는 관점에서 보면 구조화재안전 설계를 크게 발전시킬 수 있는 가능성을 제시하고 있다. 이 책의 목적은 독자가 화재발생시 구조성능에 대해 제대로 이해할 수 있도록 도움을 주는 것이고, 이러한 이해를 통해 구조물의 성능기반 화재공학의 이점들을 안전하게 활용할 수 있도록 하는 것이다.

1.2 구조내화의 역할

화재발생시 구조성능에 대한 주요 요구사항들을 이해하는 것은 매우 중요하다. 잉글랜드와 웨일즈의 건축규정(building regulation)[2]은 '건물은 화재발생시 일정기간 동안 안정성이 계속 유지되도록 설계되고 시공되어야 한다'라고 명시하고 있다. 이 규정은 화재시 건물의 구조에 대한 기본적인 성능 요구사항을 정의한 것이다. 이러한 성능 요구사항이 어떻게 만족되는지 여러 방법에 의해 검토될 수 있다. 잉글랜드와 웨일즈의 건축규정(DCLG 2006) 승인문서 B(Approved Document B, ADB)의 경우 화재시 구조내력에 대한 사양접근법(prescriptive approach)에서는 개별 구조부재에 초점을 맞추고 있다. 그 내용은 건물의 하중을 지지하는 부재는 구조안정성에 손실 없이 일정시간의 화재에 견딜 수 있어야 한다는 것이다. 이러한 접근법으로부터 두 가지 내재된 가정을 추정할 수 있다.

1. 필요조건 : 화재발생시 어떤 부재가 손실되면 구조물의 안정성을 잃게 된다.
2. 적합조건 : 화재발생시 각 부재가 충분한 내력을 가지는 경우 구조물은 충분한 하중지지 능력을 가지게 된다.

---

2) Department of Communities and Local Government[DCLG], 2006

그림 1.3 화재 피해를 입은 Broadgate 건물, 런던[3]

위의 두 가지 가정 중에 어느 것도 완전하지는 않다. 필요조건 1에서 구조물은 여러 대체하중 경로(alternative load paths)를 제공할 수 있도록 충분한 잉여력(redundancy)을 가지는 것으로 이해해야 한다. 하나의 하중 경로 손실로 인해 구조물의 안정성이 전체적인 손실로 이어지는 경우는 거의 없다. 이는 이전에 화재로 손상된 구조물 중에서 잘 알려진 사례를 통해 설명할 수 있다. 그림 1.3은 1990년에 심각한 화재피해를 당한 Broadgate 건물(런던)의 사진이다.[4] Broadgate 건물에서 화재발생시 강재(steel) 기둥들은 피복되어 있지 않아서 상당한 피해를 입었다. 사양접근법으로 판단할 때 강재 기둥들은 하중지지 능력을 잃은 것으로 볼 수 있다. 그러나 바닥 시스템은 대체하중 경로를 이용하여 하중을 재분배할 수 있었기 때문에 구조물은 화재의 전체 시간 동안 안정성을 유지할 수 있었다.

적합조건 2가 틀렸음을 입증하기 위해 하중지지 부재의 능력을 평가하는 조건들을 고려하여야 한다. 부재-기반 접근법(element-based approach)은 표준내화시험에 기초하여 사양설계를 위한 일련의 절차들을 개발하게 하였다. 이러한 절차들은 일반적으로 상온(ambient temperature)에서 부재의 하중과 경계조건에 근거하고 있다. 그러나 화재발생시 하중지지 부재의 하중 및 경계조건은 상온에서의 하중 및 경계조건과 상당히 다를 수 있기 때문에 구조부재의 적절한 하중지지 능력이 화재 상황에서 안정성을 유지할 수 있다고 보기는 어렵다. 세계무역센터 건물 7(WTC7)의 사례는 이 점을 설명하는 데 도움이 된다. 미국국립표준기술연구소(NIST)

3) From Steel Construction Industry Forum[SCIF], Investigation of Broadgate Phase 8 Fire, Steel Construction Institute, Ascot, UK, 1991. with permission
4) Steel Construction Industry Forum[SXIF], 1991

의 조사보고서(NIST 2008) 그림 1.4는 건물의 전체 붕괴 이전에 손상된 구조물을 보여주고 있다. 작게 삽입된 그림은 주거더(main girder)가 어떻게 기둥 79에 접합되어 있는지를 나타낸다. 이 경우에 구조물의 개별 부재는 충분한 하중지지 능력을 유지하는 것으로 평가되어 왔을 것이다. 그러나 주거더는 어떤 면외힘(out-of-plane force)의 작용 없이 단순하게 지지된 경계조건에 근거하여 평가되었고, 접합부는 오로지 수직 전단력을 지지하는 것으로 가정되었다. 실제로 화재발생시 주거더는 작은보(secondary beams)의 열팽창(thermal expansion) 구속 때문에 높은 면외힘을 받게 되었다. 이것이 받침볼트(seating bolts)를 파괴시킬 수 있었다. 또한 주거더가 기둥으로부터 떨어져나가게 된 원인이 되었다. NIST 조사에서 주거더가 기둥으로부터 떨어져나간 것을 건물의 연쇄붕괴를 초래한 근본적인 원인으로 보고 있다.

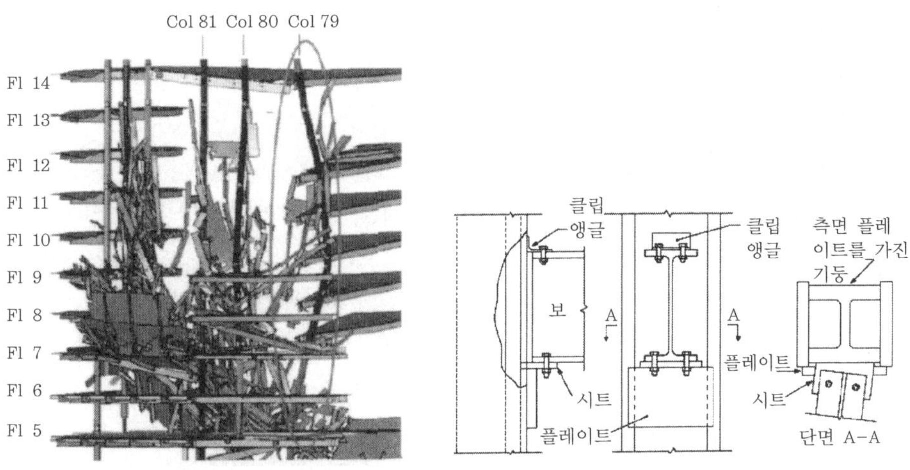

(a) 시뮬레이션된 붕괴 메커니즘 (b) 접합부 상세

그림 1.4 세계무역센터 건물 7의 발생 가능한 붕괴 메커니즘[5)]

이러한 사례는 부재-기반 사양접근법[6)]의 암시적(implicit)인 가정에는 주요한 약점들이 존재한다는 것을 보여 준다. 물론, 전체 구조물을 다루는 것은 어렵기 때문에 개별 부재에 근거하여 검토할 수도 있다. 그러나 이 경우에도 부재하중(elemental loading)과 경계조건들의 정의는 전체 구조물 내에서 개별 부재에 예상되는 상호작용을 고려해야 한다.

5) From National Institute of Standards and Technology[NIST], Federal Building and Fire Safety Investigation of the World Trade Center Disaster : Structural Response and Probable Collapse Sequence of World Trade Center Building 7, NIST Report NCSTAR 1~9(2), National Institute of Standards and Technology, Gaithersburg, MD, USA, 2008

6) the element-based prescriptive approach

이 책의 목적은 화재발생시 구조물의 실제 성능을 설명함으로써 새로운 해석을 가능하게 하는 것이다. 이는 구조화재안전 설계에 중요한 영향을 미친다. 한편으로는, 일부 구조부재의 성능저하가 화재안전을 위태롭게 하지 않고 견딜 수 있다는 것이 입증되면 내화피복 비용은 줄어들 수 있다. 다른 한편으로는 세계무역센터 7동의 구조적 거동에서 나타난 것처럼 화재안전에 관하여 전체 구조물 접근법[7)]은 부재-기반 접근법[8)]의 심각한 단점을 극복하기 위해 사용될 수 있다. 이로 인해 궁극적으로 화재발생시 더 안전한 구조물이 될 수 있다.

1.3 구조물의 성능기반 화재공학의 과정

앞 절에서는 구조화재안전의 기본적인 요구사항들을 설정하고 서로 다른 두 가지 해석의 차이를 설명하였다. 즉 구조물의 부재에 근거한 사양접근법(prescriptive approach)과 구조물을 전체로서 고려하는 성능기반 접근법(performance-based approach)이다. 이러한 두 가지 접근법은 서로 다르게 적용된다. 여러 해에 걸쳐 개발과 개선과정을 거친 후 사양접근법은 실무에 쉽게 적용할 수 있는 일련의 단순한 규정으로 발전하였다. 예를 들어 강구조물의 화재안전설계는 내화피복 형태와 구조물의 내화성능 요구에 따라 구조부재들에 적용되는 내화피복의 요구 두께를 찾는 것으로 귀결된다.[9)] 사양접근법은 실행의 편리함에 있고, 사양규정은 화재발생시 만족스러운 결과를 얻음으로써 대부분의 구조물에 적용되고, 화재안전을 확보하는데 있어서 상당히 만족스러운 것으로 받아들여지고 있다. 그러나 어떤 경우에는 사양접근법이 제한적이고 비경제적이며, 심지어 불안전할 수도 있다고 보며, 더욱이 사양접근법은 구조물이 화재에서 어떻게 거동하는지에 대해 엔지니어의 이해를 필요로 하지 않는다. 이러한 약점들은 성능기반 접근법을 실행함으로써 극복될 수 있으나 더 복잡하다. 그러므로 접근법의 선택은 사용 가능한 기술과 얻을 수 있는 잠재적 이득에 달려 있다. 간략한 접근법을 사용해야 하지만 사양접근법이 비현실적이고 제한적이거나 비경제적인 경우에는 성능기반 접근법을 대안으로 생각할 수 있다.

사양규칙을 따르면 행정기관(regulatory authorities)에서는 구조물의 화재안전설계는 법적인 요구사항을 만족시키는 것으로 간주하고 있다. 따라서 설계자나 건축 관리 책임자(building control officer)가 이러한 사양규정들의 적용을 검토하는 작업은 화재발생시 구조물 성능에 대해 많은 이해와 지식을 필요로 하지 않는다. 성능기반 구조화재공학을 적용할 때, 설계자는 화재 시나리오의 범위 내에서 구조물의 성능을 이해해야 한다. 이 책의 목적은 화재공학에 대한

7) whole-structure approach
8) element-based approach
9) Association for Specialist Fire Protection[ASFP], 2002

여러 측면의 이해를 통해 성능기반 설계에 관심을 가지고 있는 독자들에게 도움을 주고자 하는 데 있다.

성능기반 구조화재공학은 화재의 심각도(fire severity)와 거동, 구조물에서 온도변화의 메케니즘으로서의 열전달, 화재시 작용하중이 구조물의 잔류 하중지지 능력을 초과하는지에 대한 열구조 평가(thermo structural assessment) 등을 포함한다. 이러한 세 가지 단계를 연결하는 것은 재료의 열(thermal) 및 역학적 특성들(mechanical properties)에 대한 정보를 필요로 한다. 이 책에서는 이러한 영향들을 정량화하기 위해 화재거동, 구조물과 구조재료와 서로 다른 선택사항들을 설명하면서 구조화재공학의 단계별 주요 사항들을 다루고자 한다.

1.4 책의 소개

다음의 두 가지 화재사고는 성능기반 구조화재공학 발달과정에서 변혁적인(transformational) 역할을 수행해왔다. 첫 번째는 1990년대 중반의 구조화재공학 연구 프로그램이다. 영국 Bedfordshire의 Cardington에서 실제 규모로 구조화재 실험이 잘 계측되고 통제된 가운데 수행되었다. 두 번째는 2001년 9월 11일, 테러리스트 공격으로 발생한 화재로 인한 뉴욕 세계무역센터 건물의 붕괴이다. Cardington 연구는 실제 건물설계에서 구조화재공학의 적용을 가속화하는 데 기폭제 역할을 하였다. 그 결과 강구조물에 불필요한 내화피복을 제거할 수 있었다. 세계무역센터 건물 붕괴는 화재발생시 건축구조물의 취약성을 이해하기 위해 더 많은 연구가 필요함을 보여주었다. 이러한 화재는 성능기반 구조화재공학 분야의 중요성을 인식하게 하였으며, 이 분야에 관한 정보와 지식의 수요가 많이 증가하였다.

화재공학에 대한 관심은 결과적으로 엄청난 연구성과물로 이어졌다. 현재 이 분야의 학술논문들이 빠른 속도로 연구저널에 발표되고 있다. 또한, 화재공학은 수년 전까지만 해도 소수의 참가자들에게만 관심을 끌었던 변방의 주제였지만 이제는 여러 구조공학 학술대회에서 주요한 주제가 되고 있다. 나아가 Structures in Fire(SiF)를 주제로 2년에 한 번씩 개최되는 국제학술발표대회가 있다. 1회부터 6회에 걸쳐 처음에는 30명(2000년 코펜하겐)으로 시작하여 220명(2010년 미시간)까지 증가하였다. 이러한 연구성과물의 증가는 화재공학 분야에 관심 있는 사람들의 정보접근성을 높였지만, 문제점도 야기하였다. 연구성과물의 진정한 가치를 비판적으로 평가하기에는 충분한 지식이 부족하기 때문이다. 우리는 이 주제에 대한 최근의 지식을 요약하고 조직적인 방법으로 관련 주제들을 자세히 설명해 주는 참고도서가 필요하다고 생각했다.

이미 성능기반 구조화재공학과 관련하여 많은 책이 출판되었지만 일부는 '설계' 측면에 집중

하고 있다. 이러한 책들은 주로 구조 유로코드(structural Eurocodes)와 같은 실무에서 사용하고 있는 기준에 요약되어 있는, 즉 구조화재공학의 보편적 수준의 지식을 보급하는 정도이다. 최근에 중요하게 대두되고 있는 다음의 주제들을 깊이 있게 언급하지 않고 있다.

- 전체적인 구조물의 거동과 모델링
- 화재발생시 구조물의 연쇄붕괴와 접합부 강건성(robustness)의 중요성
- 화재발생시 다른 곳으로의 확산을 막는 구획화(compartmentation)
- 실제 화재시의 구조화재공학과 관련되는 영향 및 재료 특성

이 책의 저자가 저술한 「Steel and Composite Structures, Behaviour and Design for Fire Safety(Wang 2002)」는 내화설계법에 대한 기본적인 토대를 제공하기 위한 것으로써 '일반 설계' 교과서들과는 다른 것이었으며, 그 책의 저술 시점에는 일부 주제(연쇄붕괴나 접합부 거동)의 중요성이 인식되지 않아 이 책에서 중요하게 다루는 상기 주제들에 대한 지식이 존재하지 않았거나, 초기 단계의 연구만 제한적으로 이루어졌을 것이다. 이 책의 목적은 성능기반 구조화재공학과 관련된 주제들에 대한 최근의 기본적인 정보를 제공하는 것이다. 특히, 실제 화재시의 전체 구조거동, 구조 강건성과 차염성(integrity)에 영향을 미치는 측면에 집중하고자 한다.

이 책은 모두 11장으로 구성되어 있다. 2장은 성능기반 구조화재공학이 발전하는 과정에서 중요하게 여겨진 몇 가지 화재를 다루고 있다. 구조화재인 Broadgate(런던에서의 실화), Cardington(구조화재 연구 프로그램), 세계무역센터(2001년 9월 11일 테러리스트에 의해 발생된 화재)와 윈저타워(마드리드에서의 실화)와 더불어 구조내화에 관한 유로코드(Eurocodes)의 발전 과정 등을 포함한다. 이런 구조화재의 검토를 통해 구조물의 성능기반 화재공학에 대한 가장 중요한 영향과 현재 광범위한 연구를 요구하는 동시에 일상 실무에 영향을 미치는 몇 가지 측면을 다루고 있다.

구조물의 성능기반 화재공학은 화재시 고온에서의 구조성능을 다루고 있으며, 화재거동의 이해와 화재로 인한 구조물의 온도상승에 관한 열전달의 이해를 필요로 한다. 아울러 구조재료의 열 및 역학적인 특성의 지식과 내화피복재료의 열적 특성의 이해도 필요하다. 3장에서는 화재역학(fire dynamics), 4장은 열전달(heat transfer), 5장은 재료 특성을 다룬다. 이 책에서는 화재공학의 '기본' 지식을 다루는 것은 물론, 최근에 연구되는 주제에 대해서도 언급하고 있다. 특히, 화재역학에 관한 3장은 대공간에서 전파되는 화재와 여러 내화설계구획에 관련된 화재를 포함한다. 이러한 화재현상들이 어떻게 성능기반 구조화재공학 설계에 영향을 미치는지도 설명한다. 재료 특성을 적절하게 사용하는 것은 정확하고 현실적인 해법을 얻는데 있어서 매우 중요하다. 대부분의 재료 특성 모델들은 표준화재와 부재-기반 구조거동의 테두리 안에서 발전해왔기 때문에 실제 화재시 전체 구조물 성능에 재료 특성 모델의 적용 가능성은 신중한 접근을 필요로 한다. 일반적으로 잘 알려진 재료 모델의 설명과 더불어 5장은 새로운 재료 특성 모델에

대한 소개와 성능기반설계에 대한 새로운 재료 특성 모델의 영향을 제공한다. 새로운 재료 특성 모델은 콘크리트에서 하중으로 유발된 일시적(transient) 열적 변형률과 실제 화재 노출에서 내화도료(intumescent coating)의 성능을 포함한다.

6장은 이 책의 완성도를 높이고, 비교적 간단한 상황에서 구조화재공학을 적용해보는 데 관심 있는 독자들을 위해 가장 일반적인 구조재료들(강재, 콘크리트, 목재, 조적)을 이용하여 구조부재에 대해 간단한 내화계산을 하는 데 필요한 정보를 제공한다.

7장부터 11장까지는 성능기반 구조화재공학의 필수적인 주제들을 다루는 이 책의 핵심이다. 그 내용들은 현재 수용된 지식과 방법들로부터 실제 변화를 나타낸다. 새로운 맥락에서 구조 상호작용을 고려하는 것은 필수적이다. 구조 상호작용은 불가피하게 전체-구조거동의 모델링을 만들게 한다. 7장은 열적 구조(thermo structural) 시뮬레이션의 특징(대변형 거동)을 소개하고, 화재시 구조거동의 신뢰할 만한 재현을 가능하게 하는 모델링기법에 관한 상세한 지침을 제공한다. 기준 예제들은 독자들이 수치해석 시뮬레이션을 증명하고 검증하는 것을 돕기 위해 제공된다.

화재 차염성 파괴와 불균형 붕괴 위험의 제어에서 핵심요소는 구조물의 접합부가 튼튼하다는 것을 보장하는 것이다. 그 내용은 9장과 10장에서 다루어진다. 이는 뒤틀림(distortions)이 매우 큰 경우에도 접합부는 파괴되지 않도록 요구하고 있다. 최근까지 접합부는 화재시 중요하지 않은 것으로 가정되어 왔다. 왜냐하면 접합부의 온도는 주변 구조요소들의 온도보다 낮은 경향이 있었기 때문이다. 그러나 이러한 관점은 접합부가 추가 수직력을 받을 수 있기 때문에 적절하지 않다. 접합부는 상온설계에서 추가 수직력은 고려되지 않았었다. 화재에 있어 접합부 거동은 복잡하지만 최근에서야 화재시 접합부 거동에 대한 몇 가지 기본적인 이해가 이루어지고 있다. 8장은 상세한 모델링을 포함하는 접합부 거동에 대한 현재 지식의 정보, 전체 구조 모델링에 접합부 모델의 통합, 화재시 구조 강건성을 향상시키기 위한 접합부 상세에 관한 정보를 제공한다.

적절한 구조물의 하중지지 능력에 관한 규정은 충분한 내화성능을 제공하는 세 가지 기본적인 측면들 중 하나이다. 다른 두 가지는 적절한 차열과 구획 차염성을 제공하는 것이다. 차열성능은 원칙적으로 열전달에 관한 것이다. 이는 전도(conduction)에 의해 각 요소를 분리하면서 일어나며, 오늘날 정확하게 정량화할 수 있다. 차염성은 건물에서 개구부를 통하여 화재가 확산되는 것을 방지하는 것이며, 구조적인 강건성과 혼돈되지 않아야 한다. 9장은 화재구획 차염성의 유지에 관한 요구사항과 구조적인 성능과의 상호작용을 설명한다. 화재공학의 발전에도 불구하고 화재구획 차염성의 실무적인 검토는 여전히 표준내화시험의 결과에 근거하고 있다. 주로 하중지지 능력에 근거하여 수행된 성능기반 구조화재공학의 적용은 화재 차염성의 유지에 대하여 부적절한 시공 디테일을 만들 수 있고, 용인될 수 있다. 특히, 슬래브에 나타나는 틈새 정도의 구조적 변형이 용인될 수 있다. 이러한 변형은 화재구획 차염성이 적당히 절충되지 않았다는 점을 보여주기 위해 신중히 검토되어야 한다.

세계무역센터 건물 붕괴 이후, 화재로 유발된 연쇄구조붕괴는 중요한 연구 주제가 되어왔다. 연쇄붕괴시 하중이 균형을 이루거나 불균형일 수도 있다. 불균형 붕괴를 피하기 위한 구조물의 능력은 구조 강건성(structural robustness)으로 불린다. 그리고 이는 큰 위험하중에 대한 구조 설계의 핵심 요구사항 중 하나이기도 하다. 10장은 화재로 유발된 불균형 붕괴가 어떻게 일어날 수 있는지 여부와 성능기반 설계원칙들이 불균형 붕괴의 위험을 줄이기 위해 어떻게 사용될 수 있는지를 논의한다. 특히, 여러 구획 화재로 이끌어가는 화재구획 차염성의 파괴는 화재로 유발된 불균형 붕괴의 위험을 현저하게 증가시킨다. 10장은 이러한 위험을 제어하는 데 필요한 몇 가지 권고사항들을 제공한다. 성능기반 화재공학은 더 이상 단순한 연구수단이 아니다.

성능기반 화재공학은 구조 화재안전을 향상시키고 내화피복의 비용을 줄이기 위하여 많은 전문 엔지니어링 컨설팅 회사에 의해 실무적으로 수행되고 있다. 11장은 구조물의 성능기반 화재공학의 실무 적용 사례를 보여준다. 여기서 의사결정 단계와 적용된 상세한 해결 방법들을 설명하고 있다. 성능기반 구조화재공학 원칙들이 성공적으로 적용되어 더 많은 엔지니어가 이 분야의 발전에 기여할 수 있었으면 하는 바람이다.

2장

주요 구조화재 사례와 피해

2.1 서론

인류는 이전의 많은 화재로부터 교훈을 얻으면서 화재의 위험을 줄이고자 노력해왔다. 런던(1666년 9월 2~5일), 모스크바(1812년 9월 14~18일), 시카고(1871년 10월 8~10일)의 대화재를 비롯한 여러 화재는 화재안전 규정을 제정하는 데 기초가 되었다. 화재시 구조성능이라는 맥락에서 보면 최근에 발생했던 일부 화재들은 현대의 구조화재공학[1)]을 발전시키는 데 지대한 영향을 끼쳤다. 이 장에서는 이러한 화재의 영향, 그리고 현대 구조화재공학의 발전에 기여한 영향들을 설명한다. 주요 화재 사례에는 1990년 런던의 Broadgate 화재,[2)] 1990년대 중반의 Cardington 구조화재 연구 프로그램,[3)] 2001년 9월 11일 세계무역센터 화재[4)]와 2005년 마드리드의 윈저타워 화재[5)]가 있다.

이러한 화재 이전에는, 화재시 구조물에 대한 기존의 최적화된 평가방법은 실제 화재거동과 다른 설계화재에서의 이상화된 부재거동에 근거하였다. 이러한 이론들은 지금도 사용되고 있으며, 앞으로도 계속 사용될 것이다. 왜냐하면 이 이론들은 적용하기 쉽고 관련된 모든 사람에게 잘 알려져 있기 때문이다. 또한 기존의 이론들은 화재로 인한 광범위한 구조적 손상을 초래하지 않았음을 증명해 왔다. 그러나 다른 화재 예방조치가 구조성능에 영향을 미치고, 위험단계에 이르는 화재를 방지하기 위해, 그리고 과도한 내화피복에 대해서도 관리되어 왔다는 측면에서 기존의 이론을 바탕으로 한 (광범위한 구조적 손상이 발생하지 않은) '좋은' 기록은 부분적으로 우연히 발생했다고 볼 수 있다. Broadgate 화재로부터 시작된 Cardington 구조화재 연구 프로그램은 내화피복의 과다사용 문제에 대한 해결책을 효과적으로 제기했고, 실제로 내화피복 비용의 절감을 가능케 하는 결과를 가져왔다. 그러나 세계무역센터의

1) structural fire engineering
2) Steel Construction Industry Forum [SCIF], 1991
3) Newman 등 2006
4) 미연방재난관리국 [FEMA] 2002 ; 미국국립표준기술연구소 [NIST] 2005, 2008
5) Intemac 2005

완전 붕괴, 특히 7동은 기존의 부재를 기반으로(conventional element-based) 한 구조화재안전 기준이 화재시 구조안전을 보장하기에는 충분하지 않을 수 있다는 점을 보여준다.

이 장은 최근의 화재 사례를 보여주고, 화재시 구조물 설계에 대한 피해 정도를 설명한다. 이것이 이 책 전체의 내용 구성에 대한 배경 설명이 된다.

2.2 1990년 런던 Broadgate 화재

2.2.1 화재와 관찰

Broadgate 화재는 14층 강구조건물 시공 중에 발생했다(SCIF 1991). 이 건물은 바닥을 지지하는 강재(steel) 기둥과 합성보(13.5m 긴 경간의 래티스 합성 트러스)로 구성되었다. 그 당시 화재설계는 틀에 박힌 관습적인 방법을 따랐다. 내화피복은 강구조건물에 대해 90분 내화성능을 확보하도록 개정되었지만, Broadgate 건물은 시공 중이었기 때문에 내화피복이 모든 기둥에 적용되지 않았다. 스프링클러 시스템을 포함한 다른 능동적인 소방시스템도 작동하지 않았다. 이러한 능동적 소방조치(active fire protection measures)의 부족으로 화재시 온도가 구조물에 심각한 피해를 입힐 수 있는 매우 높은 온도까지 도달하였다.

화재는 건물의 2층에 있는 현장사무실 내에서 시작되었다. 가연성 물질이 제한되었음에도 불구하고, 일부 지점에서 화재온도가 1,000℃ 이상 도달한 것으로 추정되었고, 강재의 최고 온도는 600℃ 미만으로 추정되었다.

2.2.2 화재 영향

Broadgate 건물에서 구조적인 관찰로부터 두 가지 피해 정도를 추정할 수 있다. 화재시 작용하중은 매우 낮았기(실제로 활하중은 거의 없었음) 때문에 임계강재온도는 골조작업시 강재가 입은 온도보다 높았다. 부재기반 화재설계법에 따르면 어떠한 구조부재도 파괴되지 않았어야 했다. 그러나 구조물에는 광범위한 구조부재의 파괴가 일어났다. 예를 들어 일부 강재보에는 비틀림과 더불어 지점 근처의 하부 플랜지와 웨브에서 국부좌굴이 나타났다. 일부 기둥에는 광범위한 손상과 국부적인 파괴가 나타났다. 기둥의 하중 전달력 감소는 바닥 슬래브의 수직 지지력 상실과 큰 처짐으로 이어졌다. 슬래브의 최대 수직 처짐은 600mm였다(그림 2.1b). 이 구조적인 부재 손상은 부재를 기반으로 한 화재안전설계법에서 고려되지 않은 구속된 열팽창에 의한 결과였다(Wang 등 1995).

(a) 좌굴된 기둥과 변형된 보

(b) 바닥 변형

그림 2.1 Broadgate 건물 화재의 손상[6)]

이러한 구조부재의 파괴에도 불구하고, Broadgate 건물은 안정적이었고, 바닥 슬래브는 차염성을 유지하여 위층으로 화재의 확산을 방지했다. 이는 파괴된 구조부재에서 다른 부재들로 하중을 재분배할 수 있는 구조물의 능력에 기인한 것이다.

화재 후, 약 40×20m의 면적을 제외한 다른 부분의 구조물은 모두 구조적인 보수 없이 재사용이 가능한 것으로 평가되었다. 화재로 인한 425억 원[7)](2천5백만 파운드) 이상의 직접 손실 중 손상된 구역의 구조물 피해는 34억 원 미만이었다. 구조 피해보수(structural repairs)는 30일 만에 완료되었다.

여러 구조부재의 파괴 이후, 붕괴 없이 안전하게 유지된 Broadgate 건물의 성능은 영국과 유럽 철강업계가 Cardington 구조화재 연구 프로그램을 수행하게 하는 기폭제가 되었다. 이 연구는 화재시 구조물의 거동을 확실히 관측하고 정량화하였고, 그 결과 강구조물의 내화비용을 절감하여 경제적 이득을 가능하게 하였다.

2.3 Cardington 화재연구 프로그램(1994~2003)

2.3.1 화재 실험

Broadgate 화재 당시, 영국과 유럽 철강업계는 좀 더 과학적인 바탕에서 강구조건물의 구조화재안전 설계의 기초를 마련하기 위한 연구에 착수하였다. 이때 처음으로 공식적인 구조화재 설계기준인 강구조물의 내화설계에 대한 BS 5950 Part 8[8)]이 출간되었다. 이 시기에 화재공학

6) From Steel Construction Industry Forum[SCIF], Investigation of Broadgate Phase 8 Fire, Steel Construction Institute, Ascot, UK, 1991. With permission

7) 1파운드(£)=1,700원 기준

8) British Standards Institution[BSI], 1990b

을 기반으로 한 구조설계 유로코드 매뉴얼[9]은 더 발전하였다. 그러나 이런 모든 실행규정(코드)은 개별 구조부재를 기반으로 하고 있다. 이러한 부재기반 접근법으로는 철강업체들에 내화비용을 크게 줄여줄 만큼 큰 변화를 주지는 못하였다. 기존의 강구조 방화 가이드[10]는 620℃의 강재보 한계온도와 0.6의 하중비를 의미하는 550℃의 강재기둥 한계온도에 기초하였다. BS 5950 Part 8과 이에 상응하는 유로코드 EN 1993-1-2[11]에서는 하중비가 더 낮은 경우에 강재의 한계온도를 상승시키는 것을 허용하고 있다. 그러나 현실적으로 가장 낮은 하중비(약 0.2)에서도 강재의 한계온도를 최대 약 150℃까지 증가시킬 수 있다. 이러한 강재 한계온도의 상승은 의미가 있지만 내화피복 비용을 절감하는 데는 별다른 영향이 없었다. 왜냐하면 내화피복 비용은 주로 인건비에서 발생하고, 피복재료비는 상대적으로 작은 부분이기 때문이다. 최소 하중비(0.2)에서 강재의 한계온도를 150℃까지 상승시키더라도 이것이 내화피복을 제거할 수 있는 이유로는 충분하지 않다. 화재시 구조거동의 이해는 독립된 구조부재 성능에 근거하였기 때문에 대체 하중지지 메케니즘의 가능성과 화재시 일부 강재들의 파괴는 허용되지 않았다.

Broadgate 화재는 구조화재에 대해 새로운 관점을 제시하였다. 그리고 Cardington 구조화재 연구 프로그램과 관련된 일련의 연구활동들은 새로운 접근법을 구현할 수 있는 방법론을 제공하였다. Cardington 구조화재 연구 프로그램은 야심적이었으며, 실제 규모의 구조물 화재시 구조성능을 이해하는 데 목표를 두고 있었다.

Cardington 연구 프로그램의 주요 파트너인 영국의 BRE[12]가 이전에 항공기 격납고(그림 2.2a)로 사용되었던 2개 건물 중에서 하나의 소유주였다는 것은 행운이었다. 이 격납고는 Bedfordshire의 Cardington에 위치하고 있으며, 대략 85×240×54m(가로×세로×높이)의 공간을 가지고 있다.

처음에는 8층 규모의 강구조 합성구조물이 격납고 안에 지어졌다. 이후에 콘크리트와 목구조 산업계의 참여로 철근콘크리트 건물(7층)과 목구조 건물(6층)도 지어져서 실제 화재실험이 수행되었다. 그림 2.2b~2.2d는 이러한 세 가지 구조물을 보여준다. 그러나 강구조물이 가장 심도 있게 연구되었기 때문에 이 장에서는 강구조물로부터 얻은 연구결과를 논의한다. Cardington 화재실험에 관한 더 자세한 정보는 목구조물에 대해서는 Timber Frame 2000(TF 2000)으로부터, 그리고 콘크리트 구조물에 대해서는 Chana와 Price(2003), Bailey(2002a), 강재/콘크리트 합성구조물은 Newamn 등(2006), Wang(2002), Wald 등(2006)으로부터 얻을 수 있다.

9) 유로코드 모음집은 "The entire suite of Eurocode manuals"로 불린다.
10) Association for Specialist Fire Protection[ASFP], 2002
11) Committee of European Normalization[CEN], 1993~2005b
12) Building Research Establishment

(a) BRE Cardington 격납고　　(b) 목구조물

(c) 콘크리트구조물　　(d) 강재/콘크리트 합성구조물

그림 2.2 BRE Cardington 실험실과 실제 규모의 실험 구조물

2.3.2 강구조물 실험의 결과

실험용 강구조 건물은 1994년에 완성되었다(Lennon 1996). 강재보와 함께 합성작용을 하는 강재 데크 위에 콘크리트 슬래브를 사용한 강구조 건물이었다. 8층(높이 33m) 건물은 5경간(5×9m=45m)의 폭에 3경간(6+9+6=21m)의 깊이를 가졌다(그림 2.3). 이 건물은 횡방향의 흔들림이 없도록 가새로 보강된 중앙 엘리베이터 수직통로와 두 개의 가새로 보강된 양단 계단실을 둠으로써 횡(수평)하중에 대해 필요한 저항력을 확보하였다. 주요 강재골조는 중력하중에 대해 설계되었다.

수직 전단하중만을 전달하는 접합부는 보-보 접합부에 대해 핀 플레이트(fin plates)와 보-기둥 접합부에 대해서는 엔드 플레이트(end-plates)로 구성되었다. 이 건물은 Bedford 지역의 일반적인 중간 높이의 사무용 건물을 참고하여 지어졌다. 모든 부재는 영국기준을 따라 설계되었고, 유로코드에 적합한지도 확인되었다.

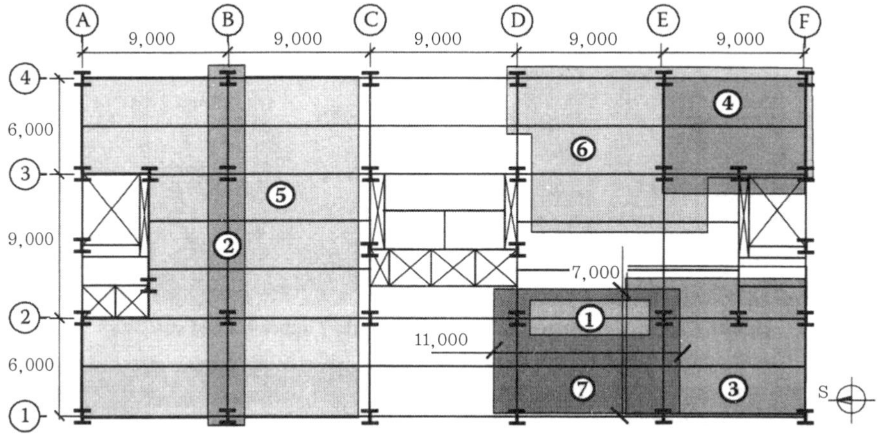

그림 2.3 강구조물에 대한 Cardington 화재실험

건물은 3.65kN/m^{2}의 고정하중과 3.5kN/m^{2}의 활하중을 받도록 설계되었다. 바닥 시공은 양방향으로 142mm^2/m의 균열방지용 메쉬를 매립한 경량 현장타설 콘크리트 합성바닥에 강재 데크를 사용하였다. 바닥 슬래브 두께는 전체가 130mm였고, 강재 데크는 60mm의 골두께를 가졌다. 실험 건물 내부의 여러 위치에서 7개의 대규모 화재실험이 진행되었다. 화재실험 평면 위치에 대해서는 그림 2.3을, 주요한 세부사항들에 대해서는 표 2.1을 참조한다.

각 화재실험 후 구조물은 전체적인 붕괴위험 없이 건재하였다. 표 2.2는 주요 실험결과들을 요약한다.

구조부재기반 내화설계 접근법에 따르면 표 2.2에서 적용된 역학적 하중에서 최대 강재의 한계온도는 720℃ 미만이었다. 이 온도(720℃)는 모든 실험에서 초과되었다. 강구조물은 플랜지/웨브의 국부좌굴, 보의 뒤틀림(그림 2.4a), 기둥의 심각한 뒤틀림(그림 2.4b)과 같은 국부적인 피해를 피할 수 없었다. 그러나 모든 경우에 구조물은 파괴된 구조부재들에서부터 다른 부분으로 하중의 재분배가 일어났고, 그 결과 화재 중간과 이후에도 안전하게 유지되었다.

표 2.1 Cardington 실험실의 강구조물 화재 실험

번호	실험	화재 구획		하중	
		크기 (m×m)	면적 (m^2)	화재	역학 (극한한계상태), %
1	구속된 보	8×3	24	가스	30
2	구속된 골조	21×2.5	53	가스	30
3	모서리 구획	10×7	70	목재 : 45kg/m^2	30
4	모서리 구획	9×6	54	목재 : 45kg/m^2	30
5	큰 구획	21×18	342	목재 : 40kg/m^2	30
6	사무실 실증	18×9	136	목재 : 46kg/m^2	30
7	내부 구획	11×7	77	목재 : 40kg/m^2	56

2.3.3 화재 영향

Cardington 실험의 주요 목적은 화재시 강구조물의 내화피복 비용을 크게 줄이는 방안을 모색하는 데 있었고, 그 목적은 성공적으로 달성되었다. 좀 더 일반적인 목적은 화재시 합성구조물 거동의 이해를 증진시키는 것이었다. 일부 후속 연구들이 화재시 구조거동에 대한 이해를 크게 향상시키는 동시에 이 연구들은 내화피복 비용을 줄이는 데 많이 이용되어 왔다.

표 2.2 Cardington 실험실의 강구조물 화재 실험 결과 요약

번호	기관	층	최고 온도에 도달시간	도달된 온도(℃)		측정된 변형	
				가스	강재	최대	영구
1	BS	8	170	913	875	232	113
2	BS	5	125	820	800	445	265
3	BS	3	75	1,020	950	325	425
4	BRE+SCI	4	114	1,000	903	269	160
5	BRE	4	70	–	691	557	481
6	BS	3	40	1,150	1,060	610	–
7	CTU	5	55	1,108	1,088	>1,000	925

BRE, Building Research Establishment, 영국 ; BS, British Steel(현재 Tata Steel), 영국 ; SCI, Steel Construction Institute, 영국 ; CTU, 프라하의 Czech Technical University에 의해 진행된 E.U. 공동연구

경제적으로 덜 중요하게 여겨졌던 연구 분야는 화재로 유발된 연쇄붕괴였다. 이 분야는 다음 절에서 세계무역센터 건물과 연계하여 설명하겠지만 지금까지 내화설계에서 중요한 이슈가 되지 못하였다.

(a) 심각하게 뒤틀린 보

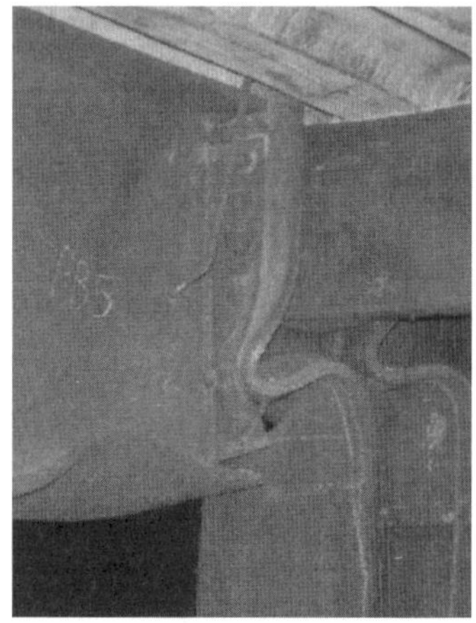

(b) 짓눌려 뭉개진 기둥

그림 2.4 Cardington 화재로부터 강구조물의 손상[13)]

1) 내화피복 절감

Cardington 구조화재 실험 및 연구로부터 다양한 결과가 도출되었다. 합성바닥 슬래브에 큰 처짐(그림 2.5a)이 발생한 지점에서 항복선(yield line) 메케니즘을 따라 인장막작용(TMA : tensile membrane action)이 발생한다. 이 능력은 화재로 손상된 합성보 사이를 연결함으로써 내화피복이 되어 있지 않은 강재보에 충분한 내화성능을 제공하는 중요한 효과가 확인되었다. TMA이론은 원래 1960년대에 개발되었는데[14)] 이 이론이 강구조 내화설계에서 엔지니어들에 의해 많이 활용된 것은 경제적 이득 때문이었다. 화재 노출시 합성바닥 슬래브에서 TMA와 관련된 최근의 많은 연구 중 Bailey와 Moore(2000)의 연구가 가장 영향력이 크다. 그 이유는 실제 프로젝트를 진행하는 현업 종사자들이 많이 이용했기 때문이며, 그 결과 내화피복 비용을 줄이기 위한 TMA의 적용은 널리 퍼져 있다. 그림 2.6은 영국과 중국에서의 TMA방법 적용의 두 가지 사례를 보여준다.

---

13) From Newman, G.M., Robinson, J.T., and Bailey, C.G., Fire Safe Design : A New Approach to Multi-Storey Steel-Framed Buildings, 2nd ed., SCI Publication P288, Steel Construction Institute, Ascot, UK, 2006. With permission

14) Park 1964a, 1964b ; Hayes 1968

(a) Cardington 바닥 슬래브의 큰 처짐
(끝부분에서 0에 가까운 처짐에 주목)

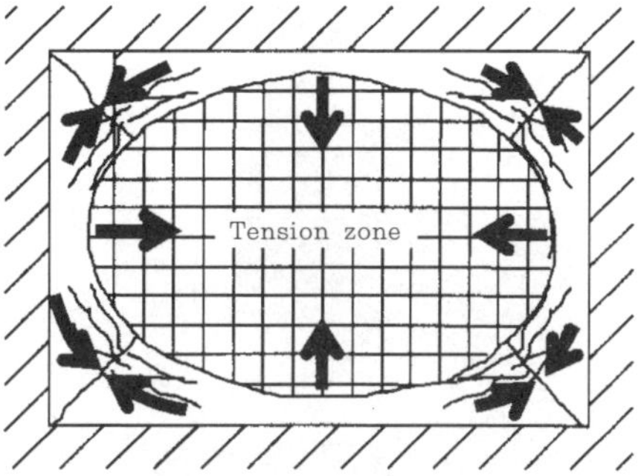

(b) 인장막작용 메케니즘

그림 2.5 합성 바닥 슬래브의 인장막작용

2) 화재로 유발된 구조붕괴(Structural collapse)

Cardington 화재 실험은 대체하중–전달(alternative load–carrying) 메케니즘으로 내화피복 비용을 현저하게 줄일 수 있음을 증명하였을 뿐만 아니라 구조물에서 화재로 인해 비비례 붕괴가 발생할 수 있는 잠재적 위험 가능성을 밝혀내기도 하였다. 그러나 여러 화재 실험을 통해 Cardington 구조물에서는 비비례(disproportionate) 붕괴의 징후가 없었다는 점에 주목해야 한다. 그럼에도 불구하고 Cardington 실험이 다른 상황에서 실시된다면 그 실험에서 관찰된 다음의 현상은 비비례 구조붕괴를 유발하는 잠재력을 가졌다고 볼 수 있다.

(a) Nuffield병원, 리즈, 영국
(www.structuralfiresafety.com)

(b) 동제대학교, 중국
(courtesy of Prof. G. Q. Li)

그림 2.6 내화피복을 줄이기 위한 인장막작용의 실례[15)]

15) Figure 2.6a from http://www.mace.manchester.ac.uk/project/research/structures/strucfire/. With permission. Figure 2.6b courtesy of Professor G. Q. Li.

(a) 강구조물의 바닥 균열(Newman 등 2006)

(b) 강구조물에서 파괴된 접합부(Newman 등 2006)

(c) 콘크리트구조물의 열에 의한 휨변형(thermal bowing) (Bailey 2002a)

그림 2.7 화재실험 후 Cardington 구조물에 나타난 손상[16)]

그림 2.7a는 실험 후에 Cardington 강구조물 바닥에 나타난 커다란 균열이다. 매우 큰 처짐과 회전(TMA를 일으키는데 필요한)에서의 차염성 파괴는 한 층에서 다른 층으로의 화재 확산을 유발할 수도 있다. 그림 2.7b는 냉각과정에 부착된 보에서 유발된 큰 인장력으로 발생한 접합부 파괴를 보여준다. 접합부 설계시 인장력이 고려되지 않았기 때문에 접합부 파괴가 발생하였다.

16) Figure 2.7a and 2.7b from Newman, G.M., Robinson, J.T., and Bailey, C.G., Fire Safe Design : A New Approach to Multi-Storey Steel-Framed Buildings, 2nd ed., SCI Publication P288, Steel Construction Institute, Ascot, UK, 2006. With permission. Figure 2.7c from Bailey, C.G., Design of Steel Structures with Composite Slabs at the Fire Limit State, Final Report prepared for the Department of the Environment, Transport and the Regions, and the Steel Construction Institute, Report No. 81415, Building Research Establishment, Garston, Watford, UK, 2000. With permission

거더(main beams) 접합부의 파괴(fracture)는 이 보들을 구조물에서부터 분리시킬(detach) 수 있으며, 비비례 붕괴로 이어진다. 그림 2.7c는 화재실험에서 보의 열팽창에 의해 바깥으로 밀려나는 철근콘크리트 건물의 기둥을 보여준다(Bailey 2002a). 이러한 현상은 강구조물에서도 발생하지만 콘크리트구조물에서 더 심각한 결과를 가져올 수 있다. 만일 콘크리트 기둥이 횡력에 대해 저항할 수 없게 설계되었거나 휨모멘트를 받으며 광범위한 균열이 발생할 경우 이는 조기파괴로 이어진다.

2.4 세계무역센터 붕괴(2001. 9. 11)

Cardington 구조화재 연구 프로그램은 그 당시 안전규정을 만족시키면서 강구조물의 내화피복을 현저하게 줄이는 방법을 찾는 데 도움을 주었다. 그러나 Cardington 구조화재 연구 프로그램은 이전에 고려되지 않았던 구조부재의 몇 가지 파괴모드를 보여주었다. 왜냐하면 기존의 내화설계에서는 이에 대한 규정이 없었기 때문이다. 2001년 9월 11일에 세계무역센터 건물이 붕괴되지 않았다면 화재로 유발된 구조붕괴가 중요한 설계 요구사항으로 취급되지 않았을 것이며, 화재시 구조물의 강건성(robustness)에 대한 지속적인 연구도 없었을 것이다.

세계무역센터 건물의 붕괴 메케니즘을 이해하고 비비례 붕괴와 관련된 위험을 줄이는 방법을 개발하기 위하여 현재 활발한 연구가 진행되고 있다. 이 장은 미연방재난관리국(FEMA 2002) 및 미국국립표준기술연구소(NIST 2005, 2008)의 보고서에 기초하여 세계무역센터 1, 2동과 7동 붕괴의 가능성에 대한 발생 메케니즘을 간단하게 설명한다.

2.4.1 세계무역센터 건물 1동과 2동

예상되는 설계 화재 조건에서, 세계무역센터 1동과 2동(쌍둥이 타워)의 바닥 트러스는 휨에 대한 수직하중에 저항하도록 설계되었다. 그리고 이 바닥구조 시스템은 기둥에 대해 횡지지가 되므로 기둥의 좌굴길이는 한 층 높이와 같거나 더 짧을 것이다. 그러나 항공기 충돌로 인해 일어난 바닥 트러스의 성능저하와 뒤이은 충격은 내화피복 손상과 탈락의 원인이 되었다(그림 2.8). 그래서 바닥 트러스는 설계시 허용된 한계온도보다 더 높은 온도를 받게 되었다. 결과적으로 바닥 트러스가 작용하중에 저항하기 위해서는 현수작용(catenary action)이 일어나야 한다. 현수작용 때문에 수직하중 지지 시스템에서 바닥 트러스의 역할이 이로운(beneficial) 것에서 두 배로 불리한(detrimental) 것으로 바뀌었다.

(1) 바닥 트러스는 추가로 당기는 힘을 기둥에 작용시켰고,

(2) 바닥 트러스는 더 이상 기둥의 횡지지 역할을 하지 못했으며,

그 결과 기둥의 좌굴길이는 몇 개층 높이로 늘어났다. 이러한 역할 전환은 기둥시스템에서 하중전달 능력의 급격한 감소를 가져왔다. 이후 수치해석 시뮬레이션(그림 2.9b ; Usmani 등 2003)은 이러한 메케니즘을 재현할 수 있었다. 일단 화재에 직접적으로 노출된 바닥에 산재해 있는 기둥들이 좌굴하면 이때 발생하는 매우 큰 동적 힘으로 인하여 건물 전체 붕괴를 억제할 수는 없다.

그림 2.8 손상된 뿜칠 내화피복 재료[17)]

다음의 두 가지 주제는 두 건물의 연쇄붕괴 원인을 이해하는 데 있어서 매우 중요하지만, 구조화재안전 설계라는 큰 틀에서 보면 내화규정의 작은 부분도 차지하지 못한다. 그 화재영향은 구조물의 성능기반 화재공학 설계에서 언급된다. 두 가지 주제는 다음과 같다 :

- 내화피복 재료의 내구성
- 화재에 노출되는 동안 구조하중 및 지지조건들의 변화

17) From National Institute of Standards and Technology (NIST), Federal Building and Fire Safety Investigation of the World Trade Center Disaster : Final Report of the National Construction Safety Team on the collapses of the World Trade Center Towers (Draft), NIST NCSTAR 1, National Institute of Standards and Technology, Gaithersburg, MD, USA, 2005

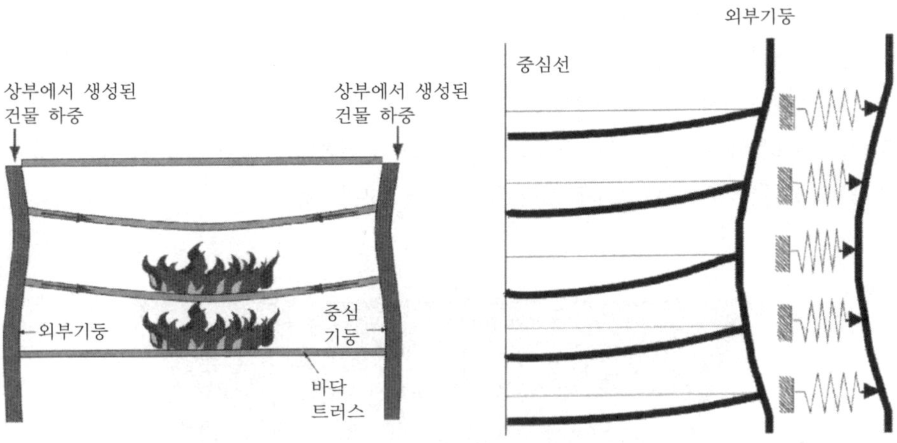

(a) FEMA에 의한 가정(2002) (b) Usami 등에 의한 수치해석 시뮬레이션(2003)

그림 2.9 세계무역센터 1동과 2동의 연쇄붕괴가 예상되는 시작점[18)]

2.4.2 세계무역센터 7동 건물

세계무역센터 7동의 붕괴는 거더와 주기둥(79번) 접합부에서의 파괴에 기인했을 것이다. 그림 2.10a는 기준층 평면을 보여준다. 기둥 79번의 접합부는 상부 클립(clip)과 함께 받침접합(seated connections)이 사용되었다. 이에 대한 상세는 그림 2.10b에 나타나 있다.

접합부는 중력하중에 저항하도록 설계되었다. 그림 2.11에서와 같이 뿜칠된 내화피복재는 1989년 보수공사 이후 손상되지 않고 잘 유지되어 온 것으로 판단되었다. 또한 화재온도는 상대적으로 낮았다. 그러므로 보의 휨과 접합부에서의 수직전단력이라는 하중전달 메케니즘 가정하에서는 강구조물이 파괴되지 않았을 수도 있었다.

주기둥(79번)과 거더의 접합부 파괴 원인은 보에 작용하는 횡력으로 볼 수 있다. 이 힘이 접합부의 수평전단 파괴로 이어진 것이다. (기둥 76과 79 사이의) 거더는 비합성(non-composite)이었고, 여러 개의 보를 지지하고 있었다. (작은) 보들은 열을 받는 동안 팽창하였지만, 그 팽창은 거더(큰 보)에 의해 구속되어 축방향의 압축력을 받게 되었다. 보들의 단면이 크고 스팬이 길었기 때문에 이러한 힘은 더 컸을 것이다. 거더와 바닥 슬래브 사이에 전단 연결재가 부족하여 보로부터의 압축력은 (그림 2.10b에서 화살표로 나타낸) 거더의 단부에 있는 받침 접합부의 볼트로 전달되었다. 이러한 위치 고정 볼트(positioning bolts)의 전단강도는 매우 약했다.

---

18) Figure 2.9a is from http://www.fema.gov/news/event.fema?id=127. Figure 2.9b from Usmani, A.S., Chung Y.C., and Torero, J. L., How Did the WTC Towers Collapse : A New Theory, Fire Safe Journal, 38, pp. 501–533, 2003. With permission

그 볼트들은 (작은) 보로부터의 힘에 의해 쉽게 파괴될 수 있었다. 일단 볼트가 파괴되면 주거더는 기둥 79로부터 분리되고 이에 따라 기둥 79는 지지력을 잃게 된다. 저층의 반복적인 분리로 인하여 79번 기둥은 이 층들을 지지할 수 없게 되고 결국은 붕괴된다. 즉 열에 노출되지 않은 아래층들이 위에서 떨어지는 구조물의 무게로부터 발생하는 동적 힘을 지탱할 수 없기 때문에 층 바닥들은 아래로 떨어지고 연쇄붕괴는 계속 일어난다.

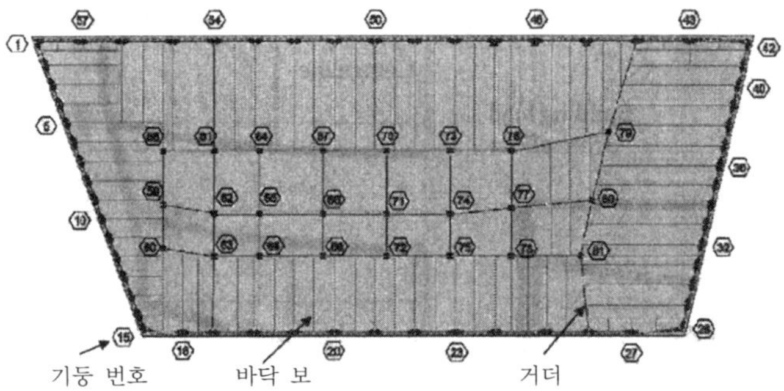

(a) 기준 바닥 평면

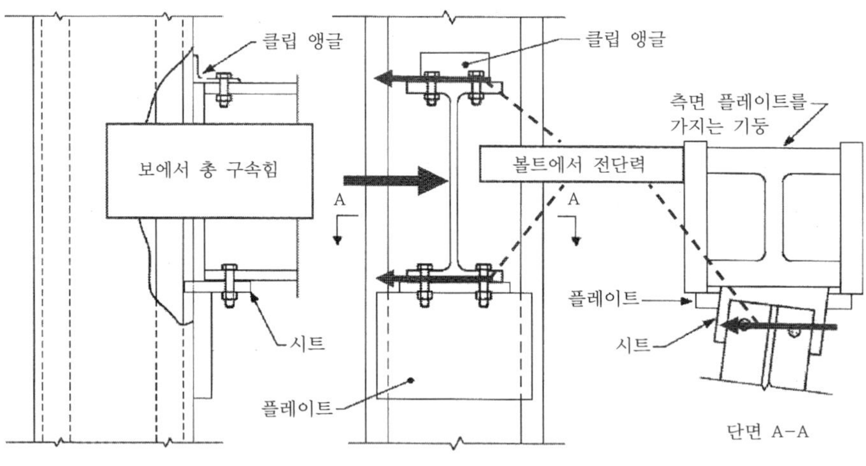

(b) 힘의 표시와 함께 상부 클립을 가진 받침 접합부(STC)의 상세

그림 2.10 기둥 79 주변의 주요 시공 상세[19)]

19) From National Institute of Standards and Technology[NIST], Federal Building and Fire Safety Investigation of the World Trade Center Disaster : Structural Response and Probable Collapse Sequence of World Trade Center Building 7, NIST Report NCSTAR 1-9(2), National Institute of Standards and Technology, Gaithersburg, MD, USA, 2008

그림 2.11 화재 당일, 세계무역센터 7동에서 뿜칠 내화피복의 개연성이 높은 상태[20)]

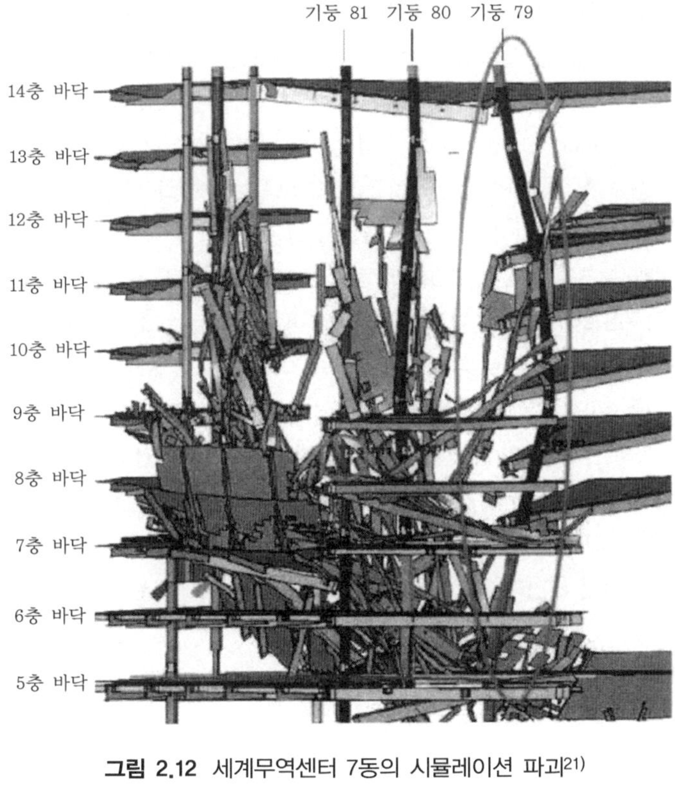

그림 2.12 세계무역센터 7동의 시뮬레이션 파괴[21)]

20) From National Institute of Standards and Technology[NIST], Federal Building and Fire Safety Investigation of the World Trade Center Disaster : Structural Response and Probable Collapse Sequence of World Trade Center Building 7, NIST Report NCSTAR 1-9(2), National Institute of Standards and Technology, Gaithersburg, MO, USA, 2008

21) From National Institute of Standards and Technology[NIST], Federal Building and Fire Safety Investigation of the World Trade Center Disaster : Structural Response and Probable Collapse sequence of World Trade Center Building 7, NIST Report NCSTAR 1-9(2), National Institute of Standards and Technology, Gaithersburg, MD, USA, 2008

2.5 마드리드 윈저타워 화재(2005.2.12)

윈저타워(Edificio 윈저)는 철근콘크리트(RC) 중심코어를 가진 32층, 106m 높이의 건물이었다(Intemac 2005). 기준층 바닥은 280mm 두께의 이방향 워플 슬래브로서 콘크리트 코어와 내부 RC기둥, 360mm 깊이의 I형강 보 및 외부(perimeter) 강재 기둥으로 지지되었다. 원래 외부 기둥과 내부 강재보는 스페인 빌딩코드에 따라 피복되어 있지 않았다. 이 건물(그림 2.13a)에는 2층과 3층 사이, 16층과 17층 사이에 각각 두 층 높이의 거대한 철근콘크리트 전이층(transfer levels)이 있었다. 원래의 외장 시스템은 강재 외부 기둥과 바닥 슬래브에 고정되어 있었다. 건물은 새로 단장되고 외장도 새롭게 하였으며, 화재가 발생했을 때 보수공사는 거의 끝났다. 20층(9층 포함) 위의 바닥층들은 피복되지 않았지만 이 강구조 건물은 내화피복공사 과정에 있었으며, 수직 화재 차단 설비는 설치되지 않았다. 특히, 새로운 외장재와 바닥 슬래브 사이의 틈새들은 화재 확산을 차단하지 못했다. 화재 당시에 약한 연결부는 보수공사를 하면서 개선되었다. 이 건물은 열린 평면(open-plan) 사무실 개념을 적용하였기 때문에 화재구획은 약 40×25m의 바닥면적을 가진 층과 층 사이에서만 가능하였다. 그러나 수직 방화구획은 바닥 개구부, 외장재와 바닥 슬래브 사이의 화재 차단이 부족하여 확실히 불완전했다.

윈저타워의 원래 구조설계에는 1970년대 초반 스페인 빌딩코드가 적용되었다. 시공 당시의 스페인 코드는 강구조물에 대한 내화피복이나 스프링클러와 같은 소방조치를 규정하지 않았다.

화재는 전기합선에 의한 것으로 추정되고 있으며, 21층에서 23시에 시작된 것으로 보고되었다. 1시간 안에 21층 위의 모든 층에서 화재가 일어났다. 화재는 몇 시간 만에 점차 아래로 내려가 전이층인 4층까지 번졌다. 몇 개 층에서의 피복되지 않은 외부 강재기둥의 동시 다발적인 좌굴과 함께 여러 층에서의 화재가 17층(그림 2.13b) 위의 바닥 슬래브 붕괴를 초래했다고 알려졌다. 구조물 대부분에서의 연쇄붕괴는 바닥 층들과 피복되지 않은 외부 강재기둥 사이에서 화재 차단의 부족이 직접적인 원인이었다. 이는 화재 확산의 위험과 외부 수직기둥 시스템의 안정성 부족을 보여준다.

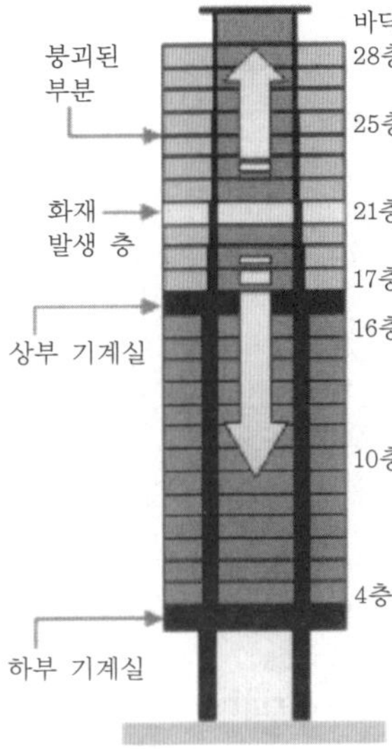

(a) 내부 입면

(b) 손상된 구조물

그림 2.13 Madrid 타워

2.6 요약

최근 구조화재공학 실무의 발전은 대략 세 단계로 구분할 수 있다. 그 내용은 다음과 같다.

1단계 : 화재시 부재기반 구조거동

표준화재 실험에 근거한 사양설계보다 구조부재와 화재의 거동을 더 실질적으로 고려할 수 있게 하였다.

2단계 : 화재시 전체 구조물 거동의 대체하중 경로 개발

내화규정에 내포된 구조화재안전에 대한 요구 수준을 유지하면서도 내화피복 비용의 절감을 가능하게 한다.

3단계 : 화재로 유발된 불균형 구조붕괴 원인의 이해와 화재시 강건한 구조물을 설계하는 방법 개발

구조화재공학 연구는 앞에서 언급한 단계까지 발전했다. 제대로 된 하중과 경계조건에서 화재시 부재기반 구조거동의 합리적인 접근은 구조화재공학의 일반적인 표준 지식이 되었다.

3장

구획화재 역학[1]

3.1 서론

화재하중에 저항하는 구조물의 설계를 위해 구조물이 영향을 받을 수 있는 가스온도(gas temperatures)의 평가는 중요하다. 이는 결국 구조물에서 발생할 수 있는 화재의 거동에 대한 고려를 필요로 한다. 구조화재공학(structural fire engineering)에서 구획화재(compartment fires)에 대한 화재 모델링은 화재 과학자들에게 상당한 도전이기 때문에 적절한 가스온도-시간 관계를 얻기 위해서는 매우 단순화된 가정을 설정해야 한다. 이러한 관계는 후속 계산에서 구조물의 온도 경계조건으로 사용된다. 이 장에서는 건물의 화재거동을 지배하는 다양한 현상들을 논하며, 이러한 화재를 나타낼 수 있는 모델들을 제시한다. 그 모델들은 개발되어 온 순서대로 설명하고, 최근에 개발된 화재모델들이 성능기반 설계에 적용 가능성이 가장 높기 때문에 좀 더 중점적으로 다룰 것이다.

3.2 표준화재

표준화재곡선은 가장 잘 알려져 있고, 건물 화재에서 온도를 예측하는 데 가장 널리 사용되고 있다. 여기서 구획화재의 온도는 일정하고, 시간에 따라 로그(logarithmic) 관계로 무한히 상승한다고 가정한다(그림 3.1). 표준화재곡선은 전 세계의 많은 설계기준에 포함되어 있다. 유로코드 1(유럽표준화위원회[CEN[2]] 1991–2002)에서는 가스온도(θ, 섭씨온도)를 다음과 같이 제시하고 있다.

---

1) enclosure fire dynamics

2) Committee of European Normalization

$$\theta = 20 + 345[\log(8t+1)] \tag{3.1}$$

여기서, θ는 가스온도(섭씨), t는 시간(분)이다.

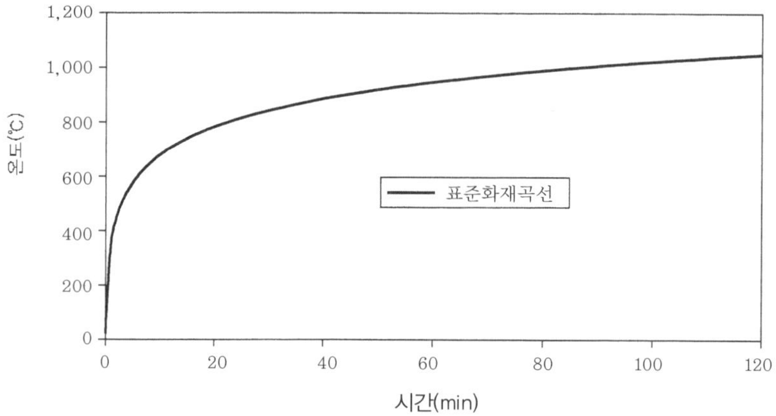

그림 3.1 유로코드 EN 1991-1-2에 정의된 표준화재 시간-온도곡선[3)]

온도-시간관계식 형태는 본래 20세기 초에 수행된 실험에서의 온도평가로부터 유도되었다. 그러나 이 형태는 실제 구획화재(compartment fires)에서의 온도와 매우 제한된 범위에서만 유사한 것으로 여겨지고 있다. 표준화재곡선에서 두드러지는 단점은 냉각기(cooling branch)가 없고, 연료하중(fuel load)이나 환기 같은 화재거동을 지배하는 물리적인 변수들이 고려되어 있지 않다는 점이다. 따라서 이것은 종종 '공칭(nominal)' 온도-시간곡선으로 일컬어진다. 유로코드 EN 1991-1-2(CEN 1991-2002)에서 탄화수소곡선(hydrocarbon curve)과 외부 화재노출곡선(external fire exposure curve) 같은 다른 공칭 화재 모델들은 특별한 경우에 이용할 수 있다. 이들 곡선도 비슷한 단점을 가지고 있다.

1990년대 중반 이후, 성능기반 설계법들이 구조화재공학 분야에 소개되어 왔다. 표준화재곡선(Standard Fire Curve)은 실제 화재와 유사하지 않기 때문에 이를 성능기반 설계에 적용시키는 것은 적절하지 않다. 이러한 문제에도 불구하고 표준화재곡선은 여전히 광범위하게 사용되고 있다. 주된 이유는 표준화재곡선이 긴 역사를 가지고 있고, 특히 감독기관이 모든 화재안전설계와 관련된 곡선을 사용하는 데 익숙하기 때문이다.

구조물의 성능기반 화재공학 측면에서 좀 더 적절한 화재 모델들이 사용되어야 한다.

3) From Committee of European Normalization[CEN], EN 1991-1-2-2002, Eurocode 1 : Actions of Structures, Part 1-2 : Actions of tructures Exposed to Fire, CEN, Brussels, 1991~2002)

3.3 작은 구획에서의 화재

대부분의 건물구조는 사무실이나 회의실 같은 여러 구획으로 나누어져 있다. 화재안전 측면에서 이러한 분할은 두 가지 이유에서 중요하다. 첫째, 화재의 확산을 막을 수 있는 수단으로 사용된다. 화재가 오직 하나의 구획 안에서 발생한다는 가정 하에 구조물을 설계하는 것을 가능하게 한다. 둘째, 구획 안에서 발생하는 화재(구획화재)는 제약받지 않은 공간에서 발생하는 화재와 다른 방식으로 일어난다. 역사적으로 구획화재의 거동에 대한 연구는 작은 구획에 초점을 맞추어 왔고, 연료는 구획의 바닥에 일정하게 분포하는 것으로 가정해 왔다. 이러한 작업은 최근 구조설계에 이용된 대부분의 설계화재에 정보를 제공해 왔다.

(a) 구획에 영향받지 않는 초기 단계의 구획화재

(b) 프리-플래시오버(Pre-flashover) 화재

(c) 플래시오버는 완전한 연소를 일으킨다.

그림 3.2 구획화재의 성장

방해받지 않고 연속되는(uninterrupted) 구획화재는 여러 단계를 거친다. 발화 직후에 작은 구획 안에서의 화재거동은 구획 경계조건에 의해 즉각적으로 영향을 받지 않을 것이다. 이때 뜨거운 가스는 구획으로부터 자유롭게 벗어나지는 못하지만, 부력효과 때문에 천장 아래에 층(layer)을 이루며 빠르게 축적될 것이다. 화재가 커지고 가스층(layer of gases)이 두꺼워질수록 연기층(smoke layer)과 화염에서 아래로 향하는 복사와 대류가 발화지점으로부터 멀리 떨어진 물체에 불이 붙을 만큼 강렬한 지점에 도달하게 된다. 공기가 충분히 공급된다고 가정하면 구획 내에 있는 모든 가연성 물질에 발화가 일어난다. 국부적인 화재에서 전체 화재로의 전환은 빨라지는 경향이 있으며, 이것을 '플래시오버(flashover)'라고 한다. 그림 3.2는 구획화재의 연소과정을 보여준다.

플래시오버 이후, 열방출률로 측정되는 구획 내의 연소속도는 문이나 창문 같은 개구부를 통한 산소공급이나 가용연료의 양에 의해 지배된다. 산소공급에 의해 지배받는 경우를 환기지배형 화재라 하고, 연료의 양에 의해 지배받는 경우를 연료지배형 화재라 한다. 연료지배형 화재에서 최고 열방출률(peak heat release rates)은 연료의 종류와 배치에 따라 달라진다.

3.3.1 열방출률

구획화재의 프리-플래시오버 단계에서 방출되는 열은 일반적으로 포스트-플래시오버 이후에 방출되는 열과 비교했을 때 미미하기 때문에 구조화재공학에서는 대체로 무시된다. 결과적으로, 구조공학에서 사용하는 화재 모델은 완전히 연소된 화재만을 고려한다.

완전히 연소된 건물 구획화재에서의 열방출률은 발생할 가스온도를 결정하는데 있어 결정적인 요소이다. 따라서 몇 가지 열방출률 추정은 모든 성능기반 구조화재공학에서 필요하다. 연료가 소비되는 속도(kg/sec)와 가능한 환기 사이의 관계에 대해 가장 많이 인용되는 것은 Drysdale(1998)에 의해 보고된 Kawagoe 관계식으로 다음과 같다.

$$\dot{m} = KA_v\sqrt{H} \qquad (3.2)$$

여기서, A_v는 수직 환기 개구부의 면적(m^2)이고 H는 개구부의 높이(m)이다. 환기지배형 화재에서 목재를 모두 태울 수 있는 공기공급의 화학량적(stoichiometric) 비를 가정하여 상수 K값으로 0.09$kg^{-1}m^{-5/2}$의 근사값(DiNenno 2002)을 사용할 수 있다. 그러나 실제로 K값은 넓은 범위에서 달라질 수 있다. 질량 손실률과 연료의 연소열(h_c)을 곱하면 구획화재 내에서 열방출률의 근사값을 다음 식(3.3)으로부터 구할 수 있다.

$$\dot{q} = KA_v\sqrt{H}\,h_c \qquad (3.3)$$

구조화재공학에서 구획의 연료하중은 동등한 발열량에 기초하여 변환된다. 여기서 h_c의 값은 대략적으로 18MJ/kg이다.

Kawagoe는 작은 구획에서의 화재 실험을 통해 식(3.2)를 도출해냈다. 상대적으로 큰 화재 구획에 대해서는 식(3.2)와 (3.3)의 적용이 의문시 될 수 있다. Kawagoe의 식과 비슷한 좀 더 개선된 여러 식은 구획의 전체 내부 공간과 구획 경계조건으로부터 반사된 복사열에 대한 열방출률 같은 요소를 고려하는 것이 가능하다. DiNenno(2002)와 Drysdale(1998)은 이러한 요소와 다른 영향에 대해 많은 논의를 제시하고 있다. 그러나 식(3.2)는 구획화재 거동을 지배하는 가장 영향력 있는 요소를 인식 가능하게 한다. 이는 환기계수인 $A_v\sqrt{H}$이다. 이 계수(factor)는 환기제어가 가정된 구획화재의 모든 근사 모델을 특징적으로 보여준다.

3.3.2 가스온도 : Pettersson법

표준화재곡선을 인정하는 것은 물리적으로 합당하지 않기 때문에 1970년대에 스웨덴 연구자들(Petterson 등 1976)은 열방출률에 대한 Kawagoe의 식을 토대로 화재구획 안에서의 열평형(heat balance)을 고려함으로써 구획화재의 가스온도를 예측하는 방법을 발전시켰다. 화재구획 안에서 온도가 일정하고, 모든 가연성 물질이 구획 안에서 불타며, 구획벽의 열특성이 일정하다고 가정하면 열평형은 다음 식(3.4)와 같다.

$$\dot{q}_c = \dot{q}_L + \dot{q}_W + \dot{q}_R \tag{3.4}$$

여기서, $\dot{q}_c$는 연소로 인한 열방출률, $\dot{q}_L$는 차가운 공기에 의해 열기가 대체되어 발생한 열손실률, $\dot{q}_W$는 구획경계면을 통한 열손실률, $\dot{q}_R$은 구획 내 개구부를 통한 복사로 인한 열손실률이다(그림 3.3). 이들 각 항을 계산하여 연료하중, 가능한 환기와 구획벽의 열특성에 구획 내의 온도를 연계하는 미분방정식을 도출할 수 있다. 이 방정식의 풀이는 명확하게 표현할 수 없기 때문에 Pettersson의 접근법에 기초한 구획온도는 다양한 화재하중과 환기조건에 대해 보통 그래프로 표현된다(Pettersson 등 1976 ; Drysdale이 1998년에 좀 더 쉽게 제시하였다). 구획화재에 대한 설명은 표준화재곡선과 구분하기 위해 '자연화재(natural fire)'로도 부른다.

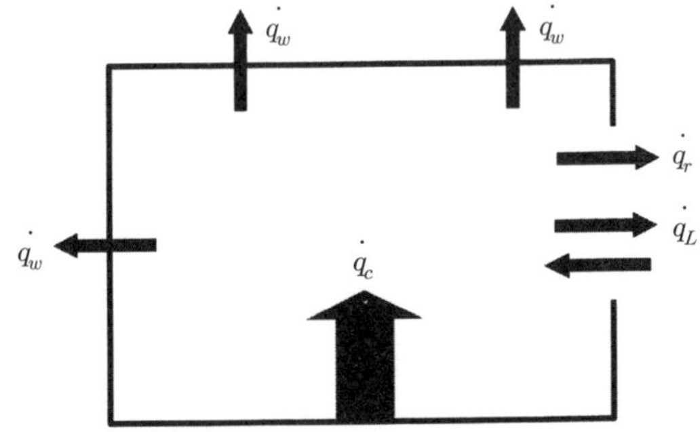

그림 3.3 구획화재에 대한 Pettersson 등의 열평형 모델[4)]

3.3.3 가스온도 : 유로코드의 매개변수곡선

Pettersson의 모델은 유로코드 1(CEN 1991–2002)의 매개변수 화재(parametric fire) 모델의 기초를 형성하고 있다. 이 모델은 Pettersson에 의해 제시된 그래픽 온도–시간곡선에 의한

4) From Pettersson, O., Magnuson, S.E., and Thor, J., Fire Engineering Design of Structures, Publication 50, Swedish Institute of Steel Construction, Stockholm, 1976

식과 잘 부합한다. 입력변수들은 매우 유사하며 화재하중, 환기조건과 구획의 열특성을 고려한다. 그 방법은 식(3.5)에 기초한다.

$$\theta = 20 + 1{,}325\left(1 - 0.324e^{-0.2t^*} - 0.204e^{-1.7t^*} - 0.427e^{-19t^*}\right) \tag{3.5}$$

화재의 가열단계에서 θ는 구획 가스온도(섭씨)이고 t^*는 식(3.6)을 통해서 물리적 시간 t와 관련된 비물리적 시간변수이다.

$$t^* = t\Gamma \tag{3.6}$$

여기서, t는 시간이며, Γ는 고려되는 화재구획에 대한 다양한 입력데이터에 의해 결정된 무차원량이다. 그 양은 화재가 환기 혹은 연료지배형으로 예측되는지에 따라 달라진다. 이는 결국 최고(peak) 가스온도가 발생되고 냉각이 시작되는 시간 $t_{\max}$에 의해 결정된다. 환기지배형 화재에서 $t_{\max}$는 식(3.7)에 의해 결정된다.

$$t_{\max} = 0.2 \times 10^{-3} q_{td} \frac{A_t}{A_v \sqrt{h_{eq}}} \tag{3.7}$$

여기서, q_{td}는 전체 구획 내부 표면적 A의 평방미터당 메가줄[5](MJ)에 대한 구획 내에서의 설계화재하중이다. A_v는 환기 개구부의 면적이며, h_{eq}는 환기 개구부의 가중(weighted) 평균 높이이다. 그러나 식(3.8)이라면

$$t_{\lim} > 0.2 \times 10^{-3} q_{td} \frac{A_t}{A_v \sqrt{h_{eq}}} \tag{3.8}$$

화재는 연료지배형이다. : (식 3.9)

$$t_{\max} = t_{\lim} \tag{3.9}$$

화재가 느림, 중간 혹은 빠름의 속도로 성장함에 따라 $t_{\lim}$의 값이 정해진다. 서로 다른 형태의 화재에 대한 성장속도 관련 지침은 유로코드 1(CEN 1991-2002)에 주어지고, 그 사례는 표 3.1에서 반복된다.

만약에 화재가 환기지배형이고, 균일한 경계를 가진 구획안이라면, 열적 두께 재료 Γ는 식(3.10)으로 주어진다.

5) megajoule : 100만줄

표 3.1 유로코드의 변수화재와 함께 사용하기 위한 화재 성장속도의 사례(출처[6])

거주 유형	성장 속도	t_{lim}, h
공용 공간	느림	0.417
교실, 사무실, 호텔 침실	중간	0.333
도서관, 영화관, 쇼핑센터	빠름	0.250

$$\Gamma = 8.41 \times 10^8 \left(\frac{A_v}{A_t}\right)^2 \left(\frac{h_{eq}}{\rho c \lambda}\right) \tag{3.10}$$

여기서, λ, ρ, c는 각각 열전도율, 밀도, 구획경계의 특정 열용량[7]이다.

연료지배형의 경우에

$$\Gamma = 8.41 \times 10^8 \left(\frac{0.1 \times 10^{-3} q_{td}}{t_{\text{lim}}}\right)^2 \frac{1}{pc\lambda} \tag{3.11}$$

식(3.11)은 구획의 개구부 계수를 포함하지 않는 표현식이다. 온도-시간곡선은 화재시 환기에 대한 영향은 적다. 연료 및 환기 지배 화재에 대한 Γ 의 서로 다른 정의의 효과는 입력데이터에 작은 변화가 있을 때 예상되는 온도-시간곡선의 잠재적인 단계 변화를 나타낸다(Franssen과 Real 2010). 이는 다음 사례에서 설명된다.

매개변수 화재(parametric fire)의 냉각단계는 시간과 함께 선형으로 가정되며, 식(3.12)에 의해 주어진다.

$$\begin{aligned}
&\theta = \theta_{\text{max}} - 625(t^* - t^*_{\text{max}} x) && \text{for } t^*_{\text{max}} \le 0.5 \\
&\theta = \theta_{\text{max}} - 250(3 - t^*_{\text{max}})(t^* - t^*_{\text{max}} x) && \text{for } 0.5 < t^*_{\text{max}} < 2 \\
&\theta = \theta_{\text{max}} - 250(t^* - t^*_{\text{max}} x) && \text{for } t^*_{\text{max}} \ge 2
\end{aligned} \tag{3.12}$$

여기서, $t_{\text{max}} > t_{\text{lim}}$에 대해 $x = 1$이고, $t_{\text{max}} = t_{\text{lim}}$에 대해 $x = t_{\text{lim}} \Gamma / t^*_{\text{max}}$이다.

유로코드 EN 1991-1-2 변수화재곡선의 완전한 세부사항들은 코드에 주어져 있고, 이는 또한 Franssen과 Zaharia(2005)에 의해 더 명확하게 제시되어 있다. 이전의 설명은 요점을 강조하고 있지만 유로코드에 있는 여러 제한사항 및 세부사항을 반복하지는 않는다. 구획벽의 열특성에

6) Committee of European Normalization[CEN] (1991~2002), EN 1991-1-2-2002, Eurocode 1 : Actions of Structures, Part 1-2 : Actions of Structures Exposed to Fire, CEN, Brussels

7) 특정 열용량(specific heat capacity)은 비열용량으로도 부르고 있다.

대한 제한과 같은 것들 중 일부는 물리적인 고려사항에 기초하고 있다. 그러나 매개변수 화재곡선이 적용될 수 있는 최대 구획 크기(500m^2)와 같은 것들은 타당하지 않다.

표 3.2 일반 내화피복 재료의 예시적(indicative) 열특성(출처[8])

일반 재료	밀도 kg/m^3	열전도율 W/(mK)	비열 J/(kgK)	함수량 % by wt
뿜칠된 미네랄 섬유	250~350	0.1	1,050	1.0
질석 슬래브	300	0.15	1,200	7.0
질석/석고 슬래브	800	0.15	1,200	15.0
석고 플라스터	800	0.2	1,700	20.0
미네랄 섬유 시트	500	0.25	1,500	2.0
기포 콘크리트	600	0.3	1,200	2.5
경량 콘크리트	600	0.8	1,200	2.5
보통 중량 콘크리트	2,200	1.7	1,200	1.5

5장에는 여러 가지 건축재료의 온도의존적 열특성이 주어진다. 구획 건축재료의 영향이 비교적 적고, 단순화가 필요한 경우에 구획화재 온도-시간관계를 정량화하려는 목적으로 재료의 열특성이 온도에 독립적이라고 가정되었다. 표 3.2에 제시된 값들이 사용될 수 있다.

단순화하는 동안 유로코드 매개변수 접근법의 정확도는 실험결과(Lennon과 Moore 2003)와 전산유체역학(CFD) 시뮬레이션(Pope와 Bailey 2006)을 비교하여 허용할 수 있다고 판단되었다. 재료 열특성의 단순화는 넓은 범위의 구조화재 계산에 사용되도록 허용되었다. 유로코드 변수화재곡선은 구획화재거동(연료하중, 환기와 구획특성)을 지배하는 주요 현상의 영향을 보여주며, 냉각단계도 포함하고 있다. 그러나 단점은 적용 가능한 화재 구획의 크기에 제한이 있다는 점이다. 오늘날 다양한 사무실 공간은 기준에 명시된 500m^2 제한보다 훨씬 더 크다. 더 큰 공간에서 매개변수곡선이 허용되고 있지만(British Standards Institution[BSI] 2007), 이는 비현실적이고 부담스러운 설계화재(design fire)를 가져다준다. 반대로 균일한 구획화재 온도를 가정하는 것보다 구조적으로 더 심각할 수도 있는(Röben 2010) 국부적인 냉각의 영향은 유로코드의 매개변수 화재(parametric fire)가 사용될 때는 고려될 수 없다. 그리고 큰 구획에서 이동 화재(travelling fires)의 특성 또한 파악할 수 없다. 이 장의 3.4절은 이러한 두 가지 문제를 설명한다.

---

8) Lawson, R.M., and Newman, G.M.(1996), Structural Fire Design to EC3 & EC4, and Comparison with BS 5950,Technical Report, SCI Publication 159, Steel Construction Institute, Ascot, UK

예제 3.1

다음 특성을 가진 구획에 대해 유로코드 매개변수 온도-시간곡선을 작성하시오.

길이	4.75m
너비	3.75m
높이	2.45m
구획재료	보통 중량 콘크리트 (ρ=2,300kg/m^3, λ=1.5W/mK, c=1,000J/kgK)
화재 하중	18MJ/kg 연소열을 가진 바닥면 위에 32kg/m^{2}의 목재
환기	1×2m(문), 2.35×1.18m(창문)
용도	거실

계산 :

$A_v = (1 \times 2) + (2.35 \times 1.18) = 4.77\,\mathrm{m}^2$

$A_t = (3.5 \times 4.75 \times 2) + (3.5 \times 2.45 \times 2) + (4.75 \times 2.45 \times 2) = 73.68\,\mathrm{m}^2$

$q_{td} = (32 \times 18) \times (4.75 \times 3.5) / A_t = 130\,\mathrm{MJ/m}^2$

$h_{eq} = [(1 \times 2 \times 2) \times (2.35 \times 1.18 \times 1.18)] / A_v = 1.52\mathrm{m}$

$t_{\mathrm{lim}} = 0.333\,\mathrm{hr}$ 인 거실을 사용하고

$$0.2 \times 10^{-3} q_{td} \frac{A_t}{A_v \sqrt{h_{eq}}} = 0.2 \times 10^{-3} \times 130 \times \frac{73.68}{4.77 \times \sqrt{1.52}} = 0.326 < t_{\mathrm{lim}}$$

그러므로 $t_{\max} = 0.333\,\mathrm{hr} = 20\,\mathrm{min}$ 이고 화재는 연료지배형이다. 이는 다음을 의미한다.

$$\Gamma = 8.41 \times 10^8 \left(\frac{0.1 \times 10^{-3} q_{td}}{t_{\mathrm{lim}}} \right)^2 \frac{1}{\rho c \lambda}$$

$$= 8.41 \times 10^8 \left(\frac{0.1 \times 10^{-3} \times 130}{0.333} \right)^2 \frac{1}{2{,}300 \times 1{,}000 \times 1.5} = 0.3709$$

이 곡선은 작은 시간 증분과 함께 식(3.5)와 (3.6)을 이용해서 구한 가열단계의 온도-시간 관계를 보여준다. 최고온도(peak temperature)는 가열단계의 마지막(20분)에서 발생하고 그 온도는 647℃이다. 이 시간은 또한 화재냉각단계의 시작을 가리킨다. 이는 식(3.12)에 따라 선형이며, $t^*_{\max} = 0.333 \times 0.3709 = 0.124$ 이다.

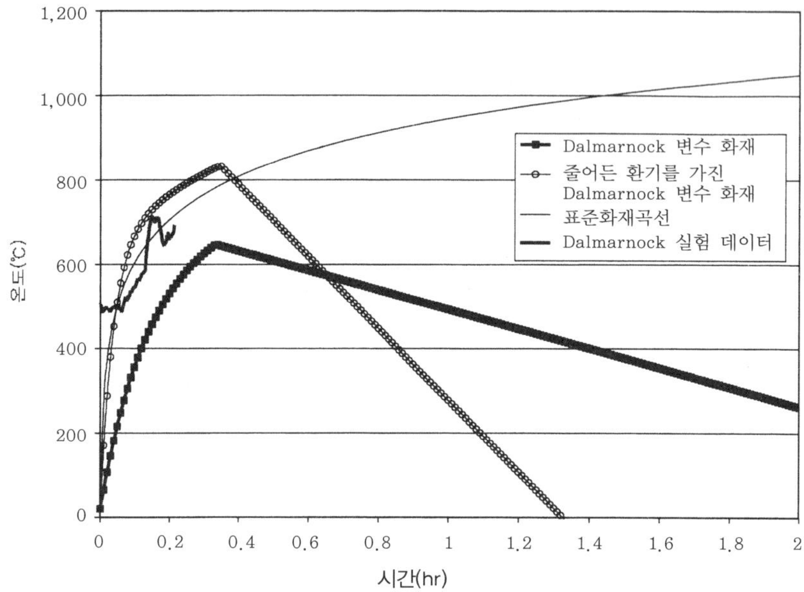

그림 3.4 유로코드 파라메트릭 접근법을 이용한 두 개의 환기조건에 대한 구획 내에서의 예측된 온도. 표준화재곡선은 비교를 위해 유사한 구획의 화재실험 데이터와 함께 나타낸다.

예제 3.1은 많은 기자재가 설치되어 있는 구획(instrumented compartment)에서 실제 거실 가구를 연소한 (2007년에 수행) Dalmarnkock 실험 1 화재의 근사값이다(Abecassis-Empis 등 2008). 그림 3.4는 이 실험 데이터(화재진압으로 인하여 0.2시간으로 제한됨)와 이전에 계산된 매개변수 화재(Parametric Fire)를 보여준다. 환기를 충분히 제한함으로써 표준화재곡선과 매개변수 화재는 환기지배형 화재로 유도된다. 입력데이터가 주어지면 이 마지막 사례의 결과가 변경되므로 환기조건은 다음과 같다.

개구부

문 1개 : 0.92m×2m(높이)

창문 1개 : 2.22m×1.18m(높이)

다음 변경이 계산에 반영된다 :

$$A_v = (0.92 \times 2) + (2.22 \times 1.18) = 4.46\text{m}^2$$

$$h_{eq} = [(0.92 \times 2 \times 2) + (2.22 \times 1.18 \times 1.18)] / A_v = 1.52\,\text{m}$$

따라서

$$0.2\times10^{-3}q_{td}\frac{A_t}{A_v\sqrt{h_{eq}}}=0.2\times10^{-3}\times130\times\frac{73.68}{4.46\times\sqrt{1.52}}=0.348>t_{\lim}$$

$t_{\max}$가 $t_{\lim}$보다 더 크므로 화재는 환기지배형이다.

이것은

$$\begin{aligned}\Gamma&=8.41\times10^8\left(\frac{A_v}{A_t}\right)^2\left(\frac{h_{eq}}{\rho c\lambda}\right)\\&=8.41\times10^8\left(\frac{4.46}{73.68}\right)^2\left(\frac{1.52}{2300\times1000\times1.5}\right)\\&=1.358\end{aligned}$$

을 의미한다.

이는 다시 식(3.5)와 (3.6)에 따라 계산되는 온도-시간곡선을 제시한다. 입력변수들의 작은 변화는 온도-시간곡선에서 큰 변화를 가져온다. 그 이유는 Γ값이 연료 및 환기 지배조건에서 서로 다른 방법으로 계산된 결과이기 때문이다. 실제 화재의 거동과 함께 이러한 단계변화를 조화시키는 것은 쉽지 않다.

3.3.4 쇠퇴기(Decay)

구획화재에서 쇠퇴기는 성장기나 플래시오버 이후(post-flashover)의 시기보다 덜 중요하게 여겨져 왔다. 그러나 구조공학 측면에서 냉각은 화재거동에서 중요한 부분이다. 이는 가열되는 동안 구조부재에 생길 수도 있는 매우 큰 소성변형률 때문이다. 냉각 동안 회복될 수 없는 변형률이 상당한 크기의 인장력을 발생시킬 수 있다. 이는 접합부나 다른 부분의 인장파괴를 초래할 수 있다. 이러한 현상은 카딩턴 실험에서 관찰된 바 있다(British Steel 1998).

만약에 연소가 자연적으로 끝나면 가스의 낮은 열관성(thermal inertia)과 환기 개구부로부터 차가운 공기의 연속적인 공급 때문에 구획 가스온도는 빠르게 떨어질 것이다. 이는 구조부재들이 큰 열을 받지 않는다는 의미는 아니다. 왜냐하면 화재구획 내에서 다른 재료들이 뜨거운 상태로 남아 있고, 계속해서 열을 강하게 발산하기 때문이다. 그 대신 물을 이용한 소화작업(firefighting)은 매우 빠르게 냉각시킬 수 있다. 이러한 상세 거동은 아마도 구획에 따라 상당히 달라질 것이다. 현재로는 유로코드 EN 1991-1-2(CEN 1991-2002)에 주어진 선형 냉각의 가정 외에 단순화된 정량적인 설명은 불가능하다.

3.4 대공간 구획화재와 이동화재[9)]

3.4.1 수평으로 이동하는 화재

일반적인 사무실 공간처럼 커다란 화재구획 내에서의 실험과 해석 결과는 특정의 균일 온도로 가정하는 것은 적절하지 않다는 것을 보여준다. 대신에 커다란 구획에서의 화재는 구획 내에서 이동하는 경향이 있다. 왜냐하면 연료는 환기 정도에 따른 비율로 소비되기 때문이다. 이는 그러한 구획 내에서 가스온도의 변화를 일으킨다.

국부적인 연소의 확실한 실험적 증거는 Cooke(1998)에 의해 제시되었다. Cooke은 한 쪽에서만 환기가 공급되는 길고 좁은 구획(4.5×8.75×2.75m) 내에서 목재 크립(cribs)의 균일한 화재하중을 가지고 많은 화재실험을 수행하였다. 그 결과는 구획 내에서 국부적으로 높은 온도의 시간에 따라 분명히 달라지는 것을 보여주었다. 최고값(peak values)은 화재 초기에 환기가 이루어지는 부근에서 발생했고, 그 뒤 연료가 소진됨에 따라 개구부로부터 떨어져서 진행되었다. 이러한 현상은 발화가 환기구로부터 떨어져 있을 때도 일어났다. 이러한 경우 초기 표면 연소(superficial burning)가 환기원(source of ventilation)을 향해 확산되면서 발생하였다. 이 구역에서 연료가 발화될 때 최성기 화재(fully developed fire)가 발생하였으며, 이는 환기원으로부터 멀리 옮겨갔다. 구획(compartment)의 앞쪽에서 뒤까지 최고(peak) 온도에 도달하는 데는 20~30분 정도 소요되었으며, 환기가 잘 될 때 화재는 더 빠르게 확산되었다.

Welch 등(2007)은 목재와 플라스틱 연료를 태운 12×12×3m의 구획 내에서 수행된 일련의 화재실험 해석을 보고하였다. 환기는 구획의 하나 혹은 두 개의 벽을 따라 이루어졌다. 실험에 많은 기기가 설치되었으며, 여기서 다양한 가열시간 이후에 온도와 열유속(heat flux) 지도가 작성되었다. 그림 3.5는 이 방법을 보여준다. 여기서 최고(peak) 온도에 도달하는 부분은 환기원 부근에서부터 시간에 따라 멀리 있는 점으로 구획 안을 가로질렀다. 구획 천장에 입사(incident), 열유속(heat fluxes)으로 전환될 때 온도변화가 크지 않았더라도(그림 3.6), 온도상의 큰 차이는 절대온도의 4제곱 값이며, 복사 의존성의 결과로 발생했다.

따라서 구조물의 온도에 대한 불균일한 가스온도의 영향은 화재구획 위에 있는 콘크리트 슬래브의 온도에 대해 보고한 Gillie와 Stratford(2007)에 의한 연구에서 중요해 보인다. 3.5×4.5(m)의 구획 크기에도 불구하고, 더 낮은 표면의 콘크리트 온도는 400℃까지 변화했다(그림 3.7).

---

9) FIRES IN LARGE COMPARTMENTS AND TRAVELLING FIRES

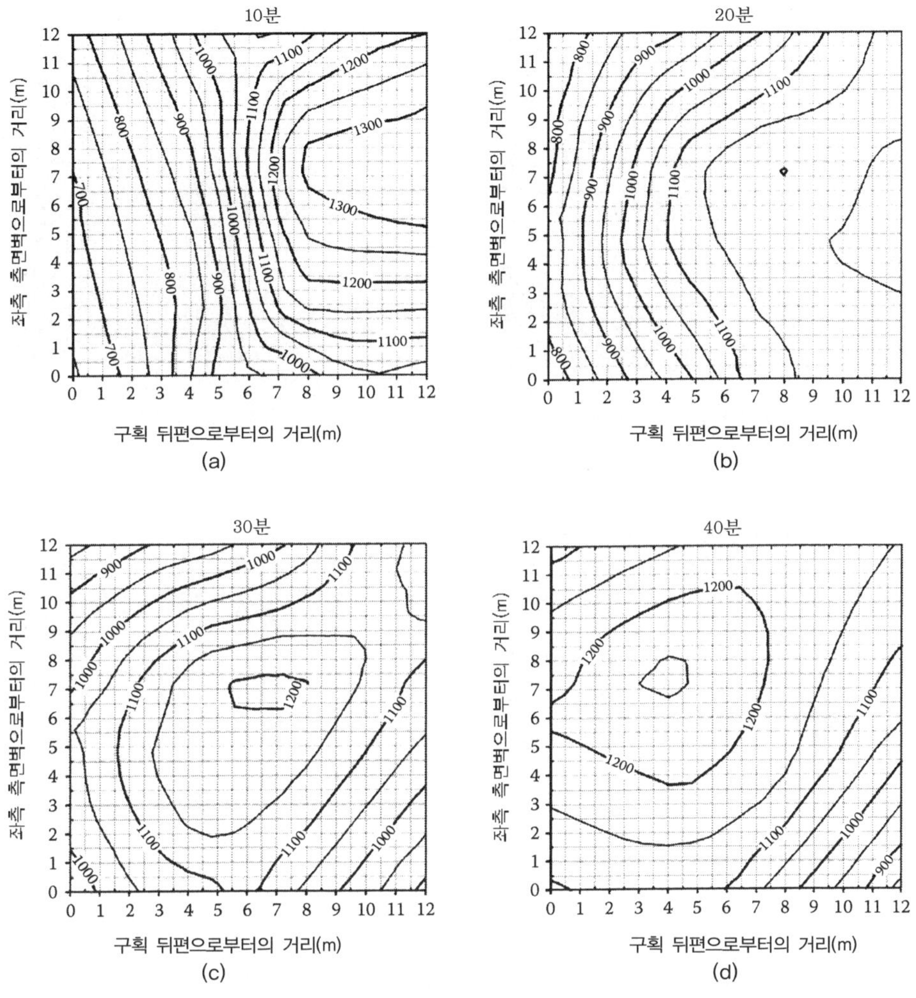

그림 3.5 발화 후 여러 시간대에 걸쳐 천장 바로 아래 12×12×3(m) 구획에 대해 측정한 가스온도 [환기는 각 그림의 오른쪽에 제공[10]]

이러한 결과는 현대의 많은 사무공간과 비교하여 작은 구획에서 모두 기록되었지만, 이동화재(travelling fires)의 영향은 큰 구획에서 더 중요해질 것이다. 이는 현재 일반적이지는 않지만 이동화재가 넓은 공간 구조설계에서 고려되어야 한다는 것을 시사한다.

10) After Welch, S., Jowsey, A., Deeny, S., Morgan, R., and Torero, J. L., BRE Large Compartment Fire Tests–Characterising Post-Flashover Fires for Model Validation, Fire safety journal, 42, pp.548~567, 2007, by permission of Elsevier

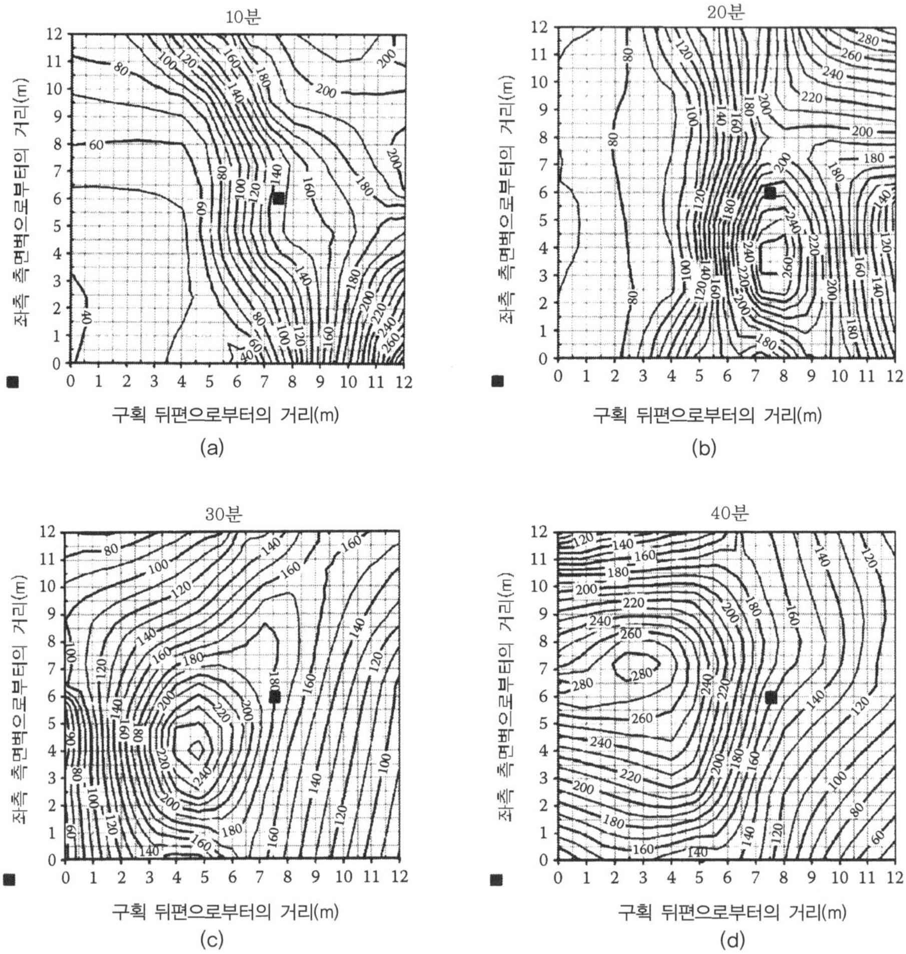

그림 3.6 발화 후 여러 시간대에 걸쳐 천장 바로 아래 12×12×3(m) 구획에 대한 열유속 지도(heat flux maps). [그림 아래 굵은 숫자들은 검정 상자의 위치에서 막대 눈금을 가리킨다. 환기는 그림의 오른쪽에 제공[11)]]

11) 8)번과 동일한 참고문헌

1) Clifton 모델

이동화재(travelling fires)는 Clifton(1996)이 가장 처음으로 사용했으며, 획일화된 화재로 가정할 수 없는 큰 구획에서의 화재에 대한 모델을 개발했다. Clifton은 큰 구획에서의 화재는 구획을 여러 개의 '설계 구역'으로 나누고 완전한 연소가 인접구역으로 이동하기 전에 어느 시점에서 어떤 설계구역에서 일어난다고 가정함으로써 설명될 수 있다고 제안하였다. 설계구역 안에서 가스 온도-시간 관계는 자연화재곡선을 따르는 것으로 가정된다. 그에 반해 Clifton는 현재 ENV 유로코드(이전-유로코드) 변수 화재의 수정된 버전을 제안하였다. 설계구역의 크기는 사용되는 자연화재가 적용될 수 있는 상한선으로 권장된다. ENV 유로코드의 경우에 이 상한선은 $100m^2$이다.

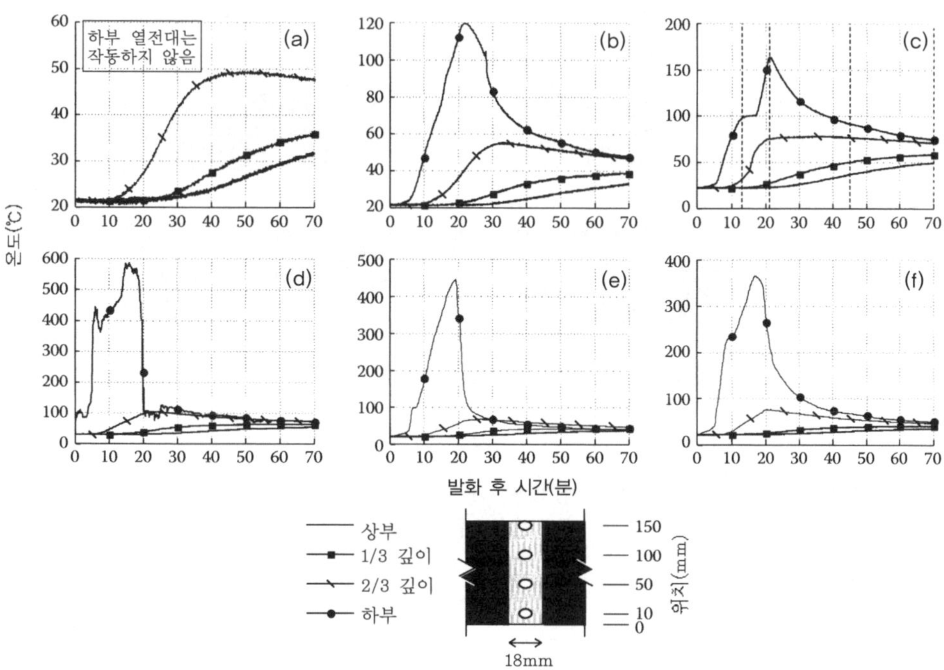

그림 3.7 Dalmarnock 실험의 온도 데이터
[각각의 경우에 온도는 구획화재에 의해 가열된 콘크리트 슬래브 안에(그림 아래 표시됨) 여러 깊이에서 측정되었다. (a)~(f)는 대략적으로 3.5×4.5(m)의 평면적을 가지는 구획의 천장에서 서로 다른 위치를 가리킨다. TC=열전대[12](熱電對)]

12) thermocouple

설계구역에서 환기는 유리가 깨진 외부 경계조건이나 화재구획 내의 완전 연소된 부분에서 가능할 것으로 여겨진다. 이런 가정과 특정 화재하중에 기초하여 각각의 설계구역 내에서 연소가 완전히 일어나는 시간은 일반적으로 20분이다. Clifton은 몇 가지 현상에 대해 더 논의하였고, 정교하게 온도를 바꾸어가면서 실험 모델에 반영하였다. 이것은 설계구역의 '예열', 연소 소진 후의 냉각, 시간에 따른 외부 환기조건 및 다양한 형태를 가진 화재구획에 대한 모델 적용 등을 포함한다. 그림 3.8에서 모델의 사례는 개념적인 것이다. Clifton 모델은 선구적인 특징과 많은 장점에도 불구하고 구조화재공학에서 폭넓게 사용되지 않는다. 이는 아마도 Clifton 모델을 사용하기 위해 필요한 관련 절차, 방법을 설명하는 원래 자료의 제한과 확실한 실험적 검증 부족 때문이다.

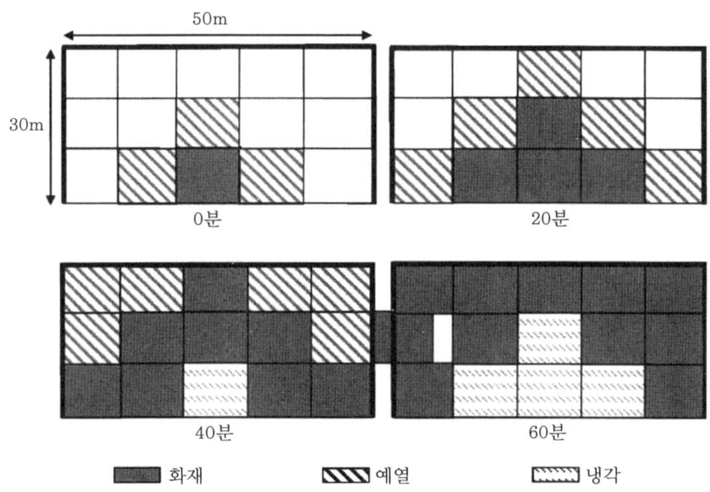

그림 3.8 하부 모서리에서 환기하는 구획(compartment)에 적용된 이동화재의 Clifton 모델(1996)에 대한 개념적인 설명

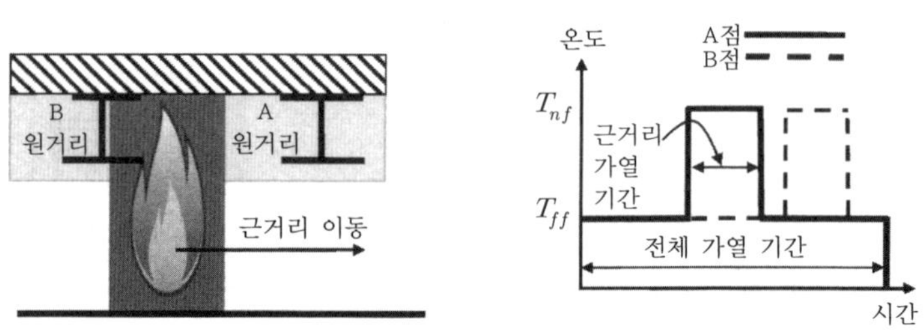

그림 3.9 Rein의 이동화재 모델에 대한 개념적인 설명. [왼쪽 : 큰 구획 안에서 가까운 쪽과 먼 쪽 지역의 분포. 오른쪽 : 구획 천장의 A와 B 지점에서 시간에 따른 가스온도의 변화]

2) Rein 모델

Rein 등(2007c)과 Stern-Gottfried 등(2009)은 건물 구조 내의 큰 구획에서 이동화재 모델링에 대한 대안을 개발하였다. 그들은 국부적인 연소 때문에 화재 구획 천장이 노출되는 가스온도는 '근거리 장[13]' 온도로 간주할 것을 제안하고 있다. 이는 뜨거운 가스층으로 인한 '원거리 장' 온도와 더불어 구조물에 화염의 직접적인 노출에 기인한다. 그림 3.9는 이동화재의 모델을 개념적으로 보여준다.

근거리 장(near field)은 어느 시간이든지 천장 구역에 일정 부분 영향을 미친다. 그러나 구획 내에서 전체 연료하중이 소진할 때까지 이동한다. 실제 화재에서 근거리 장의 크기는 환기상태에 의해 지배된다. 그러나 화재구획에서 환기조건은 보통 예측하기 어렵기 때문에 근거리 장의 크기는 모델의 입력값으로 결정된다. 그 모델은 구조적으로 가장 위험한 화재를 결정하기 위해 설계자가 변수를 다양하게 바꾸면서 결정한다. 모델에 사용되는 근거리 장 온도 T_{nf}는 화염온도에 달려 있다. 따라서 소비되는 연료의 종류에 어느 정도 의존한다. 사무실 화재온도는 일반적으로 1,200~1,300℃(Drysdale 1998)이다. 구획에서 근거리 장 온도가 각 지점에서 영향을 받을 때, 그 시간은 연료하중 밀도와 단위면적당 열방출률에 따라 달라진다. 연료하중이 구획 내에서 균등하게 분포한다는 가정에 근거하여 Stern-Gottfried 등(2009)은 일반 사무실 화재에 대해 19분을 주고 있다. 이는 Clifton 방법에서 각 설계구역에서 완전한 연소에 대해 20분으로 제안된 시간과 일치한다.

원거리 장[14] 온도는 고려하는 구획에 따라 크게 달라진다(그림 3.10). 연기 기둥(fire plume)으로 인해 천장 아래에 축적되는 가스의 온도는 연기 기둥으로부터 거리가 늘어남에 따라 하락한다. 대규모 실험에 근거하여 Alpert(1972)는 최고(peak) 가스온도 T와 화재 연기 기둥의 중심으로부터 반지름 길이 r 사이의 관계식을 다음 식(3.13)과 같이 제안하였다.

$$T - T_\infty = \frac{5.38}{H}\left(\frac{\dot{Q}}{r}\right)^{2/3} \tag{3.13}$$

여기서, $\dot{Q}$: 화재 연기 기둥의 열방출률

H : 구획의 높이

T_∞ : 화재 연기 기둥으로부터 떨어진 온도

13) 근거리 장(near-field)

14) 원거리 장(far-field)

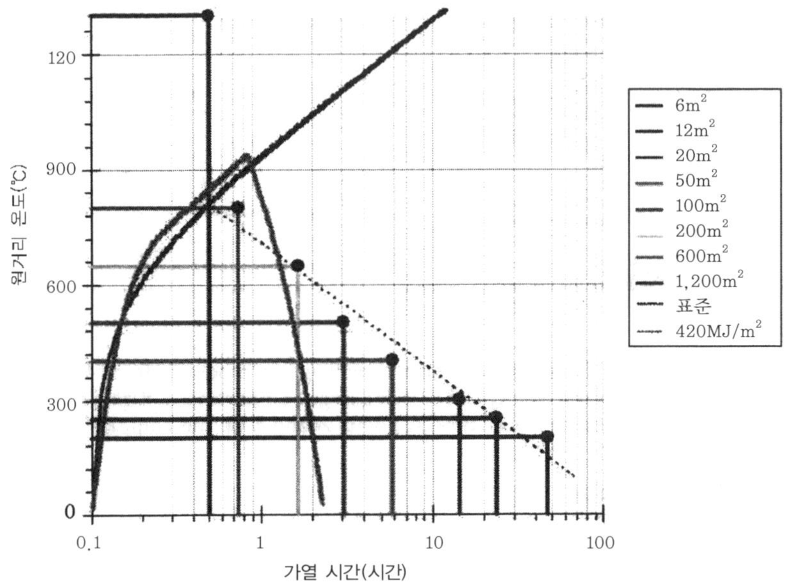

그림 3.10 Rein의 근거리/원거리 장 접근법을 이용한 1,250m² 구획에서 이동화재의 서로 다른 크기에 대한 원거리 장(far-field) 온도의 예측
[각 곡선은 원거리 장(far-field) 온도와 근거리 장(near-field)) 연소의 크기에 관한 가정에 대해서 전체 화재 기간을 나타낸다. 420MJ/m²의 화재하중에 대한 표준화재곡선과 유로코드 매개변수곡선의 예측을 비교하고 있다.15)]

$$\overline{T}_{ff} = \frac{\left[\int_{r_{nf}}^{r_{ff}} T^4 dr\right]^{0.25}}{(r_{ff} - r_{nf})^{0.25}} \tag{3.14}$$

여기서, r_{ff}은 (구획 경계로부터 떨어진 길이로 얻어진) 원거리 장의 반경, r_{nf}는 고려된 화재의 크기에 의해 결정된 것으로 근거리 장의 반경이다. 절대온도에 대한 복사열 전달의 4제곱 상관성 때문에 4제곱 평균이 식(3.14)에서 사용되었다. 대류열전달은 온도차에 의해서만 달라지기 때문에 식은 실제 구획 온도의 보수적인 근사값이다. 식(3.13)을 (3.14)로 치환하고 재배열하면

$$(r_{ff} - r_{nf})\overline{T}_{ff}^{4} = \int_{r_{nf}}^{r_{ff}} \left[\frac{5.38}{H}\left(\frac{\dot{Q}}{r}\right)^{\frac{2}{3}} + T_{\infty}\right]^4 dr$$

15) After Rein, G., et al., The Dalmarnock Fire Tests : Experiments and Modelling : Chapter 3 : A Priori Modelling of Fire Test One, School of Engineering and Electronics, University of Edinburgh, UK, 2007b. With permission.

그리고 적분하면 다음과 같이 주어진다.

$$(r_{ff}-r_{nf})\overline{T_{ff}}^{4}=\frac{3}{5}\left[\frac{5.38}{H}\dot{Q}^{\frac{2}{3}}\right]^{4}(-r_{ff}{}^{-5/3}+r_{nf}{}^{-5/3})$$
$$+4T_{\infty}\left[\frac{5.38}{H}\dot{Q}^{\frac{2}{3}}\right]^{3}(-r_{ff}{}^{-1}+r_{nf}{}^{-1})$$
$$+18T_{\infty}{}^{2}\left[\frac{5.38}{H}\dot{Q}^{\frac{2}{3}}\right]^{2}(-r_{ff}{}^{-1/3}+r_{nf}{}^{-1/3})$$
$$+12T_{\infty}{}^{3}\left[\frac{5.38}{H}\dot{Q}^{\frac{2}{3}}\right](r_{ff}{}^{1/3}+r_{nf}{}^{1/3})+T_{\infty}{}^{4} \qquad (3.15)$$

이 식은 $\overline{T}_{ff}$를 평가하기 위해 사용될 수 있으며 여기서 온도는 켈빈[절대온도]이다.

구획 안에서 (화재에) 근거리 장을 따라 가는 경로는 Rein의 방법에는 설명되어 있지 않다. 실질적으로는 환기조건, 발화점과 구획내 연료 배치에 따라 달라진다. 화재는 환기원(ventilation source)에서부터 구획으로 더 이동할 것이라는 일부 실험적 증거들이 있다(Cooke 1998). Röben(2010)에 의한 수치해석은 강재-콘크리트 합성골조 건물에서 구조거동은 선형으로 이동하는 화재의 경로에 덜 의존적인 것을 발견했다. Law(2010)는 콘크리트 골조 구조물에서 여러 경로로 움직이는 이동화재에 대해 유사한 결과를 얻었으나 이러한 결과들을 일반화하기 위해서는 더 많은 연구가 필요하다. Rein은 냉각기간 동안의 구획온도에 대해 직접적으로 언급하지 않았다. Röben은 여러 사례를 연구했고, 이 연구는 전체 구획의 연소가 끝난 뒤 가스 온도가 전 구획에서 균등하게 상온으로 되돌아오는 것을 가정했다.

예제 3.2

연료하중 q가 570MJ/m^{2}인 경우 27×22.5×3(m) 크기의 사무실 구획에 대한 Rein 화재의 특성을 결정하시오. 계산은 다음과 같다.

가정 : 단위면적당 열방출률 $\dot{Q}''$ = 500kW/m^2

화재 규모=전체면적의 25%

근거리 장 온도=1,200℃

원거리 장 길이 r_{ff}(최악의 경우)=27/2=13.5m

주어진 면적에서의 연소시간 = $q/\dot{q}''$ = 570×10^6/500×10^3 = 19min

전체 화재 시간=19/0.25=76min

순환하는 화재에 대해

$$r_{nf}=[(27\times22.5\times0.25)/\pi]^{0.5}=7\text{m}$$

만약 T_∞이 20℃라 하면, 원거리 장(far-field)의 온도는 식(3.8)에 따라 727℃가 구해진다.

그러므로 이 경우 근거리 장(152m^2(=27×22.5×0.25))의 온도는 1,200℃인 반면에 다른 쪽의 온도는 727℃이다. 구획의 각 부분은 19분 동안 근거리 장(near-field)의 온도(1,200℃)가 적용될 것이다. Rein의 방법은 구획 내에서 높은 온도가 이동하는 경로를 명시하지 않는다. 이는 반드시 분석하는 사람이 밝혀야 하고, 앞에서 논의된 것처럼 환기구역에서부터 이동하는 경로가 가장 현실적이라는 것이 분명하다. Rein의 방법은 가까운 쪽의 연소에서 다른 크기의 화재들을 하나의 묶음(family)으로 만드는 것이 목적이고, 여기에서 만들어진 유사한 계산들은 가까운 쪽의 크기에 대한 가정에 따라 표 3.3에서 그 결과들을 보여준다.

표 3.3 수평으로 이동하는 화재에 가능한 화재 설계 시나리오

가열 구역의 비율	전체 열방출률 (MW)	근거리 온도 (℃)	원거리 온도 (℃)	전체 화재시간 (분)
5	15	1,200	324	380
10	30	1,200	462	190
25	76	1,200	727	76
50	152	1,200	1,021	38
100(균일한 화재)	304	1,200	1,200	19

3.4.2 수직으로 이동하는 화재

일반적으로 구조물이 층 사이의 화재 확산을 방지하기 위해 수직 구획(vertical compartmentation)으로 설계되었더라도, 층 사이에 화재 확산이 돌발적으로 발생하거나 여러 층에 걸쳐 화재가 발생하는 사례가 있다. 이러한 화재는 세계무역센터 테러와 같이 악의적인 행동 때문에 발생하였다. 윈저타워 화재(Intemac 2005)는 리모델링을 위해 구획이 제거되었을 때 발생하였으며, Delft대학의 건축학부에서는 화재가 진행되는 동안 구획이 파괴되었다. 이러한 사건들과 더불어 구조화재 설계의 주요 목적이 생명안전이라는 점에서 층과 층 사이의 화재 확산에 대한 몇 가지 고려사항은 바람직하다고 볼 수 있다. 특히 다층 구조물은 피난시간이 길기 때문에 구조적 안정성이 더 요구된다.

층 사이의 수직 화재 확산에 대한 오늘날까지 유일한 연구는 윈저타워 화재에서 층 사이의 발화시간을 추정한 것이었다. Fletcher 등(2006)은 2개의 연구보고서에서 층 사이(interfloor)의 발화시간을 6~20분으로 추정하였다. 추정치에 큰 차이가 있는 것은 다층 건물에서 실제 화재 거동을 관찰하기 어렵기도 하고, 층 사이의 화재 확산시간은 건물의 세부 조건에 따라 크게 달

라질 수 있기 때문이다. 그러나 추정치가 가장 큰 경우도 일반적인 구획화재보다 더 짧다는 것은 주목할 만하다. 따라서 층 사이의 화재 확산이 발생하면 인접한 층에서 동시에 화재가 발생할 수 있다고 가정하는 것이 합리적이다. Röben 등(2010)은 강재-콘크리트 합성구조물에 대한 화재의 영향을 고려했고, 가정된 층 사이의 확산속도에 따라 구조물의 반응에 영향을 미쳤다는 것을 알아냈다. 하지만 그들은 빠르거나 느린 확산속도가 구조적으로 어떤 영향을 미쳤는지에 대한 결론은 도출할 수 없었다.

3.5 구획화재의 컴퓨터 모델

다양한 구획화재의 컴퓨터 모델을 이용할 수 있다. 일부 소프트웨어는 화재거동에 영향을 미치는 매우 넓은 범위의 물리적 현상을 표현할 수 있다. 여기에는 구획의 기하학적 형상, 연소 연료의 열방출률, 복잡한 환기 조건, 난류 가스 유동(turbulent gas flow), 그을음 생성(soot production) 및 많은 것을 포함하고 있다. 이러한 소프트웨어 사용에는 시간이 많이 소요된다. 대부분의 경우 결과물이 복잡하기 때문에 설계에 사용하는 것은 쉽지 않다. 이러한 이유로 화재거동의 컴퓨터 모델은 현재 매우 특이한 구조 레이아웃(layouts)을 제외하고 구조설계 작업에는 거의 사용하지 않는다.

Pettersson 모델은 구획화재 모델 중에서 가장 단순하다. 통칭적으로 '존 모델(zone model)'로 알려져 있으며, 일부 컴퓨터 프로그램에서 채택하고 있다. 이러한 것들은 에너지, 질량 및 운동량 보존 등을 여러 단계별로 정교하게 고려하여 구획온도를 나타낸다. Pettersson과 같은 '싱글-존(single-zone)' 모델은 구획 내에 모든 가스가 동일한 온도에 있다고 가정한다. 반면에 '투-존(two-zone)' 모델은 가스를 상부의 뜨거운 구역과 하부의 차가운 구역으로 구분한다. 좀 더 정교한 존(zone) 모델은 다양한 열특성(thermal properties)을 가진 구획경계나 여러 구획 개구부와 같은 인자들(factors)을 해석과정에 포함시킬 수 있다. 한 구획 이상에서 발생하는 화재 사이의 상호작용을 설명하는 모델도 있다. 모든 존 모델은 수치해석적인 해법이 필요하고 내재된 가정 때문에 구획의 기하학적 형상(enclosure geometries)에 대해서는 작은 범위에서만 유효하다. 다양한 모델에 대한 유용한 정보는 DiNenno(2002)의 연구에서 얻을 수 있다.

화재의 성장(growth)과 거동에 관한 CFD 모델들이 여러 해 동안 사용되어 오고 있다. CFD 모델링은 유체를 구현하는 수치해석적인 접근법으로서 유체영역(fluid domain)을 작은 부피로 나누고, 각각의 부피 내에서 질량, 에너지 등의 보존을 고려한다. CFD 모델을 사용하여 더 정교한 화재거동을 얻고자 하면, 예측(predictions)과 해석시 상당히 주의해야 한다. 왜냐하면 입력 데이터의 미소한 차이라도 결과물에 크게 영향을 미칠 수 있기 때문이다. 대부분의 구조공학 문제에서는 입력데이터를 정확하고, 정밀하게 얻는 것이 현실적으로 어렵다. 부정확한 입력데이터의 영향은 Rein 등(2007a)의 연구에서 잘 나타났다. 그들은 매우 잘 정의된 구획에서 화재의 CFD 모델을 사용하여 9개의 서로 다른 해석자로부터 얻은 블라인드 예측들(blind predictions)을 비교했다. 그 예측들은 크게 달랐다. Rein 등은 현재 화재성장의 CFD 예측이 직접적으로 실험적 검증을 거치지 않는다면 공학설계에 사용되는 것은 신뢰할 수 없다고 결론지었다. 그러나 그들은 만약에 CFD 모델들의 사용이 주어진 화재 열방출률에 대한 가스온도에 국한된다면 예측결과는 양호하다고 언급한다. 이 방법에서 CFD의 사용은 존 모델을 사용할 수 없는 복잡한 기하학적 형상을 가진 구조물에서 더 유리할 것으로 보인다.

4장

열전달

4.1 서론

열전달은 화재시 구조물이 노출되는 고온환경에서 연결고리를 형성한다. 열전달 이론은 잘 정립되어 있고, 열전달 분석에 대한 방법들은 분석적으로나 수치해석적으로 잘 개발되어 있다. 그러나 구조물의 화재공학에 있어서 열전달 해석에 필요한 입력데이터의 선택, 열(thermal) 경계조건과 재료의 열특성은 명확해야 한다. 이 장에서는 열전달과 그 모델링의 기초에 대해 간략히 소개한 후, 열전달 해석에서 입력데이터의 변동성(variations)에 대한 열전달 결과의 민감성을 보여준다. 그리고 그에 따른 적절한 입력데이터 선택방법에 대한 몇 가지 권장사항을 제시한다.

수분을 분해하거나 함유하는 또한 둘다인 재료에서 물질전달(mass transfer)은 열전달 과정에 연관되어 있다. 콘크리트의 폭렬, 목재의 연소, 합성재료의 분해 또는 발포성 페인트의 팽창을 예측하는 특화된(specialized) 상황에서 열과 물질전달의 통합 해석이 필요하다. 다행히 화재에 노출된 대부분의 구조물에서는 열전달 해석만으로도 충분하다. 그러나 물질전달 영향을 개략적으로 평가하기 위해 일부 재료의 열특성에 있어서 수정이 필요하다.

열전달의 3가지 기본 메케니즘은 전도, 대류, 복사이다. 구조화재공학에서 열전달 해석은 보통 열 경계조건으로써 대류와 복사를 이용하여 열전도 문제를 다루는 것이다.

가장 단순한 경우를 제외하고 열전달 문제에 대한 해석적 해법을 찾기는 어렵다. 따라서 화재안전에 있어서 열전달 문제는 실험적으로나 수치해석적으로 해결한다. 실험은 비용이 많이 들고 그 결과들은 단지 실험이 수행된 특정 상황에만 적용할 수 있다. 수치해석은 좀 더 일반적이며, 널리 사용되고 있다. 3가지 열전달 모드를 이해하는 것은 열전달 수치해석을 위해 적절한 요소들을 선택하는 데 필수적이다.

4.2 열전달의 기초

4.2.1 열전도의 푸리에(Fourier)법칙

1차원 일정상태(steady-state) 열전도에 대한 기본 수식은 푸리에의 열전도법칙이다. 식(4.1)로 표현된다.

$$\dot{Q} = -\lambda \frac{dT}{dx} \tag{4.1}$$

그림 4.1을 보면, dT는 미소두께 dx에 걸친 온도차이이다. $\dot{Q}$는 재료 두께를 가로지르는(across) 열전달의 속도(열속)이다. 식(4.1)에서 (−)부호는 더 높은 온도에서 더 낮은 온도로의 열흐름을 나타낸다.

λ계수는 재료의 열전도율이다.

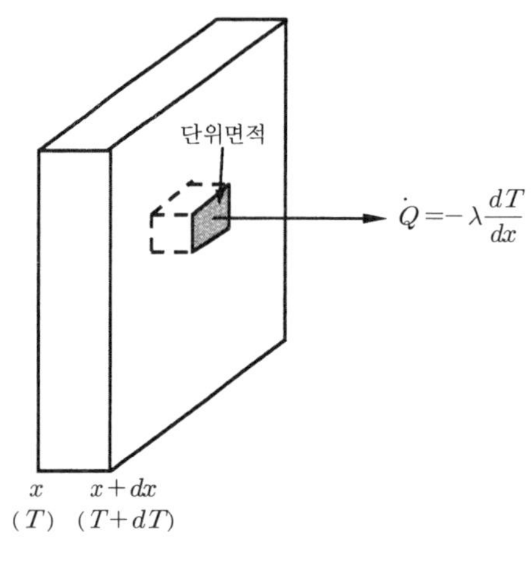

그림 4.1 1차원 열전도

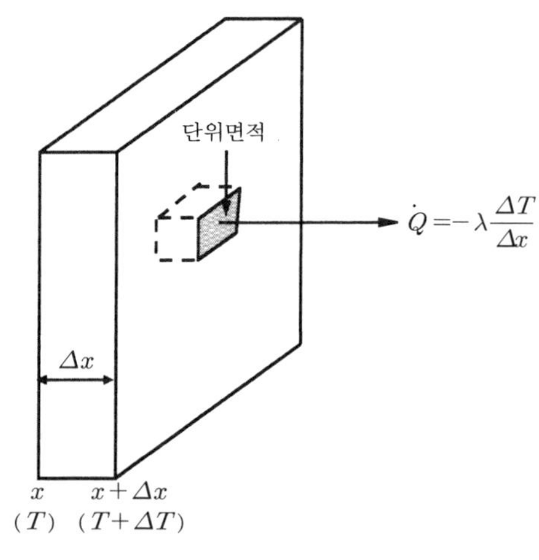

그림 4.2 일정한 열전도율과 함께 유한한(finite) 두께를 통한 열전달[1)]

1) From Wang Y.C., Steel and Composite Structures, Behaviour and Design for Fire Safety, p.172, Spon Press, London, a Taylor & Francis publication, 2002. With permission

4.2.2 합성부재에서 1차원 일정상태의 열전도[2)]

열전도 두께가 작으면 식(4.1)은 등가(equivalent)의 유한차분으로 대체할 수 있다.

$$\dot{Q} = -\lambda \frac{T_2 - T_1}{\Delta x} \quad \text{또는} \quad T_1 - T_2 = \dot{Q}\frac{\Delta x}{\lambda} \tag{4.2}$$

여기서, 그림 4.2를 보면 T_1과 T_2는 재료 양면에서의 온도이고, Δx는 재료 두께이다. $\Delta x/\lambda$항은 재료의 열저항이다.

$\Delta x/\lambda$항은 열저항을 가리키고 종종 열전달 식의 유도에 사용된다. 이 양(quantity)의 유용성을 설명하기 위해 그림 4.3에 나타난 것처럼 일정상태(steady-state)의 열전도 하에서 서로 다른 재료의 여러 층(layers)을 가진 건물 부재요소(construction element)를 고려한다. 일정상태의 열전도는 관련된 양들(quantities)이 시간에 따라 변하지 않는 것을 의미한다. 에너지 보존법칙에 의해 재료의 각 층(layer)을 가로지르는 열유동(heat flow)은 결국 같아지고, 식(4.2)를 적용하여 다음 식(4.3)을 유도할 수 있다.

$$\dot{Q} = -\lambda_{12}\frac{T_2 - T_1}{\Delta x_{12}} = -\lambda_{23}\frac{T_3 - T_2}{\Delta x_{23}} = \ldots - \lambda_{i,i+1}\frac{T_{i+1} - T_i}{\Delta x_{i,i+1}} \ldots = -\lambda_{n,n+1}\frac{T_{n+1} - T_n}{\Delta x_{n,n+1}} \tag{4.3}$$

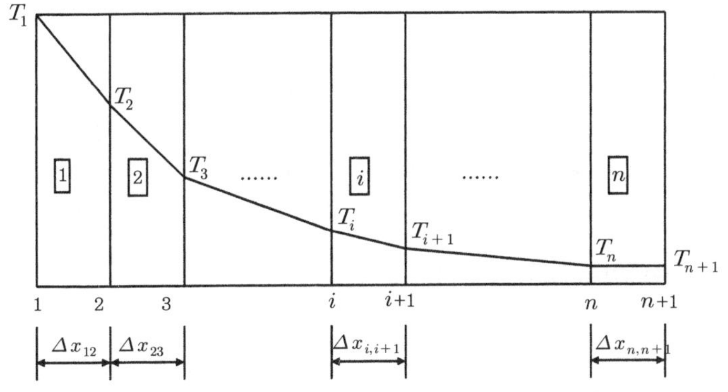

그림 4.3 다층(multilayer) 합성요소에서의 일정상태 전도(conduction)[3)]

2) One-dimensional steady-state heat conduction in a composite element

3) From Wang Y.C., Steel and Composite Structures, Behaviour and Design for Fire Safety, p.173, Spon Press, London, a Taylor & Francis publication, 2002. With permission

식(4.3)을 재배열하면 다음 식(4.4)를 얻을 수 있다.

$$\begin{aligned} T_1 - T_2 &= \dot{Q}\frac{\triangle x_{12}}{\lambda_{12}} = \dot{Q}R_{12} \\ T_2 - T_3 &= \dot{Q}\frac{\triangle x_{23}}{\lambda_{23}} = \dot{Q}R_{23} \\ &\cdots \\ T_i - T_{i+1} &= \dot{Q}\frac{\triangle x_{i,i+1}}{\lambda_{i,i+1}} = \dot{Q}R_{i,i+1} \\ &\cdots \\ T_n - T_{n+1} &= \dot{Q}\frac{\triangle x_{n,n+1}}{\lambda_{n,n+1}} = \dot{Q}R_{n,n+1} \end{aligned} \tag{4.4}$$

여기서, i번째 층에 대해서

$\lambda_{i,i+1}$: 열전도율

$R_{i,i+1} = \triangle x_{i,i+1}/\lambda_{i,i+1}$: 열저항

T_i과 T_{i+1} : 양면에서의 온도

$\triangle x_{i,i+1}$: 두께

식(4.4)를 모두 합하면 식(4.5)가 된다.

$$T_1 - T_{n,n+1} = \dot{Q}\sum_{i=1}^{n} R_{i,i+1} \tag{4.5}$$

그러므로 건물의 두 외측면 온도(T_i와 T_{i+1})를 알면, 식(4.5)는 열유속($\dot{Q}$)을 얻는데 사용할 수 있다. 그 후 이 값은 건물 부재요소의 서로 다른 내부 위치에서의 온도(즉 T_2, T_3, ..., T_n)를 얻기 위해 식(4.4)에 대입한다.

4.2.3 열(Thermal) 경계조건

구조화재안전 적용에서 건물 부재요소의 외부 온도는 그 값을 알 수 없는 변수인 반면 부재요소의 표면은 그 온도값이 알려진 유체와 접해 있다. 예를 들어, 부재요소의 한 면은 화재에 접해 있을 수 있고, 다른 면은 상온의 공기에 접해 있을 수도 있다. 건물 부재요소에서 온도분포를 결정하기 위해 이러한 유체온도는 경계조건으로 사용된다.

그림 4.4는 그 사례이다. 열 경계조건을 적용할 때 유체와 부재요소 표면 사이에서의 열교환은 계면(interface)에서의 온도 차와 관련되는 것으로 가정할 수 있다. 따라서 다음 식을 적용한다.

불이 닿는 면에 대해서

$$\dot{Q} = h_{fi}(T_{fi} - T_1) \tag{4.6}$$

상온의 공기 면에 대해서

$$\dot{Q} = h_a(T_{n+1} - T_a) \tag{4.7}$$

여기서, T_{fi}와 T_a는 각각 화재와 공기온도이다.

h_{fi}와 h_a는 각각 화재와 공기에 닿는 면에 대한 총 열교환계수이다. 이 두 값을 얻기 위한 방법은 4.3과 4.4절에서 논의한다.

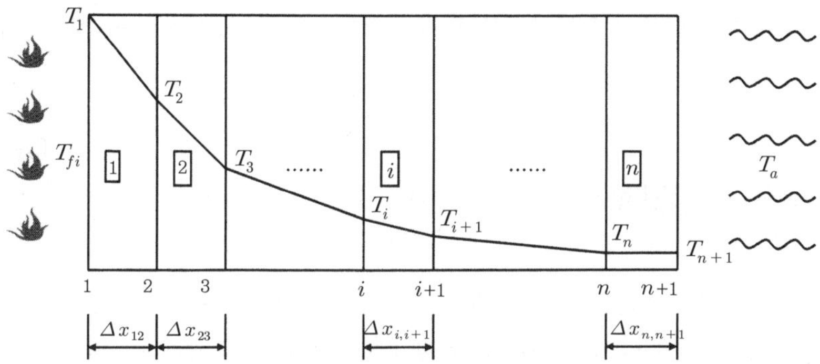

그림 4.4 1차원 열전도에 대한 경계조건[4)]

식(4.6)과 (4.7)은 식(4.8)로 다시 쓸 수 있다.

$$\begin{aligned}(T_{fi} - T_1) &= \dot{Q}/h_{fi} = \dot{Q}R_f \\ (T_{n+1} - T_a) &= \dot{Q}/h_a = \dot{Q}R_a\end{aligned} \tag{4.8}$$

여기서, R_f와 R_a는 각각 화재와 상온 공기층에서의 열저항으로 간주한다.

식(4.8)과 (4.5)를 결합하면 식(4.9)가 된다.

$$T_f - T_a = R\dot{Q}, \text{ with } R = R_f + \sum_{i=1}^{n} R_{i,i+1} + R_a \tag{4.9}$$

여기서, R은 화재층(fire layer), 건물 부재요소와 상온 공기층(air layer)을 포함하는 총 열저항이다.

4) From Wang Y.C., Steel and Composite Structcres, Behaviour and Design for Fire Safety, p.174, Spon Press, London, a Taylor & Francis publication, 2002. With permission

4.2.4 일시 열전달(Transient heat transfer)

화재가 발생한 구조물에서 시간에 따른 온도변화를 동반한 열전달 과정은 언제나 일시적이다. 일시 열전달의 가장 간단한 경우는 순열증가(net heat gain : $\dot{Q}$)에 따른 질량(m) 시간(t)에 따른 온도(T)의 변화이다. 질량변화를 고려하지 않으면 그 식은 (4.10)과 같다.

$$\dot{Q} = m \times c \times \frac{dT}{dt} \tag{4.10}$$

여기서, c는 재료의 비열(specific heat)이고, t는 시간이다.

일반적인 구조와 내화피복 재료의 비열에 관한 자세한 내용은 5장에 수록되어 있다.

4.3 대류 열전달계수[5)]

구조물의 화재공학에 대한 열전달 해석을 수행하는데 있어 중요한 부분은 고체-유체(화재 혹은 상온의 공기) 계면(interface)에서의 적절한 열전달계수를 결정하는 것이다. 대류와 복사 열전달은 둘 다 존재할 수 있기 때문에 총 열전달계수는 두 부분(대류와 복사)을 포함한다. 대류 열전달은 오직 유체가 고체 표면과 맞닿아 있는 경우에만 적용한다. 복사 열전달은 유체가 고체 표면과 접촉 여부에 상관 없이 항상 일어날 수 있다.

열대류(heat convection)를 설명하는 것은 방대하므로 여기서는 화재시 구조물의 온도분포를 모델링하는데 필요한 대류 열전달계수만을 설명한다.

4.3.1 유체의 형태

고체 표면을 통과하는 유체이동(fluid movement)은 강제대류이거나 자연대류이다.[6)] 구조화재공학에서 보면 복사 열전달은 보통 유체에 영향을 미치는 외력이 없기 때문에 자연대류로 간주한다. 각각의 범주 안에서 흐름(flow)이 층류[7)](laminar)이거나 난류(turbulent)인 두 가지 형태가 있다. 만약 유체의 이동이 인접한 경로에 혼합되지 않고 연속적인 경로에 있다면 층류

5) Convective heat transfer coefficients

6) forced convection or natural convection

7) 층류(laminar flow : 層流)는 액체가 일정한 속도나 규칙적으로 변하면서 흐르는 안정된 액체의 흐름을 말하며, 층흐름(streamline flow)이라고도 한다. 이 용어는 난류(turbulent flow)와 반대되는 용어이다.

혹은 층흐름(streamline flow)이라고 한다. 반면에 작은 유체 요소의 맴돌이 운동[8](eddy motion)이 일어나면 이것은 표면과 표면의 직각방향 둘 다에서 유속(flow velocities)에 변동(fluctuations)이 일어나고 유체가 섞이기 시작한다.

4.3.2 무차원 수

열전달 연구는 많은 수의 무차원 양(dimensionless quantities)을 사용한다. 이러한 무차원 양은 적은 수의 소규모 실험연구 적용 범위를 확장시키는 데 도움을 준다. 대류 열전달계수(h_c)는 다음 식(4.11)에서 이용되는 넛셀수(Nu : Nusselt)[9]와 연관이 있다.

$$Nu = \frac{h_c L}{k} \text{ 로부터}$$

$$h_c = \frac{Nu.k}{L} \tag{4.11}$$

여기서, L : 고체 표면의 특성 길이

k : 유체의 열전도율

서로 다른 온도에서 공기의 열전도율은 다음 식(4.12)를 이용하여 대략적으로 구할 수 있다(Smith 1981) :

$$\lambda_{air} = \lambda_{air,0}\left(\frac{T}{T_0}\right)^{0.8} \tag{4.12}$$

여기서, T : 가스온도(켈빈)

T_0 : 상온(켈빈)

$\lambda_{air,0}$: 상온 T_0에서 공기의 열전도율

$\lambda_{air,0} = 0.0246 \ \mathrm{W/mK}$

8) 소용돌이 형태의 운동이며(와류) 유체 속에서 팽이처럼 회전하고 있는 부분이다.

9) 넛셀수(Nusselt)는 유체와 고체 표면 사이에서 열을 주고 받은 비율을 나타내는 숫자로 차원이 없다. 이 수가 클수록 열전도속도에 분자의 운동이 미치는 영향이 작다는 것을 의미한다.

표 4.1 자연대류에 대한 복사 열전달계수(출처[10])

표면 형상	유동형	조건	특성 치수	B	m
높이를 가지는 수직 플레이트(실린더)(벽)	층류	$10^4 < Ra < 10^9$	L	0.59	1/4
	난류	$Ra > 10^9$	L	0.13	1/3
면적 A와 둘레 P를 가지는 수평 플레이트(천장)	층류	$10^5 < Ra < 10^7$	사각형에 대해 L	0.54	1/4
	난류	$Ra > 10^7$	사각형에 대해서 $(L+W)/2$ 다른 것에 대해서 원통형 디스크 A(면적)/P(둘레)에 대한 0.9D	0.14	1/3

4.3.1절에서 설명한 것처럼 자연대류는 구조화재공학의 필요에 따라 가정할 수 있다. 자연대류에서 유체와 고체 표면 사이의 열교환은 유체의 특성뿐만 아니라 유체와 관련하여 그 표면이 어떻게 위치하는지에 달려 있다(표면이 유체에 수직인지 평행한지, 그리고 유체보다 위에 있는지 아래에 있는지).

자연대류에 대한 넛셀수(Nusselt number)의 일반식은 다음과 같다.

$$Nu = B \cdot Ra^m \tag{4.13}$$

여기서, B와 m은 수평과 수직판에 대해 표 4.1에서 주어진 대류 열전달의 수치이다. 식(4.14)로 주어지는 Ra는 Raleigh수이고, Grashof수(Gr)와 Prandtl수(Pr)로부터 얻어진다.

$$Ra = Gr \cdot Pr \tag{4.14}$$

Grashof수는 식(4.15)로 정의한다.

$$Gr = \frac{gL^3\beta\Delta T}{v^2} \tag{4.15}$$

여기서, g는 중력가속도, β는 유체의 열확산계수이고, ΔT는 유체와 고체 표면 사이의 온도 차이다 ; $v\,(=\mu/\rho)$는 유체(공기)의 상대점성이고, μ와 ρ는 각각 유체의 점성과 밀도이다.

이상기체(ideal gas)법칙에 따라 다른 온도에서 공기의 열팽창계수는 식(4.16)과 같다.

$$\beta = \frac{1}{T} \tag{4.16}$$

여기서, T : 공기의 절대온도

10) Adapted from Drysdale, D. (1998), An Introduction to Fire Dynamics, 2nd ed., Wiley, New York

Prandtl수는 식(4.17)로 정의한다.

$$Pr = \frac{\mu C_{air}}{\lambda_{air}} \tag{4.17}$$

여기서, λ_{air} : 열전도율

C_{air} : 공기의 비열[대략적으로 C_{air} =1kJ/(kg · K)]

Pr값은 0.7에 매우 가깝다.

4.3.3 화재안전을 위한 대류 열전달계수의 근사치11)

앞 절에서 수식의 온도 의존적인 특성과 계산에 필요한 표면온도가 알려져 있지 않기 때문에 대류 열전달계수를 정확히 계산하려면 여러 과정을 거쳐야 한다. 구조화재공학에서 열전달 해석의 대부분 복사는 열전달의 기본모드(dominant mode)이다. 반면에 대류 열전달계수가 크게 변동해도 온도계산은 그다지 민감하지 않다. 따라서 간략화가 가능하다.

표 4.1의 조건에 따라 R_a값을 계산하기 위해 식(4.15)에서 L의 실제 치수를 사용하면 대류는 난류가 될 것으로 예상된다. 그러므로 표 4.1로부터 m =1/3이다. 대류 열전달계수는 식(4.18)과 같다.

$$h_c = B \times \lambda_{air} \times \left[\left(\frac{g^{*}\mathrm{Pr}}{v^2}\right)\right]^{1/3}\left(\frac{\Delta T}{T}\right)^{1/3} \tag{4.18}$$

식(4.18)에 $B(\approx 0.14)$, $g(=9.81\mathrm{m/s^2})$, $Pr(\approx 0.7)$의 값을 대입하면, 식(4.19)를 얻을 수 있다.

$$h_c = 0.266 k_{air} \times v^{-2/3}\left(\frac{\Delta T}{T}\right)^{1/3} \tag{4.19}$$

$(\Delta T/T)_{\max} \approx 1$이기 때문에 식(4.19)에서 약 10W/(m^2 · K)라는 h_c의 최대값이 구해진다. 열전달계수는 내화구조설계를 위해 유로코드 EN 1991-1-2에서 권장하는 값보다 훨씬 낮다. 권장값은 표준화재 노출 조건에 대해서는 25W/(m^2 · K), 공칭 유류(탄화수소)화재 조건12)에서는 50W/(m^2 · K)이고, 매개변수 화재 조건에서는 35W/(m^2 · K)이다. 그러나 플래시오버 이후13) 건물온도는 열전달계수(h_c)가 크게 변해도 아주 민감하지는 않다. 상온의 공기에 접한 면에서

11) Approximate values of convective heat transfer coefficients for fire safety

12) the nominal hydrocarbon fire condition

13) post-flashover fires

유로코드는 4W/(m^2 · K)의 상수를 권장한다. 이는 식(4.19)를 이용해서 계산된 하한계(lower-bound) 값이다. 이 유로코드 권장치는 보수적인 추정치로써 대기의 접합면에서 대류 열손실이 구조물에서 가장 높은 온도에서 도달할 수 있는 하한계에 있음을 보여준다.

4.4 복사 열전달계수[14)]

복사 열에너지(thermal energy)가 매개체를 통과할 때 경로 안의 물체는 입사(入射)[15)] 열복사(incident thermal radiation)를 흡수 · 반사 · 투과할 수 있다. 한 물체가 식(4.20)에서 주어지는 흡수 · 복사 · 투과하는 입사 열복사의 각 항들을 표현하기 위해 흡수율 α, 반사율 ρ, 투과율 τ를 사용한다.

$$\alpha + \rho + \tau = 1 \tag{4.20}$$

일반적으로 식(4.20)의 3가지 인자는 온도, 전자파장, 입사물체의 표면 특성 함수이다. 구조화재공학에서는 일반적으로 간략한 계산을 한다. 극단적인 경우는 모든 입사 열복사가 물체(body)에 의해 흡수될 때이다($\alpha = 1$). 이러한 이상적인 물체를 흑체(black body)라고 한다.

4.4.1 흑체 열복사의 전체 파워[16)]

흑체의 열복사는 복사열전달(radiant heat transfer)에서 본질적으로 중요하다. 특성을 많이 가지고 있지만 가장 중요한 것은 이것이 완벽한 방사체(emitter)라는 것이다. 이는 동일한 온도에서 흑체가 다른 물체보다 단위표면적당 더 많은 열복사(thermal radiation)를 방사할 수 있다는 것을 의미한다. 흑체표면에 의해 방사되는 열복사의 전체 양 E_b는 오로지 온도함수이고, 슈테판 볼츠만(Stefan-Boltzmann)법칙에 의해 주어진다.

$$E_b = \sigma T^4 \tag{4.21}$$

여기서, σ : 슈테판 볼츠만 상수이고, $5.67 \times 10^{-8} \mathrm{W/(m^2K^4)}$의 값

T : 켈빈으로 표시되는 절대온도

14) RADIANT HEAT TRANSFER COEFFICIENT

15) 입사(入射) : 하나의 매질(媒質) 속을 지나가는 소리나 빛의 파동이 다른 매질의 경계면에 이르는 일

16) Total power of black-body thermal radiation

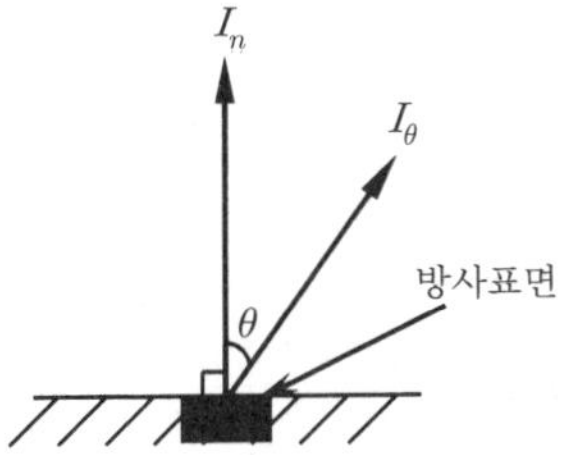

그림 4.5 복사열의 방향 강도(directional Intensity)[17)]

4.4.2 방향성 열복사의 세기[18)]

식(4.20)으로부터 흑체표면(방사체)의 단위면적당 전체 열복사를 얻을 수 있지만, 열복사는 공간 내에서 균등하게 분포되어 있지 않다. 방향 의존성은 램버트(Lambert)법칙으로 표현된다.

$$I_\theta = I_n \cos\theta \tag{4.22}$$

그림 4.5를 참고하여 I_n은 방사표면에 대한 수직방향(normal direction)으로의 열복사 세기이다. I_e는 방사표면에 수직방향에서의 각 θ에 대한 열복사의 세기이다.

열복사의 세기는 단위 대응 입체각(unit subtended solid angle)에 대한 방사표면의 단위면적당 복사열 흐름(radiant heat flux)으로 정의된다. 방향성 열복사의 세기는 식(4.23)으로 유도할 수 있다.

$$I_n = \frac{E_b}{\pi} \tag{4.23}$$

4.4.3 흑체표면 사이의 열복사 교환[19)]

그림 4.6은 방사표면(emitting surface) A_1을 가진 두 흑체표면 A_1과 dA_2를 보여준다. 이는 dA_2에 대한 입사 열복사를 찾기 위해 필요하다. 그림 4.6에서 dA_1은 A_1에 대한 미소면적이고, 점 1과 2는 dA_1과 dA_2의 중심이다. θ_1은 dA_1의 법선과 선 1–2 사이의 각이고, θ_2는 dA_2의 법선과 선 1–2 사이의 각이다.

---

17) From Wang Y.C., Steel and Composite Structures, Behaviour and Design for Fire Safety, p.180, Spon Press, London, a Taylor & Francis publication, 2002. With permission

18) Intensity of directional thermal radiation

19) Exchange of thermal radiation between black-body surfaces

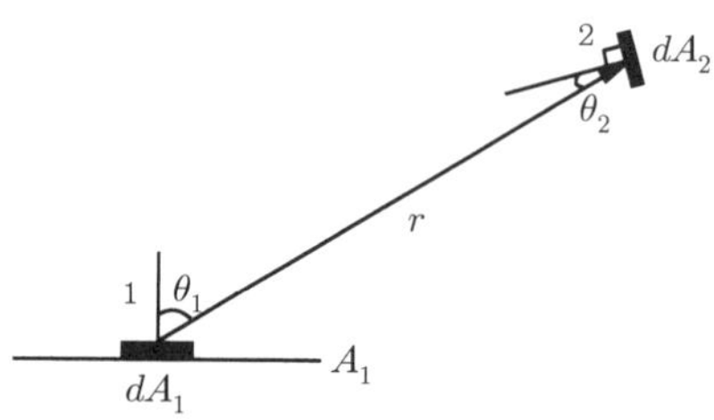

그림 4.6 유한하고(finite) 극소한 면적 사이의 복사 열교환[20]

A_1의 단위표면적당 전체 열복사가 E_{b1}이라면, 1–2방향에서 입사 열복사의 세기는 $(E_{b1}/\pi)\cos\theta_1$이다. 1–2방향에 수직한 dA_2의 유효면적은 $dA_2 \cdot \cos\theta_2$이다. 이때 dA_1의 중심에 대한 dA_2의 대응 입체각은 $dA_2 \cdot \cos\theta_2/r^2$이다. 그러므로 dA_2에 대해 입사하는(incident) dA_1으로부터 열복사는 식(4.24)와 같다.

$$d\dot{Q}_{dA1\to dA2} = E_{b1}\frac{\cos\theta_1\cos\theta_2}{\pi r^2}dA_1dA_2 \tag{4.24}$$

그리고 dA_2에 대해 입사하는 A_1으로부터 전체 열복사는 식(4.25)와 같다.

$$\dot{Q}_{A1\to dA2} = \int_{A1} E_{b1}\frac{\cos\theta_1\cos\theta_2}{\pi r^2}dA_1dA_2 = \Phi E_{b1}dA_2 \tag{4.25}$$

4.4.4 형태계수 Φ

식(4.25)의 우측항에서 $E_{b1}dA_2$는 dA_2에 대한 최대 입사 열복사 파워[21]이고, 이것은 dA_2가 A_1에 의해 완전히 둘러싸일 때 발생한다. 대부분의 경우 dA_2에 대한 입사 열복사는 매우 작다. 계수 Φ는 dA_2에 입사하는 A_1으로부터 열복사의 일부분을 나타내기 위하여 사용된다. 이 계수는 단지 A_1과 dA_2 사이의 공간적인 형태에 의존하므로 형태(configuration) 혹은 관전(view)계수라고 한다.

20) From Wang Y.C., Steel and Composite Structures, Behaviour and Design for Fire Safety, p.181, Spon Press, London, a Taylor & Francis publication, 2002. With permission

21) maximum incident thermal radiation power

형태계수는 1보다 크지 않지만 중요한 값이다. 그러나 식(4.25)에 있는 적분은 풀이하는 데 쉽지 않다. 형태계수는 표면(A_1)과 바라보는 방향(view point : dA_2)의 공간적 배치에만 의존하므로 여러 상황의 값은 이미 계산되어 많이 볼 수 있다.

표 4.2는 2개의 일반적인 기하학적 배치에 대해 미국소방기술사회[22] 핸드북(SFPE 2002)에서 발췌했다.

표 4.2 2개의 일반적인 기하학적 배치에 대한 형태계수(출처[23])

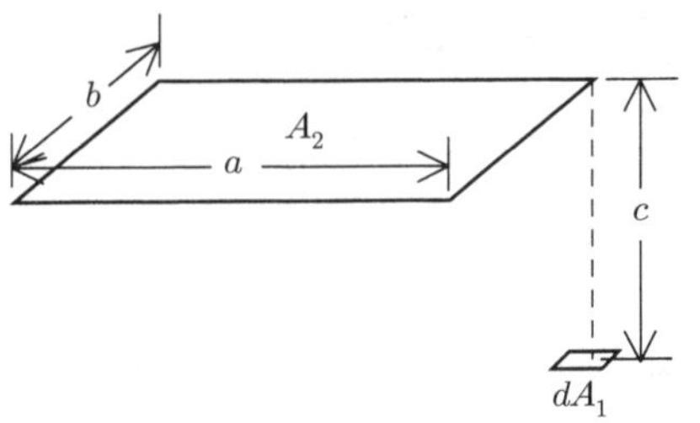

$$X = a/c \quad Y = b/c$$

$$\Phi_{A_2 \to dA_1} = \frac{1}{2\pi}\left[\frac{X}{\sqrt{1+X^2}}\tan^{-1}\left(\frac{Y}{\sqrt{1+X^2}}\right) + \frac{Y}{\sqrt{1+Y^2}}\tan^{-1}\left(\frac{X}{\sqrt{1+X^2}}\right)\right]$$

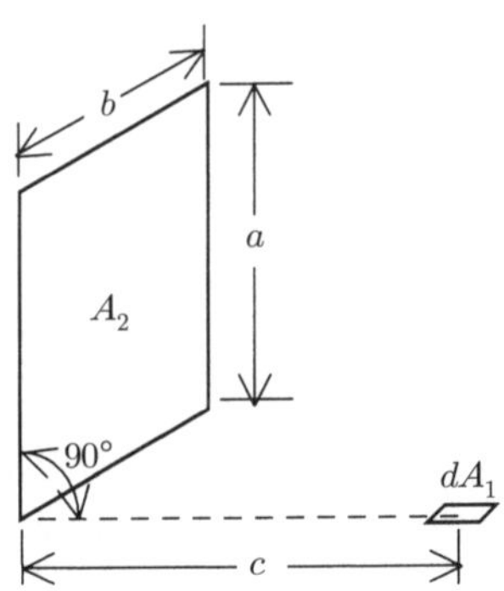

$$X = a/b \quad Y = c/b \quad A = 1 / \sqrt{X^2 + Y^2}$$

$$\Phi_{A_2 \to dA_1} = \frac{1}{2\pi}\left[\tan^{-1}\left(\frac{1}{Y}\right) - AY\tan^{-1}A\right]$$

22) Society of Fire Protection Engineering

23) Adapted from DiNenno, P. (2002), The SFPE Handbook of Fire Protection Engineering, 3rd ed., Society of Fire Protection Engineers, Bethesda, MD, USA.

형태계수는 첨가되는 변수이므로 복잡한 표면에서도 구할 수 있다. 복잡한 표면을 여러 개의 단순구역으로 분할하면 된다. 이때 관전(형태)계수는 표에서 쉽게 얻을 수 있다. 전체 형태계수는 세분화된 면적의 모든 형태계수를 합한 값이다.

4.4.5 교환 면적(Exchange area)

식(4.25)는 유한(finite)면적에서 한 점까지의 입사 열복사를 표현한다. 실제로 하나의 유한면적에서 다른 유한면적까지 입사 열복사를 자주 계산하게 된다. 두 개의 유한면적 A_1과 A_2에 대하여 식(4.25)는 이제 식(4.26)과 같이 된다.

$$\dot{Q}_{A1 \to A2} = \iint_{A1,\, A2} E_{b1} \frac{\cos\theta_1 \cos\theta_2}{\pi r^2} dA_1\, dA_2 = F_{1\to 2} A_1 E_{b1} \tag{4.26}$$

$F_{1\to 2}$계수는 '적분 형태계수'이다. 이는 표면 A_1에 의해 방사된 복사 열속(heat flux)과 A_2에 대한 입사의 한 부분을 나타낸다. $A_1 E_{b1}$은 표면 A_1으로부터의 전체 열복사이기 때문에 이는 A_2에 대해 입사할 수 있는 최대값이다. 그러므로 $F_{1\to 2}$는 1보다 클 수 없다. 형태계수와 유사하게 두 표면의 많은 배치(arrangements)에 대해 적분된 형태계수의 값이 계산되어 있고, 방화공학(Fire Protection Engineering)의 핸드북인 SFPE와 같은 서적에도 수록되어 있다(DiNenno 2002).

4.4.6 회색체(Grey-body) 표면의 복사 열전달

실제 재료는 흑체(black body) 법칙에 따라 복사를 방출하거나 흡수하지 않는다. 일반적으로 방사표면의 복사 에너지를 정의하기 위해서는 추가항목이 필요하며, 이것이 방사율 ε이다. 방사율은 동일한 온도에서 한 표면에 의해 방출된 총 에너지와 흑체 표면의 에너지의 비로 정의된다. 따라서 일반적인 표면에 의해 방출된 총 복사 에너지는 식(4.27)과 같다.

$$E = \varepsilon \sigma T^4 \tag{4.27}$$

표면의 방사율은 복사 에너지의 파장, 표면의 온도, 복사각에 따라 달라진다. 그러나 방사율이 이러한 요인에 비해 독립적이라면, 그 복사표면은 회색체 표면으로 불린다. 편의상 회색체 복사가 화재공학 계산에 적용되고 있다. Kirchhoff의 법칙에 따르면 표면의 방사율은 표면 흡수율과 동일하다. 그러므로 회색체 표면을 통한 복사 에너지의 전달이 없으면 표면의 반사율은 식(4.20)에 따라 $(1-\varepsilon)$이다.

4.4.7 회색체 표면 사이의 복사열 전달을 위한 회로법[24)]

방사율(emissivity)과 반사율(reflectivity)의 도입과 함께 회색체 표면 사이의 열교환은 복잡하여 그 해석식(analytical equations)은 매우 단순한 경우에만 얻을 수 있다. 이 문제를 해결하기 위해 회로접근법이 사용될 수 있다.

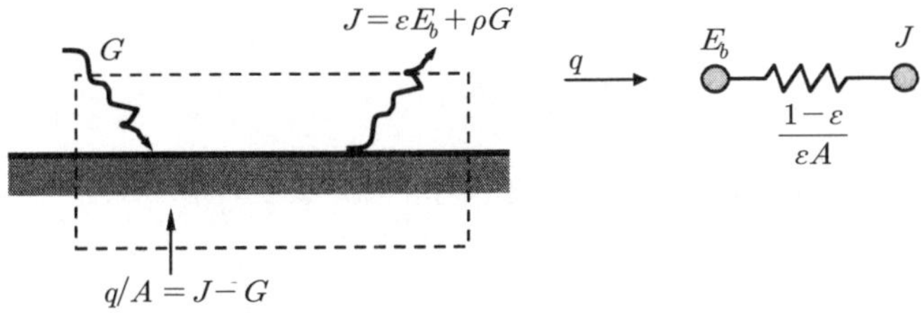

그림 4.7 회색체 표면의 회로 표현

첫째, 그림 4.7에 있는 하나의 분리된 표면을 고려한다. 그것은 단위면적당 총 입사 복사 G와 단위면적당 총 조도(total radiosity) J를 가지고 있다. 총 조도 J는 두 부분으로 구성된다 : 방출된 복사 εE_b와 반사된 복사 ρG이다. 따라서 단위면적당 순복사 열속은 $q/A=J-G$이다. 다음과 같이 J 항목에서 q를 나타내기 위해 G량을 제거한다 :

$$J=\varepsilon E_b+\rho G=\varepsilon E_b+(1-\varepsilon)G \Rightarrow G=\frac{J-\varepsilon E_b}{1-\varepsilon} \tag{4.28}$$

$$\frac{q}{A}=J-G=\frac{\varepsilon}{1-\varepsilon}(E_b-J) \text{ 또는 } q=\frac{E_b-J}{(1-\varepsilon)/\varepsilon A} \tag{4.29}$$

이는 그림 4.7 우측에 나타낸 등가전기회로 모델로 나타낼 수 있다. 전기회로에서 E_b와 J는 두 노드의 전압이며, $(1-\varepsilon)/\varepsilon A$는 전기저항이고, q는 전류이다.

그림 4.8에 표시된 두 회색체 표면 사이의 복사 열교환을 고려해 보자. 식(4.26)에서 총 조도에 대해 E_{b1}과 E_{b2}를 J_1과 J_2로 대체하면 식(4.30)이 된다.

$$\begin{aligned} q_{1-2} &= J_1A_1F_{12} \\ q_{2-1} &= J_2A_2F_{21} \\ q_{1-2|\mathrm{net}} &= J_1A_1F_{12}-J_2A_2F_{21}=(J_1-J_2)A_1F_{12} \\ q_{1-2|\mathrm{net}} &= \frac{J_1-J_2}{1/A_1F_{12}} \end{aligned} \tag{4.30}$$

24) Network method for radiant heat transfer between grey–body surfaces

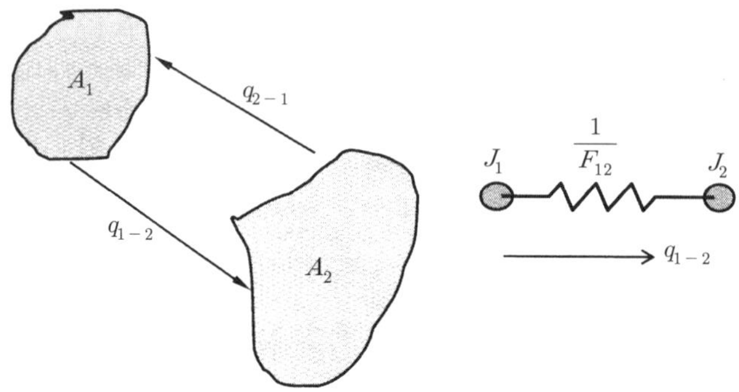

그림 4.8 두 회색체 표면 사이의 복사 열전달 회로 표현

그림 4.8의 우측과 같이 두 노드에서의 전압 J_1과 J_2, 전기저항 $1/(A_1F_{12})$로 나타낸 등가전기회로로 나타낼 수 있다.

따라서 전체 회로는 한 그룹의 회색체 표면들 사이에 복사 열전달을 위해 구성될 수 있다. 회로가 모든 복사 표면을 포함해야 한다는 것을 이해하는 것이 중요하다. 그림 4.9는 서로 마주 보는 세 개의 표면 사이에 복사열 전달에 대한 완전한 회로를 보여준다.

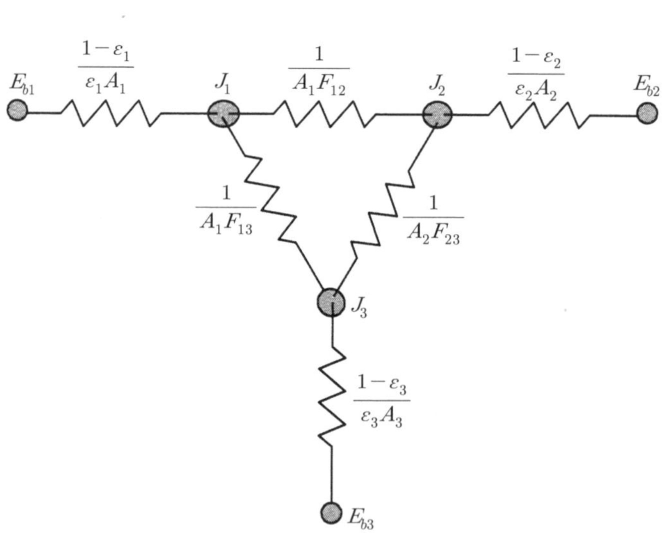

그림 4.9 세 개의 상호 복사 회색체 표면의 회로 표현

따라서 세 개의 전기 평형방정식은 세 개의 노드 J_1, J_2, J_3에 관하여 다음 식(4.31)과 같다.

$$Node\ \ 1 : \frac{E_{b1}-J_1}{(1-\varepsilon_1)/\varepsilon_1 A_1}+\frac{J_2-J_1}{1/A_1F_{12}}+\frac{J_3-J_1}{1/A_1F_{13}}=0$$
$$Node\ \ 2 : \frac{E_{b2}-J_2}{(1-\varepsilon_2)/\varepsilon_2 A_2}+\frac{J_1-J_2}{1/A_1F_{12}}+\frac{J_3-J_2}{1/A_2F_{23}}=0 \qquad (4.31)$$
$$Node\ \ 3 : \frac{E_{b3}-J_3}{(1-\varepsilon_3)/\varepsilon_3 A_3}+\frac{J_1-J_3}{1/A_1F_{13}}+\frac{J_2-J_3}{1/A_2F_{23}}=0$$

위의 세 가지 수식으로 미지수(J_1, J_2, J_3)를 구할 수 있다. 이로부터 서로 다른 표면(q_{12}, q_{13}, q_{23}) 사이의 복사열 교환은 식(4.30)을 이용하여 쉽게 계산할 수 있다. 회로법은 서로 마주보는 다수의 회색체 표면 사이에 복사열 교환으로 확장할 수 있다. 그림 4.10에 회로의 일부분이 스케치되어 있다. 노드 i의 회로에서 다음 수식을 얻을 수 있다.

$$\frac{\varepsilon_i}{1-\varepsilon_i}(E_{bi}-J_i)+\sum_j F_{ij}(J_j-J_i)=0 \qquad (4.32)$$

그리고 나서 모든 수식은 다음 매트릭스 형태를 나타내기 위해 조합된다.

$$[\mathrm{A}][J]=[\mathrm{C}] \qquad (4.33)$$

모든 노드에 대한 J를 계산한 뒤 어떤 두 개의 표면 사이의 복사 열교환은 식(4.30)을 이용하여 구할 수 있다.

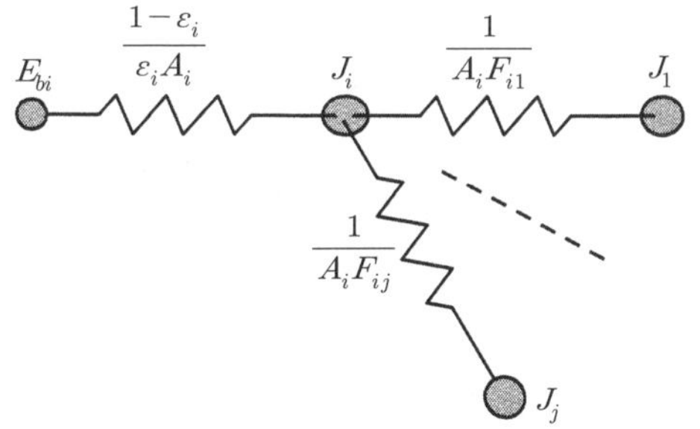

그림 4.10 여러 개의 회색체 표면 복사열 전달 시스템의 부분 회로 표현

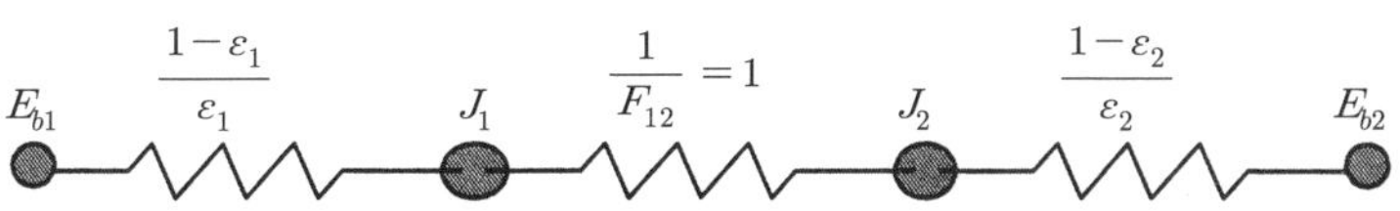

그림 4.11 두 개의 평행하고 무한하게 큰 회색체 표면의 단위면적당 복사 열전달의 회로 표현

예제 4.1

회로법 적용의 예제로 두 면 사이의 거리와 비교하여 무한히 큰 두 개의 평행한 회색체 표면들 사이의 복사 열전달을 고려해 보자. 두 표면 사이의 형상계수는 1이다. 이것은 화재가 발생한 건물 표면과 관련된 복사 열전달에 적용한다. 두 표면의 단위면적당 등가회로(equivalent network)는 그림 4.11에 나타나 있다. 이 경우에 J_1과 J_2는 단위 표면 1과 2에 대한 총 조도이다.

노드 1에 대하여 :

$$\frac{E_{b1}-J_1}{(1-\varepsilon_1)/\varepsilon_1}=J_1-J_2 \tag{4.34}$$

노드 2에 대하여 :

$$\frac{J_2-E_{b2}}{(1-\varepsilon_2)/\varepsilon_2}=J_1-J_2 \tag{4.35}$$

그러므로

$$J_1-J_2=\frac{E_{b1}-E_{b2}}{1/\varepsilon_1+1/\varepsilon_2-1}=\varepsilon_r\sigma(T_1^4-T_2^4) \tag{4.36}$$

식(4.36)에서 ε_r은 총 방사율(resultant emissivity)로 불린다.

$$\varepsilon_r=\frac{1}{1/\varepsilon_1+1/\varepsilon_2-1}=\frac{\varepsilon_1\varepsilon_2}{\varepsilon_1+\varepsilon_2-\varepsilon_1\varepsilon_2} \tag{4.37}$$

식(4.6)에 따라 이 예제에서 두 표면 사이의 복사 열전달계수는 식(4.38)로부터 구할 수 있다.

$$h_r=\varepsilon_r\sigma(T_2^2+T_1^2)(T_2+T_1) \tag{4.38}$$

4.5 열전달에 대한 간단한 해법

화재에 노출된 구조부재의 온도분포를 알기 위해서는 일반적으로 수치해석적인 과정을 거친다. 그러나 화재가 발생했을 때 피복된 것과 그렇지 못한 강구조물의 경우에 온도계산을 빠르게 하기 위해 단순한 해석적 해법이 유도되었다.

간단한 해석적 해법은 강재의 전체 요소가 모두 같은 온도를 가진다는 '집중질량법(lumped-mass method)'을 이용하여 구했다. 이 가정의 당위성은 열전도율과 그 두께에 따라 달라지는 재료의 열전도율에서 찾을 수 있다. 온도가 갑자기 상승하는 공기에 완전하게 노출된 플레이트를 생각할 때, 자세한 이론적 고려사항(Carslaw와 Jaeger 1959)은 비오트 수(Biot number)[25)]가 0.1보다 작으면 플레이트는 균등한 온도분포를 가지는 것으로 가정할 수 있고, 집중질량법이 적용될 수 있다. 이 조건은 강재 플레이트 두께 약 100mm까지 해당된다.

4.5.1 화재시 피복되지 않은 강구조물의 온도

그림 4.12는 모든 면이 화재에 노출된 강재의 단면을 보여준다. 강재온도는 T_s이고 화재온도는 T_{fi}라고 가정하면 열평형 방정식은 식(4.39)와 같다.

$$V\rho C_s \frac{dT_s}{dt} = h(T_{fi} - T)A_s \tag{4.39}$$

여기서, V와 A_s는 각각 부피와 강재의 노출된 표면적, ρ는 밀도, C_s는 강재의 비열이다.

식(4.39)의 좌측항은 매우 짧은 시간 동안 강재의 온도를 상승시키는 데 필요한 열이고, 우측항은 화재에서 강재까지의 입열(heat input)이다.

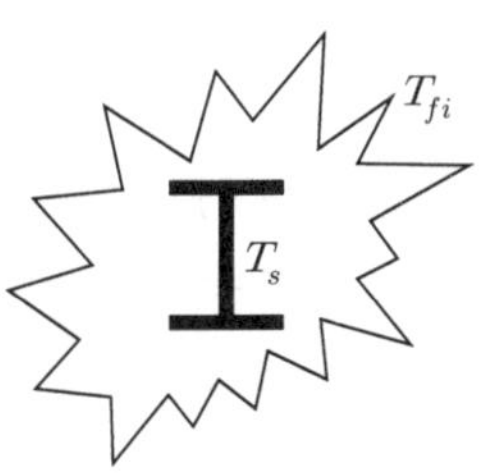

그림 4.12 화재시 피복되지 않은 강재 단면[26)]

25) 비오트 수(biot number) : 유체 속에 물체가 잠겨 냉각될 때, 즉 열전달 과정이 과도한 상태일 때 쓰는 상수이다. 이는 물체의 표면과 내부 사이의 온도강하 정도를 알 수 있는 척도가 된다. 만약 비오트 수가 크다면 물체 내에서의 온도강하가 심하고, 작다면 물체 내에서의 온도가 거의 일정하다. 비오트 수가 작게 되면 물체를 하나의 덩어리로, 온도가 일정하다고 가정할 수 있게 되어 시스템을 더욱 간단하게 만든다. 대부분 비오트 수가 0.1보다 작을 때 물체 내의 온도가 일정하다고 가정한다. Biot이란 이름은 프랑스의 물리학자인 장바티스트 비오(Jean-Baptiste Biot)에서 온 것이다.

26) From Wang Y.C., Steel and Composite Structures, Behaviour and Design for Fire Safety, p.189, Spon Press, London, a Taylor & Francis publication, 2002. With permission

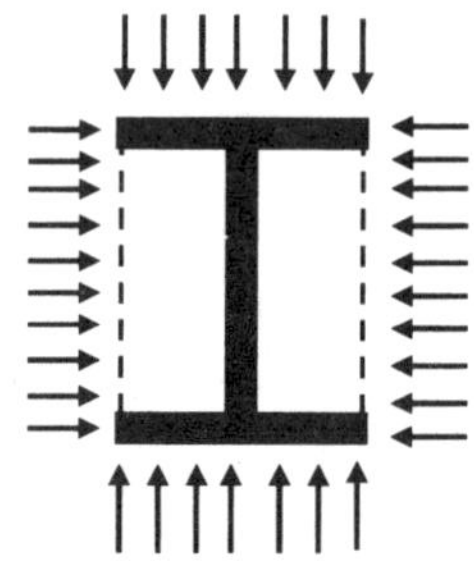

그림 4.13 오목한 표면을 가진 단면의 가정된 복사 열전달 경계

단계적인 접근법을 사용하고 시간 증가분($\Delta t < 5s$)이 적다고 가정할 때, 강재온도 증가 ΔT_s는 식(4.40)을 이용해 계산할 수 있다.

$$\Delta T_s = \frac{h}{\rho C_s}\frac{A_s}{V}(T_{fi} - T_s)\Delta t \tag{4.40}$$

식(4.40)에서 A_s/V비는 강재의 단면형상계수로 불린다.

식(4.40)은 유로코드 EN 1993-1-2와 EN 1994-1-2(CEN 1993-2005b, 1994-2005b)에서 온도계산식의 근간이 된다.

유로코드 3(CEN 1993-2005b)의 EN 1993-1-2에서 보정계수(correction factor)가 적용되어 있다는 점에 주목해야 한다. 이 보정계수의 효과는 그림 4.13에서 볼 수 있는 바와 같이 강재 단면을 둘러싸는 상자의 단면형상계수 A_s/V를 변화시키는 것이다. 명목상 이 상자는 복사 열속(radiant heat flux)에 강재 단면의 유효경계를 나타내고, 오목한 표면에서의 복사 열전달이 단면의 그림자에 의해 차단되었다는 가정을 받아들이기 위해 도입되었다. 그러나 그 근간이 되는 문서(Franssen 2006 ; Wickstrom 2005)를 검토해 보면 그림자 효과(shadow effect)를 도입하는 주된 이유를 알 수 있다. 이는 유로코드 3 Part 1.2의 두 가지 버전에서 총 방사율의 권장치가 서로 다르기 때문이다. 즉 ENV 1993-1-2(CEN 1993-1995)에서는 0.5, EN 1993-1-2(CEN 1993-2005b)에서는 0.7이 제시되어 있다. 따라서 그림자 효과의 실제 목적은 총 방사율(resultant emissivity)에 대한 더 높은 값을 이용함으로써 발생하는 강재온도의 과대평가(EN 1993-1-2)를 상쇄하려는 것이다.

4.5.2 화재시 피복된 강구조물의 온도

그림 4.14는 화재시 피복된 강재 요소의 단면을 보여준다. 강재 단면의 온도와 화재온도는 각각 T_s와 T_f로 표기한다. 식(4.9)에 따라 화재시 내화피복된 강재 단면의 열전달은 식(4.41)과

같다.

$$\dot{Q}_{con} = \frac{1}{1/h + t_p/k_p}(T_{fi} - T_s)A_s \Delta t \tag{4.41}$$

여기서, t_p와 k_p는 각각 내화피복 재료의 두께와 열전도율이며, h는 화재의 전체 열전달계수이다.

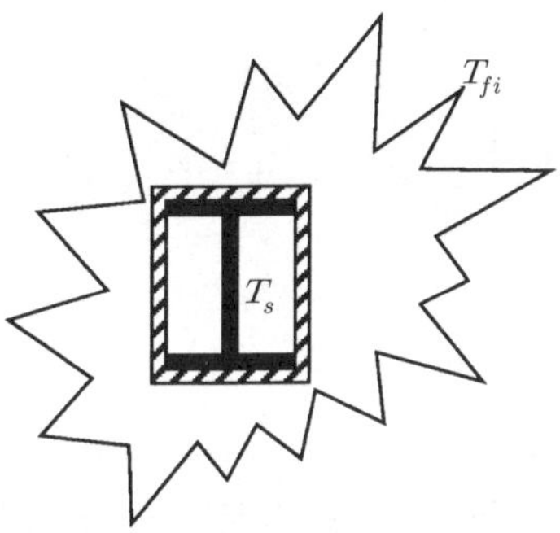

그림 4.14 화재시 피복된 강재 단면[27)]

첫 번째 근사계산으로 내화피복 온도는 화재온도와 강재온도의 평균값$[T_p = 1/2(T_{fi} + T_s)]$으로 가정한다. 강재와 내화피복 온도를 증가시키기 위해 필요한 전체 열은 식(4.42)와 같다.

$$\dot{Q}_{req} = C_s\rho_s V\Delta T_s + C_p\rho_p t_p A_p \frac{1}{2}(\Delta T_{fi} + \Delta T_s) \tag{4.42}$$

여기서, A_p는 내화피복의 노출된 표면적이다.

내화피복이 얇다고 가정하면, A_p는 강재 요소의 표면적으로 취할 수 있다. 식(4.42)와 (4.41)이 같다고 놓으면 강재온도의 증가를 구할 수 있다.

$$\Delta T_s = \frac{(T_{fi} - T_s)A_p/V}{(1/h + t_p/k_p)C_s\rho_s\left(1 + \frac{1}{2}\phi\right)}\Delta t - \frac{1}{\left(\frac{2}{\phi} + 1\right)}\Delta T_{fi} \tag{4.43}$$

여기서,

$$\phi = \frac{C_p\rho_p}{C_s\rho_s}t_p\frac{A_p}{V}$$

27) From Wang Y.C., Steel and Composite Structures, Behaviour and Design for Fire Safety, p.191, Spon Press, London, a Taylor & Francis publication, 2002. With permission

식(4.43)에서 $1/h$항은 화재의 열저항성이다. 만약 내화피복이 두껍고 낮은 열전도율을 가지고 있다면, $1/h$을 포함하는 열저항성의 효과는 작거나 무시될 수 있다. 그러나 뿜칠 콘크리트와 같은 높은 열전도율을 가진 내화피복 재료를 사용할 때 화재에 대한 열저항의 영향은 매우 중요하다(Wong과 Ghojel 2003).

식(4.43)을 유도할 때 많은 가정이 전제되었다. Wickstrom(1982, 1985)은 좀 더 자세하고 이론적인 고려사항들을 제안했다. 가볍게 피복된 강재요소에서 식(4.44)는 좀 더 정확한 온도 예측에 사용할 수 있다.

$$\Delta T_s = \frac{(T_{fi} - T_s) A_p / V}{(t_p / k_p) C_s \rho_s \left(1 + \frac{1}{3}\phi\right)} \Delta t - (e^{\phi/10} - 1) \Delta T_{fi} \tag{4.44}$$

이미 설명한 대로 화재의 열저항성은 t_p/k_p를 $1/h + t_p/k_p$로 교체하여 포함하여야 한다.

시간 증분이 너무 커서는 안 된다. 식(4.44)를 사용할 때, 시간 증분 Δt는 30초를 초과하지 않아야 한다. 식(4.44)의 두 번째 항으로 인해 화재온도가 증가하는 초기단계에서 강재의 온도는 감소할 수 있다. 이 경우에 강재온도 증가는 0으로 취해져야 한다.

4.5.3 단면형상계수(Section Factors)

식(4.40)과 (4.44)는 강재 요소에서 온도 증가는 직접적으로 강재 요소의 단면형상계수에 관계되는 것을 명확하게 보여주고 있다. 단부 영향들이 무시되는 강재 요소의 단위 길이를 고려해 보자. 단면형상계수는 H_p/A를 대안으로 취할 수 있다. 여기서, H_p는 화재에 노출된 강재 단면의 둘레 길이(perimeter)이고, A는 강재 요소의 단면적이다.

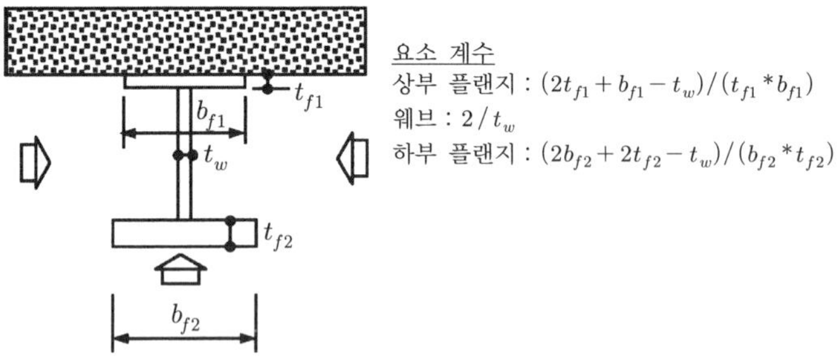

그림 4.15 내화피복되지 않은 강재 단면에 대한 요소계수(element factors)[28]

28) From Wang Y.C., Steel and Composite Structures, Behaviour and Design for Fire Safety, p.193, Spon Press, London, a Taylor & Francis publication, 2002. With permission

예를 들어, 내화피복되지 않은 강구조물의 경우에 강재 단면의 각기 다른 부분에서 서로 다른 온도를 얻는 것이 더 유용할 수 있다. 이 경우에 요소계수가 사용된다. 피복되지 않은 일반적인 보/기둥 단면의 서로 다른 부분에 대한 요소계수가 그림 4.15에 나타나 있다.

강재 접합부에 대한 Ding과 Wang(2009) 및 Dai 등(2009)에 의한 연구는 구성부재(components)에 적절한 단면계수가 사용된다면 간략화된 계산법들이 접합부 구성부재의 온도를 계산하는데 적용할 수 있다는 것을 보여주고 있다. 좀 더 자세한 내용은 8장에 제시되어 있다.

4.6 재료의 적절한 열특성 사용의 중요성[29)]

식(4.40)과 (4.44)를 사용하기 위해서 강재, 콘크리트, 단열재료의 열적 특성(k : 열전도율, ρ : 밀도, C : 비열)에 대한 사용 가능한 정보를 확보하는 것이 필요하다. 5장에서 재료의 열특성을 자세히 설명하고 있다.

내화피복된 강구조물에 대해 내화피복 재료의 열특성에 대한 신뢰할 만한 정보를 확보하는 것이 특히 중요하며, 강구조물의 열특성이 상온에서와 같이 일정하다고 가정하는 것은 적절하지 않다.

온도-의존적인 열특성의 중요성을 설명하기 위해 그림 4.16과 4.17은 각각 식(4.44)를 이용해서 강재온도의 계산을 비교하고 있다. 여기에는 암석섬유(rock fibre)[30)] 내화피복과 질석(vermiculite)[31)] 내화피복에 대해 나타내며, 화재에 대한 열저항성을 포함하지 않았다. 단면형상계수는 150m^{-1}이고 강재의 비열은 650J/kgK였다. 계산은 60분 표준화재 노출에 대해 수행되었다. 암석섬유(rock fibre)[32)] 내화피복에 대해 밀도는 160kg/m^{3}였으며, 비열값은 900J/kgK였다. 질석 내화피복에 대해 밀도는 600kg/m^{3}였고, 비열값은 900J/kgK였다. 그리고 암석섬유 두께는 10mm였고, 질석 두께는 15mm였다. 암석섬유와 질석의 온도-의존적인 열전도율은 5.3.3에 있는 식을 이용하여 계산하였다. 암석섬유와 질석의 상온 열전도율은 각각 0.0257W/(m · K)와 0.1638W/(m · K)였다.

---

29) IMPORTANCE OF USING APPROPRIATE THERMAL PROPERTIES OF MATERIALS

30) 셀룰로오스 파이버와 석고에 열과 압력을 가해 광물질과 결합시킨 제품

31) Vermiculite fire protection(질석계 내화피복) : 운모, 특히 흑운모 광석을 1,100℃ 이상에서 소성한 초경량 무기질소재를 이용하여 만든 내화피복

32) rock fibre fire protection(암석섬유 내화피복) : 암석으로부터 인공적으로 만들어진 내열성이 높은 광물섬유를 이용하여 만든 내화피복

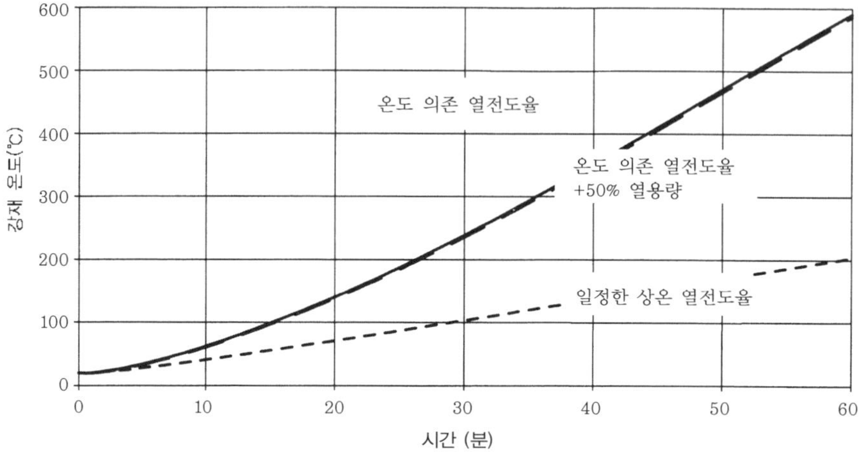

그림 4.16 암석섬유 내화피복을 이용한 강재온도의 비교

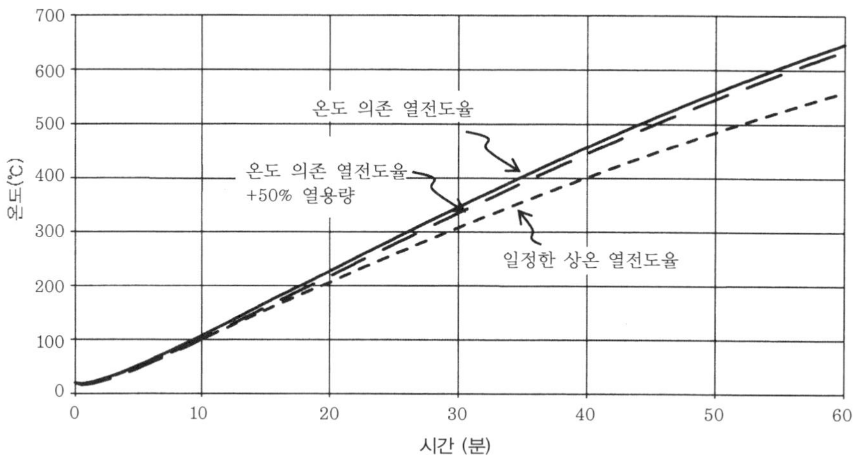

그림 4.17 질석 내화피복을 이용한 강재온도의 비교

질석(그림 4.17)에서 온도에 대한 열전도율의 의존성은 매우 크지 않았다. 따라서 온도-의존적이거나 온도-독립적인 열전도율을 이용하여 강재온도를 계산해 보면 그 차이는 비교적 작았다. 그러나 강재온도에서의 차이는 여전히 큰 편이었다. 예를 들어, 60분 화재 노출에서 온도-의존적인 열전도율을 이용하여 강재온도를 계산해 보면 647℃였다. 반면에 온도-독립적인 열전도율을 이용한 강재온도는 560℃였고, 그 차이는 87℃였다.

만약 내화피복 재료의 열전도율이 암석섬유처럼 상당히 온도-의존적이라면 온도-독립적인 값을 사용하는 것은 그림 4.16에서 보는 바와 같이 완전히 잘못된 결과를 얻을 것이다. 60분

화재 노출에서 온도-의존적인 열전도율을 이용하면 강재온도가 590℃였고, 온도-독립적인 열전도율을 이용하면 단지 203℃에 불과했다.

반면에 열용량의 영향(비열에서 밀도를 곱한 값)은 약했다. 암석섬유의 열용량을 50% 정도 증가시킨 후 60분 화재 노출에서 강재의 온도를 계산해 보면 590℃에서 585℃로 5℃ 감소되었다. 질석 내화피복에서는 재료의 고밀도 때문에 열용량을 변화시키면 효과가 더욱 확실하다. 그러나 계산된 강재온도는 열용량의 큰 변화에도 여전히 민감하지 않다. 질석의 열용량을 50% 정도 증가시켜 60분 화재 노출에서 계산된 강재온도는 647℃에서 636℃로 11℃만큼 감소되었다.

결론적으로 성능기반 구조화재공학 계산에서 내화피복 재료의 정확한 온도-의존(temperature-dependent) 열전도율값을 얻는 것은 매우 중요하다.

4.7 열 경계조건의 효과[33)]

4.2.3절에서 대류이론에 근거한 대류 열전달계수의 값과 유로코드 EN 1991-1-2(CEN 1991-2002)에서 권장된 간략화된 값 사이에 큰 차이가 있음이 설명되었다. 복사열 전달계수(transfer coefficient)를 계산하는데 사용되는 총 방출률(resultant emissivity) 값에도 불확실한 면이 있다. 피복되지 않은 강재온도는 대류와 복사열 전달계수의 변화에 가장 민감하다. 그림 4.18은 서로 다른 대류 열전달계수[10, 25와 50W/(m^2 · K)]와 총 방사율(0.3, 0.5, 0.7)을 사용하여 피복되지 않은 강재온도의 예시적 변화를 보여준다. 이 설명을 위해 표준화재노출 조건이 적용되었으며 강재 단면계수는 100m^{-1}이었다.

강재온도 계산에는 큰 차이가 있다. 그러나 대류 열전달계수를 변화시키는 것의 효과와 총 방사율을 변화시키는 것의 효과는 구분되어야 한다. 방사율(0.5)은 동일하지만 대류 열전달계수가 다른 경우의 강재온도를 비교해 보면, 강재온도 증가의 속도가 빠를 때(그림 4.18에서 약 15분) 계산된 강재온도에서 최대 차이가 발생했다. 따라서 동일한 강재온도에 도달되는 시간 차이는 상대적으로 중요하지 않다. 이는 서로 다른 총 방사율 값(0.3, 0.5, 0.7)이 아니라 같은 대류 열전달계수(25W/m^2 · K)를 이용해서 계산된 강재온도와 대조된다. 강재온도의 증가율이 심지어 낮았을 때도(그림 4.18에서 약 30분) 강재온도에는 상당한 차이가 있었으며, 이는 동일한 강재온도가 얻어질 때의 시간에 대해 큰 차이를 보일 것이다.

33) EFFECTS OF THERMAL BOUNDARY CONDITIONS

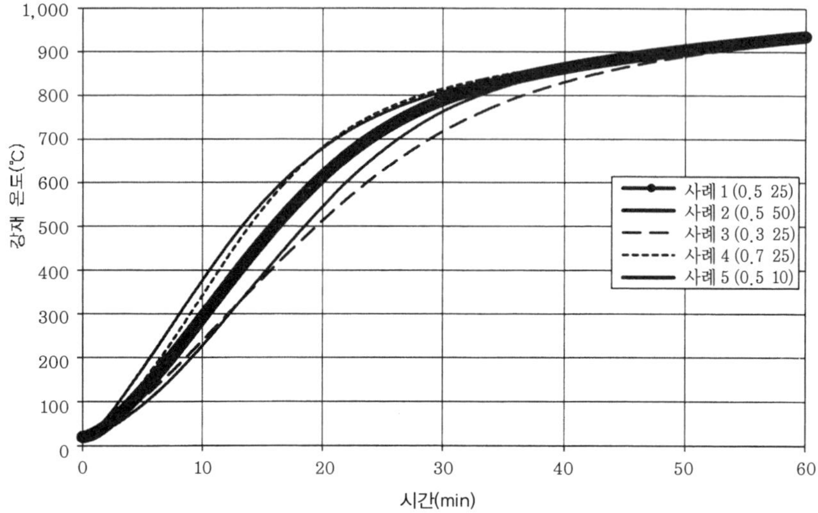

그림 4.18 서로 다른 대류 열전달계수와 방사율 값에 대한 피복되지 않은 강재온도에서의 변화

계산된 강재온도가 대류 열전달계수와 사용된 총 방사율에 의해 영향을 받는 동안 이 결과는 정확한 총 방사율 값을 얻는 것이 더 중요하다는 것을 보여주고 있다.

4.8 열전달 수치해석에 대한 소개

일반적인 열전달 문제에 대한 해석적 해법을 얻기란 불가능하며, 수치 해석적 방법들이 필요하다. 독자들의 열전달 소프트웨어 패키지에 대한 이해를 돕기 위해 여기서는 3차원 일시상태 열전달의 몇 가지 기본 식을 제시한다.

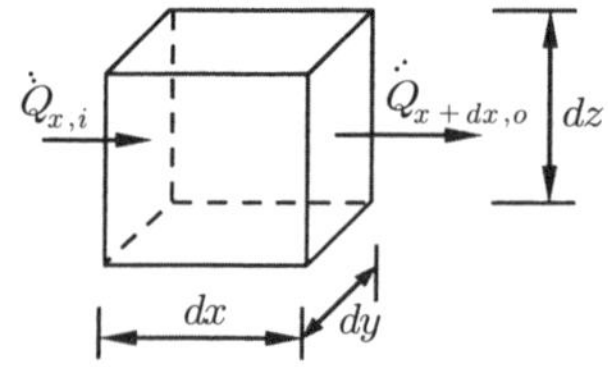

그림 4.19 3차원 제어부피(control volume)에서의 열전도[34)]

34) From Wang Y.C., Steel and Composite Structures, Behaviour and Design for Fire Safety, p.198, Spon Press, London, a Taylor & Francis publication, 2002. With permission

그림 4.19에서는 직교 좌표 x, y, z에 평행한 모서리에 열전도 요소인 dx, dy, dz를 가리킨다. 내부 열 발생은 없는 것으로 가정한다.

x방향에서 열전달을 고려해 보면 요소에 대한 총 열유입(total heat inflow)은 식(4.45)와 같다.

$$\dot{Q}_{x,i} = -k_x \frac{\partial T}{\partial x} dydz \tag{4.45}$$

요소로부터 총 열유출(total heat outflow)은 식(4.46)과 같다.

$$\dot{Q}_{x+dx,o} = -k_{x+dx} \frac{\partial \left(T + \frac{\partial T}{\partial x} dx \right)}{\partial x} dydz = -k_{x+dx} \left(\frac{\partial T}{\partial x} + \frac{\partial^2 T}{\partial x^2} dx \right) dydz \tag{4.46}$$

요소의 열전도율은 미소공간에서 일정하므로 x방향에서 제어부피로의 순열유입(net heat inflow)은 $k_x = k_{x+dx}$이라고 가정한다.

$$\triangle \dot{Q}_x = \dot{Q}_{x,i} - \dot{Q}_{x+dx,o} = k_x \frac{\partial^2 T}{\partial x^2} dxdydz = k_x \frac{\partial^2 T}{\partial x^2} dV \tag{4.47}$$

유사하게 y와 z방향에서 제어부피로의 순열유입은 식(4.48)과 같다.

$$\triangle \dot{Q}_y = k_y \frac{\partial^2 T}{\partial y^2} dV \tag{4.48}$$

그리고

$$\triangle \dot{Q}_z = k_z \frac{\partial^2 T}{\partial z^2} dV \tag{4.49}$$

에너지 보존 법칙에 따라 요소에 축적된 총 열은 요소온도를 증가시키는 데 필요한 열과 동일하다.

$$k_x \frac{\partial^2 T}{\partial x^2} + k_y \frac{\partial^2 T}{\partial y^2} + k_z \frac{\partial^2 T}{\partial z^2} = \rho C \frac{\partial T}{\partial t} \tag{4.50}$$

수치해석적인 열전달 해석의 문제는 식(4.50)의 온도에 대한 수치해석적 해법을 찾는 것이다.

열전달의 수치해석적인 이론적 기초는 잘 정립되어 있고, 자세한 연구를 위해 많은 참고서적이 이용되고 있다. 연구자들과 상용 유한요소 프로그램 회사들이 수치해석 열전달 프로그램 패키지를 개발해 오고 있다. 신뢰할만한 수치해석 열전달 시뮬레이션 결과를 얻는 데 있어 중요한 것은 적절한 경계조건을 적용하고 적절한 재료의 열특성을 사용하는 것이다.

4.9 맺음말

이 장은 성능기반 구조화재공학 해석을 수행하기 위한 목적으로 열전달에 대해 소개하고 있다. 열전달 이론은 발전해 오고 있으며, 다양한 해석기법들이 사용 가능하다. 그러나 열전달 해석 결과에 대한 정확성은 보장될 수 없다. 신뢰할 만한 결과를 얻기 위해 적절한 경계조건들이 적용되고 믿을만한 재료의 열특성이 사용되는 것이 중요하다. 특히, 내화피복재료의 열전도율은 열전달 해석 결과에 가장 중요한 영향을 끼칠 것이다. 일반적으로 내화피복재료의 열전도율이 온도에 대해 독립적이라고 가정하는 것은 적절하지 않으며, 상온상태에서의 값을 사용하는 것 또한 적절하지 않다. 재료 열전도율의 온도 의존성은 신뢰할 수 있게 정량화되어야 한다.

5장
재료 특성

5.1 서론

높은 온도의 영향을 받는 구조재료에 관한 정확한 정보는 구조물의 성능기반 내화설계에서 중요한 필수조건이다. 이는 설계자가 여러 가지 화재 진행 및 방화 시나리오에 대해 구조적 거동을 모델링하거나, 본질적으로 내화에 강한 특성을 가진 재료들과 경제적 시공의 필요성 사이에서 균형을 잡을 수 있도록 도와준다. 재료 특성은 두 가지 카테고리로 나누어진다. 즉 구조물의 부재를 통해 도달하는 온도를 제어하는 열특성(thermal properties)과 구조적 응답을 제어하는 온도 의존적인 역학적 특성이다.

어느 정도까지 열역학적 특성들을 명시할 필요가 있는지는 경우에 따라 달라진다. 대다수의 구조화재공학 사례에서 상대적으로 짧은 시간의 화재는 역학적 특성이 시간과 별개라고 생각할 수 있지만 구조물이 오랜 시간 화재에 노출되는 경우 시간의 역할은 분명히 고려되어야 한다.

건물이 어떤 방법이나 어떤 재료의 조합으로 지어지던 화재에 노출될 수 있으므로 최소한 거주자들의 안전은 고려되어야 한다. 구조엔지니어가 설계하는 규모가 큰 다층 건물의 경우 골조재료의 범위를 강재나 철근콘크리트로 한정할 수 있다. 그러나 피복재료는 구조물의 가열 시간을 늦추므로 이러한 특성은 구조화재공학 설계에서 필요한 정보이다.

상승하는(elevated) 온도에서의 재료 거동에 대한 연구는 많이 이루어져 왔으며, 연구논문집이나 전공 서적들에 잘 수록되어 있다. 성능기반 구조화재공학에서는 이러한 지식들을 적절하게 통합할 필요가 있다. 이러한 목적을 위해 2000~2005년 사이에 출간된 유로코드는 최근 연구를 기반으로 주요 건축재료의 열적, 구조적 구성 관계(constitutive relationships)를 잘 설명하고 있다. 이 장의 목적은 관련된 재료 특성의 사용 가능한 모델을 제시하는 것이다. 그것은 상승하는 온도에서 구조 시뮬레이션(structural simulations)으로 소개할 수 있다. 유로코드 고유의 특성치는 연관된 특성들의 실질적인 모델을 제공할 때 사용되며 필요에 따라 확장할 수 있다.

5.2 구조 재료

5.2.1 관련 열특성[1)]

주변 구조물에 둘러싸여 있는 부재에서 화재로부터 생기는 온도분포에 대한 열전달의 메케니즘과 수식들은 4장에서 다루어졌다. 실질적인 구조내화공학 설계를 수행하는데 있어서 재료의 열적 특성인 방사율(emissivity), 열전도율(thermal conductivity), 비열용량(specific heat capacity), 열팽창(thermal expansion) 등을 이해해야 한다.

1) 방사율(Emissivity)

방사율은 근본적으로 재료 그 자체의 고유 특성이라기보다는 재료 표면의 특성이다. 방사율은 흡수한 열(absorbed heat)을 방출하는 표면의 상대적인 능력(relative ability)을 나타내는 것으로, 동일한 온도에서 완전한 흑체(black body)[2)]에 의해 방출된 열에 대한 특정 재료 표면에 의해 방출된 열의 비(ratio)이다. 이상적인 흑체는 방사율 $\varepsilon = 1.0$을 가진다. 따라서 실제 재료 표면은 1.0 이하의 양수 값을 가지고 있다. 물리학에서도 흡수율(absorptivity)을 정의하는데, 흡수율 $\alpha = 1.0$을 가지는 이상적인 완전 흑체에 의해 흡수된 열에 대비하여 특정 재료 표면에 의해 흡수된 부수적인(incidental) 열의 비로 정의된다. 실제로 방사율과 흡수율의 수치는 방사선 파장에 따라 달라지지만 화재가 발생한 구조물의 열에서 고려되는 적외선 파장은 매우 한정된 영역에서 적용되므로 이는 그다지 중요치 않다. $\alpha = \varepsilon$이라는 복사에 대한 Kirchhoff의 법칙에 따르면 열전달의 경우 이는 맞다고 가정할 수 있다. 재료 표면의 색과 질감(texture)이 재료의 방사율에 광범위하게 영향을 끼친다는 점은 논리적이다. 더 큰 방사율을 가질 것으로 생각되는 매끄럽고 밝은 표면보다 흐릿하고 어두운 표면이 1.0에 가까운 방사율을 가지는 경향이 있다.

이러한 논리로 건물 화재시 구조물의 표면만을 고려하면 재료에 대해 방사율 값을 한 가지로 간주하는 것은 매우 불확실하다고 볼 수 있다. 이는 표면의 색깔과 질감에 대한 다양한 화재 연료의 종류와 환기 조건에 따라 영향을 받기 때문이다. 온도 300K에 대한 값의 사례는 표 5.1에 나와 있다.

---

1) Relevant thermal properties

2) 흑체(黑體, black body)는 진동수와 입사각에 관계없이 입사하는 모든 전자기 복사를 흡수하는 이상적인 물체이다.

표 5.1 300K에서 재료에 대한 전형적인 방사율 값(자료 출처[3])

표면 재료	방사율 ε	표면 재료	방사율 ε
알루미늄(심한 산화)	0.2~0.31	철(광택)	0.14~0.38
알루미늄(고광택)	0.039~0.057	철(플레이트, 붉은 녹)	0.61
알루미늄(거침)	0.07	철(어두운 회색 표면)	0.31
석면보드	0.96	철(거친 주괴)	0.87~0.95
아스팔트	0.93	조적(석고보드)	0.93
벽돌(빨강, 거침)	0.93	연강	0.20~0.32
벽돌(내화점토)	0.75	석고	0.98
주철(새롭게 가공)	0.44	석고(거침)	0.91
주철(가공 · 가열)	0.60~0.70	플라스틱	0.91
크롬	0.058	모래	0.76
콘크리트	0.85	강(산화)	0.79
콘크리트(거침)	0.94	강(광택)	0.07
콘크리트 타일	0.63	스테인리스 강(풍화)	0.85
유리(매끈함)	0.92~0.94	스테인리스 강(광택)	0.075
유리(파이렉스)	0.85~0.95	강재(아연도금, 오래됨)	0.88
화강암	0.45	강재(아연도금, 새로운)	0.23
석고	0.85	연철	0.94

유로코드 EN 1993-1-2[4] 및 EN 1994-1-2(CEN, 1994-2005b)와 같은 실무 화재공학기준에서 재료의 방사율 값은 실제 건물 화재 조건보다 표준화재 가열로(furnace) 안에서의 가열에 근거하고 있다. 구조용 강(steel)과 알루미늄 강에 대해 각각 0.7과 0.4의 단일 값을 사용하고 있다. 콘크리트 표면에 대해 EN 1994-1-2는 0.7의 단일 값을 규정하고 있다.

2) 열전도율(Thermal conductivity)

재료의 열전도율은 재료를 통해 전도되는 열의 속도에 영향을 주는 계수이다. 이는 한 점에서 (미터당 섭씨 혹은 켈빈온도로 나타나는)의 온도변화(gradient)에 대한 제곱미터당 초당[5] 에너지 전도(conduction) 비율과 관련이 있다. 열변화(thermal gradient)가 일정할 것으로 고려할 수 있는 짧은 구간에서는 한 재료에서 짧은 시간 동안, 단위면적당 전도되는 에너지(joules)를 계산하는 데 사용할 수 있다.

---

3) http://www.engineeringtoolbox.com/emissivity-coefficients-d_447.html.
4) Committee of European Normalization[CEN], 1993-2005b
5) per second (in watts) per square metre

표 5.2 재료에 대한 일반적인 열전도율 값(자료 출처[6])

기본 재료(25℃)		열전도율(W/m · K)		
공기(가스)			0.024	
알루미늄			250	
벽돌	조밀한		1.31	
	조적		0.69	
	내화점토 벽돌(500℃)		1.4	
콘크리트	경량		0.42	
	보통 중량		1.7	
	시멘트 모르타르		1.73	
유리	창문		0.96	
단열재료	일반		0.035~0.16	
	석면 보드		0.744	
	유리면		0.04	
	석고 플라스터		0.48	
	석고 혹은 플라스터 보드		0.17	
	플라스틱		0.03	
	석고, 메탈라스		0.47	
	암면 단열		0.045	
	질석		0.058	
철		25℃	125℃	225℃
	순수	80	68	60
	주철		55	
	연철		59	
강재		25℃	125℃	225℃
	탄소	54	51	47
	스테인리스	16	17	19
	탄소 1%		43	
	크롬 니켈(18% 크롬, 8% 니켈)		16.3	
암석	단단한		2~7	
	사암		1.7	

건축재료의 일반적인 상온 값이 표 5.2에 주어져 있다. 재료가 정확히 정의되어 있지 않으면 그 범위가 주어진다.

6) http://www.engineeringtoolbox.com/thermal-conductivity-d_429.html.

(1) 구조용 강재의 열전도율

표 5.2로부터 강재의 열전도율은 온도에 따라 변하는 것을 알 수 있다. EN 1993-1-2에 정의된 탄소강의 온도에 따른 열전도율 변화에 대한 간략한 설명은 그림 5.1에서 볼 수 있다. 이는 강재 단면뿐만 아니라 철근에도 적용된다. 단순한 설계 계산을 위해 초기 기준에서는 45W/m · K의 상수값이 제안되었다. 그리고 이 값은 300℃ 이상에서는 보수적인 가정이다.

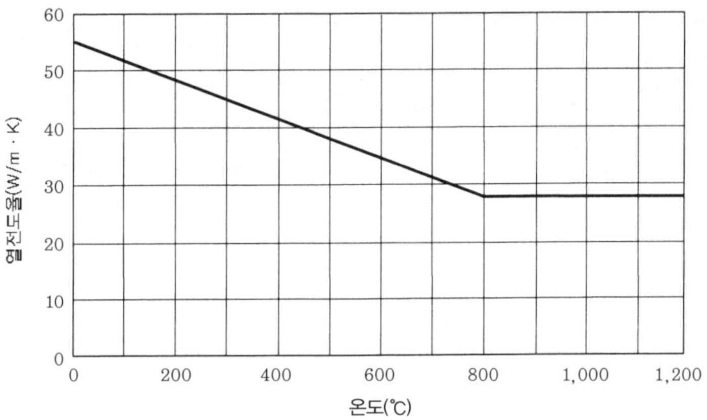

그림 5.1 온도에 따른 강재 열전도율 변화(variation)의 EN 1993-1-2 표현 (CEN 1993-2005b)

그 변화는 EN 1993-1-2에서 다음과 같이 제시되고 있다.

$$\theta_a = 20℃ \sim \theta_a = 800℃ \quad : \lambda_a = 54 - 3.33 \times 10^{-2} \theta_a \, \mathrm{W/m \cdot K}$$
$$\theta_a = 800℃ \sim \theta_a = 1{,}200℃ : \lambda_a = 27.3 \ \mathrm{W/m \cdot K} \tag{5.1}$$

여기서, θ_a는 강재온도(섭씨)이다.

(2) 콘크리트의 열전도율(Thermal conductivity of concrete)

콘크리트의 열전도율(λ_c)은 콘크리트의 화학적 성질, 개별 구성 성분의 열전도율 및 차지하는 비율, 함수율, 골재와 시멘트의 종류에 따라 달라진다. 건식 콘트리트의 경우 골재 종류는 열전도율에 가장 중요한 영향을 끼친다. 그러나 콘크리트의 함수율이 증가함에 따라 열전도율 또한 증가한다. 따라서 앞에서 언급한 어떤 경우보다도 열전도율에 상당한 편차가 있을 수 있다.

EN 1994-1-2는 합성구조물에 사용된 콘크리트에 대한 많은 실험에 기초하여 보통 중량 콘크리트의 온도에 따른 열전도율의 상한과 하한을 정의하는 곡선을 제시한다(그림 5.2). 영국의 설계기준 부록에는 유로코드에서 추천하고 있는 것처럼 오직 상한 한계곡선만을 허용한다. 보통 중량 콘크리트를 위한 간략한 계산 모델에서는 1.6W/m · K의 열전도율 상수값이 사용된다. 경량 콘크리트에 대해서는 하나의 이선형 변화(bilinear variation)가 제시되었다.

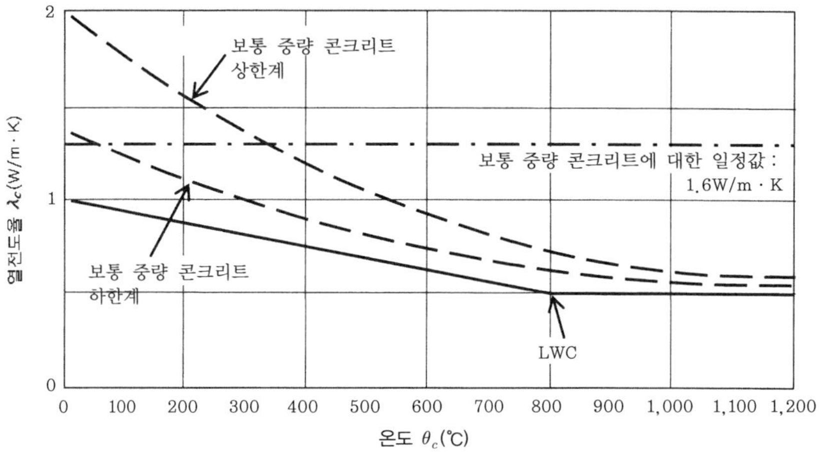

그림 5.2 시간의 함수로서 보통 중량 콘크리트(NWC)와 경량 콘크리트(LWC) 열전도율의 EN 1994-1-2 표현(CEN, 1994-2005b)

유로코드 곡선에서 보통 중량 콘크리트의 열전도율(λ_c) 한계값은 다음 식에 따라 전체 20~1,200℃ 범위에서 주어지고 있다.

$$(\text{상한계})\ \lambda_c = 2 - 0.2451 \times 10^{-2}\theta_c + 0.0107 \times 10^{-4}\theta_c^2\ \text{W/m}\cdot\text{K}$$
$$(\text{하한계})\ \lambda_c = 1.36 - 0.136 \times 10^{-2}\theta_c + 0.0057 \times 10^{-4}\theta_c^2\ \text{W/m}\cdot\text{K} \quad (5.2)$$

여기서, θ_c는 콘크리트의 섭씨온도이다.

경량 콘크리트에 대한 열전도율의 유로코드 변화(variation)는 다음 식으로 주어진다.

$$\theta_c = 20℃ \sim \theta_c = 800℃ \quad : \lambda_c = 1 - \theta_c/1{,}600\ \text{W/m}\cdot\text{K}$$
$$\theta_c = 800℃ \sim \theta_c = 1{,}200℃ : \lambda_c = 0.5\ \text{W/m}\cdot\text{K} \quad (5.3)$$

표 5.3 재료에 대한 일반적인 비열 용량 값[7](자료 출처[8])

재료		비열 용량 c_p (J/kg · K)
알루미늄	0℃에서	0.87
벽돌	단단한	1.0
	일반	0.9
	내화벽돌	1.05
콘크리트	경량	0.96
	석재(보통 중량)	0.75
유리	창문	0.84
단열재료	석면 보드	0.84
	유리면	0.67
	플라스터, 가벼운	1.0
	플라스터, 모래	0.9
	암면 단열	0.84
	질석	0.84
철	순수 20℃	0.46
암석	단단한	0.84
	화강암	0.79
	사암	0.92

3) 비열 용량(Specific heat capacity)

비열 용량은 단위중량(1kg)의 재료 온도를 1℃ 높이기 위해 필요한 에너지의 양(joules)이다. 어떤 재료에서는 이 값이 온도에 따라 다소 변한다. 표 5.3에 나타낸 일부 건축재료의 수치는 공칭값(nominal values)이며, 보통은 상온 범위에서 취해진다.

(1) 구조용 강재의 비열 용량

EN 1993-1-2에서 주어진 온도에 따른 강재의 비열 용량 변화는 그림 5.3에 나타냈고, 대부분이 실용 범위 내에서 점진적으로 변화하고 있다. 그러나 700~800℃ 범위에서는 급격하게 높아지는 극적인 변화를 겪는다. 실제로 약 735℃에서 '무한' 값으로 급격하게 상승(sharp rise)하는 것은 입열(heat input)을 설명하는 실용적인 방법이다. 이 입열은 체심(body-centred)에서 면심(face-centred) 구조로 바꾸기 위해 탄소강의 결정구조 상변화(phase change)의 흡열 과정을 허용하게 하는 데 필요하다.

7) Typical specific heat capacity values for materials
8) http://www.engineeringtoolbox.com/specific-heat-solids-d_154.html.

강구조물에서 열전달계산이 분석적으로나 수치해석적으로 수행되는 경우 비열 용량에서 '급등하는 값(spike)'은 일반 열전도계산을 이용하여 계산할 수 있도록 허용하고 있다.

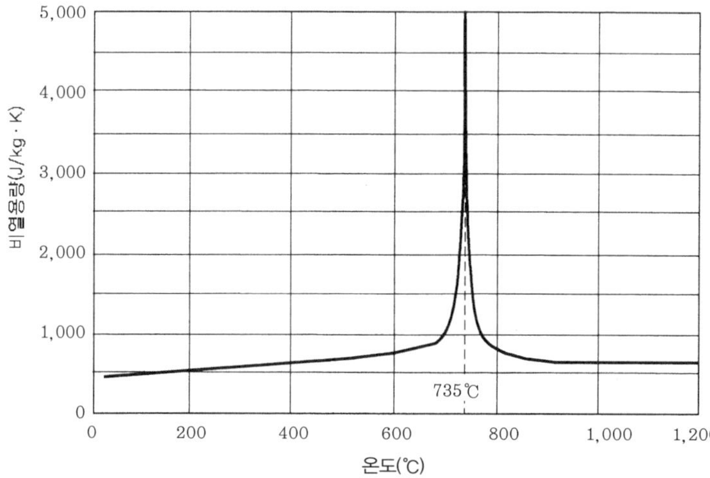

그림 5.3 온도에 따른 탄소강의 비열 용량 변화에 대한 EN 1993-1-2 표현(CEN, 1993-2005b)

유로코드 EN 1993-1-2는 탄소강을 위한 특징들을 다음 식으로 표현하고 있다.

$$\theta_a = 20℃ \sim \theta_a = 600℃ : c_a = 425 + 7.73\times10^{-1}\theta_a - 1.69\times10^{-3}\theta_a^2 + 2.22\times10^{-6}\theta_a^3 \text{ J/kg} \cdot \text{K}$$
$$\theta_a = 600℃ \sim \theta_a = 735℃ : c_a = 666 + 13{,}002/(738 - \theta_a) \text{ J/kg} \cdot \text{K}$$
$$\theta_a = 735℃ \sim \theta_a = 900℃ : c_a = 545 + 17{,}820/(\theta_a - 731) \text{ J/kg} \cdot \text{K}$$
$$\theta_a = 900℃ \sim \theta_a = 1{,}200℃ : c_a = 650 \text{ J/kg} \cdot \text{K} \qquad (5.4)$$

여기서, θ_a는 강재의 온도(℃)이다.

(2) 스테인리스강의 비열 용량

EN 1993-1-2에 주어진 온도에 따른 모든 스테인리스 강재의 비열 용량 변화는 그림 5.4에 나타나 있다. 탄소강과는 달리 전체 사용 가능한 범위에서 점진적으로 변화하는 것으로 볼 수 있다.

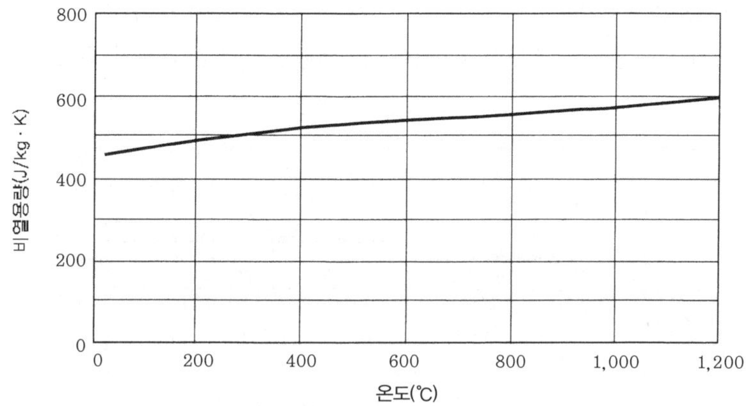

그림 5.4 온도에 따른 모든 스테인리스강의 비열 용량 변화에 대한 EN 1993-1-2 표현(CEN, 1993-2005b)

EN 1993-1-2에서는 모든 스테인리스 강재에 대해 이러한 특성을 다음 수식으로 표현하고 있다.

$$\theta_a = 20℃ \sim \theta_a = 1{,}200℃ \ : \ c_a = 420 + 0.28\theta_a - 2.91 \times 10^{-4}\theta_a^2 + 1.34 \times 10^{-7}\theta_a^3 \ \mathrm{J/kg \cdot K} \tag{5.5}$$

여기서, θ_a는 강재의 섭씨온도이다.

(3) 콘크리트의 비열 용량

콘크리트의 비열(c_c)은 골재 종류, 배합 비율, 함수율에 의해 영향을 받는다. 골재의 종류는 특히 석회질의 골재를 포함하는 콘크리트의 경우에 중요하며, 약 800℃에서 화학적 변화하기 때문에 비열이 갑자기 증가한다. 함수율은 젖은 콘크리트의 비열이 마른 콘크리트에 비해 두 배이기 때문에 온도 200℃까지 중요하다. 자유수(free water)의 열용량은 마른 콘크리트의 값에 확실하게 더해야 한다. 더욱이 콘크리트 공극(pore) 구조 내에 가압된(pressurised) 증기로 자유수를 변환하는데 필요한 잠열(latent heat)을 고려해야 한다. 특히 자유 표면으로부터 좀 멀리 있는 곳에서 증기가 콘크리트에 스며드는 데는 시간이 걸리기 때문에 분명히 상승된 비열 용량이 적용되는 온도 범위는 100℃~약 200℃ 사이이다. 그러나 이 온도 범위를 정확히 규정하는 것은 불가능하다.

콘크리트의 구성 성분과 수분 함유량에는 변동이 크기 때문에 EN 1994-1-2에서는 보통-중량 콘크리트의 비열 용량(그림 5.5)을 매우 간단하게 취급하고 있다. 그 값은 100℃~400℃ 사이에서 완만하게 증가한다. 이때 이 범위의 양쪽은 고정값이다. 만약에 증기로서 자유수의 손실

효과가 고려될 필요가 있다면, 100~200℃ 사이에서 급등하는 값을 추가할 수 있다. 또한 간소화된 모델에서 비열 용량 값이 필요하다면 상수값 1,000J/kg · K을 사용할 수 있다.

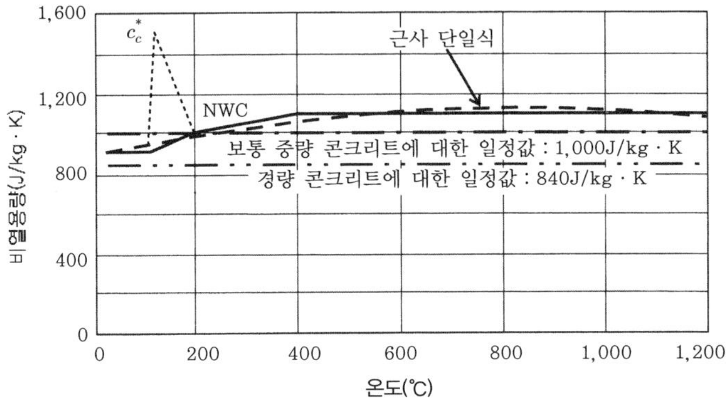

그림 5.5 온도의 함수로서 보통 중량 콘크리트(NWC)와 경량 콘크리트(LWC)의 비열 용량(CEN, 1994–2005b)

경량 콘크리트에서는 재사용할 수 있는 골재와 콘크리트가 혼합되는 과정에서의 상당한 변화(variation) 때문에 840J/kg · K의 보수적인 단일값이 사용된다. 보통 중량 콘크리트에 대해 그림 5.5의 변화를 나타내는 EN 1994-1-2 수식은 다음과 같다.

$$\theta_c = 20℃ \sim \theta_c = 100℃ \ : \ c_c = 900 \ \text{J/kg} \cdot \text{K}$$
$$\theta_c = 100℃ \sim \theta_c = 200℃ \ : \ c_c = 800 + \theta_c \ \text{J/kg} \cdot \text{K}$$
$$\theta_c = 200℃ \sim \theta_c = 400℃ \ : \ c_a = 900 + 0.5\theta_c \ \text{J/kg} \cdot \text{K}$$
$$\theta_c = 400℃ \sim \theta_c = 1,200℃ \ : \ c_c = 1,100 \ \text{J/kg} \cdot \text{K} \tag{5.6}$$

그림 5.5에서 파선으로 나타낸 단일 다항식을 사용하는 대안 버전 또한 제공되고 있다. 이는 일부 소프트웨어 개발자에게 이점이 될 수 있다.

$$\theta_c = 20℃ \sim \theta_c = 1,200℃ \ : \ c_c = 890 + 0.562\theta_c - 3.4 \times 10^{-4}\theta_c^2 \ \text{J/kg} \cdot \text{K} \tag{5.7}$$

단순 계산 모델에서 상수값 1,000J/kg · K이 사용된다.

표 5.4 자유수 함유량 증발로 인한 보통 중량 콘크리트 비열 최고값(peak)의 변화(variation)

함수량(%)	c_c*(J/kg · K)
3	2,020
10	5,600

100℃~200℃ 사이에 급등한(spike) 값이 필요하다면 최고값에 해당하는 온도는 알 수 없지만 c_c^*값은 표 5.4의 함수율 두 개의 특수한 값(particular values)으로 주어진다. 건물에서 수분 함유량은 보통 3%이고, 습윤 기후에 노출된 부재에서는 10% 정도를 나타낸다.

4) 열팽창

대부분의 간단한 화재공학 계산에서 재료의 열팽창은 무시되지만 콘크리트 슬래브를 지지하는 강재보에 대해 상부 플랜지가 열에 대해 보호받음으로써 발생하는 상이한 열팽창과 콘크리트 슬래브의 열흡수(heat-sink)는 더 낮은 범위의 화재온도에 대해 '열에 의한 휨변형(thermal bowing)'을 일으킨다. 고급 계산모델을 사용할 때 화재 발생 구획(compartment)에서 구조부재의 열팽창이 구획 밖의 구조물(cool structure)에 의해 구속된다는 점을 인식해야 한다. 이는 구속되지 않은 부재의 화재실험 결과와 매우 다른 거동을 유발한다. 그러므로 강재와 콘크리트의 열팽창이 온도에 따라 변화하는 것을 이해해야 한다.

(1) 탄소강의 열팽창

모든 등급의 구조용 강재 단면에서 통상적으로 사용되는 강재(탄소강)의 열변형률은 유로코드 EN 1993/EN 1994-1-2의 연속 곡선(그림 5.6)으로 표현된다. 점진적으로 증가하는 변화는 주요 상변화(phase change)가 일어나는 750℃~860℃ 구간에서 멈추고, 이 구간의 끝에서 다시 시작한다. 단지 EN 1994-1-2에서 정의된 이 선형화된 버전은 파선의 평균값으로 나타나 있다.

이러한 특징은 유로코드[EN 1993-1-2(탄소강)와 EN 1992-1-2(프리스트레싱 강)]에서 곡선-적합식으로 표현된다.

$$\begin{aligned}&\theta_a = 20℃ \sim \theta_a = 750℃ : \Delta l/l = 1.2\times10^{-5}\theta_a + 0.4\times10^{-8}\theta_a^2 - 2.416\times10^{-4}\\&\theta_a = 750℃ \sim \theta_a = 860℃ : \Delta l/l = 1.1\times10^{-2}\\&\theta_a = 860℃ \sim \theta_a = 1,200℃ : \Delta l/l = 2\times10^{-5}\theta_a - 6.2\times10^{-3}\theta_a\end{aligned} \tag{5.8}$$

EN 1994-1-2로부터 선형화된 버전은 다음과 같다.

$$\Delta l/l = 1.4\times10^{-5}\theta_a$$

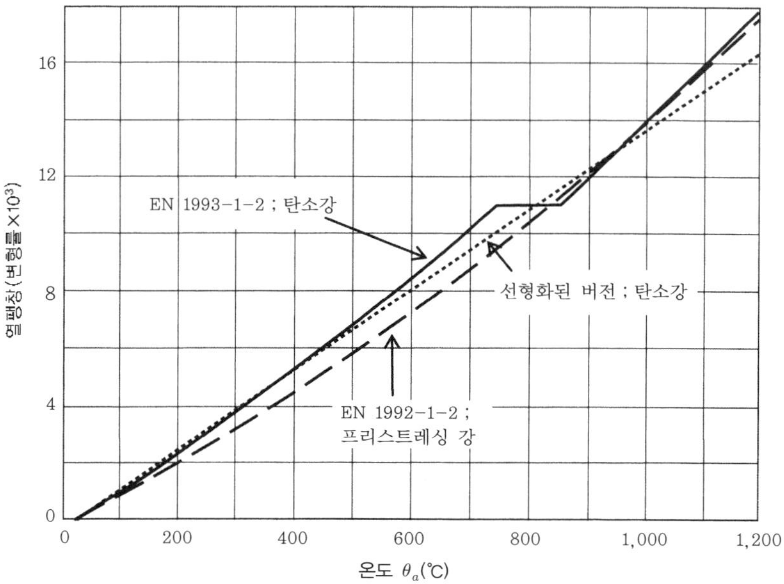

그림 5.6 온도에 따른 탄소강의 EN 1993/EN 1994-1-2 열팽창의 변화[9](variation)

(2) 프리스트레싱 강재의 열팽창

프리스트레싱 텐던(tendon)으로 사용되는 고강도 강재의 열변형률에 대해 EN 1992-1-2에는 하나의 식으로 주어진다.

$$\theta_p = 20℃ \sim \theta_p = 1{,}200℃ : \Delta l/l = -2.016\times 10^{-4} + 10^{-5}\theta_p + 0.4\times 10^{-8}\theta_p^2 \qquad (5.9)$$

이는 또한 그림 5.6과 비교해 볼 수 있다.

(3) 오스테나이트계 스테인리스강[10]의 열팽창

유로코드 EN 1993-1-2에서는 오스테나이트(austenitic)계 스테인리스 강재의 열변형률을 제시하고 있다. 이 스테인리스강은 하중을 지지하는 가장 일반적인 구조용 강재이다. 이 스테인리스강에는 탄소강에 영향을 미치는 것에 상응하는 상변화(phase changes)[11]가 없기 때문에

9) CEN, 1993-2005b, 1994-2005b

10) 오스테나이트 스테인리스강(austenitic stainless steels)은 스테인리스강을 일반적으로 나누는 4가지 중 하나이며, 함유량은 탄소 0.1~1%, 크롬 12~18%, 니켈 2.5% 이하이며, 내식성을 요구하는 기계 구조용이다. 탄소 0.3% 이상 함유의 강은 정, 칼, 의과용 재료, 탄소 1.0% 의 강은 칼날, 베어링 게이지등 내마모 내식용 부품에 사용한다. 필요에 따라 소량의 몰리브덴 등이 첨가된 합금강으로 열전도율은 낮고, 가공성이나 용접성이 좋다.

11) 상변화(phase changes) : 우리 주변의 물질은 고체, 액체, 기체 상태로 존재하며, 조건에 따라 상태는 변할 수 있는데 이러한 변화를 상변화라 한다 : a change from one state(solid or liquid or gas) to another without a change in chemical composition

그림 5.7에 나타난 열팽창은 온도에 따라 단조롭게(monotonic) 증가한다. 오스테나이트계 스테인리스강은 탄소강보다 온도 증가로 인해 50% 정도 더 팽창하는 것을 알 수 있다.

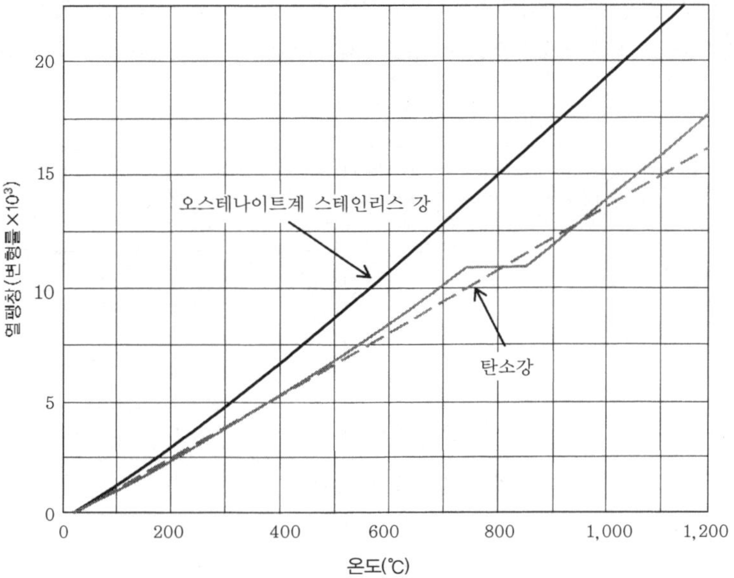

그림 5.7 온도에 따른 오스테나이트계 스테인리스강의 유로코드 EN 1993/EN 1994-1-2 열팽창의 변화(variation)[12)]

EN 1993-1-2에 대한 곡선-적합 방정식은 다음과 같다.

$$\theta_a = 20℃ \sim \theta_a = 1{,}200℃ : \Delta l / l$$
$$= (16 + 4.79 \times 10^{-3}\theta_a - 1.243 \times 10^{-6}\theta_a^2) \times (\theta_a - 20) \times 10^{-6} \tag{5.10}$$

(4) 콘크리트의 열팽창

콘크리트의 열팽창은 주로 골재의 특성에 따라 영향을 받는다. 골재가 부피면에서 가장 중요한 구성요소이기 때문이다. 지역에 따라 골재는 다를 수 있지만 보통 중량 콘크리트는 규산질(자갈과 파쇄된 화강암 포함)이거나 석회질(파쇄된 석회암)이다. 경량 골재는 소결된 용광로 슬래그나 분쇄된 연료재와 팽창 편암과 같은 산업처리물의 부산물이다. 열변형률(thermal strains)은 규칙적으로 변화하지만 급격한 변화가 발생하는 곳에서 열변형률은 화학적이거나 결정구조 프로세스에 기인하는 경향이 있다.

12) CEN, 1993-2005b, 1994-2005b

규산질 골재의 열변형률은 화재시 보통 범위의 구조물 온도에서 영향을 받는다. 이 변화(열변형률)는 석영의 α-결정구조에서 β-결정구조로의 상전이(phase transition)에 의한 것이며, 573℃에서 발생하고 0.45%의 부피 팽창을 수반한다. 석회질 골재의 경우 석회암 구조물로의 화학적 변화가 가장 중요한 영향을 끼친다. 이 화학적 변화는 약 550℃에서 가속화가 일어나는 칼슘 탄산염으로부터 칼슘 산화물로의 분해에 주로 관련된다. 생석회는 900~1,000℃에서 생산된다.

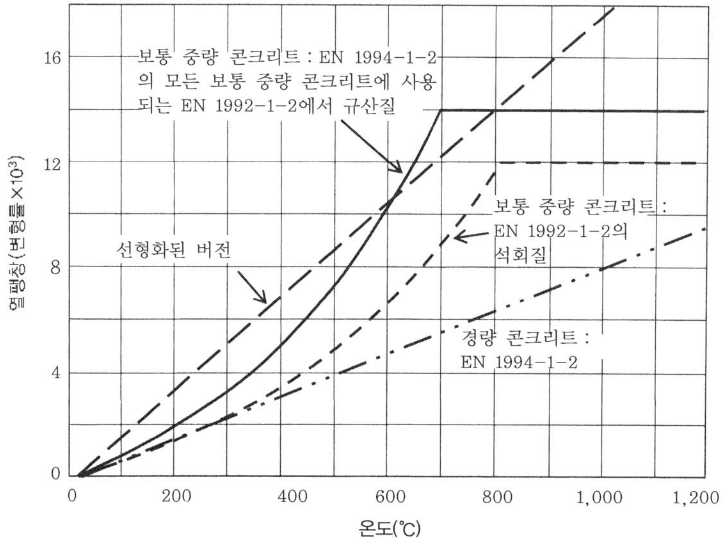

그림 5.8 온도에 따른 콘크리트의 유로코드 EN 1992-1-2와 EN 1994-1-2 전체 열팽창의 변화(CEN, 1992-2005b, 1994-2005b)

EN 1992-1-2에는 콘크리트의 열변형률(그림 5.8)이 규산질과 석회질의 보통 중량 콘크리트에 대해 주어져 있다. 그러나 EN 1994-1-2에서는 단순히 규산질 콘크리트의 더 높은 팽창은 모든 보통 중량 콘크리트를 나타내는 하나의 곡선으로 취해진다. 이것이 횡처짐을 받는 강재의 단면과 콘크리트 합성 슬래브의 다른 팽창효과 때문에 합성구조에 대해 보수적인 접근법이라는 것은 명확하지 않다. 반면에 콘크리트 구조물에서는 순팽창(net expansion)이 좀더 중요한 효과로 여겨진다. 유로코드에서 주어진 곡선-적합식은 다음과 같다.

EN 1992-1-2의 규산질 골재를 사용한 보통 중량 콘크리트나 EN 1994-1-2의 모든 보통 중량 콘크리트 :

$$\theta_c = 20℃ \sim \theta_c = 700℃ : \Delta l / l = -1.8 \times 10^{-4} + 9 \times 10^{-6}\theta_c + 2.3 \times 10^{-11}\theta_c^3$$

$$\theta_c = 700℃ \sim \theta_c = 1{,}200℃ : \Delta l / l = 1.4 \times 10^{-2} \quad (5.11)$$

EN 1992-1-2의 석회질 골재를 사용한 보통 중량 콘크리트 :

$$\theta_c = 20℃ \sim \theta_c = 805℃ : \Delta l/l = -1.2 \times 10^{-4} + 6 \times 10^{-6}\theta_c + 1.4 \times 10^{-11}\theta_c^3$$
$$\theta_c = 805℃ \sim \theta_c = 1{,}200℃ : \Delta l/l = 1.2 \times 10^{-2} \tag{5.12}$$

EN 1994-1-2에서 열팽창의 선형화는 계산을 간략하게 하기 위한 방법이다.

$$\theta_c = 20℃ \sim \theta_c = 1{,}200℃ : \Delta l/l = 1.8 \times 10^{-5}(\theta_a - 20) \tag{5.13}$$

EN 1992-1-2에는 경량 콘크리트에 대한 설명이 없지만 EN 1994-1-2에서는 모든 종류에 대해 간단하게 선형화된 관계가 주어져 있다.

$$\theta_c = 20℃ \sim \theta_c = 1{,}200℃ : \Delta l/l = 8 \times 10^{-6}(\theta_a - 20) \tag{5.14}$$

(5) 열팽창계수

시간에 기반한 화재공학 소프트웨어 적용에 있어서 화재 시나리오로 시간이 경과함에 따라 절대항으로 계산하기 보다는 증가분으로 자유 열변형률을 계산하는 것이 유용할 수 있다. 절대 열변형률에 대한 유로코드 식에서 온도 미분식으로 주어지는 열팽창계수는 그림 5.9에 나타나 있다.

5.2.2 역학적 특성

대부분의 건축재료는 온도가 증가하면서 강성과 강도 모두 점진적으로 감소한다. 이러한 현상은 재료의 융해점보다 상당히 낮은 온도에서 발생한다. 구조적 관점에서 구조해석을 위한 적절한 방식인 응력-변형률-온도 특성에 대한 정확한 표현을 얻는 것보다는 관련성이 적음이 강조된다.

1) 역학적 특성의 속도 의존성[13)]

하중변화에 따른 모든 구조적 거동이 항상 동역학적인 측면이 있지만 대부분의 구조공학 설계 해석에서 준정적(quasi-static)으로 구조적 거동을 고려하는 것이 일반적이다. 하중이 천천히 변화하고 구조물이 충분한 구조적 감쇠와 내부 마찰에 의한 진동이 매우 작을 때, 준정적 가정은 관성력이 구조물의 강도에 기여할 만큼 크지 않은 경우에 합리적이지만 재료 자체의 역학적 특성은 시간이나 변형률 속도에 의존적일 수 있다.

13) Rate dependency of mechanical properties

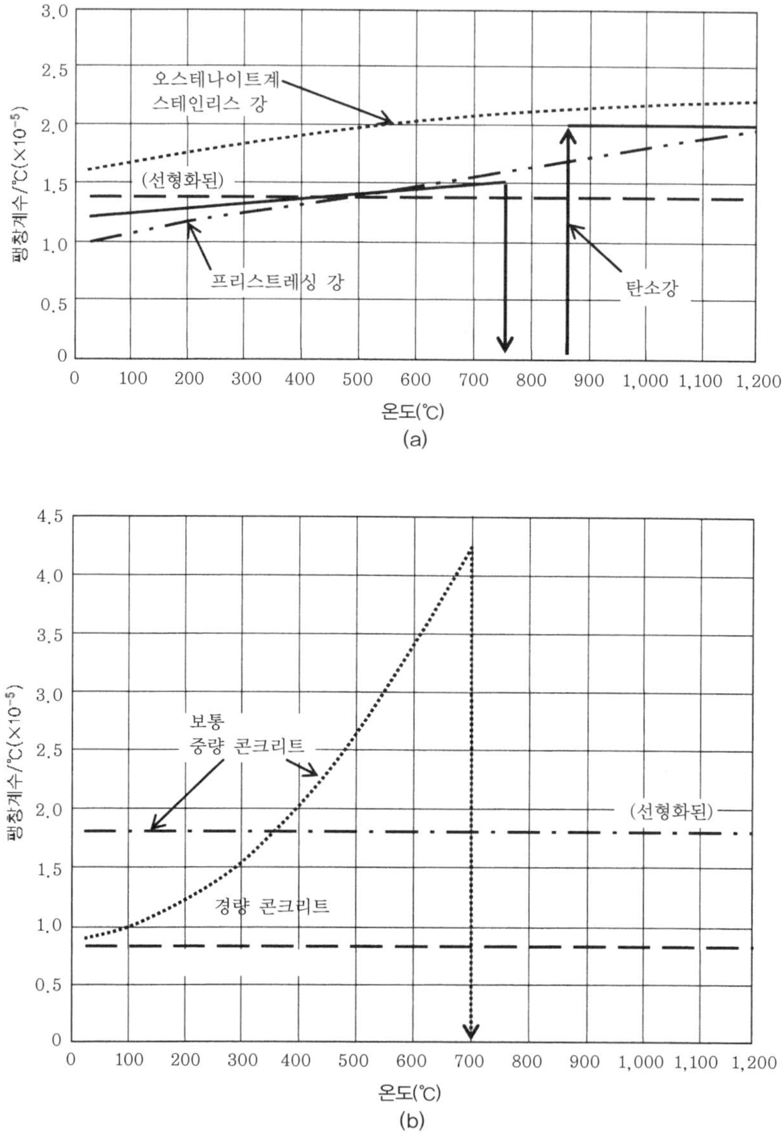

그림 5.9 온도에 따른 (a) 강재와 (b) 콘크리트의 EN 1993-1-2/EN 1994-1-2 열팽창 계수의 변동(CEN, 1993-2005b, 1994-2005b)

많은 재료의 응력과 변형률을 잇는 가장 중요한 현상은 크리프이다. 이는 초기 응력이 발생한 후 항복응력에서 변형률이 계속 증가하는 재료의 특성으로 알려져 있다. 크리프는 일반적으로 고정온도와 일정한 응력이 있는 재료에 대해 그림 5.10에서 보는 바와 같이 S자 형태의 커브로 나타나고, 정성적으로(qualitatively) 1차, 2차, 3차의 단계로 분류된다. 이는 곡률의 변화로 나누어진다. 응력이 발생하기 시작하는 1차 단계에서는 변형이 급격히 일어나지만, 그것은 점진적으로 감소하여 일정 수준이 된다. 그러나 2차 단계에서는 매우 낮은 속도로 변형된다. 일반적으로 재료가 항복강도 부근에 있을 때에만 3차 단계를 겪게 된다. 이는 발생하지 않을 수도 있고, 매우 오랜 재하(loading) 후에만 발생할 수도 있다. 그림 5.10은 일정한 응력 수준에 있는 중간 단계 곡선을 나타내고 있다. 상한계와 하한계 곡선은 각각 더 높거나 더 낮은 응력 수준 혹은 온도에서 동일한 재료의 거동을 나타낸다.

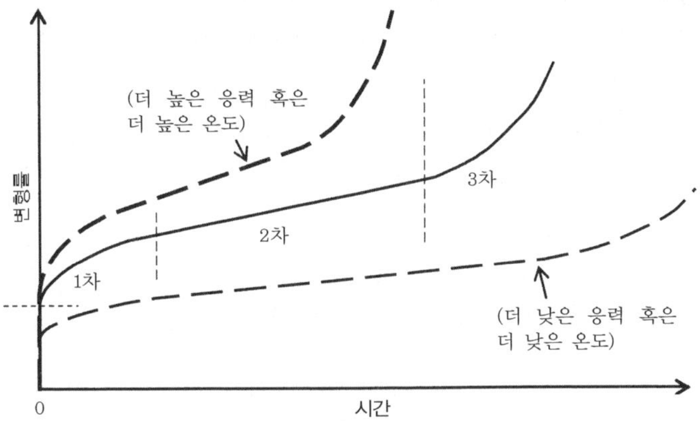

그림 5.10 시간에 따른 재료의 크리프 변형률의 정성적인 사례[온도와 응력 수준은 일정한 것으로 가정한다]

2) 일시상태이고 등온인 재료 시험 방법[14)]

건물에서 우발적인 화재시 온도는 시간에 따라 변하며, 화재 주변과 내부의 구조 재료에서의 온도 발생은 분명히 구조 재료가 받는 화재온도 곡선에 달려 있다. 구조 부재가 보통 국제표준화기구[ISO] 834-1(1975) ; EN 1991-1-2[CEN, 1991-2002] 또는 영국표준협회[BSI] BS 476-22(1987)의 표준화재 곡선으로 알려진 표준 시간-온도곡선 중 하나를 받을 때 표준시험 상황일지라도 시간은 발생된 온도를 결정하는데 있어서 단면과 그 재료의 열전달 특성과 함께 중요한 변수(parameter)이다. 여기서 크리프가 응력과 상승(elevated) 온도에서 일어날 수 있는 어떤 재료에 대해 화재시 구조거동에 대한 크리프의 효과를 고려하는 방법을 찾아야 한다.

구조화재공학 설계를 위해 실현 가능한 수치해석 모델링에서 사용된 재료의 구성 관계식에서 변형률 속도의 의존성을 포함하는 것은 일반적으로 실용적이지 않다. 고온에서 재료의 응력-변형률 특성을 시간 의존성으로 대체하는 실용적인 방법은 보통의 시험 절차와 비교하여 긴

14) Transient and isothermal materials testing methods

시간이 소요되는 재료시험을 수행하는 것이다. 그 목적은 건물 화재에서 구조 부재의 일반적인 응답 범위의 합리적인 부분을 포함하는 변형률과 변형 속도에 도달하는 데 있다. 화재온도 체계가 성능기반설계에서 사용되는 자연화재 모델보다는 표준화되고 독립된(isolated) 부재실험을 효과적으로 나타내는 ISO 834 표준화재로 가정되면 이러한 목적을 달성하기가 더 쉽다. 일반적으로 일시상태(transient) 시험으로 일컬어지는 장기간 시험의 대표적인 사례는 Kirby와 Preston(1988)에 의해 연구되었다. 이는 공칭항복강도가 각각 275와 355N/mm^{2}인 43A와 50B 등급의 영국 구조용 탄소강에 대한 것이었다.

일시상태 시험에서 인장 시편은 구조용 탄소강의 온도가 각각 일정한 속도로 증가하도록 조절되었기 때문에 각각의 응력 수준에서 유지되었고, 전체 변형률은 온도가 증가함에 따라 기록되었다. 그 후 역학적 변형률은 전체 값에서 열팽창을 제거하여 구했다. 시험은 2.5, 5, 10, 20℃/min의 가열속도로 진행되었다. 시편의 시험결과는 그림 5.11에 나타낸 바와 같이 10℃/min로 가열된 50B(5355) 강재 등급의 온도에 대한 변형률 곡선으로 볼 수 있다.

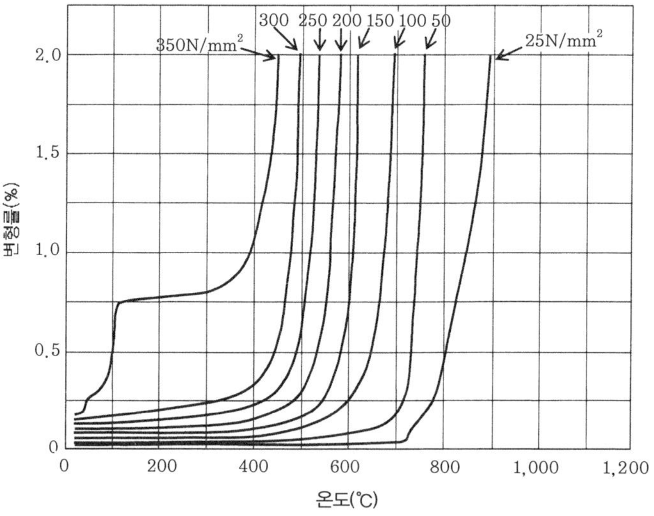

그림 5.11 10℃/min 가열 속도에서 각기 다른 일정한 응력 수준에서 53B 등급 강재의 일시상태 인장시험의 결과(Kirby와 Preston 1988)[15]

15) From Kirby, B.R., and Preston, R.R., High Temperature Properties of Hot-Rolled Structural Steels for Use in Fire Engineering Studies, Fire Safety Journal, 13(1), pp.27~37, 1988. With permission from Elsevier

일정한 응력에서 이러한 8개 곡선을 다시 보간함으로써 응력-변형률곡선 군(群)이 서로 다른 온도에 대해 생성되었다. 이는 특정 가열속도에 해당하는 것이다. 유사한 응력-변형률곡선 군(群)이 시험이 행해진 각 가열속도마다 생성되었다. 또 다른 결과로는 모든 변형률 속도에 대해 온도에 따른 '강도(strength)'의 감소(degeneration) 곡선을 그리는 것이다. 고온의 응력-변형률곡선은 곡선으로 이루어지기 때문에 사용된 강도는 특정 변형률 값에서의 내력(proof stresses)이다. Kirby와 Preston(1988)의 연구로 얻어진 두 가지 사례는 각각 0.2%와 1.0%의 내력에 대해 그림 5.12a와 5.12b에 나타나 있다.

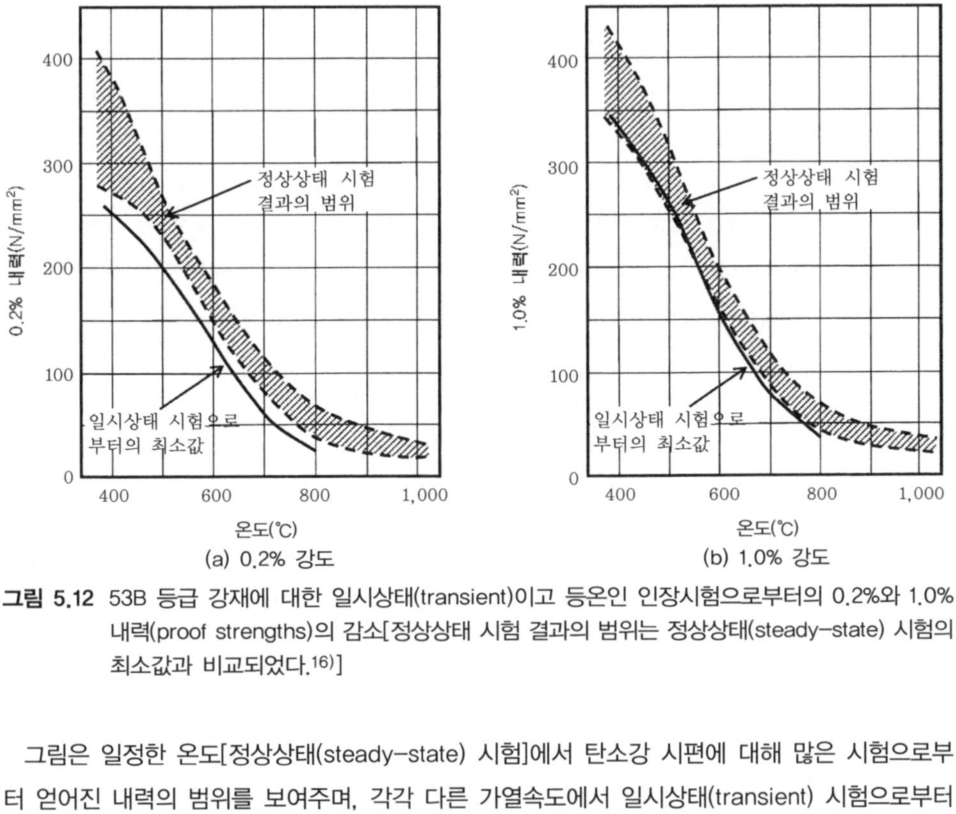

그림 5.12 53B 등급 강재에 대한 일시상태(transient)이고 등온인 인장시험으로부터의 0.2%와 1.0% 내력(proof strengths)의 감소[정상상태 시험 결과의 범위는 정상상태(steady-state) 시험의 최소값과 비교되었다.[16]]

그림은 일정한 온도[정상상태(steady-state) 시험]에서 탄소강 시편에 대해 많은 시험으로부터 얻어진 내력의 범위를 보여주며, 각각 다른 가열속도에서 일시상태(transient) 시험으로부터 얻어진 최소값을 나타내는 곡선도 포함한다. 일시상태 시험으로부터 최소 0.2%의 내력은 보고된 온도범위인 400℃~800℃ 사이에서 정상상태 범위의 최소값보다 적어도 10% 아래에 있다는 것을 알 수 있다.

16) From Kirby, B.R., and Preston, R.R., High Temperature Properties of Hot-Rolled Structural Steels for Use in Fire Engineering Studies, Fire Safety Journal, 13(1), pp.27-37, 1988. With permission from Elsevier

그러나 1.0%의 내력에 대해 일시상태 시험으로부터 최소값은 거의 정상상태 범위의 더 낮은 끝부분과 구분되지 않는다. 비록 더 낮은 온도에서 추가 강도가 더 큰 변형률에서 가공 경화를 통해 발생되더라도 2%는 강재에 대해 높은 작용 변형률이기 때문에 어느 온도에서 개별 응력-변형률곡선은 효과적으로 안정기에 도달한다. 반면에 0.1%에서 곡선은 계속 증가한다. 이는 어느 주어진 응력 수준에서 단기적인 역학적 변형률에 크리프변형률을 추가함으로써 시간 의존성의 영향을 나타낸다.

3) 구조용 탄소강에 대한 유로코드 EN 1993-1-2의 응력-변형률곡선

구조화재공학 설계에서 강재 온도와 강도의 감소는 관련된 변형률 수준(즉 탄성계수 감소)보다 훨씬 더 중요하다. 따라서 EN 1993-1-2에서 채택한 접근법은 고온의 응력-변형률곡선을 위한 포맷을 고안하는 것으로 그것은 선형-탄성 범위를 유지하는데 체계적이다. 그리고 이는 곡선으로 이루어진 범위의 표현을 잘 나타내며, 가장 중요한 것은 가열 속도를 명시하지 않고 항복강도에 대한 크리프의 영향에 대해 보수적인 접근을 취한다는 점이다. 그러므로 EN 1993-1-2는 단지 온도와 함께 변하고 일시상태 시험 결과의 하한계를 기초로 한 응력-변형률곡선을 명시한다. 변형률 경화는 400℃ 이상에서는 중요하지 않으므로 모든 온도에 적용될 수 있는 변형률 경화의 가능성을 무시하는 응력-변형률곡선이 일반적인 형태가 되었다. 400℃ 미만의 온도에 대해 항복강도 이상의 공칭극한강도는 일반적인 곡선의 향상(enhancement)으로 사용될 수 있다. 그 곡선은 그림 5.13에서 보이는 것처럼 구성된다.

- 응력 0인 상태에서 비례한도 $f_{p,\theta}$까지 선형범위로 변한다. 이 부분의 기울기는 강재 온도가 증가함에 따라 감소되는 탄성계수 $E_{a,\theta}$를 나타낸다.
- 타원(ellipse)은 시작선의 마지막 점($f_{p,\theta}$, $\varepsilon_{p,\theta}$에서)과 변형률이 2%인 항복점에서의 수평선에 대한 탄젠트로 구성된다. 그리고 응력은 감소된 항복강도 $f_{y,\theta}$이다.
- 일반 모델에서 응력 $f_{y,\theta}$에서의 응력 안정기(plateau)는 항복점에서 응력이 감소되기 시작하는 15%에서 변형률 $\varepsilon_{t,\theta}$까지 계속된다.
- 400℃ 미만의 온도에서 대안 모델은 항복점에서부터(4%의 변형률 $\varepsilon_{s,\theta}$에서) $1.25f_{y,\theta}$의 극한 응력까지 직선으로 된 변형률 경화를 나타낸다. 그 후에 수평 안정기(plateau)는 15%에서 다시 $\varepsilon_{t,\theta}$로 구성된다.

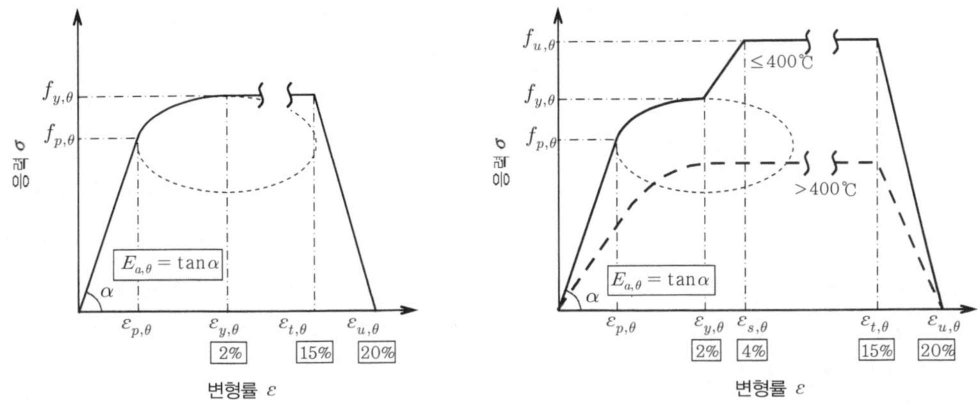

(a) 모든 온도에 대한 일반적인 모델　　　(b) 400℃ 미만 변형률 경화를 포함하는 대안 모델

그림 5.13 온도 q에 따른 탄소강의 1축(uniaxial) 응력–변형률 특성에 대한 Eurocode 3(CEN, 1993–2005b) 모델

- 마지막으로, 선형 음의 기울기(negative–gradient linear) 단계(phase)는 최종적인 파괴 프로세스를 나타낸다. 응력은 파괴를 나타내는 20%의 변형률 $\varepsilon_{u,\theta}$에서 0에 도달한다.

응력–변형률곡선의 일반적인 모델을 재현하기 위해 스프레드시트(spreadsheet) 소프트웨어에서 사용할 수 있는 EN 1993–1–2는 식(5.15)와 같다.

$$\begin{aligned}
&\varepsilon=0\sim\varepsilon=\varepsilon_{p,\theta} &&: \sigma=\varepsilon E_{a,\theta} \qquad [\text{그래서 } f_{p,\theta}=\varepsilon_{p,\theta}E_{a,\theta}]\\
&\varepsilon=\varepsilon_{p,\theta,\theta}\sim\varepsilon=\varepsilon_{y,\theta}=0.02 &&: \sigma=f_{p,\theta}-c+b/a\sqrt{a^2-(0.02-\varepsilon)^2}\\
&\varepsilon=\varepsilon_{y.\theta}\sim\varepsilon=\varepsilon_{t,\theta}=0.15 &&: \sigma=f_{y,\theta}\\
&\varepsilon=\varepsilon_{t,\theta}\sim\varepsilon=\varepsilon_{u,\theta}=0.20 &&: \sigma=f_{y,\theta}[1-(\varepsilon-0.15)/0.05]
\end{aligned} \tag{5.15}$$

위의 수식에서 a, b, c항은 식(5.16)을 사용해서 계산한다.

$$c=\frac{(f_{y,\theta}-f_{p,\theta})^2}{(\varepsilon_{y,\theta}-\varepsilon_{p,\theta})E_{a,\theta}-2(f_{y,\theta}-f_{p,\theta})} \tag{5.16}$$

또한 식(5.16)은 다음과 같이 대체될 수 있다.

$$a=\sqrt{(0.02-\varepsilon_{p,\theta})(0.02-\varepsilon_{p,\theta}+c/E_{a,\theta})} \tag{5.17}$$

$$b=\sqrt{c(0.02-\varepsilon_{p,\theta})E_{a,\theta}+c^2} \tag{5.18}$$

어느 강재 온도 θ에서 이들 수식으로부터 응력-변형률곡선을 그리기 위해 온도의 함수로 탄성계수, 비례한계, 항복강도의 미지 좌표를 제공하는 데이터를 사용해야 한다. 탄소강은 가장 일반적인 S235, S275 및 S355로 각각 다른 강도 등급을 표시할 수 있고, 응력에 대해서는 온도에 따른 감소(degradations)가 서로 비슷하다. 모든 일반 강재 등급은 수식으로 포함할 수 있기 때문에 이런 것들은 $E_{a,\theta}$, $f_{p,\theta}$, $f_{y,\theta}$에 대한 감소계수로서 가장 간단하게 정의된다. 구조용 탄소강에 대해 $E_{a,\theta}$와 $f_{y,\theta}$에 대한 감소 요인은 그림 5.14에서 구간적 선형(piecewise-linear) 형태로 나타난다. 3가지 모두 표 5.5에 도표화되었다. 1,500℃를 넘을 때까지 융해(melting)는 일어나지 않지만 700℃에서는 단지 상온 강도의 23%만 발휘한다. 800℃에서 강도는 11%로 줄고 900℃에서는 6%로 감소한다.

20℃~800℃까지의 온도에서 S275 강재에 대한 일련의 EN 1993-1-2 응력-변형률곡선은 그림 5.15에 나타나 있다.

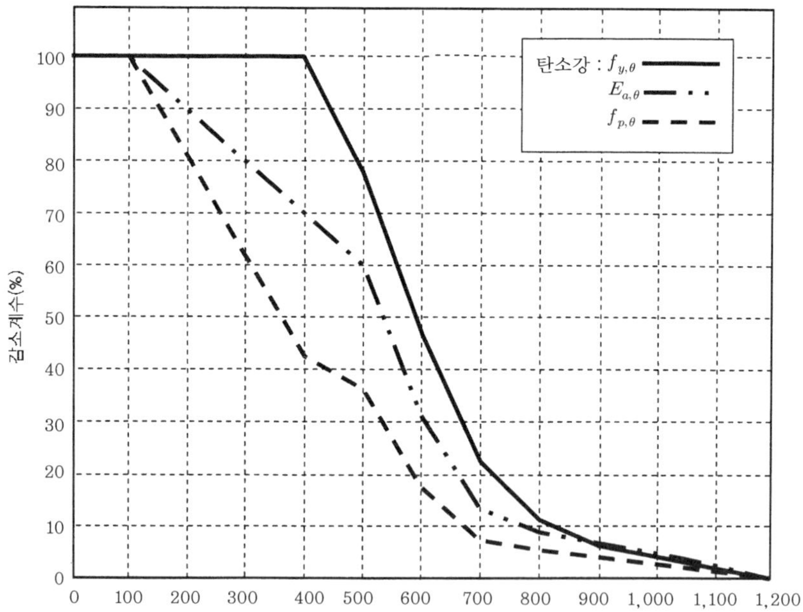

그림 5.14 고온에서 구조용 탄소강에 대한 EN 1993-1-2 강도저감계수(CEN, 1993-2005b)

표 5.5 20℃에서 f_y 혹은 E_a값에 비례하는 온도 θ에서 철근을 포함하는 열간압연(hot-rolled) 탄소강에 대한 감소계수

강재온도 θ(℃)	항복강도 $k_{y,\theta}=f_{y,\theta}/f_y$	비례한계 $k_{p,\theta}=f_{p,\theta}/f_y$	탄성계수 $k_{E,\theta}=f_{a,\theta}/f_a$
20	1.000	1.000	1.000
100	1.000	1.000	1.000
200	1.000	0.807	0.900
300	1.000	0.613	0.800
400	1.000	0.420	0.700
500	0.780	0.360	0.600
600	0.470	0.180	0.310
700	0.230	0.075	0.130
800	0.110	0.050	0.090
900	0.060	0.0375	0.0675
1,000	0.040	0.0250	0.0450
1,100	0.020	0.0125	0.0225
1,120	0.000	0.0000	0.0000

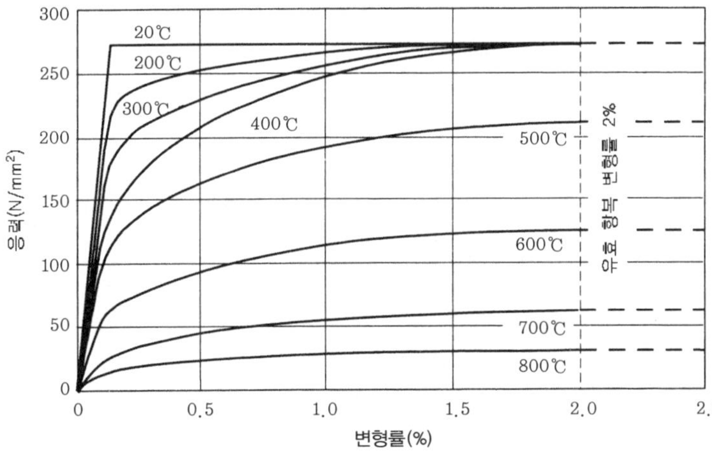

그림 5.15 S275 강재에 대한 온도에 따른 열간압연 탄소강의 응력–변형률곡선(EN 1993–1–2 curves ; CEN, 1993–2005b)

4) 다른 탄소강 성분에 대한 감소계수

구조공학에서 사용하는 탄소강들이 비슷한 화학구성을 가지고 있지만, 일부 구성 요소들은 모강재(parent steels)보다 연성비를 희생하여 더 큰 상온 강도를 보인다.

• 볼트에 적용되는 열처리(담금질 및 템퍼링)에 의해

• 몇 가지 압연봉강에 적용하는 냉간작업에 의해

두 경우에 가열은 보통 탄소강보다 더 큰 강도 감소의 원인이 된다. 그 이유는 주로 상온에서의 강도가 원래 강재의 강도 감소보다 크게 증가하기 때문이다.

용접에 대해 용접 과정에서 용융상태(molten state)로부터 매우 빠른 냉각은 상당한 잔류응력과 함께 용접부에 강재 결정구조(crystal structures)의 비정상적인 분포를 일으킨다. 화재시 용접부가 탄소강 단계(phase) 다이어그램에서 주목할만한 온도로 상승될 때 이 온도가 지속되는 시간은 필요한 결정구조의 변화가 일어나기에는 매우 느리다.

표준등급 S500인 냉간압연 철근의 탄성계수와 항복강도에 대한 EN 1994-1-2의 감소계수는 그림 5.16과 표 5.6에 나타나 있다. 보통 두께의 콘크리트로 피복하면 철근이나 메쉬는 화재시 매우 높은 온도에 도달하지 않을 것이다. S500 강재의 매우 낮은 연성은 5%가 보장되는 슬래브에서 메쉬 변형률이 높게 일어나는 곳에서는 더 중요하고 볼 수 있다.

볼트와 용접에 대해 탄성계수는 EN 1993-1-2에서 중요한 것으로 고려되지 않으며, 단지 인장과 전단 모두에 적용하는 강도감소계수가 그림 5.16과 표 5.6에 주어져 있다. 그러나 고급 성능기반 설계를 위한 전체 구조 모델링이 개발되고 있기 때문에 접합부에서 볼트의 탄성계수에 대한 모델도 개발될 것이다.

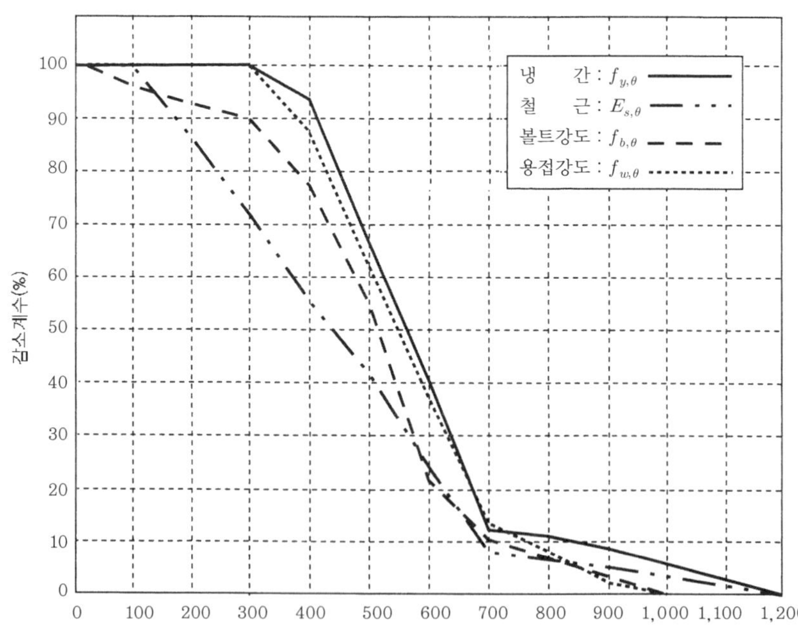

그림 5.16 고온에서 냉간 철근의 강도 볼트와 용접의 강도에 대한 EN 1993/EN 1994-1-2 감소계수(CEN 1993-2005b, 1994-2005b).

표 5.6 냉간 철근, 강재 볼트와 용접에 대한 온도 θ에서의 감소계수

강재온도 θ(℃)	냉간 철근			볼트	용접
	항복강도 $k_{y,\theta}$	비례한계 $k_{p,\theta}$	탄성계수 $k_{E,\theta}$	강도 $k_{b,\theta}$	강도 $k_{w,\theta}$
20	1.000	1.000	1.000	1.000	1.000
100	1.000	0.960	1.000	0.968	1.000
150	–	–	–	0.952	1.000
200	1.000	0.920	0.870	0.935	1.000
300	1.000	0.810	0.720	0.903	1.000
400	0.940	0.630	0.560	0.775	0.876
500	0.670	0.440	0.400	0.550	0.627
600	0.400	0.260	0.240	0.220	0.378
700	0.120	0.080	0.080	0.100	0.130
800	0.110	0.060	0.060	0.067	0.074
900	0.080	0.050	0.050	0.033	0.018
1,000	0.050	0.030	0.030	0.000	0.000
1,100	0.030	0.020	0.020	–	–
1,200	0	0	0	–	–

5) 수치해석을 위한 응력-변형률곡선의 다른 형태 : Ramberg-Osgood식

건축 감독기관에 의해 철저한 검토를 받아야 하는 실무설계에 대해 설계자가 현재 실무기준에 의해 승인된 재료의 구성 특성(constitutive properties)을 이용하면 확실한 인센티브가 있다. 따라서 이전에 서술된 고온 강재 특성의 유로코드 정의는 성능기반설계 모델링에 있어 매우 중요하다. 그러나 응력과 접선계수의 값이 연속적일지라도 기울기(접선계수) 변화율 관점에서 비례와 항복한계를 정의하는 지점에서 불연속이 되는 단점을 가지고 있다. 수치해석에서는 응력-변형률곡선을 연속함수로 표현하는 것이 좀 더 편리하다. 이것의 가장 유연한 방법은 Ramberg-Osgood(Ramberg와 Osgood 1943)식을 사용하는 것이다. 수식의 일반 형태는 다음과 같다.

$$\varepsilon_\theta = \left(\frac{\sigma_\theta}{A_\theta}\right) + 0.01\left(\frac{\sigma_\theta}{B_\theta}\right)^{N_\theta} \tag{5.19}$$

여기서, 온도 θ에서 각각 ε_θ는 변형률, σ_θ는 응력을 나타낸다. 그리고 A_θ, B_θ, N_θ는 온도 의존계수이다. 이러한 계수는 곡선 형상을 바꾸기 위해 변경될 수 있다. A_θ는 초기 탄성계수, B_θ는 항복강도를 나타낸다.

N_θ는 곡률이 조절될 수 있게 한다. 그림 5.17은 온도에 따른 계수의 변화를 표시하기 위한

El-Rimawi(1989)의 곡선 조정(curve fit)의 결과를 보여준다. 실선은 원래 수식을 나타낸다.

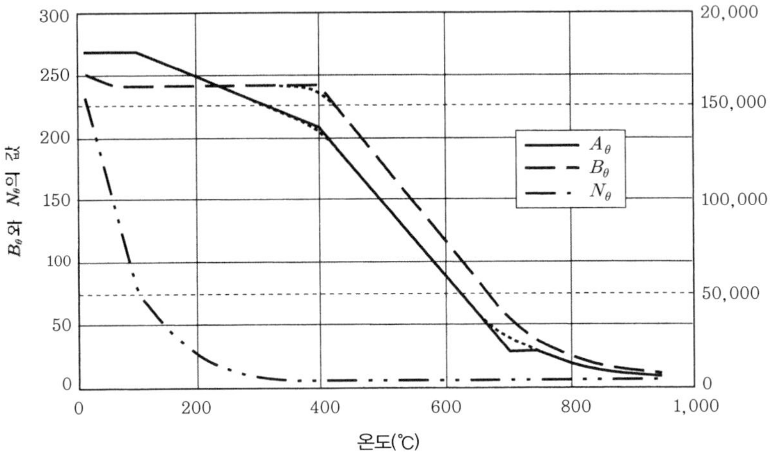

그림 5.17 온도에 따른 강재에 대한 Ramberg-Osgood식에 대한 전형적인 계수의 변화 (variation)

$$\theta = 20℃ \sim \theta = 100℃ \ : \ A_\theta = 180 \times 10^3$$
$$B_\theta = 0.00134\theta^2 - 0.26\theta + 254.67$$
$$N_\theta = 237 - 1.58\theta$$
$$\theta = 100℃ \sim \theta = 400℃ \ : \ A_\theta = 194 \times 10^3 - 140\theta$$
$$B_\theta = 242$$
$$N_\theta = 15.3 \times 10^{-7} \times (400 - \theta)^{3.1} + 6$$
$$\theta = 400℃ \sim \theta = 700℃ \ : \ A_\theta = (295.33 - 0.3933\theta) \times 10^3$$
$$B_\theta = 492.667 - 0.6266\theta$$
$$N_\theta = 6$$
$$\theta = 700℃ \sim \theta = 800℃ \ : \ A_\theta = (30.5 - 0.015\theta) \times 10^3$$
$$B_\theta = 306 - 0.36\theta$$
$$N_\theta = 0.4\theta - 22 \tag{5.20}$$

400℃~700℃에서의 점선은 A_θ와 B_θ를 위한 표현식의 날카로운 교차점(sharp intersections)의 반올림 다항식을 나타낸다. 원래 표현식에 의해 어느 온도에 대해 만들어진 응력-변형률곡선이 대부분의 경우 완전하더라도 어떤 경우에는 해석적인 결과에서 이례적일 수 있다는 것이 발견되었다. 즉 이러한 온도에서 기울기의 급격한 변화로 인해 좌굴이 주 인자가 되는 경우이며, 점진적인 변화는 이러한 현상(좌굴)을 제거한다. 그림 5.18의 응력-변형률곡선과 이전의 수

식에서 강재의 상온 항복강도는 250$\mathrm{N/mm^2}$, 탄성계수는 $180\times10^3\mathrm{N/mm^2}$로 가정한다. 서로 다른 강도와 탄성계수를 가진 강재의 곡선을 변환할 필요가 있다면 이는 A_θ와 B_θ를 각각 a_θ와 b_θ로 간단히 인수분해하여 식(5.21)과 같이 나타낼 수 있다.

$$a_\theta = E_{20}/(180\times10^3)$$
$$b_\theta = f_{y,20}/250 \qquad (5.21)$$

Ramberg-Osgood곡선은 특성상 최고값에 달하지 않아 매우 높은 변형률 수준이 예상될 때는 신중히 사용하여야 한다. 응력-변형률곡선이 그림 5.18에서 약 1.5% 변형률에서 상온 항복 이상으로 상승할 때 300℃에서 나타나는 곡선은 주목할 만하다. 이는 일부 인장시험 결과와 일치하고, 더 낮은 온도 곡선은 대략 이 정도 수준의 변형률로부터 변형률 경화를 나타낸다.

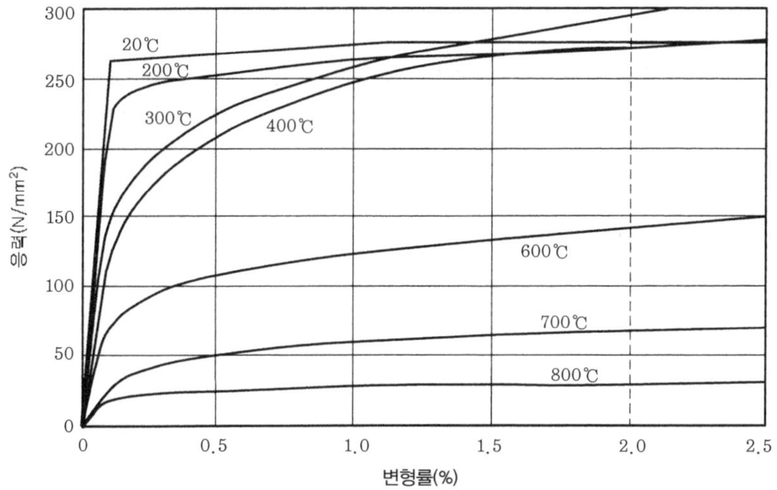

그림 5.18 온도에 따른 S250 강재에 대한 압연 탄소강의 응력-변형률곡선 (Ramberg-Osgood 곡선)

6) 2축 특성(Biaxial properties)

구조용 강재는 인장과 압축에서 같은 특성을 가지고 있으며, 대부분의 공학 목적과 관련되는 변형률의 최소 범위에서 연성적이고 동질의 재료이다. 그러나 매우 높은 변형률에서 최종 파괴 메케니즘이 상당히 다르다는 것이다. 파단으로 이어지는 최종적인 정점 이후(postpeak) 경로를 표시하는 네킹(necking)은 압축에서는 발생하지 않는다. 수치해석 모델링의 적용에 있어서 구조의 구성요소는 플레이트로 구성되는 경향이 있기 때문에 3차원의 응력 해석은 거의 필요하지 않다. 그러나 평면응력 상태는 웨브와 플랜지의 면에 공통적이고 플레이트 요소의 응력장

(stress fields)을 고려하는 것이 필요한 곳에서 항복을 확인하기 위해 최소한 2축 주응력을 연결하는 기준을 가져야 한다.

두 가지 고전적인 다축파괴(multiaxial failure) 기준은 연성재료에 대해 사용되는 경향이 있고, 탄소강에 대해서는 장점이 거의 없다. Tresca(1864) 기준은 어느 지점에서 3차원의 응력상태를 설명한 3개의 모어(Mohr) 원으로부터 구해진 전단응력의 최대 절대값에 기초한다. 이는 두 개의 주응력이 둘 다 압축이거나 둘 다 인장인 곳에서 주응력의 더 큰 값이 항복응력과 비교되는 평면응력을 의미한다. 주응력이 서로 다른 부호를 가지는 곳에서는 1축 응력(uniaxial stresses)을 연결하는 선형 관계에 있다.

$$\sigma_1 = f_y,\ \sigma_2 = 0 \text{과 } \sigma_1 = 0,\ \sigma_2 = -f_y \text{ 사이에서 } (\sigma_1/f_y) - (\sigma_2/f_y) = 1$$
$$\sigma_1 = 0,\ \sigma_2 = f_y \text{과 } \sigma_1 = -f_y,\ \sigma_2 = 0 \text{ 사이에서 } (\sigma_2/f_y) - (\sigma_1/y) = 1 \tag{5.22}$$

이 항복 표면은 그림 5.19a에 나타나 있다. 상승된 온도 항복 표면은 표 5.5에서 온도에 적절한 항복강도 감소계수로 변경된다.

강재는 1축 응력에 대해 Tresca와 일치하는 에너지 기반의 von Mises(1913)의 항복기준을 사용하는 것이 더 유용하다. 그림 5.19b에 나타난 바와 같이 이 기준은 평면응력에 대해 타원의 항복 표면을 만든다.

$$(\sigma_1^2 - \sigma_1\sigma_2 + \sigma_2^2) = f_y^2 \tag{5.23}$$

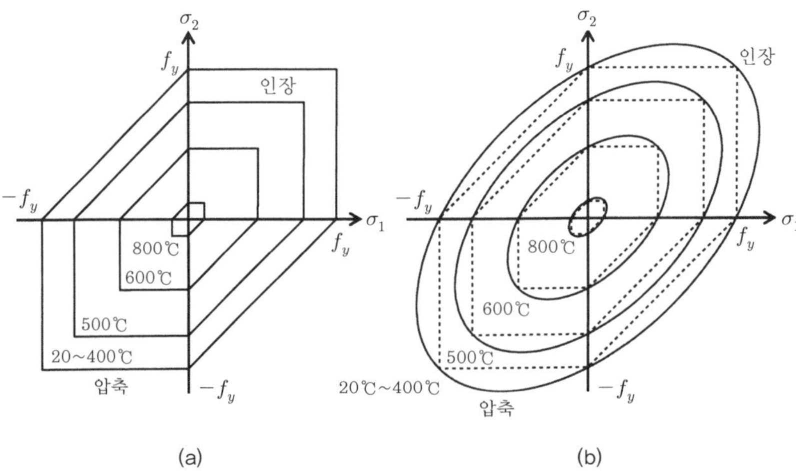

그림 5.19 평면응력에 대한 강재의 파괴 표면(failure surface) : (a) Tresca (b) von Mises(점선으로 표시된 Tresca는 von Mises에 의한 둘레에 선이 그어졌다)

7) 콘크리트의 고온 역학적 특성

구조물에서 콘크리트 부재와 관련해서는 다양한 변수가 있지만 온도가 증가함에 따라 콘크리트는 강도 특성을 잃는다.

온도에 따른 콘크리트의 특성 변화를 생각해 보면, 여러 온도에서 콘크리트의 주요 구성성분(시멘트풀 매트릭스와 골재)에서 일어나는 물리적이고 화학적인 변화의 맥락으로 생각하는 것이 가장 유용하다. Khoury(2000)의 유용한 정성적인(qualitative) 관점이 그림 5.20에 다시 표현되었다. 이것은 100℃ 낮은 온도에서 자유수(free water)의 투수성(permeability)이 증가하면서 자유수는 매트릭스(matrix)로부터 빠져 나간다는 것을 분명하게 보여주고 있다. 추가로 화학적 변화는 300℃~800℃에서 수산화칼슘과 탄산염으로 나타난다. 또한 규산질 골재는 이 온도 범위에서 상당한 변화를 나타낸다.

콘크리트에 대한 각기 다른 온도에서의 응력-변형률곡선은 강재에 대한 응력-변형률곡선과 형태에 있어서 상당한 차이를 보인다. 콘크리트는 인장강도가 매우 작은 취성재료이므로 일반 구조설계에서 인장강도는 무시된다. 전체 구조물 해석에서 실제로 존재하는 인장강도를 조금 사용하는 것이 유용하더라도 화재에 대한 유로코드4 설계에서 인장강도를 무시하는 것이 일반적이다. 이에 대한 몇 가지 지침이 EN 1992-1-2에 제시되어 있다.

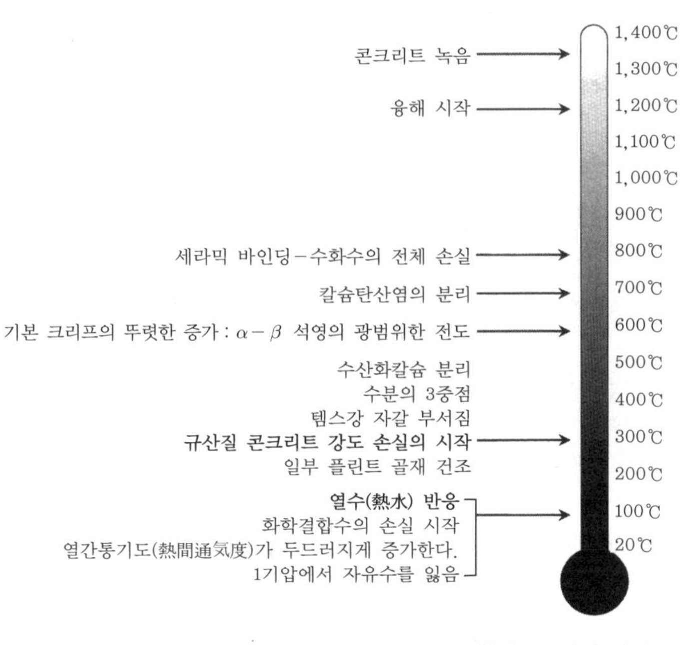

그림 5.20 온도가 증가할 때 콘크리트의 화학적 · 물리적 변화

8) 압축에서 콘크리트에 대한 EN 1992/EN 1994-1-2 응력-변형률곡선

유로코드 EN 1992-1-2와 EN 1994-1-2는 콘크리트의 압축 응력-변형률 거동만 표현하고 있다. 그 곡선은 최대 압축강도까지는 모두 곡선으로 나타나며(curvilinear), 600℃까지는 온도와 함께 계속적으로 증가하는 변형률에서 일어나고, 각각의 곡선에 대해 선형의 하강 구간(descending branch)을 따른다. EN 1994-1-2 설계에서 응력-변형률곡선은 규산질 골재를 포함하는 콘크리트에 기초한다. 그것은 석회질 골재를 포함하는 콘크리트와 비교하면 고온일 때 강도 측면에서 보수적인 것으로 가정된다. 그러나 EN 1992-1-2는 석회질 골재 콘크리트의 정보를 제공한다. 모든 콘크리트에 대한 유로코드 곡선은 압축이 오른쪽 상단 사분면(quadrant)으로 그려지는 그림 5.21과 같다. 이는 콘크리트에 대한 모든 1축 응력-변형률의 경우이다. 초기 곡선으로 이루어진 부분은 식(5.24)와 같은 형태로 얻어진다.

$$\varepsilon_{c,\theta}=0\sim\varepsilon_{c,\theta}=\varepsilon_{cu,\theta}:\sigma_{c,\theta}=f_{c,\theta}\left[3\left(\frac{\varepsilon_{c,\theta}}{\varepsilon_{cu,\theta}}\right)\Big/\left\{2+\left(\frac{\varepsilon_{c,\theta}}{\varepsilon_{cu,\theta}}\right)^{3}\right\}\right] \tag{5.24}$$

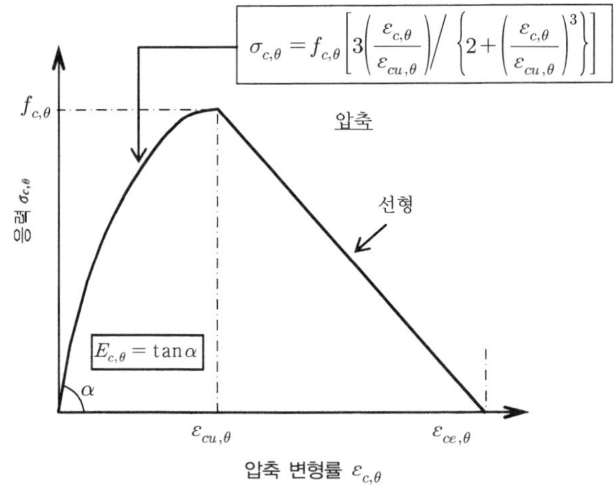

그림 5.21 온도 q와 함께 (석회질보다 보수적인) 규산질 콘크리트의 1축 압축 응력-변형률 특성에 대한 EN 1992/EN 1994-1-2 모델(CEN, 1992-2005b ; CEN, 1994-2005b)

주어진 온도에서 최대 압축강도를 지나 하강 부분은 최대 압축강도에서 응력이 0인 변형률 $\varepsilon_{c,\theta}$에 직선으로 이어서 정의한다. 보통 중량과 경량 콘크리트 둘 다에 대해 그에 상응하는 변형률($\varepsilon_{cu,\theta}$)과 제로 응력에서의 최종 변형률($\varepsilon_{s,\theta}$)에 대해 압축강도 $f_{c,\theta}$의 값을 조절하는 요인은 표 5.7에 주어진 데이터에 의해 정의된다.

강도에 대한 감소계수는 그림 5.22에 그래프로 나타난다. 경량 콘크리트는 사용된 골재의 종류에 관계없이 온도에 따라 비슷하게 저하되는 것처럼 보인다. 일정한 온도 범위에서 보통 중량 콘크리트에 대해 정규화된 EN 1992/EN 1994-1-2 응력-변형률곡선의 세트는 그림 5.23에 나타나 있다.

표 5.7 보통 중량과 경량 콘크리트에 대한 온도 θ에서의 EN 1992/EN 1994-1-2 저감계수 및 극한과 제로 응력에서의 변형률

콘크리트 온도 θ(℃)	압축강도(보통 중량 콘크리트) EN 1992-1-2과 EN 1994-1-2 규산질 $k_{c,\theta}=f_{c,\theta}/f_c$	압축강도(보통 중량 콘크리트) EN 1992-1-2 석회질 $k_{c,\theta}=f_{c,\theta}/f_c$	압축강도 (경량 콘크리트) $k_{c,\theta}=f_{c,\theta}/f_c$	극한 응력에서의 변형률 $\varepsilon_{cu,\theta}$	제로 응력에서의 변형률 $\varepsilon_{ce,\theta}$
20	1	1	1	0.0025	0.0200
100	1	1	1	0.0040	0.0220
200	0.95	0.97	1	0.0055	0.0250
300	0.85	0.91	1	0.0070	0.0270
400	0.75	0.85	0.88	0.0100	0.0300
500	0.60	0.74	0.76	0.0150	0.0325
600	0.45	0.60	0.64	0.0250	0.0350
700	0.30	0.43	0.52	0.0250	0.0375
800	0.15	0.27	0.40	0.0250	0.0400
900	0.08	0.15	0.28	0.0250	0.0425
1,000	0.04	0.06	0.16	0.0250	0.0450
1,100	0.01	0.02	0.04	0.0250	0.0475
1,200	0	0	0	–	–

그림 5.23에는 석회질과 규산질 골재의 보통 중량 콘크리트에 대한 정규화된 각각 응력-변형률곡선은 일정한 온도에서의 거동을 포함한다. 상온으로 냉각된 후 콘크리트는 초기 압축강도로 돌아가지 않는다는 점이 중요하다. 가열과정은 재료의 내부구조를 영구적으로 손상시킨다. 심지어 20℃로 냉각되는 동안에도 내부 손상이 증가한다. 최대 온도 $\theta_{\max}$에서 20℃까지 냉각된 후 잔류강도 $f_{c,\theta,20℃}$는 최대 온도에 따라 달라진다. EN 1994-1-2는 자연(파라메트릭) 화재 가열과 함께 사용되는 거동의 모델을 제공한다.

- $\theta_{\max}$에서 20℃까지 냉각된 후에 잔류강도 $f_{c,\theta,20℃}$는 식(5.25)처럼 유로코드 4 파트 1-2의 부록 C에 따라 계산된다.

$$\theta_{\max}=20℃\sim\theta_{\max}=100℃:\ f_{c,\theta_{\max},20℃}=k_{c,\theta_{\max}}f_c$$

$$\theta_{\max}=100℃\sim\theta_{\max}=300℃:\ f_{c,\theta_{\max},20℃}=\left[0.95-0.185(\theta_{\max}-100)/200\right]f_c$$

$$\theta_{\max}>300℃:\ f_{c,\theta_{\max},20℃}=0.9k_{c,\theta_{\max}}f_c \tag{5.25}$$

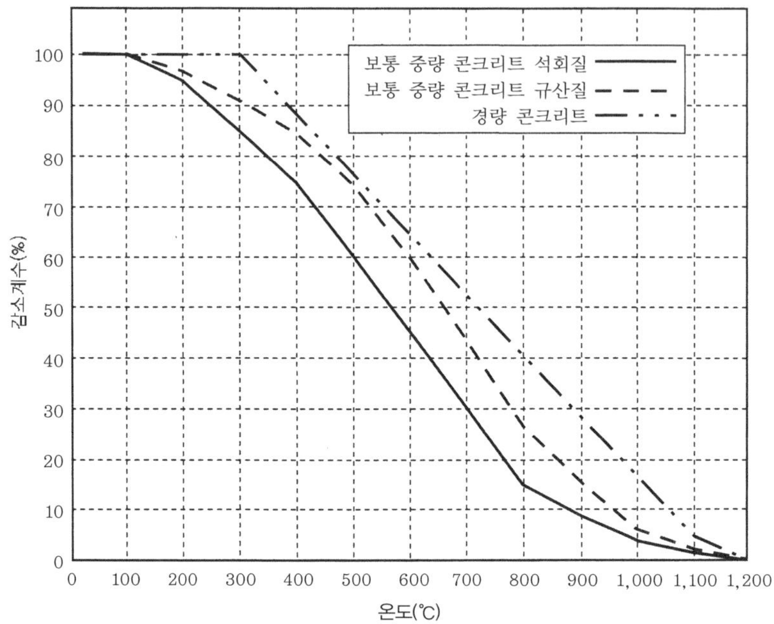

그림 5.22 고온에서 규산질과 석회질 골재를 포함하는 보통 중량 콘크리트와 경량 콘크리트의 강도에 대한 EN 1992/EN 1994-1-2 강도저감계수(CEN, 1992~2005b ; CEN, 1994-2005b)

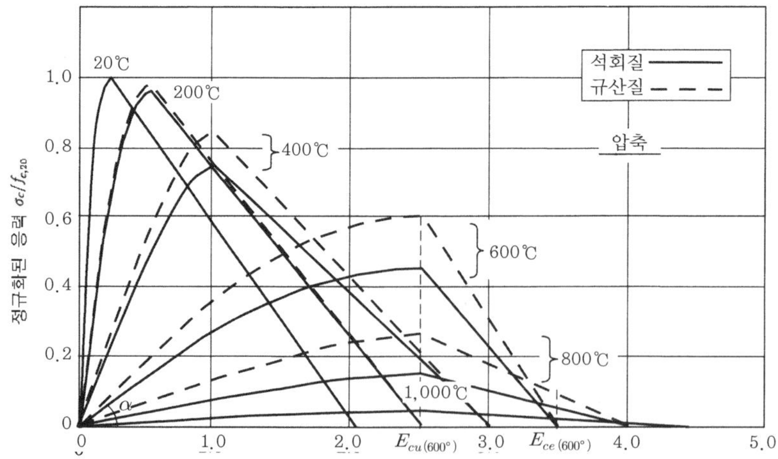

그림 5.23 온도에 따른 규산질과 석회질 보통 중량 콘크리트의 정규화된 응력-변형률 곡선(EN 1992-1-2와 EN 1994-1-2 곡선)

식(5.25)의 두 번째 식은 각각 100℃와 300℃에서 첫 번째와 세 번째 식에 공통값이 없기 때문에 맞지 않다. 그 의도는 분명히 $k_{c,\theta_{\max}} f_c$와 $0.9k_{c,\theta_{\max}} f_c$ 사이를 선형으로 보간하는 것이기 때문에 확인이 가능할 때까지 그 식은 식(5.26)이 되어야 한다.

$$\theta_{\max} = 100℃ \sim \theta_{\max} = 300℃ :$$

$$f_{c,\theta_{\max},20℃} = \left[\frac{k_{c,100℃}(300-\theta_{\max}) + k_{c,300℃}(\theta_{\max} - 100)}{200} \right] f_c \tag{5.26}$$

- $\theta_{\max}$로부터 냉각 후 이러한 잔류강도가 일어나는 변형률 $\varepsilon_{cu}, \theta_{\max}$는 온도 $\theta_{\max}$에서 최대 응력 $f_{cu,\theta_{\max}}$의 변형률과 동일하다. 하강 부분의 기울기는 $\theta_{\max}$에서 고온 곡선에서의 기울기와 같다.
- 곡선의 초기 곡선으로 이루어진(curvilinear) 증가분(rising part)은 다른 콘크리트 곡선처럼 같은 식을 이용하여 계산된다.
- $\theta_{\max}$로부터 온도 θ로 냉각한 후 상승된 온도 응력-변형률곡선은 $\theta_{\max}$와 20℃ 사이에서 선형으로 보간할 수 있다.
- 잔류강도 계산에 대한 예는 그림 5.24에서 주어진다.

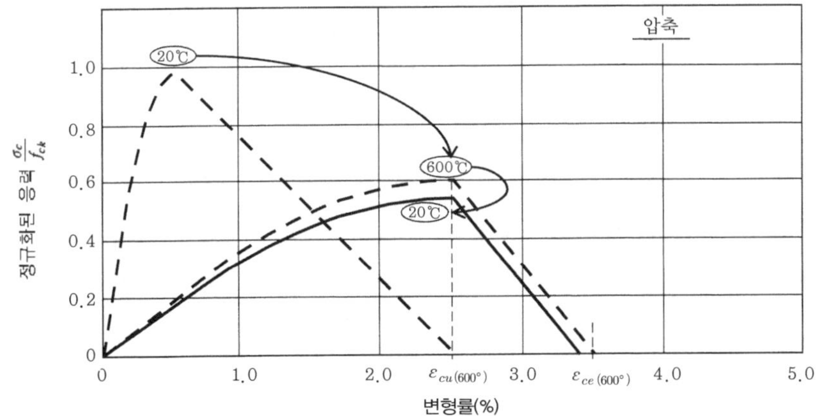

그림 5.24 600℃의 가열 후에 규산질 골재 콘크리트에 대한 20℃에서 잔류 응력-변형률 곡선의 발생 단계

9) 고급 모델링을 위한 인장강도

콘크리트의 인장강도는 상온 설계에서 무시되지만 일반적으로 콘크리트압축(원통형 혹은 큐브형) 강도의 몇 퍼센트를 가지고 있다고 알려져 있다. 따라서 보나 기둥 같은 개별 구조부재의 간단한 내화설계에서 인장강도를 사용할 이유는 거의 없다. 철근에 부착되어 있는 콘크리트의

실제 값과 그 불확실성을 고려한다면, 구조내력을 평가하는데 있어 작은 이득을 얻기 위해 콘크리트의 인장강도를 사용하는 것이 보수적인 것은 아니다. 그러나 통합된 대변형(integrated large-deflection) 수치해석 모델링이 건물의 소구역(large subregion)의 거동을 모델링하는 데 사용될 때에는 콘크리트 바닥 슬래브와 같은 분리부재(separating element)의 차염성(integrity)을 평가할 필요가 있다. 합성 바닥 시스템에서 바닥 아래에 있는 강재 보와 함께 사용된 얇고 가볍게 보강된 슬래브(thin, lightly reinforced slabs)에서 중요하다. 강건성을 확인하기 위한 인장균열의 관통 깊이를 예측하는 것은 취성균열에 대한 규칙을 포함하고 있는 인장응력-변형률관계를 이용하는 것이 필요하다.

EN 1994-1-2는 상온이나 상승된 온도에서 콘크리트의 인장강도에 대한 지침을 제공하고 있지 않지만 EN 1992-1-1의 표 3.1은 상온의 인장강도를 콘크리트의 특성 압축(원통형) 강도의 5%~95% 분위수(fractile)[17] 범위와 관련시키고 있다. 보통 범위(C25/30~C50/60)의 콘크리트 등급에 대한 평균 인장강도는 특성(압축강도) 값의 8%(6%~11%)에서 10%(7%~13%)이다. 만약 인장강도가 성능기반설계에서 상승된 온도해석을 위해 필요하다면 EN 1992-1-2 부록 E는 식(5.27)과 같이 상온의 인장강도 $f_{ck,t}$의 감소를 간단하게 제시하고 있다.

$$f_{ck,t,\theta} = k_{c,t,\theta} f_{c,k,t} \tag{5.27}$$

여기서,

$$\begin{aligned} &\theta = 20℃ \sim \theta = 100℃ : \ k_{c,t,\theta} = 1.0 \\ &\theta = 100℃ \sim \theta = 600℃ : \ k_{c,t,\theta} = 1.0 - (\theta - 100)/500 \end{aligned} \tag{5.28}$$

100℃~600℃까지 감소된 인장강도는 콘크리트의 상온 특성 압축강도의 매우 작은 부분이다. 그림 5.25에서와 같이 400℃에서 콘크리트의 인장강도는 f_{ck}의 약 4% 정도이다. 인장파괴는 본래 취성적이지만 해석에서는 응력이 0까지 떨어지는 구간을 필요로 한다. 이는 같은 온도에서 압축곡선의 응력 감소 구간과 동일한 변화를 보일 수 있다.

10) 콘크리트의 2축 파괴 표면[18]

바닥 슬래브에서 관통깊이나 층별(layer-by-layer) 파괴를 예측해야 하는 경우 2축 응력하에서 콘크리트 균열이나 파쇄(crushing)에 의한 파괴의 기준이 있어야 한다. 건축구조물의 수치해석에서 완전한 3차원의 응력장(stress fields)을 고려하는 것은 거의 필요하지 않다. 특히 바닥

---

17) 분위수(quantile, fractile, 分位數)는 크기가 작은 것이나 큰 것부터 나열하여 1/n, 2/n, ... , (n-1)/n이 되는 위치를 말한다.

18) Biaxial failure surfaces for concrete

슬래브에서 관통깊이 응력은 실질적으로 0이며, 중간 표면(midsurface)에 평행한 슬래브의 어떤 평면 수준에서 평면응력 조건을 가정하는 것이 합리적이다.

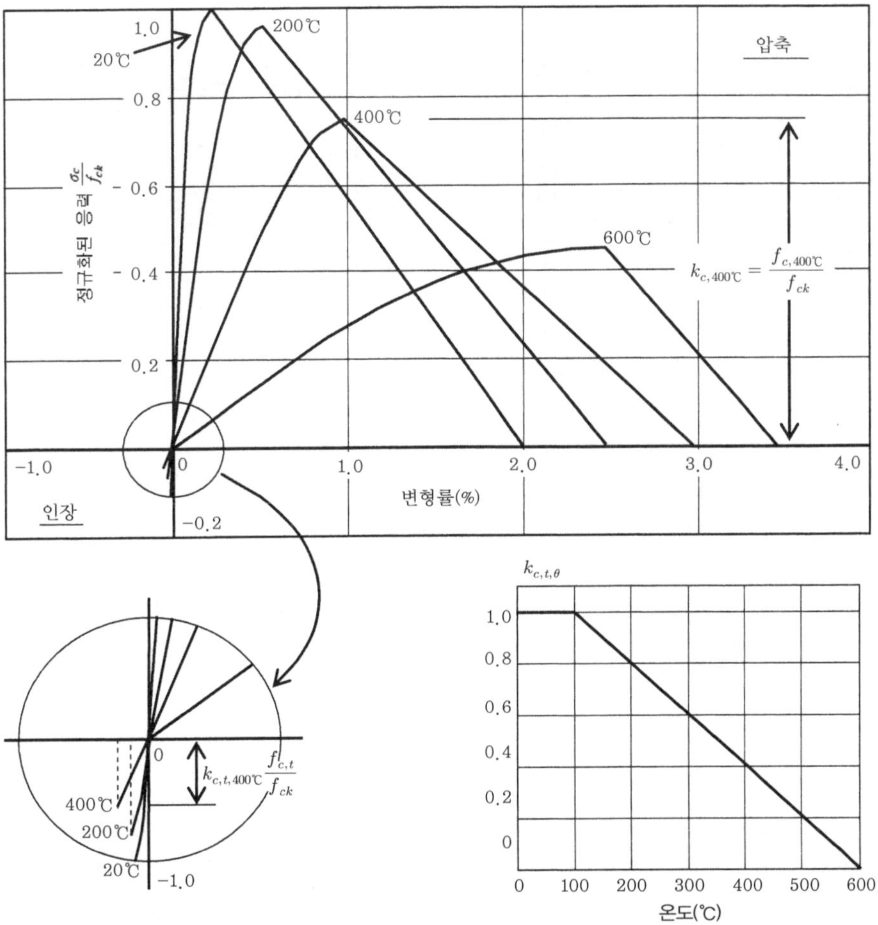

그림 5.25 EN 1992-1-2에 따른 상승된 온도에서 콘크리트의 1축 인장강도(CEN, 1992-2005b)

콘크리트의 파괴를 정의하는 평면 주응력의 조합을 연결해주는 하나의 수학적인 관계식은 존재하지 않는다. 일반적으로 취성재료로서, 연성적 재료에 사용된 잘 알려진 몇 가지 항복기준의 채택은 시험에서 관찰된 취성파괴의 상호작용 표면(또는 평면응력 시스템에서의 곡선)을 개략적으로 정의해 오고 있다. 상온에서도 시험 데이터는 파괴표면(failure surface)이나 시험을 조절하는 콘크리트의 변수를 적절하게 정의하는 것이 부적절하다. 상승된 온도에서는 사실상 어떤 시험 데이터도 존재하지 않는다. 이런 상황에서 가장 논리적인 접근법은 압축과 인장에 대한 감소계수 $k_{c,\theta}$와 $k_{c,t,\theta}$로 파괴표면의 크기를 조정하는 것이다. 그래서 파괴표면은 어느 온도에서도 1축 최고(peak) 응력과 호환이 된다.

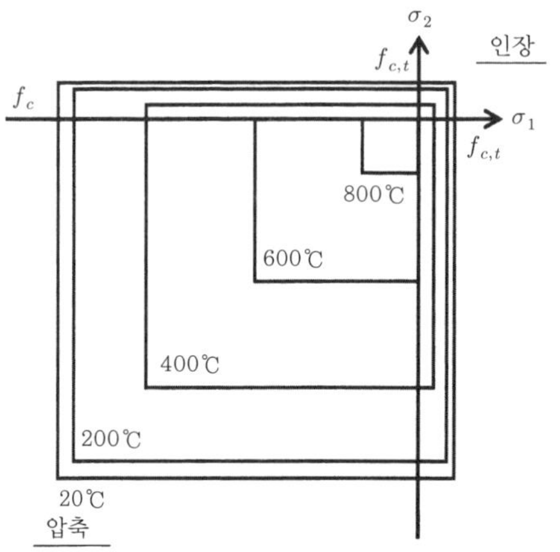

(a) 독립적인 1축 파괴응력

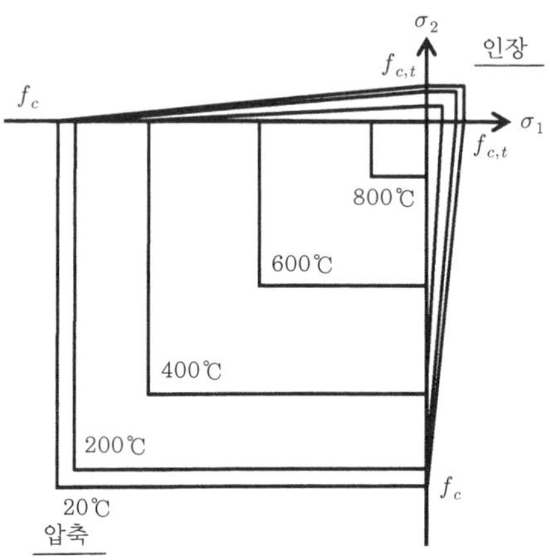

(b) Mohr–Coulomb 파괴표면

그림 5.26 평면응력에 대한 파괴표면

가장 간단하면서 가능한 2축 파괴 기준은 주응력을 인장 혹은 압축에서 독립적으로 파괴를 일으킬 수 있는 것으로 고려하는 것이다. 이는 인장과 압축부에서 같은 강도를 갖는 주철에서는 잘 적용되어도 콘크리트에서는 그렇지 않다. 만약 1축 파괴응력으로 호환되도록 크기가 조정된다면 그림 5.26a에서 보여지는 것처럼 이 기준은 평면응력에서 사각경계조건 군(a family of square boundaries)을 만든다.

콘크리트보다는 마찰로 일어나는 토질역학 문제에 실질적으로 더 적합한 Mohr–Coulomb (Coulomb 1776) 기준은 주인장–압축 사분면(quadrants)에서 평면응력에 대해 더 논리적인 상호작용을 제공한다. 평면응력은 그림 5.26b에 나타나 있다. 인장–인장과 압축–압축 사분면에서 두 주응력의 더 큰 부분에서 파괴가 시작된다. 이 기준은 여섯 개 직선의 내부경계(inner boundary)로 주어진다.

$$(\sigma_1/f_{c,t}) - (\sigma_2/f_c) = 1, \sigma_1 = f_{c,t}, \sigma_1 = -f_c$$
$$(\sigma_2/f_{c,t}) - (\sigma_1/f_c) = 1, \sigma_2 = f_{c,t}, \sigma_2 = -f_c \qquad (5.29)$$

대부분의 재료에서 주응력은 파괴가 일어날 때 서로 영향을 끼치면서 상호작용을 한다는 것이 관찰을 통해 확실해졌다. 그러나 연성재료에서부터 취성재료에 이르기까지 보편적으로 사용될 수 있는 일반적인 기준은 없다. 잘 알려진 에너지 기반의 von Mises 항복기준의 개발은 일반적인 최고(peak) 응력 파괴기준을 정식화하기 위하여 두 가지 주목할 만한 시도가 있었다.

이것은 Drucker와 Prager(1952) 및 Bresler와 Pister(1958)에 의해 시도되었다. Drucker-Prager 기준은 주응력의 조합하에서 콘크리트 같은 재료를 포함하여 재료의 파괴범위를 다루고자 시도했고, 수치해석 프로그램에서 일반적으로 실행될 수 있었다. Drucker-Prager의 평면응력 형태에서 이 기준은 식(5.30)으로 주어진다.

$$2f_c f_{c,t} - (f_c - f_{c,t})(\sigma_1 + \sigma_2) - (f_c + f_{c,t})\sqrt{\sigma_1^2 - \sigma_1\sigma_2 + \sigma_2^2} = 0 \qquad (5.30)$$

여기서, σ_1과 σ_2는 주응력이고, f_c와 $f_{c.t}$는 각각 콘크리트의 1축 압축강도와 인장강도의 절대값이다. 1축 응력에 대해 이것은 f_c와 $f_{c.t}$의 시험값에 들어 맞는다.

주응력 축에 45° 방향으로 정렬된 곡선 파괴표면을 만들어내며, 균질한 재료에 대해 1축 파괴응력으로 호환된다. 파괴표면의 형상은 f_c와 $f_{c.t}$의 값으로만 조절된다.

Bresler-Pister 기준(1958)은 1축과 2축 파괴 시험결과를 반영하기 위하여 파괴표면의 형상을 조정할 수 있다. 평면응력에 대하여 다음과 같은 형태를 취한다.

$$c_0 + c_1(\sigma_1 + \sigma_2) + c_2(\sigma_1 + \sigma_2)^2 - \frac{1}{\sqrt{3}}\sqrt{\sigma_1^2 - \sigma_1\sigma_2 + \sigma_2^2} = 0 \qquad (5.31)$$

이 식에서 상수 c_0, c_1, c_2는 동일한 2축 압축에서 강도 $f_{c,b}$와 함께 1축 인장 및 압축에서 강도 f_c와 $f_{c,t}$를 이용하여 정의된다. 이 마지막 항은 파괴표면의 형상을 시험 데이터에 좀 더 일치하도록 만들어준다. 그리고 상수들은 다음과 같이 정의된다.

$$c_1 = \left(\frac{f_{c,t} - f_c}{\sqrt{3}(f_{c,t} + f_c)}\right)\left(\frac{4f_{c,b}^2 - f_{c,b}(f_{c,t} + f_c) + f_{c,t}f_c}{4f_{c,b}^2 + 2f_{c,b}(f_{c,t} - f_c) - f_{c,t}f_c}\right)$$

$$c_2 = \left(\frac{1}{\sqrt{3}(f_{c,t} + f_c)}\right)\left(\frac{f_{c,b}(3f_{c,t} - f_c) - 2f_{c,t}f_c}{4f_{c,b}^2 + 2f_{c,b}(f_{c,t} - f_c) - f_{c,t}f_c}\right)$$

$$c_0 = \frac{f_c}{\sqrt{3}} + c_1 f_c - c_2 f_c^2 \qquad (5.32)$$

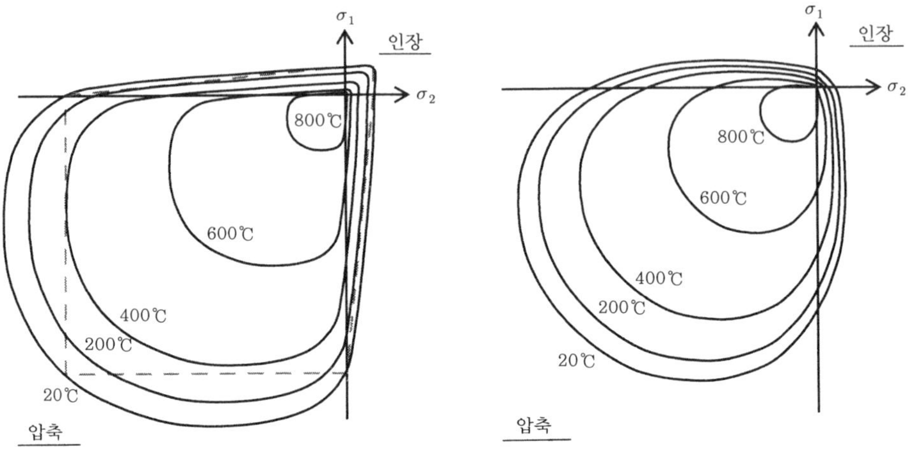

(a) Drucker–Prager[19] (b) Bresler–Pister[20]

그림 5.27 평면응력에 대한 파괴 표면

그림 5.27a와 5.27b는 각각 상온과 상승된 온도에서 2축 평면응력에 대한 Drucker–Prager와 Bresler–Pister의 파괴표면 사례를 보여준다.

상온에서 실험적 증거(Kupfer 등 1969)는 Bresler–Pister 표면과 비슷한 형상의 파괴표면을 뒷받침하는 것처럼 보이지만, 두 번째 주응력과 함께 조합에 의한 1축 인장강도의 작은 감소(diminution)와 더불어 인장–인장 사분면에서 Mohr–Coulomb의 파괴표면과 비슷하다.

11) 콘크리트의 하중으로 인한 일시상태 변형률

구조용 재료의 고온 역학시험의 일시상태와 정상상태(혹은 등온)의 연구는 5.2.2.2)에서 논의되었다. 콘크리트의 경우 이러한 방법 사이의 선택은 매우 극단적인 다른 결과를 가져 올 수 있다. 1970년대 이후 가열되는 동안 콘크리트를 '다지고(compacts)' 균열을 억제하는 압축하중의 '이로운' 효과가 있다는 것이 밝혀졌다(Khoury 등 1985). 일정한 온도에서 수행된 응력–변형률 곡선은 강도와 탄성계수의 감소와 각각 다른 온도변화에서 곡선들 사이에 극한변형률의 상당한 증가를 보여준다. 반면, 콘크리트가 하중이 재하된 이후 가열된다면 그 온도의 영향이 훨씬 적게 나타나는 실험 증거가 있으며, 이는 그림 5.28에 나타내었다. 하중이력의 효과는 매우 중요하며, 상승된 온도의 역학적 거동의 정확한 표현은 적어도 콘크리트 구조물이 중요한

19) Drucker, D.C., and Prager, W., Soil Mechanics and Plastic Analysis or Limit Design, Quarterly of Applied Mathematics, 10, pp.157~165, 1952

20) Bresler, B., and Pister, K.S., Strength of Concrete under Combined Stresses, Journal of American Concrete Institute, September, pp.321~345, 1958

구조 모델링에 포함되어야 한다. 그러나 그 현상은 코드나 기준(standards)에 적절히 포함되어 있지 않다.

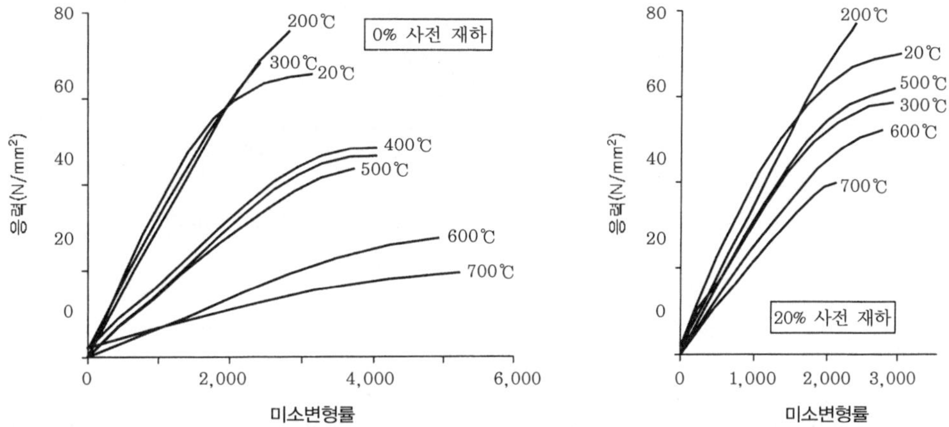

그림 5.28 다양한 온도에서 콘크리트의 응력-변형률 관계에 대한 하중이력의 영향[21)]

우발적인 화재에서 구조재료는 일시상태의 가열을 겪기 때문에 일시상태(transient) 시험은 정상상태(steady-state)보다 화재에서 압축된 콘크리트 부재의 실제 상황을 확실하게 구현한다. 일시상태 시험은 콘크리트의 중요한 특성을 나타낸다. 일시상태 시험과 열팽창에서 측정된 총 변형률 사이의 차이는 (재하된 정상상태 시험으로부터 얻어진) 순간적인 응력에 관련된 변형률과 크리프변형률의 합보다 훨씬 크다. 그 차이는 그림 5.29에 잘 나타나 있으며, 이는 처음으로 가열된 사전 하중재하의 유무를 떠나 콘크리트에 대한 온도-변형률 그래프를 나타낸다.

순간적인 응력과 관련된 변형률과 크리프 변형률을 포함하지 않는 추가 변형률 구성요소는 하중으로 인한 일시상태 변형률(LITS)로 정의되며, Anderberg와 Thelandersson(1976), Khoury 등[22)]에 의해 연구되어 왔다. 이는 큰 규모(magnitude)이고, 열팽창에 비교할 정도여서 회복할 수 없다(non-recoverable). 하중으로 인한 일시상태 변형률(LITS)은 사실상 시간에 독립적으로 나타나며, 100℃ 이상의 온도에서 온도, 응력, 응력이력의 함수이다. 미세구조(microstructural) 관점에서 하중으로 인한 일시상태 변형률은 탈수(공극수와 화학적으로 결합된 수분의 손실)와 화학적인 분해에서 생길 수 있다. 현상학적인(phenomenological) 관점에서 하중으로 인한 일시상태 변형률은 사전 재하, 일시상태 가열 혹은 두 가지의 상호작용으로 인한 것일 수 있으나 더 많은 실험 연구가 필요하다.

---

21) Khoury, G.A., Effect of Fire on Concrete and Concrete Structures, Progress in Structural Engineering and Materials, 2(4), pp.429~447, 2000

22) (1985 ; Khoury 2000), Schneider and Horvath(2003)

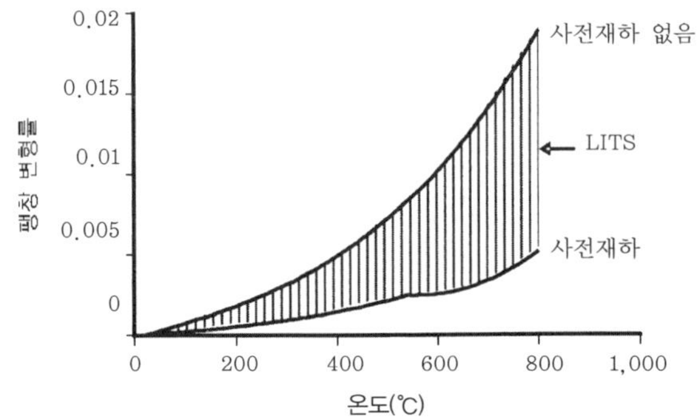

그림 5.29 하중으로 인한 일시상태 변형률(LITS)과 사전 재하 여부에 따라 가열된 콘크리트의 총 변형률 차이

고온에서 콘크리트의 총 변형률 측정시 구성요소 구분은 연구자들에 따라 다르다. 총 변형률은 네 가지(열변형률, 순간응력과 관련된 변형률, 크리프변형률, 일시상태 변형률)로 구성된다고 보고 있다. Khoury 등(1985)은 LITS가 실제로 3가지 요소(순간응력과 관련된 변형률, 크리프변형률, 일시상태 변형률)로 구성된다고 분류하였다.

- 순간적인(instantaneous) 응력과 관련된 변형률을 탄성과 소성 부분으로 분리하고
- 크리프변형률을 포함하는 소성변형률과 일시상태 크리프를, 일시상태 크리프로 정의된 구성요소를 형성하기 위해 합쳐진다.

따라서 Khoury 등은 LITS를 탄성변형률과 일시상태 크리프의 조합으로 정의하였다. 이때 탄성변형률은 시험의 마지막 부분에서 하중을 제거하고, 변형률 회복을 측정함으로써 얻을 수 있다. 그들은 사용된 골재나 시멘트 혼합의 종류에 관계없이 450℃까지는 포틀랜드 시멘트에 기반한 콘크리트에 대해 '마스터 LITS' 곡선의 사용을 제안하였다.

(1) Anderberg 모델

Anderberg 모델은 규암골재(quartzite-aggregate) 콘크리트에 대한 시험 결과 얻은 데이터에 직접적으로 연결된 현상학적인 것에서 유도되었다. 이는 Anderberg와 Thelandersson(1976)에 의해 수행되었고, 수치구조해석을 실행하기 쉬운 형태로 제공했다. 가열 중에 1축으로 압축된 콘크리트의 총 변형률은 4가지 구성요소의 합으로 정의되고, 각각은 압축이 양(+)으로 정의된다.

- 열변형률 ε_{th}, 건조수축을 포함한 가열 중에 하중이 제거된 시험체로부터 측정된 값
- 순간응력과 관련된 변형률 ε_{σ}, 정상상태 시험에서 결정된 응력-변형률 관계로부터 유도된 값
- 크리프변형률 ε_{cr}, 일정한 온도 및 하중 하에서 기록된 시간 의존적인 변형률 값
- 일시상태 변형률 ε_{tr}, 재하 및 가열이력의 효과를 설명하고 일정한 하중에서 일시상태 시험으로부터 결정된 값

이러한 변형률 구성요소는 양수로 얻어진 압축변형률과 함께 식(5.33)과 같이 표현된다.

$$\varepsilon = \varepsilon_{th}(T) + \varepsilon_{\sigma}(\tilde{\sigma}, \sigma, T) + \varepsilon_{cr}(\sigma, T, t) + \varepsilon_{tr}(\sigma, T) \tag{5.33}$$

여기서, T는 온도, σ는 응력, t는 시간이고 $\tilde{\sigma}$는 응력이력이다.

(2) 열변형률 ε_{th}

열변형률 ε_{th}는 측정된 열변형률 곡선으로부터 직접적으로 얻어진 온도에 대한 간단한 함수이다. EN 1992-1-2(2004)식[23]은 규산질 골재(siliceous-aggregate) 콘크리트의 열변형률에 대한 것으로서 부호가 바뀌어져 있다. 이 식은 Anderberg곡선을 잘 표현하고 있으며, 식(5.34)와 같다.

$$\begin{aligned} &20℃ \le T \le 700℃ \quad &&\varepsilon_{th} = -(-1.8\times10^{-4} + 9\times10^{-6}T + 2.3\times10^{-11}T^3) \\ &700℃ \le T \le 1{,}200℃ \quad &&\varepsilon_{th} = -14\times10^{-3} \end{aligned} \tag{5.34}$$

그림 5.30b는 Anderberg와 EN 1992-1-2의 곡선을 나타낸다.

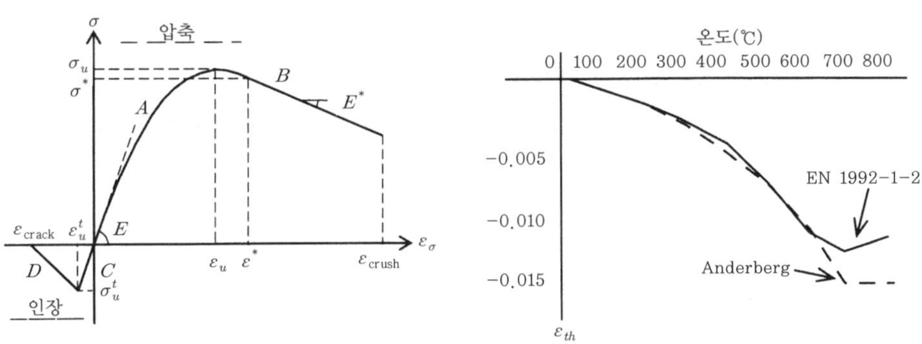

(a) 순간응력과 관련된 변형률　　　(b) 열변형률

그림 5.30 Anderberg와 Thelandersson(1976) 콘크리트 변형률 구성요소[24]

23) 식(5.11)

24) Based on Anderberg, Y., and Thelandersson, S., Stress and Deformation of Concrete at High Temperatures. 2 Experimental Investigation and Material Behaviour, Bulletin 54, Lund Institute of Technology, Sweden, 1976

(3) 순간응력과 관련된 변형률 ε_σ

순간응력과 관련된 변형률 ε_σ은 주어진 온도에서 정상상태 시험으로부터 결정된 일반적인 1축 응력-변형률 관계이다. 그림 5.30a는 콘크리트 응력-변형률 관계에 대한 Anderberg의 설명을 나타낸다. 압축에서 곡선은 파쇄(crushing)가 일어날 때까지 선형 하강구간(descending branch)이 뒤따르는 포물선 구간으로 이루어진다. 반면에 인장 사분면에서는 극한인장응력까지 선형 증가는 선형 하강구간으로 이어진다.

순간 응력-변형률에 대한 Anderberg 모델은 식(5.35)로 정의된다.

$$\begin{aligned}
&\text{A.}\quad 0 \le \varepsilon_\sigma < \varepsilon^* \quad \sigma = \sigma_u \frac{\varepsilon_\sigma}{\varepsilon_u}\left(2 - \frac{\varepsilon_\sigma}{\varepsilon_u}\right) \\
&\text{B.}\quad \varepsilon^* \le \varepsilon_\sigma < \varepsilon_{crush} \quad \sigma = E^* \varepsilon_\sigma + \sigma^* \\
&\text{C.}\quad 0 \ge \varepsilon_\sigma > \varepsilon_u^t \quad \sigma = E\varepsilon_\sigma \\
&\text{D.}\quad \left\{ \begin{array}{ll} \varepsilon_u^t \ge \varepsilon_\sigma > \varepsilon_{crack} & \sigma = \sigma_u^t \dfrac{\varepsilon_\sigma - \varepsilon_{crack}}{\varepsilon_u^t - \varepsilon_{crack}} \\ \varepsilon_{crack} \ge \varepsilon_\sigma & \sigma = 0 \end{array} \right\}
\end{aligned} \tag{5.35}$$

여기서, σ_u : 극한 압축응력

ε_u : 극한 압축응력에서의 변형률

$\varepsilon^* = \varepsilon_u(1 - E^*/E)$는 압축 사분면에서 포물선 구간과 선형 하강구간 사이의 전이(transition) 변형률

$\sigma^* = \sigma_u(1 - E^*/E)^2$는 변형률에 상응하는 압축응력

$E = 2\sigma_u/\varepsilon_u$는 압축영역에서의 초기 탄성계수

$E^* = -880$MPa는 압축구역에서 하강구간의 기울기

ε_{crash} : 파쇄(crushing) 변형률

σ_u^t : 극한 인장응력

$\epsilon_u^t = \dfrac{\sigma_u^t}{E}$: 극한 인장응력에서의 변형률

$\varepsilon_{crack} = -0.04\%$는 균열이 시작되는 곳에서의 변형률이며, 이는 온도에 따라 변하지 않는 것으로 가정되었다.

응력-변형률 관계는 3가지 변수(σ_u, ε_u, σ_u^t)가 알려지면 명확하게 정의된다.

고온시 압축강도 σ_u에 대한 응력이력의 효과는 비교적 미미하기 때문에 이는 온도에 대한 함수로 가정되며, 응력이력의 영향은 무시된다. 표 5.8에는 상온 압축강도 σ_{u0}에 대한 다양한 온도에서 σ_u의 비율이 주어진다.

표 5.8 상온 강도 σ_{u0}에 대한 고온 σ_{uT}에서의 콘크리트 압축강도 비[25)]

T(C)	20	100	200	300	400	500	600	700	800
σ_{uT}/σ_{u0}	1	1	0.98	0.96	0.97	0.6	0.45	0.3	0.2

극한 압축응력에서의 변형률 ε_u는 응력이력에 의해 영향을 받는다. 이는 가열되는 동안 하중이 제거된 시험체에 대한 온도 증가와 함께 평이하게 증가한다. 반면에 시험체가 가열되는 동안 하중이 재하될 때는 온도 증가가 거의 영향을 미치지 않는다. Anderberg 모델에서 이 영향은 축적된 일시상태 변형률 ε_{tr}에 관해 응력이력을 나타내고, ε_u를 온도와 ε_{tr} 둘다에 관련시켜서 고려한다. 식(5.36)과 같다.

$$\varepsilon_u(T,\tilde{\sigma}) = \max(\varepsilon_{u0}, \bar{\varepsilon}_u - \varepsilon_{tr}) \tag{5.36}$$

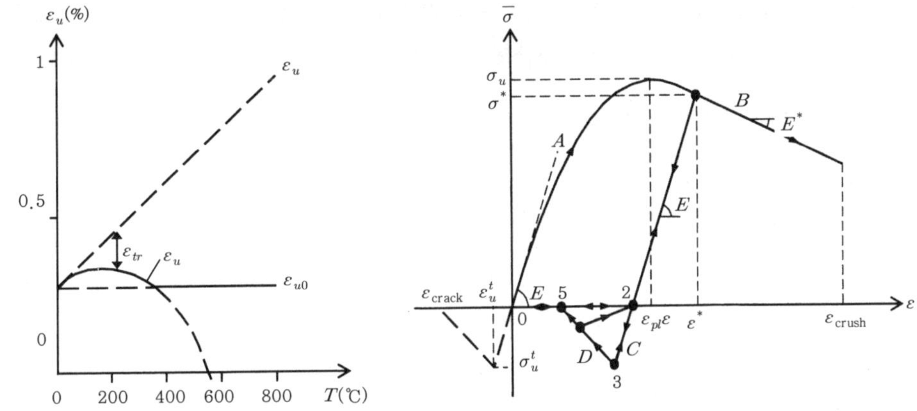

(a) 극한 압축응력에서 변형률 ε_u와 $\bar{\varepsilon}_u$의 수학적 모델

(b) 고온 응력–변형률 모델의 하중이 제거된 경로[26)]

그림 5.31 Anderberg와 Thelandersson(1976)

25) Based on Anderberg, Y., and Thelandersson, S. (1976), Stress and Deformation of Concrete at High Temperatures. 2 Experimental Investigation and Material Behaviour, Bulletin 54, Lund Institute of Technology, Sweden.

26) Based on Anderberg, Y., and Thelandersson, S., Stress and Deformation of Concrete at High Temperatures. 2 Experimental Investigation and Material Behaviour, Bulletin 54, Lund Institute of Technology, Sweden, 1976

여기서, ε_{uo}는 상온에서 극한 압축응력에서의 변형률이고, $\bar{\varepsilon}_u$는 가열 중에 하중이 제거된 시험으로부터 얻어진 극한 압축응력에서의 변형률이다. 이는 온도의 선형함수로서 시험 데이터에 기초하여 단순화되었고, 그림 5.31a에 나타낸 것처럼 모델화한 것이다.

극한 응력에서의 변형률 ε_u는 가열 중에 하중이 제거된 시험으로부터 극한 압축응력에서의 변형률과 항상 같거나 작지만 상온에서의 변형률보다 작지는 않다.

극한 인장응력 σ_u^t는 온도와 관련된다. 다양한 온도에서 상온 인장강도 σ_{u0}^t에 대한 σ_u^t의 비율이 표 5.9에 나타났다.

상온 인장강도 σ_{u0}^t는 식(5.37)로 정의된다.

$$\sigma_{u0}^t = -0.28(0.8\sigma_{cube})^{2/3} \tag{5.37}$$

여기서, σ_{cube}는 MPa 단위로 상온에서의 입방체 강도이다.

또한 하중을 제거하는 것은 그림 5.30b에 나타낸 것과 같이 압축과 인장 모델 모두에서 고려된다. 화살표는 재하(하중을 가함)와 제하(하중을 제거함)의 허용된 방향을 가리킨다. 압축으로부터 제하(除荷)는 임의의 1번 점에서 시작하고, 응력이 인장이 되는 2번 점에서 끝난다. 2번 점에서의 변형률은 영구 소성변형률 $\varepsilon_{pl} = \varepsilon_\sigma - \frac{\sigma}{E}$이다.

표 5.9 상온 인장강도 σ_{u0}^t에 대한 고온에서 콘크리트의 인장강도 σ_{uT}^t의 비

T(℃)	20	100	200	300	400	500	600	700	800
$\sigma_{uT}^t / \sigma_{u0}^t$	1	0.95	0.82	0.71	0.56	0.37	0.2	0.15	0.1

인장으로부터 재하(loading)와 제하(unloading) 경로는 2-3-4-2의 순서로 나타냈으며, 이전의 제하가 압축에서 발생한 것이라면 유효하다. 인장으로부터의 제하는 항상 4-2 경로를 따른다고 가정한다. 균열은 변형률이 $\varepsilon_{pl} + \varepsilon_{crack}$인 5번 점에서 발생한다고 가정한다. 그 다음에 변형률은 5-2 또는 5-0 경로를 따를 수 있으며, 압축으로 되돌아온다. 인장영역으로 들어가기 전에 압축에 대한 제하와 같은 임의의 변형률 이력을 설명하기 위해 응력-변형률 모델은 일반화된 형태로 다시 쓸 수 있다.

A. $0 \le \varepsilon_\sigma < \varepsilon^*$ $\quad \sigma = \sigma_u \frac{\varepsilon_\sigma}{\varepsilon_u}\left(2 - \frac{\varepsilon_\sigma}{\varepsilon_u}\right)$

B. $\varepsilon^* \le \varepsilon_\sigma < \varepsilon_{crush}$ $\quad \sigma = E^* \varepsilon_\sigma + \sigma^*$

C. (제하) $\varepsilon_\sigma \ge \varepsilon_{pl} + \varepsilon_u^t$ $\quad \sigma = E(\varepsilon_\sigma - \varepsilon_{pl})$ (5.38)

$$\text{D.}\quad \begin{Bmatrix} \varepsilon_{pl}+\varepsilon_u^t > \varepsilon_\sigma \geq \varepsilon_{pl}+\varepsilon_{crack} & \sigma = \sigma_u^t \dfrac{\varepsilon_\sigma - \varepsilon_{crack} - \varepsilon_{pl}}{\varepsilon_u^t - \varepsilon_{crack}} \\ \varepsilon_{pl} > \varepsilon_\sigma \text{ 또는 } \varepsilon_{pl}+\varepsilon_{crack} > \varepsilon_\sigma & \sigma = 0 \end{Bmatrix}$$

여기서, ε^*는 제하(unloading)가 일어나는 곳에서의 변형률이다.

(4) 크리프변형률 ε_{cr}

일정한 온도와 응력에서 크리프변형률 ε_{cr}은 식(5.39)처럼 시험 결과를 바탕으로 모델화되었다.

$$\varepsilon_{cr}(\sigma, T, t) = 5.3 \times 10^{-4} \frac{\sigma}{\sigma_u} \left(\frac{t}{180} \right)^{0.5} e^{3.04 \times 10^{-3}(T-20)} \tag{5.39}$$

우발적인 화재는 지속시간이 비교적 짧기 때문에 화재 적용에 있어서 크리프변형률은 다른 세 가지 변형률 구성요소와 비교하여 매우 작다. Anderberg와 Thelandersson(1976)은 이 경우에 크리프변형률은 무시될 수 있다는 것을 보여준다.

(5) 일시상태 변형률 ε_{tr}

일시상태(transient) 변형률 ε_{tr}의 특성과 중요성은 5.2.2 11)에서 설명하였다. Anderberg와 Thelandersson의 모델에서 ε_{tr}은 시험에서 직접 측정되지 않지만 재하된 일시상태 시험에서 측정된 총 변형률로부터 이전에 설명한 모델을 사용해서 계산된 다른 세 개의 변형률 구성요소 ε_{th}, ε_σ, ε_{cr}을 제해서 구한다. ε_{tr}은 응력에 대해 선형 관계를 가지는 것으로 밝혀졌고, ε_{th}에 대해 대략 선형으로 맵핑(mapping)할 수 있는 온도의 비선형 함수이다. 그러므로 식(5.40)과 같이 공식화된다.

$$\varepsilon_{tr} = -k_{tr} \frac{\sigma}{\sigma_{u0}} \varepsilon_{th} \tag{5.40}$$

여기서, k_{tr}은 규암(quartzite) 골재 콘크리트에 대한 1.8과 2.35 사이의 무차원화된 상수이다.

이 관계는 500℃ 이상 온도에서의 시험결과와 완전하게 일치하지는 않는다. 이 온도 범위에 대해서는 다음 수식이 사용되어야 한다.

$$\Delta\varepsilon_{tr} = 0.1 \times 10^{-3} \Delta T \frac{\sigma}{\sigma_{u0}} \tag{5.41}$$

(6) Khoury 모델

Khoury 모델은 직접적으로 응력-변형률-온도 모델과 상관없이 600℃까지의 온도에서 서로 다른 콘크리트에 대한 실험에 기초하고, Khoury 등(1985)에 의한 변형률 분해(decomposition) 현상에 기초하여 연구되었다.

순간응력과 관련된 변형률 ε_σ의 탄성(ε_{el})과 소성(ε_{pl}) 부분은 분리되고, 소성변형률 ε_{pl}은 크리프변형률 ε_{cr}과 일시상태 변형률 ε_{tr}이 결합되어 '일시상태 크리프' $\varepsilon_{tr,cr}$로 정의되는 하나의 변형률 구성요소를 형성한다.

$$\varepsilon_{tr,cr} = \varepsilon_{pl} + \varepsilon_{cr} + \varepsilon_{tr} \tag{5.42}$$

그 다음에 총 변형률은 열변형률 ε_{th}, 탄성변형률 ε_{el}, 일시상태 크리프변형률 $\varepsilon_{tr,cr}$의 합으로 정의된다.

$$\varepsilon = \varepsilon_{th}(T, V_a) + \varepsilon_{el}(\sigma, T) + \varepsilon_{tr,cr}(\sigma, T, V_a) \tag{5.43}$$

이 세 가지 구성요소의 모델은 콘크리트의 온도 T, 응력 σ(부피에 의한 백분율), 골재 함유량 V_a의 함수로 전개된다.

또 다른 새로운 개념은 LITS로 정의되는데, 이는 탄성변형률 ε_{el}과 일시상태 크리프 $\varepsilon_{tr,cr}$의 합이다. LITS는 실제로 Anderberg 모델에서 순간응력과 관계된 변형률 ε_σ, 크리프변형률 ε_{cr}, 일시상태 변형률 ε_{tr}의 합이기 때문에 추론하는 것은 어렵지 않다. 그러므로 변형률 구성요소를 나누는 방법에 있어서 이러한 두 가지 모델 사이의 근본적인 차이는 없다. 총 변형률은 식(5.44)이거나

$$\varepsilon = \varepsilon_{th} + \varepsilon_{el} + \varepsilon_{tr,cr} = \varepsilon_{th} + LITS \quad \text{(Khoury)} \tag{5.44}$$

또는 식(5.45)이다.

$$\varepsilon = \varepsilon_{th} + \varepsilon_\sigma + \varepsilon_{cr} + \varepsilon_{tr} \quad \text{(Anderberg)} \tag{5.45}$$

탄성변형률 ε_{el}은 $\varepsilon_{el} = \sigma / E_0$로 정의되며, 여기서 E_0는 상온에서 초기 탄성계수(영계수)이다. '마스터 일시상태 크리프' 곡선은 일반적으로 사용된 골재나 시멘트 혼합의 종류에 관계없이 450℃까지 포틀랜드 시멘트 콘크리트에 대해 제시된다. 이 마스터 곡선은 상온강도의 10%, 20%, 30% 응력 수준을 받는 실험과 $V_a = 65\%$인 콘크리트에 기초하여 개발되었다. 이 마스터 곡선을 바탕으로 $\varepsilon_{tr,cr}$는 응력에 선형적으로 관련 있는 것으로 가정되고, $\sigma/\sigma_{u0} = 0.3$에서 얻어진 값에 대해 정규화된다.

$$\varepsilon_{tr,cr}(T,\sigma) = \varepsilon_{tr,cr}(T,0.3\sigma_{u0}) \times \left(0.032 + 3.226\frac{\sigma}{\sigma_{u0}}\right) \quad (5.46)$$

여기서, $\varepsilon_{tr,cr}(T,0.3\sigma_{u0})$는 590℃까지의 마스터 곡선에 기초한 온도의 비선형 함수이다.

$$\varepsilon_{tr,cr}(T,0.3\sigma_{u0}) = -(A_0 + A_1 T + A_2 T^2 + A_3 T^3 + A_4 T^4) \times 10^{-6} \quad (5.47)$$

여기서, $A_0 = 43$, $A_1 = -2.725$, $A_2 = -6.248 \times 10^{-2}$, $A_3 = 2.193 \times 10^{-4}$ 이고,

$A_4 = -2.769 \times 10^{-7}$ 이다.

그러나 마스터 곡선은 400℃ 이상에서 템스강 자갈 콘크리트(또는 규산질의 골재를 포함하는 모든 콘크리트)를 잘 표현하지는 못한다. 그러므로 이러한 종류의 콘크리트에 대해 식(5.46)은 식(5.48)로 수정될 필요가 있다.

$$\varepsilon_{tr,cr}(T,0.3\sigma_{u0}) = -1.48 \times (B_0 + B_1 T + B_2 T^2 + B_3 T^3 + B_4 T^4 + B_5 T^5) \times 10^{-6} \quad (5.48)$$

여기서, $B_0 = 1098.5$, $B_1 = -39.206$, $B_2 = 0.428$, $B_3 = -2.444 \times 10^{-3}$, $B_4 = 6.274 \times 10^{-6}$ 이고 $B_5 = -5.948 \times 10^{-9}$ 이다.

일시상태 크리프에 대한 골재 함유량의 영향은 선형으로 가정되므로 다음 식은 임의의 V_a인 콘크리트 $\varepsilon_{tr,cr}$에 대해 주어진다.

$$\varepsilon_{tr,cr}(T,\sigma,V_a) = \varepsilon_{tr,cr}(T,\sigma,65\%) \times \left(3.05 - 3.15\frac{V_a}{100}\right) \quad (5.49)$$

일시상태 크리프는 시간 의존적인 크리프변형률을 포함하지만, 이는 건물화재와 같은 단기 가열 상태에서 무시해도 될 정도이기 때문에 시간과 별개로 간주한다. 이 모델에 대한 변형률 분해(decomposition)의 최신 정보는 Khoury(2006)에 의해 주어졌으나 변형률 구성요소의 수학적 모델의 발전은 더 이상 이루어지지 않았으며, 본래의 모델이 구조해석에 여전히 유용하게 사용되고 있다.

(7) Schneider 모델

Schneider 모델은 1986년 Schneider에 의해 처음으로 발표되었으며, 주기적으로 수정·보완되었다. 총 변형률은 열변형률 ε_{th}과 역학적 변형률 ε_m로 나뉜다.

$$\varepsilon = \varepsilon_{th} + \varepsilon_m \quad (5.50)$$

역학적 변형률 ε_m은 실제로 Khoury 모델의 LITS이며, Anderberg 모델에서 순간응력과 관련된 변형률 ε_σ, 크리프변형률 ε_{cr}과 일시상태 변형률 ε_{tr}의 합으로 되어 있다. 이러한 세 가지

모델의 변형률 분해방식은 서로 일치하는 것이 기본이다.

열변형률 ε_{th}은 온도의 비선형 함수로 가정된다.

$$\begin{aligned} \varepsilon_{th} &= -(6.6\times10^{-11}T^3-1.7\times10^{-8}T^2+9\times10^{-6}T+1.369\times10^{-4}) \quad (T\le 650℃) \\ \varepsilon_{th} &= -(2\times10^{-8}T^{-2}-3.94\times10^{-5}T+0.0342) \quad (T>650℃) \end{aligned} \tag{5.51}$$

역학적 변형률 ε_m은 응력, 온도, 콘크리트의 종류, 함수율과 관련이 있으며, 이는 식(5.52)와 같다.

$$\varepsilon_m = \frac{\sigma}{E}(1+\varphi) \tag{5.52}$$

여기서, σ는 응력, E는 고온 영계수이고, φ는 온도, 콘크리트의 종류와 함수율과 관련된 함수이다.

고온 영계수 E는 온도와 하중이력의 함수이다. 하중이력은 하중계수 α로 표현된다.

$$\alpha = \frac{\sigma_{history}}{\sigma_{u0}} \tag{5.53}$$

$\sigma_{history}$항은 문헌에서 명확히 정의되어 있지 않다.

이 모델의 기반이 된 실험에서 작용하중은 고정이기 때문에 $\sigma_{history}$는 일정하게 작용하는 응력이 되어야 한다. 하지만 구조부재의 응력이력은 이보다 훨씬 더 복잡해서 이에 대한 설명이 필요하다.

$\alpha=0$, $\alpha=0.1$과 $\alpha=0.3$에서 영계수 E의 고온 값은 온도의 함수로 주어진다.

$20℃ \le T \le 320℃$에 대해

$$\begin{aligned} E(T,\alpha=0) &= E_0(1-3\times10^{-3}(T-20)+4.085\times10^{-6}(T-20)^2) \\ E(T,\alpha=0.1) &= E_0(3\times10^{-6}T^2-2.311\times10^{-3}T+1.04505) \\ E(T,\alpha=0.3) &= E_0(2\times10^{-6}T^2-1.57\times10^{3}T+1.0306) \end{aligned} \tag{5.54}$$

$320℃ \le T \le 450℃$에 대해

$$\begin{aligned} E(T,\alpha=0) &= E_0\begin{pmatrix}0.89406-3.2445\times10^{-3}T+1.0081\times10^{-5}T^2 \\ -1.2801\times10^{-8}T^3\end{pmatrix} \\ E(T,\alpha=0.1) &= E_0(-5.1\times10^{-6}T^2+2.73\times10^{-3}T+0.262) \\ E(T,\alpha=0.3) &= E_0(-4\times10^{-6}T^2+2.5\times10^{-3}T+0.342) \end{aligned} \tag{5.55}$$

$450℃ \le T \le 600℃$ 에 대해

$$E(T,\alpha=0)=E_0(0.45\times e^{-7.52\times 10^{-3}(T-400)})$$
$$E(T,\alpha=0.1)=E_0(-6\times 10^{-8}T^3+1\times 10^{-4}T^2-0.056T+10.874) \quad (5.56)$$
$$E(T,\alpha=0.3)=E_0(1.767\times e^{-0.0022T})$$

$T>600℃$ 에 대해

$$E(T,\alpha=0)=E_0(e^{-4\times 10^{-3}(T-20)})$$
$$E(T,\alpha=0.1)=E_0(0.82554\times e^{-0.0016T}) \quad (5.57)$$
$$E(T,\alpha=0.3)=E_0(0.86\times e^{-0.001T})$$

$\alpha \ge 0.3$에 대해서 E는 일정하다고 밝혀져서 $E(T,\alpha=0.3)$에 대한 식은 $E(T,\alpha>0.3)$를 계산하는데 사용된다. α가 0, 0.1과 0.3 사이일 때 E를 보간하는 것에 대해서는 어떠한 지침도 없다.

상수 φ는 식(5.58)과 같다.

$$\varphi=C_1\tanh(\gamma_w(T-20))+C_2\tanh(\gamma_0(T-T_g))+C_3 \quad (5.58)$$

여기서, C_1, C_2, C_3, γ_0와 T_g는 표 5.10에서 주어지고, γ_w는 중량에 의한 백분율로 콘크리트 함수율 W의 함수이다. 이는 식(5.59)와 같다.

$$\gamma_w=\min(0.3\times 10^{-3}w^{0.5}+2.2\times 10^{-3}, 2.8\times 10^{-3}) \quad (5.59)$$

5.3 내화피복 재료

5.3.1 일반사항

성능기반 화재공학 계산 과정에서 사용된 재료의 온도 의존적인 열적 특성은 신뢰할만하고, 정확한 데이터이어야 한다. 5.2절에 제시된 바와 같이 강재와 콘크리트 같은 구조 하중지지 재료의 열특성에 대한 포괄적인 정보를 구할 수 있다. 그러나 내화재료의 열특성에 대한 정보를 얻는 것은 훨씬 더 어렵다. 이는 부분적으로 고온에서 복잡하고 가변적인 화학반응을 가지고 있는 여러 형태의 내화피복 재료의 고유 특성 때문이다. 또한 내화피복 재료를 평가하는데 있어서 이러한 데이터는 요구되지 않았다. 왜냐하면 표준내화시험에 기초한 기존의 접근법은 단지 내화피복 시스템이 미리 정해진 시간에 대하여 표준내화시험을 통과하는 것을 보장하는 데에만 관심이 있었기 때문이다. 이러한 정보 부족의 원인은 대부분의 내화피복 재료는 각각 다른 제조사의 독점적 시스템과 사업적 민감성으로 인하여 정보 공개를 막고 있는 것이다.

표 5.10 역학적인 변형률 ε_m을 계산하기 위한 변수

	규암 콘크리트	석회암 콘크리트	경량 콘크리트
C_1	2.5	2.5	2.5
C_2	0.7	1.4	3
C_3	0.7	1.4	2.9
γ_0(℃$^{-1}$)	7.5×10^{-3}	7.5×10^{-3}	7.5×10^{-3}
T_g(℃)	800	700	600

성능기반 화재공학은 표준화재 노출뿐만 아니라 자연화재와 고정된 한계(fixed limiting)구조온도 및 가변적인 온도까지 다룬다. 열특성 데이터가 변화하는 재료온도와 화재노출의 영향을 반영해야 하는 것은 필수적이다. 종종 내화피복 재료 제조사가 제공하는 상온의 데이터는 성능기반 화재공학의 목적에 충분하지 않다.

이 절은 여러 내화피복 재료에 대한 일부 상승된(elevated) 온도의 열특성 데이터를 제공한다. 내화피복 재료 중에는 석고 기반(gypsum-based) 제품과 내화도료(intumescent coatings)가 가장 유명하고, 이 두 가지의 내화피복 재료에 대해 좀 더 자세히 알아보고자 한다. 특히 내화도료는 반응성 재료이며, 내화도료의 열특성은 온도뿐만 아니라 화재 노출에도 영향을 받는다. 그리고 각각 다른 화재조건에서 내화도료의 열특성을 정량화하기 위한 연구도 진행중이다.

5.3.2 이론적 고려사항

열전달 해석을 위해 필요한 열특성은 밀도, 비열, 열전도율이다. 이러한 특성은 실험적으로 측정될 수 있지만 이 실험을 설명하기 위한 이론체계를 정립하여야 한다. 또한 이론모델은 실험 데이터와의 차이를 좁힐 수 있다.

1) 밀도

많은 내화피복 재료는 화재에 노출되는 동안 탈수, 유기화합물의 분해나 탈탄산화(decarbonation)로 인한 밀도의 변화를 겪는다. 밀도는 질량을 부피로 나눈 값이다. 내화피복 재료의 질량과 부피 둘 다 고온에서 변할 수 있기 때문에 두 값은 정량화되어야 한다. 질량변화의 정량화를 위해 열중량 분석(TGA[27])이 사용될 수 있다. TGA는 상승하는 온도에서 질량의 감소를 추적한다. 부피 변화는 팽창계(dilatometer)를 이용하여 측정할 수 있다.

다행히 대부분의 내화피복 재료는 경량이다. 따라서 내화피복 재료에 저장된 열은 재료를 통해 전도된 열과 피복된 구조재료 사이에 저장된 열에 비해 적다. 그리고 정확한 정보를 얻을 수 없어도 일정한 밀도를 사용할 수 있다. 이 값은 내화피복 제조사의 제품 사양서에 주어진다.

2) 비열

내화피복 재료에서 온도가 증가하려면 외부에너지가 필요하다. 필요한 외부에너지는 내화피복 재료가 발열(exothermic)반응을 통하여 열을 발생시키면 감소되고, 내화피복 재료가 흡열(endothermic)반응을 겪거나 물이 증발되면 증가한다. 단위중량 재료의 온도를 1℃ 올리는 데 필요한 에너지의 양은 재료의 비열로 정의된다.

단순화한 열전달 해석에서 등가비열(equivalent specific heat)은 결합 효과를 나타내기 위해 사용될 수 있다. 등가비열은 흡열반응 또는 물의 증발 때문에 요구되는 추가 에너지를 기준치에 합하거나 발열반응 중에 방출되는 에너지를 기준치로부터 빼서 얻어진다. 기준치는 온도의 영향을 받는다. 그러나 이 변화의 범위는 통상적으로 작으므로 정확한 변화(variation)를 구할 수 없다면 상수값이 사용될 수 있다.

발열 · 흡열 화학반응[28] 중에 발생되거나 소비된 열과 수분증발 동안에 소비된 열을 충당하기 위한 간단한 방법은 화학반응, 수분증발에 따른 온도변화 구간을 통해 관련된 에너지를 분포시키는 것이다. 정확한 분포는 정량화되기 어렵지만 필요한 정확도 수준이 높지 않기 때문에 삼각분포(triangular distribution)가 유용하게 사용될 수 있다. 예를 들어, 그림 5.32는 1,000J/(kg · K)의 기준치와 중량으로 5%의 수분을 가지는 재료의 비열을 나타낸다. 화학반응은 없다. 물의 증발잠열(latent heat)은 2,260KJ/kg이다. 물의 증발은 90℃~150℃ 사이에서 일어난다고 가정한다. 최대(peak) 수분증발이 120℃에서 일어난다고 가정하면, 평균 추가 비열은 $2,260,000 \times 0.05/(150-90) = 1,883$J/(kg · K)이다. 그러면 120℃에서 비열의 최대값(peak)은 $1,000 + 2 \times 1,883 = 4,766$J/(kg · K)이다.

---

27) Thermo Gravimetric Analysis

28) exothermic/endothermic chemical reactions

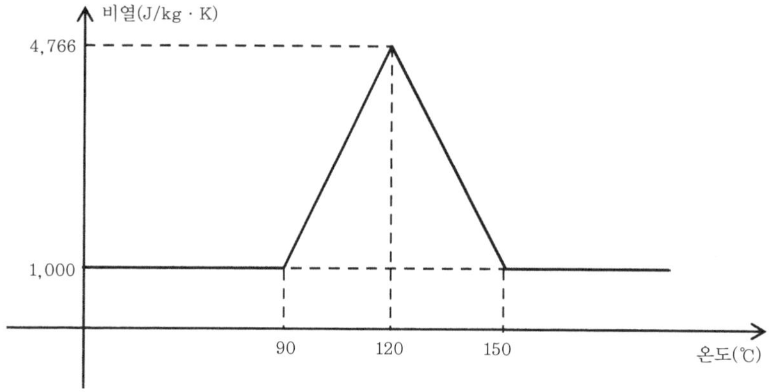

그림 5.32 비열에 대한 수분 증발의 효과

3) 열전도율

내화피복 재료의 세 가지 열특성 가운데 열전도율은 내화피복 재료의 경량 특성 때문에 피복된 구조물의 온도에 가장 중요한 영향을 미친다. 따라서 이 값을 정확하게 결정하는 것이 매우 중요하다. 내화피복 재료의 제조사는 제품 사양서에 상온 열전도율 값을 포함시킨다. 그러나 열전도율 값은 고정값을 사용하면 안 된다. 내화피복 재료의 열전도율은 온도에 따라 증가하기 때문이다. 그러므로 일정한 상온 값을 사용하는 것은 피복된 구조물의 온도를 과소평가하게 되어 안전하지 못한 결과를 가져 올 것이다. 내화피복 재료의 열전도율에 대한 온도 의존성은 정량화 되어야 한다.

열평판법(guarded hot plate method)[29]을 사용하여 고온에서 재료의 열전도율을 측정하는 방법들을 사용할 수 있다. 그러나 이러한 시험방법은 시험온도가 높은 경우에 비용이 많이 들 수 있다. 이론적 모델은 제한된 측정을 통하여 추론을 가능하게 한다.

내화피복 재료에는 내화도료, 석고 플라스터, 규산칼슘, 광물면(mineral wool), 암면(rock wool), 암석섬유(rock fibre), 질석과 시멘트계 스프레이 등이 있다. 이러한 재료의 일반적인 특징은 다공성(porous)이라는 것이다. 균일한 공극분포를 가진 다공성 재료의 열전도율은 식 (5.60)을 사용해서 계산할 수 있다(Russell 1935) :

$$\lambda^* = \lambda_s \frac{\lambda_g \varepsilon^{\frac{2}{3}} + \left(1 - \varepsilon^{\frac{2}{3}}\right)\lambda_s}{\lambda_g \left(\varepsilon^{\frac{2}{3}} - \varepsilon\right) + \left(1 - \varepsilon^{\frac{2}{3}} + \varepsilon\right)\lambda_s} = \lambda_s \frac{\beta \varepsilon^{\frac{2}{3}} + \left(1 - \varepsilon^{\frac{2}{3}}\right)}{\beta \left(\varepsilon^{\frac{2}{3}} - \varepsilon\right) + \left(1 - \varepsilon^{\frac{2}{3}} + \varepsilon\right)} \tag{5.60}$$

29) American Society for Testing and Materials [ASTM], 1997

여기서, λ_s : 고체의 열전도율

λ_g : 공극 내에서 가스의 열전도율

ε : 공극률이며, $\beta = \lambda_g / \lambda_s$이다.

가스의 열전도율은 공극 내에서 전체 열전달을 측정하는 동등한 값이다. 이 값을 계산할 때, 공극 안에서 복사열 전달의 효과를 포함하는 것은 중요하다. 일반적으로 공극의 크기가 작으면 (5mm 미만) 공극 내에서 대류의 영향은 무시할 수 있다. 그러므로 가스의 등가열전도율 값은 식(5.61)로 계산할 수 있다.

$$\lambda_g = \lambda_{g,cond} + \lambda_{g,rad} \tag{5.61}$$

여기서, $\lambda_{g,cond}$는 열전도로 인한 공기의 순수한 열전도율이고, $\lambda_{g,rad}$는 공극 내에서 복사열전달로 인한 가스의 열전도율에 대한 기여이다.

각기 다른 온도에서 공기의 순수한 열전도율은 다음 식(5.62)를 사용하여 계산할 수 있다 (Smith 1981).

$$\lambda_{g,cond} = \lambda_{g0} \left(\frac{T}{T_0} \right)^{0.8} \tag{5.62}$$

여기서, T는 가스 온도, T_0는 상온이고 $\lambda_{g0} (= 0.0246 \mathrm{W/m \cdot K})$는 상온 T_0에서 공기의 열전도율이다.

상승된 온도에서 공기의 열전도율에 대한 복사의 기여는 식(5.63)을 이용하여 계산할 수 있다 (Loeb 1954) :

$$\lambda_{g,rad} = 4GdE\sigma T^3 \tag{5.63}$$

여기서, E는 내화피복 재료의 방사율, G는 공극의 최대 폭으로 나눈 공극 평균폭의 비이며, 두 양은 열전달의 방향에서 결정되어야 한다. G는 열유동(heat flow) 방향에 평행한 축을 가진 층공극(laminar pores)과 원통형 공극에 대해 1이다 ; G는 열유동 방향에 수직인 축을 가진 원통형의 공극에 대해 $\pi/4$이며, 구 모양의 공극에 대해서는 $G = 2/3$이다. 여기서, d는 온도변화 방향에서 공극의 크기이고, σ는 슈테판-볼츠만(Stefan-Boltzmann) 상수이다$(5.67 \times 10^{-8} \mathrm{W/m^2 \cdot K^4})$.

다공성의 내화피복 재료에서 공극은 모양과 크기가 다를 수 있다. 단순화를 위해 등가의 균일한 구 모양의 공극 크기가 사용될 수 있다.

5.3.3 내화피복 재료의 열특성

앞 절의 수식들은 공극률, 구멍 형태의 분포 및 크기와 같은 상세한 정보가 있는 경우 정확한 온도 의존적인 열전도율 값을 제공하기 위해 사용될 수 있다. 그러나 대부분의 내화피복 재료에 대한 데이터를 얻는 것은 어렵다. 이러한 수식의 유용함은 다공성 내화피복 재료의 열전도율 온도 의존성을 단순하게 표현하는 데 있으며, 이것이 제한된 실험 데이터 양의 적용 범위를 넓혀 준다.

식(5.60)을 고려해 보면, 내화피복 재료의 공극률은 높은 편이며, 1.0에 가깝다. 공극 내에 공기의 열전도율은 복사열전달 효과를 포함하는 경우 고체의 열전도율보다 훨씬 낮다. 그러므로 식(5.60)의 분모에서 첫 번째 항은 두 번째 항과 비교해서 무시할 수 있으며, 이는 다음과 같은 관계로 나타낼 수 있다.

$$\lambda^* = C_1 + C_2 \lambda_g \tag{5.64}$$

여기서, C_1과 C_2는 상수이다.

식(5.62)와 (5.63)을 식(5.64)에 대입하고 온도에서 $\lambda_{g,cond}$의 낮은 의존성을 감안하여 다공성 내화피복 재료의 온도 의존 열전도율 관계를 식(5.65)와 같이 표현할 수 있다.

$$\lambda^* = \lambda_0^* + CT^3 \tag{5.65}$$

여기서, λ_0^*는 0도에서 내화피복 재료의 열전도율로 고려될 수 있고, T는 켈빈단위의 절대온도이다. 상온에서 공기의 열전도율은 고체의 열전도율에 비하여 매우 낮다. 그러므로 λ_0^*는 고체의 열전도율에 근접한다.

다음에서 식(5.65)는 여러 내화피복 재료에 대한 온도 의존 열전도율의 표현에 맞추어 사용된다. 다음의 모든 식에서 온도의 단위는 켈빈이며, 열전도율의 단위는 W/(k · m)이다.

1) 암석섬유(Rock fibre)

암석섬유의 밀도는 155~180kg/m^{3}이다. 비열의 기준치는 약 900J/(kg · K)이다. 발열반응은 330℃~600℃ 사이에서 일어난다. 열발생의 삼각분포는 465℃에서 −700 J/(kg · K)의 비열값을 주는 465℃에서 −1,600 J/(kg · K)의 값으로 가정할 수 있다. 그림 5.33은 이를 나타낸다.

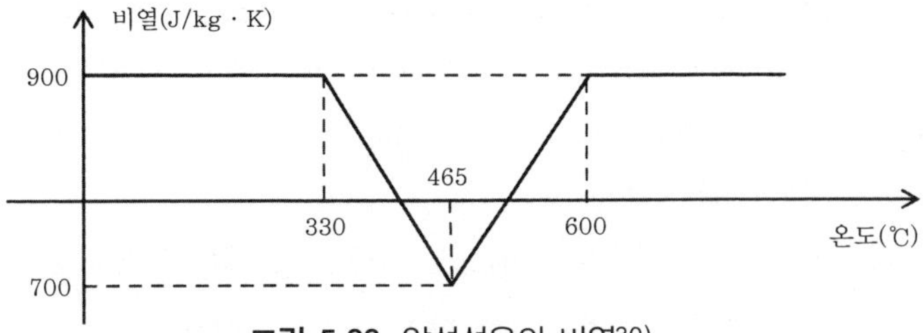

그림 5.33 암석섬유의 비열[30)]

Benichou와 Sultan(2005)에 의해 보고된 열전도율 데이터는 다음 식(5.66)에 맞게 사용할 수 있다.

$$\lambda_{rock\,fibre} = 0.022 + 0.1475\left(\frac{T}{1000}\right)^3 \quad (5.66)$$

여기서, T는 켈빈 온도이다.

2) 광물면(Mineral wool)

광물면의 밀도는 약 165kg/m^{3}이다. 840J/(kg · K)의 일정한 비열값을 사용할 수 있다. 엔지니어링 ToolBox 웹사이트[31)]에서 제공하는 열전도율 데이터를 바탕으로 열전도율과 온도 사이의 관계는 다음과 같이 결정되었다.

$$\lambda_{mineral\,wool} = 0.03 + 0.2438\left(\frac{T}{1000}\right)^3 \quad (5.67)$$

다른 웹사이트[32)]에서 제공하는 데이터와의 상관관계가 결과에 대한 신뢰성을 높여 준다.

3) 규산칼슘

규산칼슘(CSH)을 바탕으로 하는 내화피복 재료는 문헌에서 보고된 값(200–1,400kg/m^3)과 넓은 범위의 밀도를 가지고 있다.

규산칼슘의 비열은 밀도에 따라 변화되지 않는다. 기준치는 석고(gypsum)의 비열과 비슷하며, 900J/(kg · K)의 값을 사용할 수 있다.

30) Based on Benichou, N., and Sultan M.A., Thermal Properties of Components of Lightweight Wood-Framed Assemblies at Elevated Temperatures, Fire and Materials, 25, pp.165~179, 2005
31) http://www.engineeringtoolbox.com ; accessed 7 June 2010
32) http://www.insulationandlagging.co.uk ; accessed 7 June 2010

규산칼슘의 밀도를 변경하면 규산칼슘의 열전도율에 큰 영향을 미친다. 다음의 상승된 온도-열전도율의 관계는 224-1,362kg/m^{3}의 밀도에 대해 Arimil CFS33)의 데이터, 860-1,070kg/m^{3}의 밀도에 대해서는 Christy Refractories34)의 데이터와 288kg/m^3, 449kg/m^{3}의 밀도에 대해서는 Do 등(2007)의 데이터를 기초로 유도되었다.

식(5.65)를 이용해서 λ_0^*와 C값은 사용 가능한 상승된 온도-열전도율 값을 기초로 각각 보고된 밀도에서 유도되었다. 그림 5.34는 온도의 함수로서 λ_0^*의 변화를 보여준다. 그림 5.34에서 선형 추세선(trend line)은 원점을 지난다. 재료의 밀도가 0에 가까워질 때(고체는 아님), 고체항(solid term)의 등가열전도율 또한 0에 가까워져야 하기 때문에 이는 개념적으로도 정확하다. 추세선(trend line)은 다음과 같은 관계를 나타낸다.

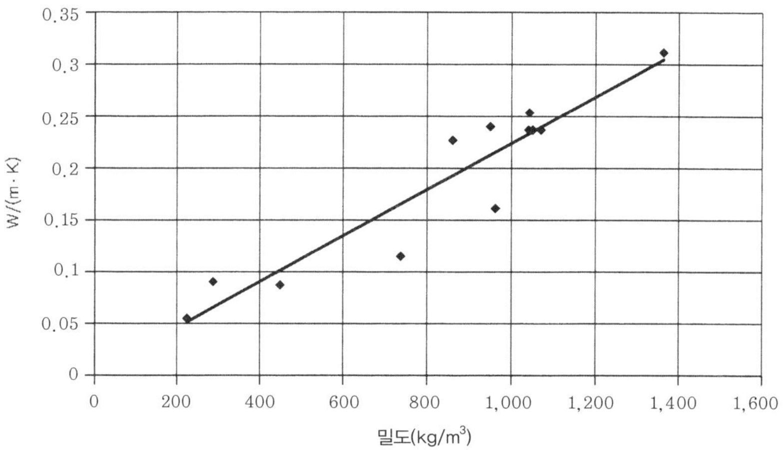

그림 5.34 규산칼슘에 대한 초기 열전도율과 밀도 사이의 관계

$$\lambda_0^* = 0.23\frac{\rho}{1,000} \tag{5.68}$$

여기서, 밀도 ρ의 단위는 kg/m^{3}이다.

Koronthalyova와 Matiasovsky(2003)는 200, 240과 280kg/m^3 밀도에 대해 상온에서 규산칼슘의 열전도율을 연구했다. 식(5.68)을 이용하여 0.046, 0.0552와 0.0644W/m·K의 열전도율 값을 계산할 수 있다. 이 값들은 Koronthalyova와 Matiasovsky(2003)에 의해 보고된 건조한 규산칼슘의 열전도율 값에 매우 가깝다.

33) http://www.armilcfs. com, accessed 8 June 2010

34) http://www.christyco.com/pdf/crc/Christy_Cal-Sil_Data_Sheet.pdf, accessed 8 June 2010

식(5.65)의 C값과 온도 사이의 관계는 그림 5.35에 제시된다. 이 그림은 C값이 비슷한 밀도에서 크게 변할 수 있다는 것을 보여준다. 그러므로 규산칼슘의 열전도율을 결정하는 유일한 요소로서 밀도를 사용하는 것은 전적으로 적합하지 않을 수 있다. 그러나 데이터 부족과 이 실험의 목적이 규산칼슘의 열전도율 추정치를 합리적으로 찾는 것이기 때문에 이를 받아들일 수 있다. 구조물의 세밀한 화재공학 계산에서 더 자세한 정보는 재료의 제조사로부터 얻을 수 있다. 그림 5.35에 나타난 추세선을 기초로 밀도함수로서 C값의 변화는 다음과 같이 계산할 수 있다.

$$C = 0.08 \times \frac{(2{,}540 - \rho)}{2{,}540} \tag{5.69}$$

여기서, 밀도 ρ의 단위는 kg/m^3이다.

규산칼슘의 고체 밀도값은 2,540kg/m^3이다(Do 등 2007). 고체 규산칼슘의 공극률은 0이므로 복사열전달로부터 열전도율에 대한 기여는 없다. 고체 규산칼슘에 대해 $C=0$으로 가정하는 것은 개념상 정확하다.

식(5.68)과 (5.69)를 식(5.65)에 대입하면 각각 다른 밀도에 대한 상승된 온도에서 규산칼슘의 열전도율을 계산할 수 있다. 그림 5.36은 계산된 값과 앞에서 언급한 세 개의 각각 다른 자료에서 보고된 각 열전도율 값을 비교한다. 데이터가 세 가지 열전도율 값을 기초로 하고, 재료의 구성과 내부구조에 대한 자세한 정보가 적은 것을 고려해 보면, 데이터 출처(source data)와 세 가지 간단한 수식을 이용해서 계산된 값은 일치하고 있다.

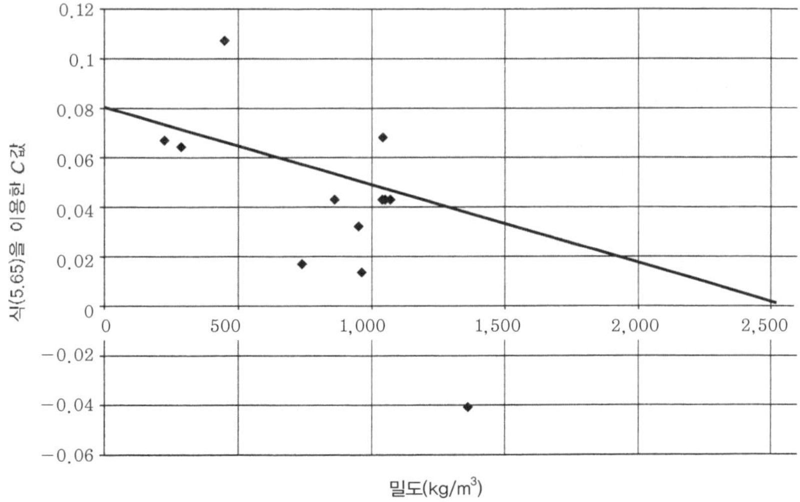

그림 5.35 규산칼슘에 대한 C값과 밀도 사이의 관계

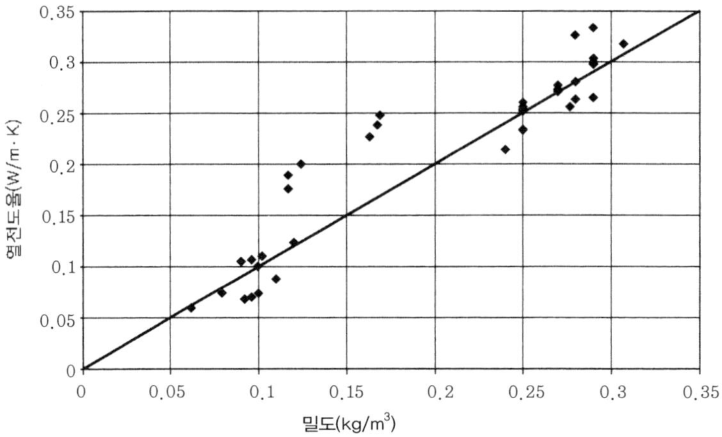

그림 5.36 각각 다른 자료 출처와 식(5.65), (5.68), (5.69)를 이용한 계산으로부터 규산칼슘의 열전도율 값에 대한 비교

4) 질석(Vermiculite)

질석제품은 석고 또는 시멘트를 기본으로 할 수 있다. 상승된 온도 특성의 데이터는 제한되어 있다. 여기서 나타난 식은 375~600kg/m^3 밀도에 대한 Armil CFS[35]로부터의 데이터에 기반을 둔다.

900J/(kg · K)의 기본값은 비열에 대해 사용될 수 있다.

열전도율은 규산칼슘에 대해 앞에서 언급한 것처럼 동일한 과정이 수행되었고, 다음의 관계가 유도되었다.

$$\lambda_0^* = 0.27\frac{\rho}{1{,}000} \tag{5.70}$$

$$C = 0.18 \times \frac{(1{,}000-\rho)}{1{,}000} \tag{5.71}$$

여기서, 밀도 ρ의 단위는 kg/m^{3}이다.

C를 계산하는 식(5.71)에서 1,000kg/m^3 값은 고체 질석의 밀도로 간주할 수 있다.

35) http://www.armilcfs.com ; accessed 8 June 2010

Promat 문헌[36]에 따르면 CAFCO300(석고를 바탕으로 하는 질석뿜칠 내화피복)은 315kg/m^{3}의 밀도와 0.078W/m · K의 상온 열전도율 값을 가진다. CAFCO Mandolite CP2(포틀랜드 시멘트를 바탕으로 하는 질석 뿜칠 내화피복)는 390kg/m^{3}의 밀도와 0.095W/m · K의 상온 열전도율 값을 가진다. 식(5.71)은 각각 315와 390kg/m^3 밀도에 대해 0.085W/m · K와 0.105W/m · K의 값을 계산한다. 이러한 값은 Promat에 의해 보고된 값과 잘 부합한다.

Suvorov와 Skurikhin(2002, 2003)은 400과 1,000kg/m^3 사이의 밀도에서 질석에 대한 상온 열전도율 값을 보고하였다. 그림 5.37은 각각 다른 밀도에 대해 문헌 데이터(점)와 식(5.71)을 이용해서 계산된 결과(선)를 비교하는데 잘 일치한다.

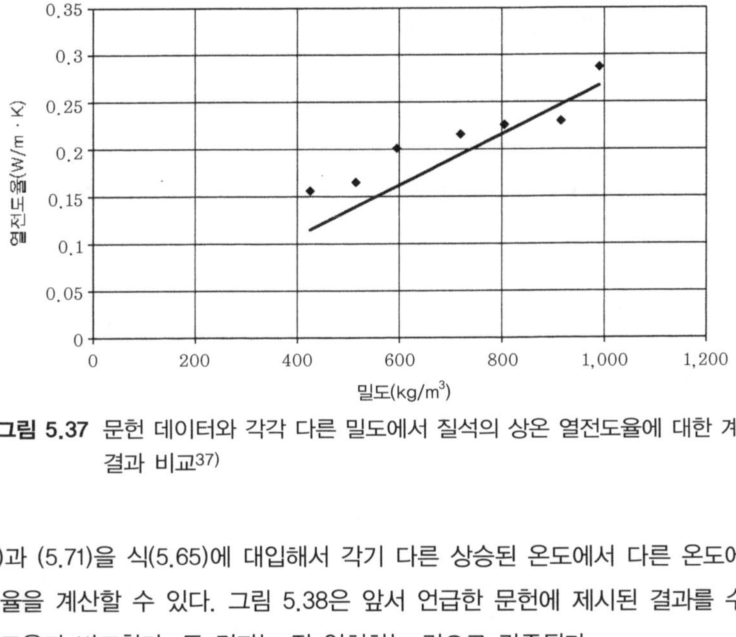

그림 5.37 문헌 데이터와 각각 다른 밀도에서 질석의 상온 열전도율에 대한 계산 결과 비교[37]

식(5.70)과 (5.71)을 식(5.65)에 대입해서 각기 다른 상승된 온도에서 다른 온도에 대한 질석의 열전도율을 계산할 수 있다. 그림 5.38은 앞서 언급한 문헌에 제시된 결과를 수식으로부터 얻은 열전도율과 비교한다. 두 결과는 잘 일치하는 것으로 간주된다.

36) http://www.promat-spray.com, accessed 10 June 2010

37) Based on Suvorov, S.A., and Skurikhin, V.V. (2002), High-Temperature Heat- Insulating Materials Based on Vermiculite, Refractories and Industrial Ceramics, 43(11-12), pp.383~389, 2002 ; and Suvorov, S.A., and Skurikhin, V.V., V.V., Vermiculite-a Promising material for High-Temperature Heat Insulators, Refractories and Industrial Ceramics, 44(3), pp.186~193, 2003

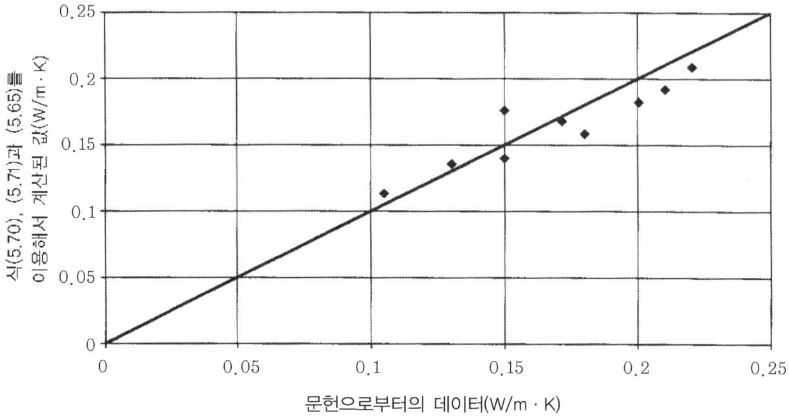

그림 5.38 문헌 데이터와 식(5.70), (5.71)과 (5.65)를 이용해서 계산한 질석의 열전도율 비교

표 5.11은 이 절에서 제안된 이론적 열특성 데이터를 요약한 것이다. 상승된 온도의 자세한 특성을 내화피복 재료 제조사로부터 얻을 수 있는 경우에 그 자료를 사용한다. 그러나 상승된 온도 특성 자료가 없으면 표 5.11에 있는 특성들을 성능기반 화재공학 계산에서 사용할 수 있다.

표 5.11 일반적인 내화피복 재료에 대한 열특성 모델

재료	밀도(ρ) kg/m^3	비열의 기본 값 J/kg · K	열전도율 W/m · K
암석섬유	155~180	900	$\lambda_{rock\ fibre} = 0.022 + 0.1475\left(\frac{T}{1{,}000}\right)^3$
미네랄울	165	840	$\lambda_{mineral\ wool} = 0.03 + 0.2438\left(\frac{T}{1{,}000}\right)^3$
규산칼슘	다양한	900	$\lambda^* = \lambda_0^* + CT^3$ $\lambda_0^* = 0.23\frac{\rho}{1{,}000}$ $C = 0.08 \times \frac{(2{,}540 - \rho)}{2{,}540}$
질석	다양한	900	$\lambda^* = \lambda_0^* + CT^3$ $\lambda_0^* = 0.27\frac{\rho}{1{,}000}$ $C = 0.18 \times \frac{(1{,}000 - \rho)}{1{,}000}$

5) 석고(Gypsum)

다른 내화피복 재료와 비교하여 석고 플라스터는 열특성에 대한 데이터는 많은 편이다. 다음의 데이터는 Rahamanian과 Wang(2011)에 의한 연구에 기초한다.

(1) 밀도

석고($CaSO_4 \cdot 2H_2O$)는 중량 대비 약 3%의 자유수와 21%의 화학결합수(chemically bound water)를 가진다. 고온에 노출될 때 자유수는 약 100℃에서 증발이 시작되고 약 150℃에서 사라진다. 또한 화학결합수는 화학반응으로 인해 손실되기 시작한다. 화학반응은 두 단계로 일어난다.

$$CaSO_4 \cdot 2H_2O + Q_1 \rightarrow CaSO_4 \cdot \frac{1}{2}H_2O + \frac{3}{2}H_2O$$

$$CaSO_4 \cdot \frac{1}{2}H_2O + Q_2 \rightarrow CaSO_4 + \frac{1}{2}H_2O \tag{5.72}$$

첫 번째 반응은 75%의 화학결합수가 유실되는 동안 자유수가 없어질 때 대략 동시에 발생한다. 두 번째 반응이 일어나는 동안 온도 범위에 관한 몇 가지 불확실성은 있지만, 온도가 약 220℃일 때 두 번째 단계가 완료되는 것으로 간주한다. 그러므로 석고의 밀도변화는 그림 5.39와 같다.

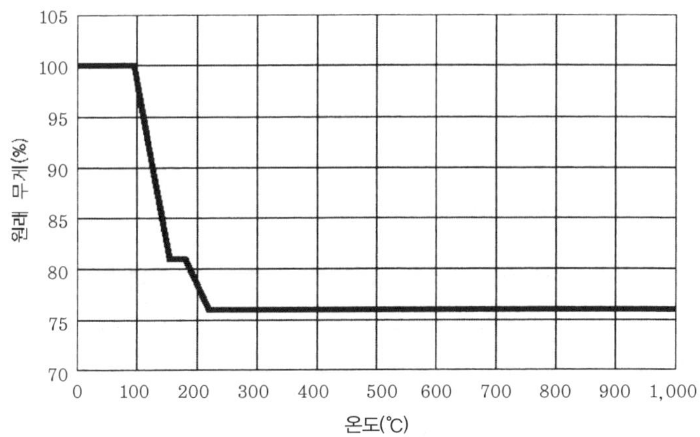

그림 5.39 해석에 사용된 석고의 밀도(원래 밀도의 백분율)

비교적 정확하면서도 단순한 계산을 위해 220℃(76%)에서의 값에 100℃(100%)에서의 값을 합친 직선이 사용될 수 있다.

British Gypsum에서 생산된 Fireline 석고보드와 Wallboard 석고보드에 대한 밀도는 각각 770과 623kg/m^{3}이다.

(2) 비열(Specific heat)

석고 비열의 기준치는 950J/kg℃으로 Mehaffey 등(1994)이 발표했다. 가열시 석고로부터 많은 양의 물이 빠져나오기 때문에 이 효과는 석고의 비열을 계산할 때 포함되어야 한다.

앞에서 설명한 것처럼 석고는 물이 손실될 때 두 단계를 거친다. 첫 번째 단계에서는 자유수와 75%의 화학결합수가 손실되고, 화학반응의 두 번째 단계에서는 나머지 25%의 화학결합수가 손실된다. 따라서 비열 온도 관계는 기준치 950J/(kg · K) 이상의 두 최고점(peak)을 가지게 된다. Ang과 Wang(2004)은 각각 다른 가열 조건 하에서 석고의 혼합열 및 질량 전달(heat and mass transfer) 해석을 수행하였다. 그들은 최고값(peak values)을 계산할 때, 수분 이동의 효과와 더 차가운 영역(cooler regions)에서의 재응결(recondensation)과 함께 석고 화합물로부터 물분자를 분리하는데 필요한 에너지는 포함되어야 한다고 결론지었다. 결과적으로 각각의 탈수작용에서 추가 평균 비열(J/kg · K)은 식(5.73)으로 표현될 수 있다.

$$\triangle c = \frac{2.26 \times 10^6}{\triangle T}(e_d f_1 + e_{free}) f_2 \tag{5.73}$$

여기서, $\triangle c$: 평균 추가 비열

e_d : 탈수 함수량(총 중량에 대한 백분율)

e_{free} : 자유수 함량(총 중량에 대한 백분율)

$\triangle T$: 온도 간격

f_1, f_2 : 반응열과 수분이동 효과를 설명하기 위한 보정계수

반응열을 알면 f_1은 각각 첫 번째 탈수반응에 대해 1.28과 두 번째 탈수반응에 대해 1.42로 쉽게 얻어진다. Ang과 Wang(2004)에 따르면 $f_2 = 1.4$가 사용될 수 있다.

첫 번째와 두 번째 탈수반응이 각각 95℃~155℃, 그리고 180℃~220℃ 사이에서 일어난다고 가정하고, 온도 간격에 걸쳐 추가 비열의 삼각형 분포를 가정하여 석고(gypsum)의 비열-온도 관계를 얻을 수 있다. 그림 5.40은 그 결과이다.

120℃(첫 번째 반응)와 200℃(두 번째 반응)에서 최고값(peak value)은 각각 25.3kJ/(kg · K)와 12.7kJ/(kg · K)이다.

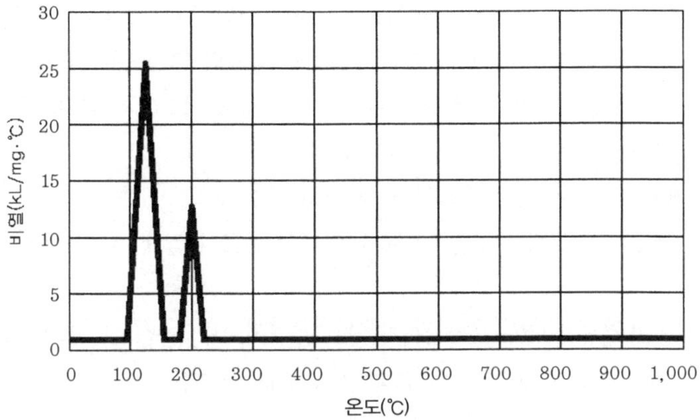

그림 5.40 석고의 비열

(3) 열전도율

Thomas(2002)는 각기 다른 자료로부터 석고에 대한 열전도율-온도 관계를 수집·분석하였고, 그 결과는 그림 5.41에 나타난다.

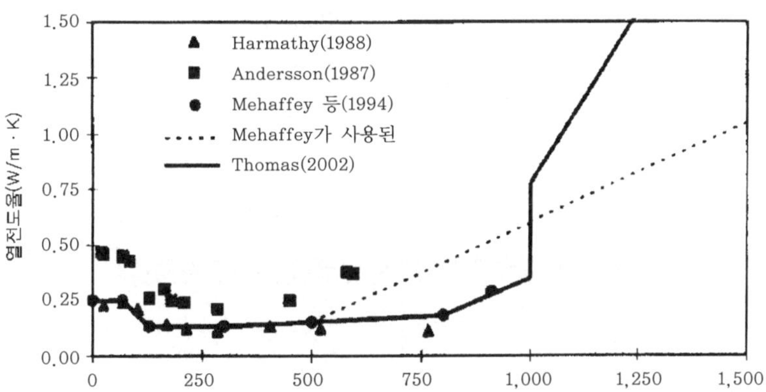

그림 5.41 Thomas(2002)에 의해 수집·분석된 석고의 열전도율[38)]

38) Adapted from Thomas, G., Thermal Properties of Gypsum Plasterboard at High Temperatures, Fire and Materials, 26, pp.37~45, 2002. With permission from John Wiley and Sons.

그림의 다른 선들은 이론적 기초 없이 연구자들에 의해 사용되었다. Rahamanian과 Wang(2011)에 의한 연구 결과는 이 장의 5.3.3절에서 설명된 것처럼 석고의 열전도율 변화를 설명하기 위해 다공성 재료에서 열전도율의 이론을 사용할 수 있다. 더불어 석고에서 빠져나온 많은 양의 물 때문에 물을 공기로 대체하는 효과가 포함되어야 한다.

그림 5.41에 나타난 추세는 다음 가정을 위해 사용할 수 있다.

1. 열전도율은 제조사에 의해 보고된 상온에서의 열전도율과 같게 수분 증발 전에 95℃까지 일정하다.
2. 열전도율은 물의 증발 때문에 220℃까지 온도 증가에 따라 선형으로 감소한다. 220℃에서 건조된 석고 플라스터의 열전도율은 열평판법(ASTM 1997)을 이용하여 실험적으로 측정할 수 있다.
3. 열전도율은 석고의 공극 내에서 복사열 전달 때문에 온도의 함수로 증가한다.

British Gypsum에서 생산된 X형태 석고와 유사한 Fireline 석고 보드와 Wallboard 석고 보드의 상온 열전도율 값은 각각 0.24와 0.19W/m · K이다. 220℃에서 이러한 두 가지 형태의 건조 석고 플라스터의 열전도율 값은 각각 0.12W/m · K와 0.1W/m · K로 측정되었다.

식(5.60)은 고온에서 석고의 열전도율-온도 관계를 얻기 위해 사용할 수 있다. 이 계산을 위해 공극의 크기를 알아야 한다. 그림 5.42는 전형적인 사진을 보여주고, 그림 5.43은 샘플의 공극 크기 분포를 나타낸다. 석고의 공극은 균일한 크기는 아니지만 서로 다른 빈도로 다양한 중공(void)의 크기를 가진다. 식(5.60)에서 사용된 유효 공극 크기는 다양한 공극을 가지는 실제 석고의 유효 공극 크기처럼 같은 열전도율을 가지게 만드는 가상의 석고보드에 있는 균일한 공극의 크기이다. 유효 공극 크기는 대략 0.12mm로 밝혀졌다. 그림 5.44는 최종적인 석고 열전도율-온도의 관계를 나타내고 있다.

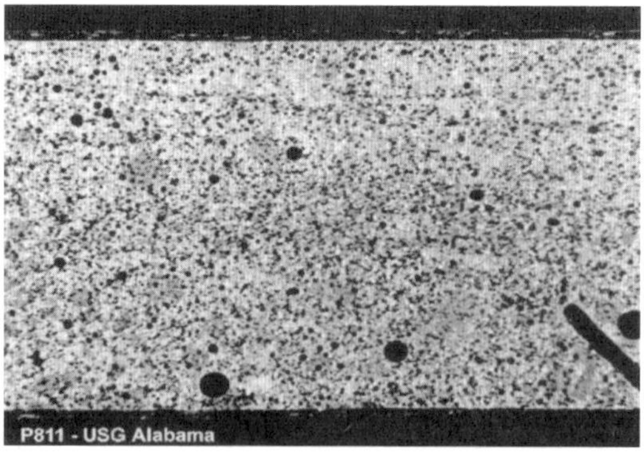

그림 5.42 표본 석고보드의 저배율(low-magnification) 사진[39)]

39) Courtesy of British Gypsum

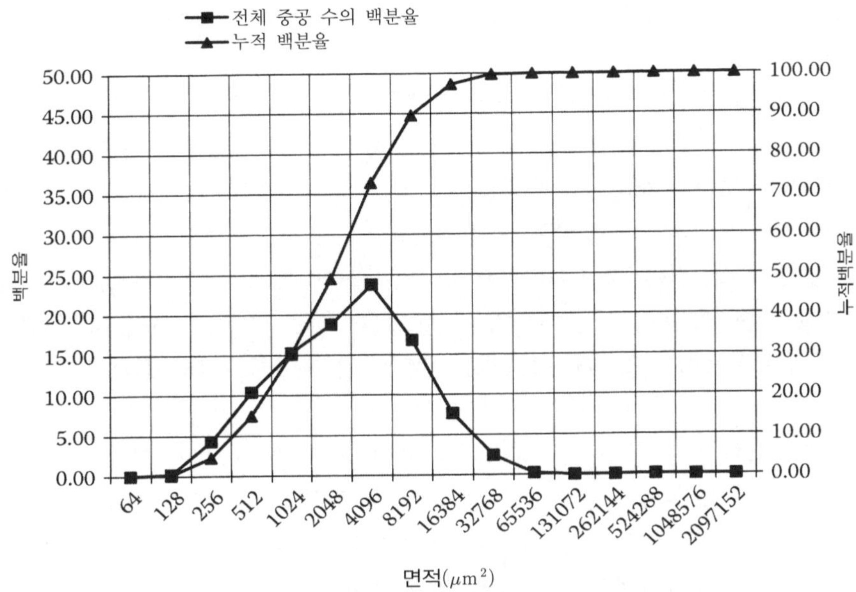

그림 5.43 표본 석고보드의 중공(void) 크기 분포

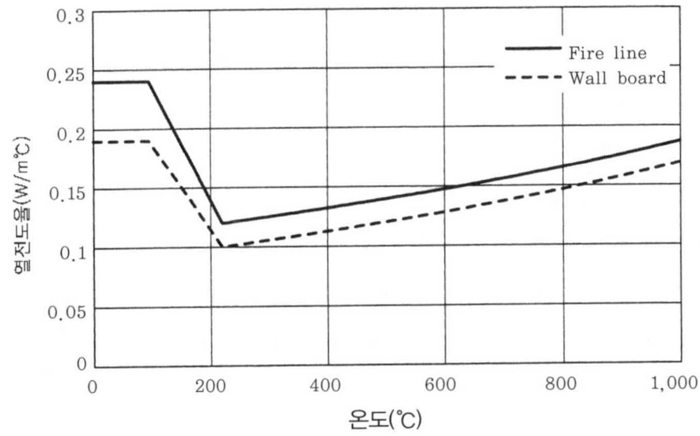

그림 5.44 석고의 유효 열전도율

6) 내화도료(Intumescent coating)

지금까지의 내화피복 재료의 열특성은 온도 의존적인 것으로 가정되었다. 내화피복 재료에 대한 재료는 무기물이며 고온에서 주로 비반응성(non-reactive)이기 때문에 이러한 가정은 받아들일 수 있다. 그러나 내화도료는 다르다. 내화도료는 유기물이며 화재시 높은 반응을 나타낸다. 이는 필요로 하는 내화성능을 제공하기 위해 몇 배로 팽창하는 내화도료(intumescent coatings)를 발생시키는 강한 화학작용이다. 그러므로 이러한 화학작용의 효과를 적절하게 고려하는 것이 중요하다.

사용된 내화도료의 양은 피복된 구조물의 크기에 비해 매우 작기 때문에 도료 안에 저장된 열 중에서 화재시 피복된 구조물에 전달되는 양은 매우 적다. 그러므로 열용량(밀도×비열)의 역할은 중요하지 않다. 1,300kg/m^{3}의 공칭 밀도와 1,000J/kg · K의 공칭 비열 값이 사용될 수 있으며, 이 절에서는 내화도료의 열전도율을 언급할 것이다.

내화도료는 가열시 두께가 변하기 때문에 하나의 내화피복에 두 개의 열전도율(유효 열전도율과 겉보기 열전도율[40]))이 정의될 수 있다. 유효 열전도율은 단위섭씨온도당 내화도료의 '원래' 두께당 전도된 열이다. 겉보기 열전도율은 단위섭씨온도당 내화도료의 '팽창된' 두께당 전도된 열이다.

내화도료의 내화성능을 평가하는 현재 방법론(EN 13381-8 2010 ; CEN 2010)에서 표준화재 노출 조건이 가정되고 유효 열전도율은 정량화된다. 유효 열전도율은 내화도료의 원래 두께를 가리킨다. 다음 식은 내화도료의 열전도율을 계산하기 위해 사용된다. 이는 단지 피복된 강재의 온도를 계산하는 데 사용된 수식의 정반대이다[식(4.4.5) 참조].

$$\lambda_{p,t} = d_p \times \frac{V}{A_p} \times c_a \times \rho_a \times \frac{1}{(T_{f,t} - T_{s,t})\Delta t} \times \Delta T_{s,t} \tag{5.74}$$

4.5.2절에서 식(4.45)의 오른쪽 두 번째 항은 내화도료와 함께 사용될 때 매우 작은 차이를 보이기 때문에 포함되지 않는다.

정량화에 대한 이 방법은 비반응 내화피복 재료와 같다. 무반응 내화피복 재료에서 피복 재료의 열특성은 주로 온도 의존적이기 때문에 이 방식으로 얻은 열특성은 각각 다른 화재 노출 조건이 고려될 때, 구조물의 성능기반 화재공학에서 사용될 수 있다. 그러나 내화도료에 대한 표준화재노출 조건에서 얻어진 열특성은 아마 다른 화재 조건에 적용하기 쉽지 않을 것이다. 왜냐하면 가열시, 내화도료의 화학반응(열팽창과 열특성)은 온도 의존적일 뿐만 아니라 온도변화율에 매우 큰 영향을 받기 때문이다.

(1) 적합한 모델의 필요성

Yuan(2009)은 표준 및 매개변수 화재시험을 수행하였다. 그림 5.45는 가열로(furnace) 시간-온도관계를 나타낸 것이다. 두 개의 강재기둥 단면(254×254×132UC와 203×203×52UC)은 매개변수 화재시험에서 사용되었고, 254×254×89UC 단면은 표준화재시험에서 사용되었다. 동일한 내화도료가 사용되었고, 3개의 시험에서 도료 두께는 약 0.7mm로 비슷했다.

---

40) apparent thermal conductivity

표준화재시험에서 기록된 강재 온도로부터 유효 내화도료 열전도율-온도 관계는 식(5.74)를 이용해서 구했고, 그 결과는 그림 5.46에 나타난다.

그림 5.46의 유효 열전도율을 이용하여 강재 온도는 매개변수 화재시험에서 강재 단면에 대한 식(5.74)를 이용하여 계산하였다. 그 결과는 두 개의 서로 다른 매개변수 화재곡선에 대해 그림 5.47과 5.48에서 보여진다.

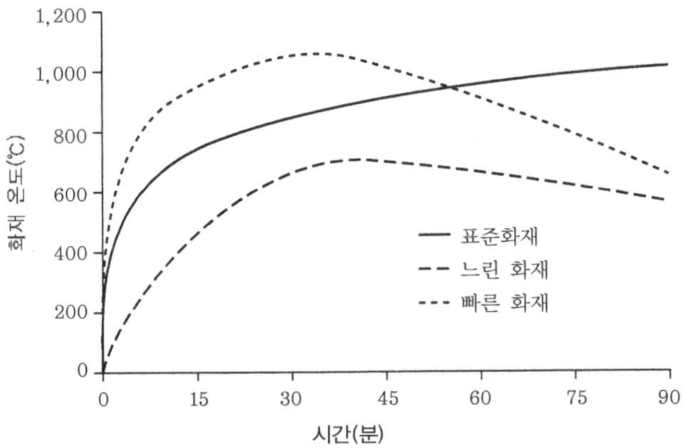

그림 5.45 각각 다른 화재 노출 곡선

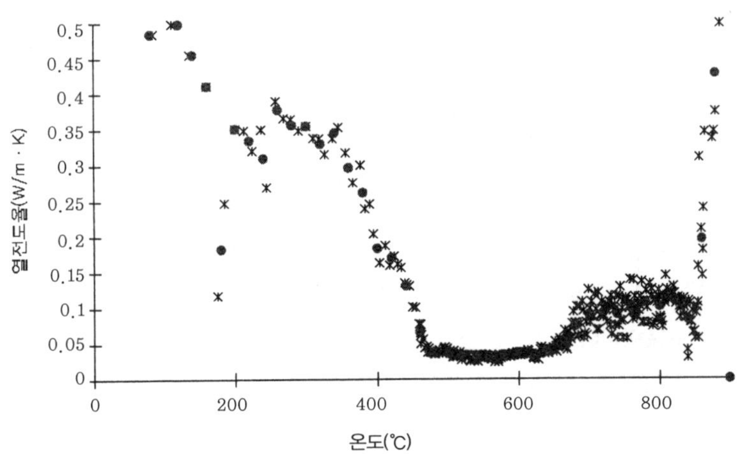

그림 5.46 표준화재 시험으로부터 추출된 내화도료의 열전도율

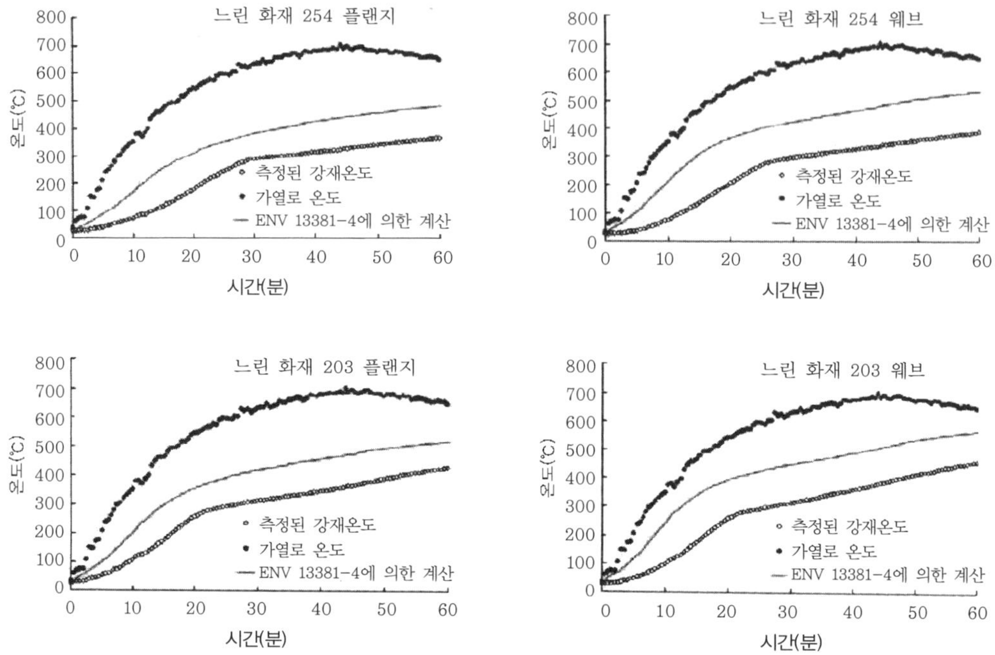

그림 5.47 느린 매개변수 화재에 대한 강재 온도의 비교

그림 5.47과 5.48은 두 개의 매개변수 화재 조건에 대한 실험결과와 비교해서 계산된 강재 온도 결과가 전체적으로 부정확함을 명백하게 보여준다. 이는 표 5.12에서 주어진 내화도료의 최대 팽창(초기 두께로 나눈 최대 팽창 두께)의 각각 기록된 비율로 설명될 수 있다. 느리고 빠른 두 매개변수 화재시험[41]에서 같은 내화도료는 표준화재시험보다 더 많이 팽창했다.

(2) 팽창과정의 모델링

각기 다른 화재 조건에서 내화도료로 피복된 강재의 온도를 정확히 예측하기 위해 팽창과정이 고려되어야 한다. 팽창두께는 명확하게 포함되어야 하며, 겉보기 열전도율(팽창된 두께를 가리키는)이 사용되어야 한다. 전반적인 화학반응과 팽창과정을 이해하는 과정을 통하여 서로 다른 화재 조건에서 내화도료의 내화성능을 특성화하기 위한 방법에 대한 연구가 진행 중이다.

41) Slow and Fast parametric fire tests

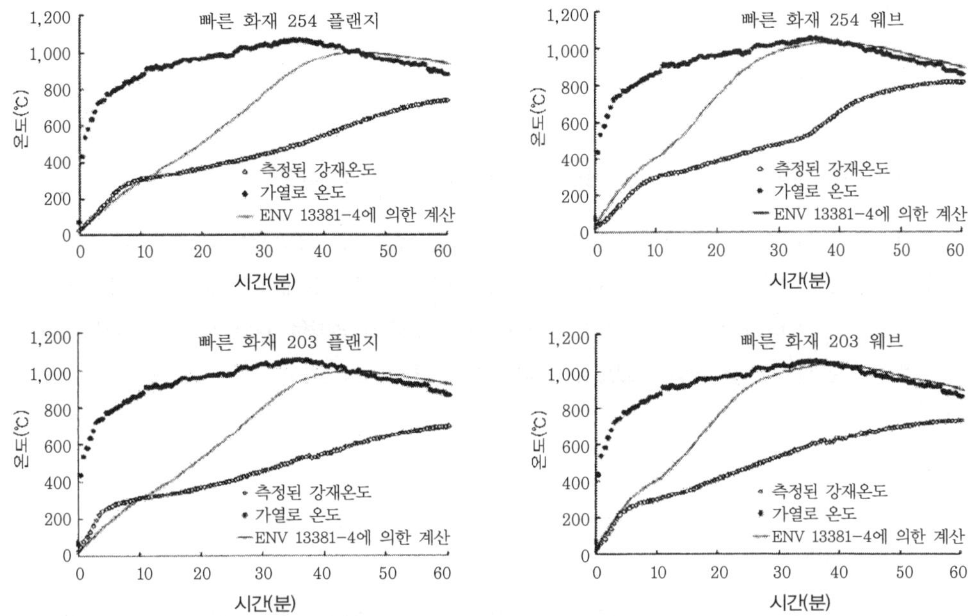

그림 5.48 빠른 화재에 대한 강재 온도 비교

x 두께를 가진 단위면적의 내화도료층을 고려한다. 가열시 내화도료가 팽창할 때 그 두께는 $\int_{t1}^{t2} \dot{x}dt$가 되며, 여기서 $\dot{x}$는 팽창률이고 t_1과 t_2는 각각 내화도료가 팽창하는 동안 시간의 하한계와 상한계이다. 내화도료가 팽창하기 시작하는 하한계 온도(T_1)와 팽창이 멈추는 상한계 온도(T_2)를 가정한 후 하한과 상한 시간은 하한계와 상한계 온도로 결정할 수 있다.

표 5.12 내화도료 팽창의 최대 비율 예시

	표준화재	느린 화재	빠른 화재
웨브	29.5	47.3	46.5
플랜지	25.9	37.3	37.5

내화도료는 매우 얇기 때문에 부피(두께)는 주로 공극 내 가스의 부피이다. 만약 가스의 무게가 m_{gas}라면

$$x = \frac{m_{gas}}{\rho_{gas}} \tag{5.75}$$

여기서, ρ_{gas}는 가스 밀도이다.

이상기체(ideal gas) 법칙으로부터

$$\rho_{gas} = \frac{WP}{RT} \tag{5.76}$$

여기서, W : 기체 분자질량, P : 압력, R : 기체상수, T : 절대온도

내화도료는 세 가지 포괄적 화학성분(유기산 원료, 유기 발포제와 탄화재료)을 가진다. 내화도료에서 가스는 발포제가 분해될 때 생성된다. 그러나 내화도료에서 분해된 발포제로부터 가스의 일부는 빠져나가게 되고, 이것이 유일하게 내화도료의 팽창을 일으키게 하는 부분이다.

분해된 발포제의 양을 m_2, 내화도료에 남아 있는 양을 βm_2라고 가정하면 팽창률은 다음과 같다.

$$\dot{x} = \frac{dx}{dt} = \frac{d\left(\dfrac{\beta m_2 RT}{WP}\right)}{dt} = \frac{R\beta}{WP} \cdot \left(T\frac{dm_2}{dt} + m_2\frac{dT}{dt}\right) \tag{5.77}$$

그러므로 내화도료의 팽창된 두께를 구하기 위하여 다음 4개의 값을 구해야 한다 : 하한계 온도 T_1, 상한계 온도 T_2, 비례상수 β와 발포제의 무게(그리고 무게의 감소율).

5.4 맺음말

이 장은 하중지지 재료에 대한 역학적 특성과 열특성 및 일반적인 내화피복 재료에 대한 열특성을 포함한 구조물의 성능기반 화재공학에서 재료 특성에 대한 데이터를 제공하였다. 이 장의 첫 번째 부분에서 포함되는 포괄적인 정보는 하중지지 재료에 대해 사용할 수 있다. 이 장의 두 번째 파트는 암석섬유(rock fibre), 광물면(mineral wool), 규산칼슘, 질석과 석고를 포함한 다양한 내화피복 재료에 대한 온도 의존적인 열특성을 제공했다. 이러한 재료는 비반응적이며, 재료의 특성은 온도 의존적이다. 내화도료는 반응성이기 때문에 특별한 경우이다. 내화도료의 열특성은 온도 의존적일 뿐만 아니라 화재노출에 매우 큰 영향을 받는다. 이 장은 EN 13381-8(CEN 2010)에서 권고된 것처럼 표준화재시험으로부터 추출된 내화도료의 열특성을 다른 화재노출 조건에 적용하는 것은 적절하지 않다고 설명하였다. 서로 다른 화재 조건에서 내화도료의 성능을 특성화하기 위한 방법을 개발하는 연구가 진행 중에 있다.

6장

부재의 구조내화설계

6.1 설계 원칙

6.1.1 부재설계의 기초

상온에서의 구조설계처럼 내화설계는 세 가지 방법으로 수행할 수 있다.

1. 설계도표의 이용 : 설계는 간단하지만 가능한 해결책(설계 선택)은 보수적이고 제한적이다.
2. 기본 역학적인 원리와 우수한 엔지니어링 사례에 따른 해석적 모델의 사용 : 명확하게 정의된 하중과 경계조건을 가진 구조부재에 대해 적합하다.
3. 수치해석 모델의 사용 : 복잡하고 많은 시간이 소요되지만 복잡한 구조물을 계산할 수 있고 매우 상세하고 정확한 결과를 얻을 수 있다.

이 장은 부재에 기초한 해석적인 접근법에 초점을 맞춘다.

6.1.2 구조 유로코드(Structural Eurocodes)

이 장은 유로코드를 기반으로 한다. 구조 유로코드는 1990년대부터 개발되었고 관련 국가표준을 대체하기 위해 2008년에 공식적으로 발간되었으며, 극한한계상태(ultimate limit states)에 기초한다. 하중과 재료/모델링에 대한 부분안전계수(partial safety factors)에 의해 달성되는 안전수준과 더불어 설계원칙은 EN 1990 : 2002[1]에서 설명되고 있다. 구조물에 대한 하중은 EN 1991에 수록되어 있다. 화재하중과 역학적 하중(mechanical load)은 EN 1991-1-2 : 2002(CEN 1991-2002, 화재에 노출된 구조물의 하중)에 명시되어 있다. 내화설계에 대한 각 주요 건설 재료에 대한 기준은 Part 1-2에 있다.

---

1) Committee of European Normalization[CEN] 1990-2002, 구조설계의 기초

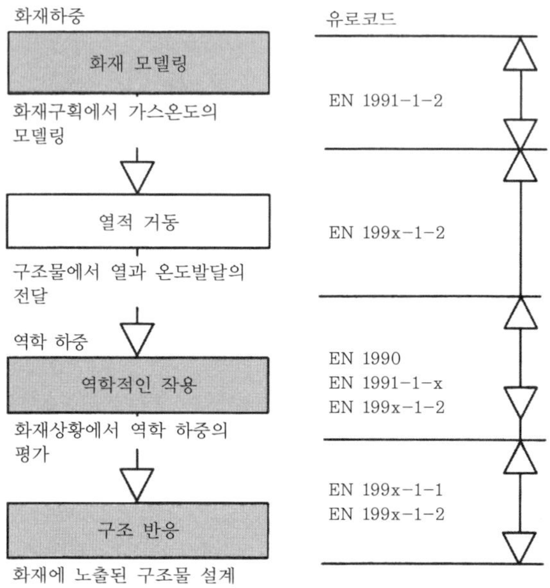

그림 6.1 내화설계와 관련된 구조 유로코드(structural Eurocodes)

이 장에서는 부재에 기초한 내화설계법의 기본 원칙을 설명한다. 강재, 콘크리트, 합성 강/콘크리트, 목재와 조적 구조물에 대한 설계법을 설명한다. 스테인리스강이나 알루미늄 같은 일반적이지 않은 구조재료의 설계법은 강구조물의 설계법과 유사하다. 강구조물에 대해서는 Franssen과 Vila Real(2010)의 서적과 Access Steel,[2] DIFISEK+[3] 서적에서 많은 예제 풀이를 참고할 수 있다.

화재상황에서 역학적인 재료 특성의 설계값은 식(6.1)과 같다.

$$X_{d,fi} = k_\theta X_k / \gamma_{M,fi} \tag{6.1}$$

여기서, X_k는 상온설계에 대한 강도 혹은 변형의 특성값이다. k_θ는 재료온도 θ에 따른 감소계수이다. $\gamma_{M,fi}$는 화재 한계상태에 대한 재료의 역학적 특성의 부분안전계수이다.

각각의 건축재료에 대한 감소계수(k_θ)의 상세한 데이터는 특정재료에 대해 내화설계와 관련된 유로코드(EN 199x-1-2)에서 찾을 수 있다. 일부 값은 5장에 요약되어 있다. 상승된(elevated) 온도에서 재료 역학적인 특성은 가열속도와 기간(duration)에 민감할 수 있다. 유로코드에서 감소계수는 실제 화재조건과 유사한 가열속도와 지속시간에 대한 여러 재료실험을

2) http://www.access-steel.com
3) http://www.difisek.eu

통해 얻어진다(2와 50K/min 사이의 강재에 대해 Kruppa 등 2005를 참조).

내화설계는 주로 극한한계상태에 초점을 맞추고 있다. 사용성 검토(변형)는 구조부재의 과다한 변형이, 내화피복 혹은 구획부재와 같은 다른 부재의 기능에, 부정적인 영향을 미치지 않는다면 필요 없다.

6.1.3 설계절차

내화성(fire resistance) 검증은 시간, 강도, 온도에서 확인할 수 있다. 시간에 의한 검증에서 필요한 내화시간은 구조물의 허용 가능한 내화시간과 같거나 작아야 한다. 강도에 의한 검증은 상온 조건에서 우리에게 익숙한 구조설계법과 유사하다. 온도에서 구조물의 임계온도는 구조물의 한계온도보다 작아야 한다.

부재기반 내화설계 접근법은 상승된 온도에서 열변형에 의해 유발된 효과를 고려하지 않는다. 그러므로 이 장에서의 접근법은 이러한 효과가 무시될 수 있거나 유리한 경우에만 우선적으로 적용될 수 있다. 즉 보수적으로 선택된 지지점과 경계조건을 통해 반영되거나 보수적으로 명시된 화재안전 요구사항에 의해 간접적으로 고려되는 곳에 적용한다.

6.1.4 열하중(Thermal loading)

구조내화설계를 수행할 때 첫 번째 단계는 화재 상황(열하중)을 선택하는 것이다. 열하중은 표준화재 시간-온도곡선, 국부적인 화재와 구획화재에 대한 간략화된 화재모델이나 화재실험 및 수치해석 시뮬레이션 모델로부터의 결과물에 기초할 수 있다.

6.1.5 역학적 하중(Mechanical loading)

유로코드 시스템에서 화재는 우발적인(accidental) 하중조건으로 간주된다. 그러므로 화재노출에 하중 $E_{fi,d,t}$의 연관효과(relevant effects)를 얻는 것에 대해 역학적 하중은 우발적인 설계상황에 대해 EN 1990 : 2002(구조설계의 기초, CEN 1990-2002)에 부합되게 적용하여야 한다. 유로코드 용어에서 활하중(variable action[4])) Q_1에 대한 대표 값은 유사-고정(quasi-permanent) 값 $\psi_{2,1}\ Q_1$이나 하중의 특성에 따라 달라지는 $\psi_{1,1}\ Q_1$(자주 사용되는 값)을 사용할 수 있다. 여기서 $\psi_{2,1}$과 $\psi_{1,1}$은 소위 조합계수이다.

4) 유로코드에서 variable action은 live load를 의미한다.

부재기반 구조내화설계를 수행할 때 간접적인 화재하중은 고려되지 않고, 하중의 효과는 (시간 $t=0$과 일치하는) 상온과 같다. 하중 $E_{fi,d}$의 이러한 효과는 설계 화재 노출을 통해 상수 값으로 적용된다. 단순화된 하중의 영향은 다음 식(6.2)를 통해 상온설계에서 결정된 하중으로부터 추론할 수 있다.

$$E_{fi,d,t} = E_{fi,d} = \eta_{fi} E_d \tag{6.2}$$

여기서, E_d는 기본 하중조합과 관련된 하중효과의 설계값이다. $E_{fi,d}$는 화재상황에 상응하는 (필요한) 설계값이고, η_{fi}는 상온에서 작용하중에 대한 화재시 작용하중의 비를 표현하는 감소계수이다.

화재설계에 대한 하중조합이 $G_k + \Psi_{fi} Q_{k,1}$이고, 상온설계에 대한 하중조합이 $\gamma_G G_k + \gamma_{Q,1} Q_{k,1}$이면 감소계수 η_{fi}는 식(6.3)과 같이 얻을 수 있다.

$$\eta_{fi} = \frac{G_k + \psi_{fi} Q_{k,1}}{\gamma_G G_k + \gamma_{Q,1} Q_{k,1}} \tag{6.3}$$

여기서, $Q_{k,1}$는 주요 활하중이며, G_k는 고정하중이다. γ_G는 상온설계에서 고정하중에 대한 부분계수이다. $\gamma_{Q,1}$는 상온설계에 대해 주요 활하중에 대한 부분계수이고, ψ_{fi}는 유사-고정값($\psi_{1,1}$) 이거나 자주 사용되는 값($\psi_{2,1}$)에 대한 조합계수이다.

내화성 평가에 대한 추가적인 단순화로서 계산 없이 $\eta_{fi} = 0.70$의 값을 콘크리트 구조물에 대해서 보수적으로 사용할 수 있다. 강재, 강/콘크리트 합성, 알루미늄과 조적조 구조물에 대해서 $\eta_{fi} = 0.65$가 사용될 수 있다. 목재 구조물에 대해 $\eta_{fi} = 0.60$이다. 그러나 접근구역을 포함해서 제품의 누적이 가능한 모든 경우의 구역에서는 $\eta_{fi} = 0.70$의 값을 사용하는 것이 권장된다.

6.2 콘크리트 구조물

6.2.1 설계의 기초

콘크리트 구조 부재의 크기, 콘크리트의 낮은 열전도율과 가열 동안 수분의 이동 때문에 콘크리트 부재 내의 온도분포는 복잡하고 불균일하다. 수치 열전달 해석은 종종 내화설계에 대한 온도분포를 얻기 위해 필요하다. 공칭(nominal) 표준화재 온도-시간곡선에 노출된 구조부재에 대해 EN 1992-1-2 : 2005(CEN 1992-2005b)의 부록 A는 1.6%까지 함수량을 가진 부재가 화재 노출시간 30~240분에 대한 온도분포의 몇 가지 유용한 표를 제시하고 있다.

하중지지(load bearing)와 더불어 콘크리트 구조 부재는 차염성(integrity)과 차열성(insulation)에 대한 내화 요구사항을 만족시켜야 한다. 콘크리트 구조물은 화재 구획벽이나 바닥으로 사용할 수도 있다.

6.2.2 간편한 방법

1) 500℃ 등온법(isotherm method)

500℃ 등온법(그림 6.2)은 500℃ 이상의 온도에서 콘크리트의 하중지지 능력(load-bearing capacity)이 계산에서 무시되지만 500℃ 미만의 온도에서 콘크리트는 완전한 강도와 강성을 유지한다고 가정한다. 이 방법은 축하중, 휨모멘트와 그 조합에 대해서 철근콘크리트와 프리스트레스트 콘크리트 단면에 적용할 수 있다. 가열조건은 개구부 계수 $O \geq 0.14m^{1/2}$와 화재하중밀도 200~800MJ/m^2의 바닥 면적으로 EN 1991-1-2(추가 상세는 3장 참조)에서 공칭 표준화재 온도-시간곡선이나 매개변수 화재곡선에 따라 정해질 수 있다. 역학적 특성의 감소값과 함께 철근은 (온도가 500℃를 초과하지 않는) 유효단면 내부에 있는지 혹은 외부에 있는지 고려되어야만 한다. 단면의 내력은 EN 1992-1-1(콘크리트 구조물의 설계)의 상온설계법에 의해 계산한다.

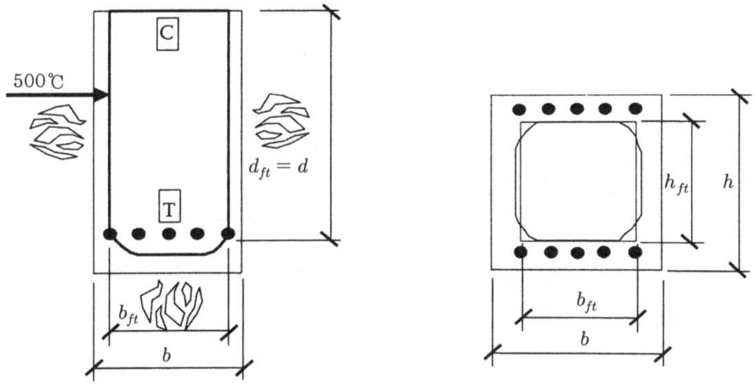

그림 6.2 500℃ 등온법 : 세 면 혹은 네 면의 화재에 노출된 철근콘크리트 부재의 감소된 단면

상세한 설계 계산 절차는 다음 단계로 구분할 수 있다 ;

a. 공칭 표준 혹은 매개변수 화재곡선에 따른 500℃ 등온을 구한다.

b. 콘크리트 온도가 500℃를 초과하지 않는 내부의 새로운 유효 (감소된) 두께 b_{fi}와 높이 d_{fi}를 찾는다. 등온은 사각형의 단면을 사용해서 단순화할 수 있다.

c. (유효단면 밖의 철근을 포함해서) 각 철근의 무게 중심에서 온도를 찾는다.

d. 철근의 감소된 강도를 계산한다.

e. 상온설계 절차에 의해서 감소된 단면의 내력을 계산한다(휨내력에 대해 그림 6.3 참조).

f. 단계 e로부터 평가된 콘크리트 부재내력에 화재시 설계하중의 효과를 비교한다.

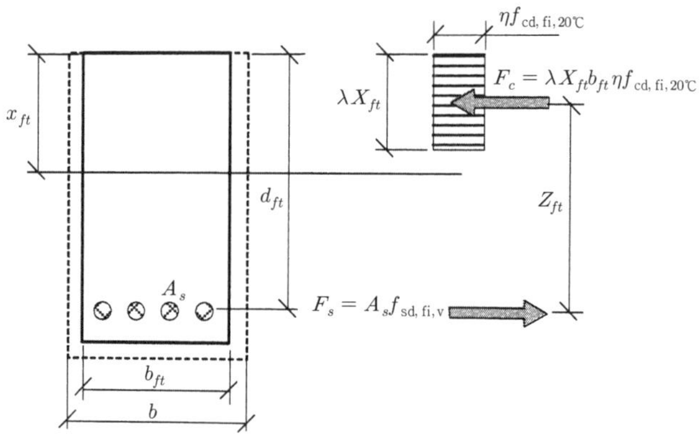

그림 6.3 감소된 단면의 휨내력 평가

2) 구역법(Zone method)

구역법에서 층(layer : 화재에 노출된 표면으로부터 측정된 두께 a_z)은 화재로 인해 손상된 단면으로부터 감소된다(그림 6.4 참조). 남아 있는 단면은 상온으로 가정한다. 구역법은 500℃ 등온법보다 복잡하지만 좀 더 정확한 결과를 얻을 수 있다.

구역법은 단지 표준화재 온도-시간곡선에 노출된 벽, 슬래브, 보와 기둥에 적용할 수 있지만 콘크리트 온도는 어떤 방법을 사용하든 얻을 수 있다. 층(layer) 두께 a_z를 얻기 위해 원래 단면은 동일한 등가 평균 압축강도 및 탄성계수와 더불어 같은 평균 온도로 가정되는 동일한 두께/폭의 몇 개 구역으로 나뉜다(그림 6.4 참조).

설계 절차는 다음과 같다 :

a. 원래 단면을 동일한 두께의 평행구역 몇 개$(n, n \geq 3)$로 나눈다(사각형 벽에 대해 그림 6.4 참조).

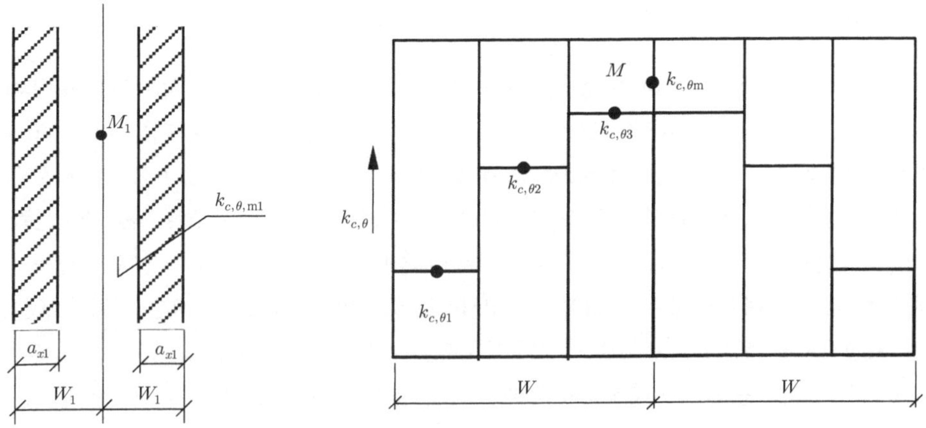

그림 6.4 양쪽 면에서 화재에 노출된 벽에 대한 구역법

b. 각 구역의 중심에서 평균 온도 θ_i를 구한다.

c. 각 구역에 대해 압축강도 $k_{c,\theta i}$에 대한 콘크리트의 감소계수를 구한다.

d. 단면에 대한 감소계수 $k_{c,\theta m}$의 평균값은 대략 식(6.4)와 같다.

$$k_{c,m} = \frac{(1-0.2n)}{n}\sum_{i=1}^{n} k_{c,\theta,i} \tag{6.4}$$

여기서, n은 폭 w의 평행구역 수이고, m은 구역 수이다 ;

e. 콘크리트 부재능력을 계산하는데 있어서 무시될 수 있는 손상된 층의 두께 a_z는 다음 식을 사용해서 계산한다.

• 전단으로 재하된 슬래브, 보 혹은 부재에 대해서 :

$$a_z = w\left[1-\left(\frac{k_{c,m}}{k_{c,\theta,M}}\right)\right] \tag{6.5}$$

• 2차 효과가 고려되어야 하는 기둥과 벽에 대해서 :

$$a_z = w\left[1-\left(\frac{k_{c,m}}{k_{c,\theta,M}}\right)^{1.3}\right] \tag{6.6}$$

f. 감소된 단면에 대한 재료 특성은 M점에서의 재료 특성에 기초한다.

$k_{c,m}$와 a_z를 계산하는 수고를 덜기 위해 공칭 표준화재 온도-시간곡선에 노출된 규산질 골재 콘크리트의 슬래브, 보와 기둥에 대한 그래프가 EN 1992-1-2 : 2005(CEN, 1992-2005b)의 부록 B.2에 수록되어 있다.

6.2.3 폭렬(Spalling)

폭발성 폭렬(explosive spalling)은 콘크리트의 함수량이 중량의 3%보다 작을 때는 일어나기 어렵다. 보, 슬래브와 인장부재에 대해 콘크리트의 함수량이 중량 대비 3% 이상이면 콘크리트 단면에 하나의 철근이나 묶음 철근(bundle of bars)에 피복의 국부손실을 가정하여 하중지지 능력에 대한 폭발성 폭렬의 영향을 평가할 수 있다. 그 다음에 단면의 감소된 하중지지 능력을 확인한다. 철근의 축간격(axis distance)이 70mm 이상이고, 콘크리트 피복의 탈락이 일어나지 않는다는 것을 보여주기 위한 시험이 수행되지 않은 경우에는 콘크리트 표면을 강화해야 한다.[5] 표면강화 메쉬의 간격은 100mm 이하이고 지름은 4mm보다 커야 한다.

고강도콘크리트 등급 C55/67~C80/95에 대해서 실리카 흄(fume)의 최대 함유량이 시멘트 중량에 비해 6%보다 작으면 같은 규칙이 적용된다. C90/105를 초과하지 않는 고강도콘크리트 등급은 화재에 직접 노출되는 경우 폭렬이 어느 상황에서도 일어날 수 있으므로 최소한 다음 방법 중 하나를 적용해야 한다.

- 15mm의 공칭 피복을 가진 메쉬 보강 ;
- 콘크리트의 폭렬이 화재 노출에서 일어나지 않는다는 시험에 의한 입증 ;
- 피복층 사용 ;

위와 함께 2kg/m^3 이상의 단일섬유 프로필렌 파이버(propylene fibres) 콘크리트 혼합이 포함되어야 한다.

6.3 강구조물

6.3.1 설계의 기초

강재는 매우 빠르게 열을 전도하고 그 단면은 얇다. 그러므로 강재 단면은 균일한 온도분포로 가정될 수 있다. 강재 단면 온도를 계산하는 간편한 방법은 4장에 설명되어 있고, 상승된 온도에서 강재의 역학적인 특성은 5장에 실려 있다.

6.3.2 단순 해석 모델

부재의 내화설계에 대한 간단한 모델은 강재의 역학적 특성 감소를 고려한 상온설계 계산 방법에 기초한다.

---

5) a surface reinforcement should be provided

1) 단면 분류

상승된(elevated) 온도에서 강재의 탄성계수 E와 항복강도 f_y는 감소된다. 이는 강재 단면 분류에 영향을 미칠 것이다. EN 1993-1-2 : 2005에서 단면 분류를 확인하는데 적절한 값은 식(6.7)이다.

$$\sqrt{\frac{E_\theta}{f_{y,\theta}}} = \sqrt{\frac{k_{E,\theta}E}{k_{y,\theta}f_y}} = \sqrt{\frac{k_{E,\theta}}{k_{y,\theta}}}\sqrt{\frac{E}{f_y}} \cong 0.85\sqrt{\frac{E}{f_y}} \qquad (6.7)$$

2) 인장부재

온도 θ에 따른 시간 t에서 인장부재의 설계내력 $N_{fi,t,Rd}$는 식(6.8)로부터 결정될 수 있다.

$$N_{fi,\theta,Rd} = k_{y,\theta}N_{Rd}(\gamma_{M,0}/\gamma_{M,fi}) \qquad (6.8)$$

여기서, $k_{y,\theta}$는 시간 t에 도달한 온도 θ_a에서 강재의 항복강도에 대한 감소계수이고, N_{Rd}는 EN 1993-1-1 : 2005에 따른 상온설계에 대한 단면 $N_{pl,Rd}$의 설계내력이다.

3) 좌굴부재

강재가 화재에 노출될 때 강재의 강성은 감소된다. 이는 기둥의 유효길이를 감소시키기 위해 사용될 수 있다. 가새골조의 기둥에 대해 화재구역이 분리되어 있고 각 층이 충분한 내화성능을 가진 경우 연속기둥의 중간층 기둥의 좌굴길이 l_{fi}는 $l_{fi} = 0.5\,L$로 주어진다. 최상층에서 기둥 길이가 L인 좌굴길이는 $l_{fi} = 0.7\,L$으로 주어진다(그림 6.5 참조).

등급 1, 등급 2 또는 등급 3 단면과 균일한 온도 θ_a를 가지는 압축부재의 시간 t에서 설계좌굴내력 $N_{b,fi,t,Rd}$는 식(6.9)로부터 구할 수 있다.

$$N_{b,fi,t,Rd} = \chi_{fi}Ak_{y,\theta}f_y/\gamma_{M,fi} \qquad (6.9)$$

여기서, χ_{fi}는 화재설계 상황에서 휨좌굴에 대한 감소계수이다. $k_{y,\theta}$는 온도 θ_a에서 강재의 항복강도에 대한 감소계수이다. χ_{fi}의 값은 식(6.10)에 따라 결정된 $\chi_{y,fi}$와 $\chi_{z,fi}$ 중 더 작은 값으로 구한다.

$$\chi_{fi} = \frac{1}{\varphi_\theta\sqrt{\varphi_\theta^2 - \overline{\lambda}_\theta^2}} \qquad (6.10)$$

여기서, $\varphi_\theta = \frac{1}{2}\left(1 + \alpha\overline{\lambda}_\theta + \overline{\lambda}_\theta^2\right)$이고, 모든 강재 등급에 대해 $\alpha = 0.65\sqrt{235/f_y}$이다. 또한 f_y는 상온에서 강재의 항복강도이다. 온도 θ_a에서 상대 세장비 $\overline{\lambda}_\theta$는 식(6.11)로 계산한다.

$$\bar{\lambda}_{\theta} = \bar{\lambda}\sqrt{k_{y,\theta}/k_{E,\theta}} \tag{6.11}$$

여기서, $k_{E,\theta}$는 온도 θ_a에서 강재의 탄성계수에 대한 감소계수이다.

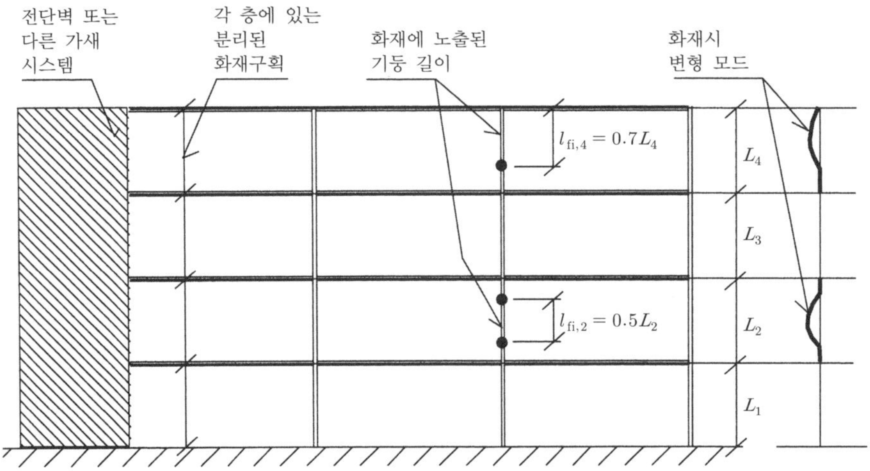

그림 6.5 화재에서 가새로 된 골조의 기둥 좌굴 길이 l_{fi}

4) 휨부재

균일한 온도 θ_a를 가진 등급 1, 등급 2와 등급 3 단면의 설계 모멘트 내력 $M_{fi,\theta,Rd}$은 식(6.12)로부터 결정할 수 있다.

$$M_{fi,\theta,Rd} = k_y M_{Rd} \frac{\gamma_{M,0}}{\gamma_{M,fi}} \tag{6.12}$$

여기서, M_{Rd}는 등급 1과 등급 2 단면에 대해 상온설계에 대한 전체 단면의 소성모멘트 내력 $M_{pl,Rd}$; 등급 3 단면에 대해 M_{Rd}는 EN 1993-1-1 : 2005에 따라 상온설계에 대한 전체 단면의 탄성모멘트내력 $M_{el,Rd}$이다. 여기서 $k_{y,\theta}$는 온도 θ_a에서 강재의 항복강도에 대한 감소계수이다. 전단력이 큰 경우에 EN 1993-1-1 : 2005에 따라 전단효과를 고려하여 감소된 모멘트내력은 다음과 같다. 비균일 온도분포를 가진 부재에 대해 부재의 휨내력은 식(6.13)으로부터 구할 수 있다.

$$M_{fi,t,Rd} = M_{fi,\theta,Rd}/(k_1 k_2) \tag{6.13}$$

여기서, $M_{fi,\theta,Rd}$는 균일온도 θ_a에 대한 단면의 설계모멘트내력이며, θ_a는 지점으로부터 떨어진 단면에서 임계부재(보통 플랜지)의 최대 온도와 같다. 적응계수(adaptation factor) k_1은 단면에 걸친 비균일온도를 설명한다. 1면이 합성 혹은 콘크리트 슬래브를 가지고 3면은 화재에 노출된 피복되지 않은 보에 대해 $k_1 = 0.70$이다. 1면이 합성 혹은 콘크리트 슬래브를 가지고 3면은 화재에 노출된 피복된 보에 대해 $k_1 = 0.85$이다. 적응계수 k_2는 정적 부정정 보의 지지점에서 $k_2 = 0.85$를 취할 수 있는 보를 따라 불균일 온도분포에 대해 유도되었다. 다른 모든 경우에 대해서 $k_2 = 1.0$이다.

단면을 동일한 온도를 가진 여러 부분으로 근사화함으로써 보 높이에 따른 온도분포를 등급 1과 등급 2 단면에 대한 소성설계 계산에서 고려할 수 있다. 그 후에 식(6.14)를 적용하면 단면의 휨모멘트 내력에 각 부분의 기여를 합한다.

$$M_{fi,t,Rd} = \sum_{i=1}^{n} A_i z_i k_{y,\theta,i} f_{y,i} / \gamma_{M,fi} \tag{6.14}$$

여기서, z_i는 소성 중립축으로부터 부재 단면적 A_i의 도심까지 거리이다. $f_{y,i}$는 부재 면적 A_i에 대한 공칭항복강도 f_y이다.

5) 횡비틀림 좌굴

등급 1 또는 등급 2 단면을 가진 횡구속되지 않은 부재에 대한 시간 t에서 설계 횡비틀림좌굴 내력모멘트 $M_{b,fi,t,Rd}$는 식(6.15)에 따라 결정될 수 있다.

$$M_{b,fi,t,Rd} = \chi_{LT,fi} W_{pl,y} k_{y,\theta,com} f_y / \gamma_{M,fi} \tag{6.15}$$

여기서, $\chi_{LT,fi}$는 화재 설계 상황에서의 횡비틀림 좌굴에 대한 감소계수이다. $W_{pl,y}$는 주축에 대한 소성단면계수이다. $k_{y,\theta,com}$는 시간 t에 도달한 압축 플랜지 $\theta_{a,com}$의 최대 온도에서 강재의 항복강도에 대한 저감계수이다. 횡비틀림 좌굴에 대한 상대 세장비는 다음 식(6.16)을 이용하여 상온에서의 상대 세장비로부터 보정될 수 있다.

$$\overline{\lambda}_{LT,\theta,com} = \overline{\lambda}_{LT} \sqrt{k_{y,\theta,com} / k_{E,\theta,com}} \tag{6.16}$$

여기서, $k_{E\theta,com}$는 시간 t에 도달한 압축 플랜지 $\theta_{a,com}$에서 최대 강재온도에서의 탄성계수에 대한 저감계수이다. 식(6.16)은 $\overline{\lambda}$를 $\overline{\lambda}_{LT,\theta,com}$로 치환함으로써 강도저감계수 $\chi_{LT,fi}$를 계산하기 위해 사용한다.

6) 등급 4 단면

등급 4 단면은 국부좌굴이 고려되어야 하는 곳의 단면이다. 등급 4 단면은 상온에서와 같은 방법으로 설계할 수 있다. 그러나 전(全)단순화(gross simplification)로서, 등급 4 단면의 임계온도는 보수적 관점에서 $\theta_{a,cr} = 350℃$ 으로 취할 수 있다.

7) 접합부 설계

현재 실무 코드에서 접합부 설계에 대한 정보는 제한적이다. EN 1993-1-2 : 2005는 강재 접합부의 설계에 대해서 두 가지 접근법을 제공한다. 첫 번째 접근법에서 내화피복은 부재와 부재의 접합부에 적용된다. 좀 더 상세한 접근법인 두 번째 접근법은 상승된 온도에서 접합부(볼트/용접)의 역학적 특성과 함께 접합부의 설계(EN 1993-1-8 : 2005)에서 요소접근법(component approach)을 적용하는 것이 가능하다. 접합부 거동과 설계에 대한 상세정보는 8장에서 언급하겠다.

6.3.3 임계온도(Critical temperature)

강도영역(strength domain)에서 내화성을 입증하기 위한 대안으로서, 온도영역에서 계산을 수행할 수도 있다. 구조물의 임계온도 $\theta_{a,cr}$는 다음 식(6.17)을 이용해서 계산한다.

$$\theta_{a,cr} = 39.19 ln\left[\frac{1}{0.9674\mu_0^{3.833}} - 1\right] + 482 \quad (6.17)$$

여기서, μ_0는 시간 $t=0$에서 활용도(degree of utilisation)이고 0.013보다 작아서는 안 된다. 등급 1, 등급 2 또는 등급 3 단면을 가진 휨부재와 모든 인장부재에 대해 시간 $t=0$에서 활용도는 식(6.18)에서 구한다.

$$\mu_0 = E_{fi,d} / R_{fi,d,0} \quad (6.18)$$

여기서, $E_{fi,d}$는 화재시 하중의 설계효과이다. 더 많은 정보는 6.1.5절을 참고한다. $R_{fi,d,0}$는 상온에서 상응하는 구조부재의 하중전달 능력이다. μ_0는 식(6.19)에서 구한다.

$$\mu_0 = \eta_{fi}\left[\gamma_{M,fi} / \gamma_{M0}\right] \quad (6.19)$$

여기서, η_{fi}는 화재시 설계하중 수준에 대한 감소계수이다(6.1.5절 참고). $\gamma_{M,fi}$는 화재시 재료의 부분안전계수이고, γ_{M0}는 상온설계에 대한 재료의 부분안전계수이다.

6.4 합성 강재와 콘크리트 구조물

6.4.1 합성 슬래브와 보

부분적이거나 완전히 매립된 철골부재를 가진 합성 구조물의 화재설계는 EN 1994-1-2 : 2005 (CEN 1994-2005b)에 포함되어 있다. 상온에서 합성구조부재의 설계는 EN 1994-1-1 : 2005 (CEN 1999-2005a)에 따르도록 되어 있다. 지지된 슬래브의 사다리꼴 시트(sheeting)가 적어도 보의 상부 플랜지의 85%를 커버하는 경우에 슬래브는 하부로부터 가열되고, 기둥은 4면에서, 그리고 보는 3면에서 가열될 것으로 예상된다.

강재 단면의 상부에 콘크리트 부분을 가진 합성보에 대해 임계온도법이나 휨모멘트 내력법을 사용할 수 있다.

1) 임계온도법(Critical temperature method)

임계온도법은 정모멘트(sagging bending moments)만 받는 단순지지된 보와 함께 사용된 최대 두께 $h=$500mm와 최소 슬래브 두께 h_c가 적어도 120mm인 대칭단면에 적용한다. 이 방법의 장점은 임계온도 θ_{cr}이 합성단면에 적용된 하중수준 $\eta_{fi,t}$와 단면의 휨내력계산 없이 상승된 온도에서 강재의 강도 f_y로부터 결정할 수 있다는 것이다. 임계온도는 시간 t에서 화재 설계 하중수준의 함수이다.

$$\eta_{fi,t}=\frac{E_{fi,d,t}}{R_d}=\frac{\eta_{fi}E_d}{R_d}=\frac{R_{fi,d,t}}{R_d} \tag{6.20}$$

여기서, $E_{fi,d,t}$는 화재상황에서 하중의 설계효과이다. R_d는 상온설계에 대한 설계내력이고, E_d는 상온설계에 대한 하중의 설계효과이다. 극한한계상태는 화재상황에서 설계내력 $R_{fi,d,t}$가 화재상황에서 하중 설계효과의 수준 $E_{fi,d,t}$로 감소될 때 도달한다. 하중 수준은 다음 식(6.21)과 같이 상승된 온도에서 강재의 항복강도 $f_{a\max,\theta cr}$의 필요 수준을 얻기 위한 식을 유도하기 위해 사용할 수 있다.

$$\eta_{fi,t}=\frac{R_{fi,d,t}}{R_d}\cong\frac{f_{a\max,\theta cr}}{\dfrac{f_{ay,20℃}}{\gamma_M}}\cong\frac{f_{a\max,\theta cr}}{f_{ay,20℃}}\frac{1}{0.9} \tag{6.21}$$

강재 항복강도 값은 합성보의 임계온도를 얻기 위해 사용한다.

2) 휨모멘트 내력 모델(Bending moment resistance model)

소성해석을 할 때 합성단면은 각각 같은 온도를 가진 여러 면적으로 나눌 수 있다. 그림 6.6은 그 예를 보여준다.

만약에 합성단면의 소성중립축이 콘크리트 슬래브 안에 있고, 그 결과로 생긴 인장력이 강재 단면에서 오면 다음 식(6.22)를 이용하여 계산할 수 있다.

$$T = \left[f_{amax,\theta 1}(b_1 e_1) + f_{amax,\theta w}(h_w e_w) + f_{amax,\theta 2}(b_2 e_2) \right] / \gamma_{M,fi,a} \tag{6.22}$$

콘크리트 슬래브에서 압축구역의 두께 h_u는 $h_u = T/(b_{eff}\ f_{c,20℃}/\gamma_{m,fi,c})$를 주는 평형 $T=F$로부터 결정한다.

정모멘트 내력은 식(6.23)과 같다.

$$M_{fi,Rd^+} = T(y_F - y_T) \tag{6.23}$$

이 계산모델은 h_u가 h_{eff}로 대체된다면 절곡형 강재 시트(profiled steel sheet)와 함께 합성 슬래브에 대해 사용할 수 있다.

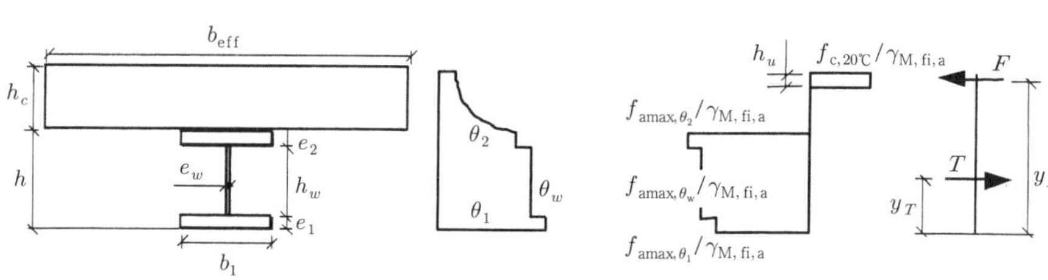

그림 6.6 정모멘트 내력의 계산

6.4.2 합성기둥

단면내력과 휨강성이 합성단면의 특성을 이용하여 계산할 수 있으면, 합성기둥설계는 강재 기둥설계와 같은 방법으로 수행할 수 있다. 뿐만 아니라 강도저감계수는 식(6.10) 대신에 기둥 좌굴곡선 c를 이용해서 계산한다. 이 간단한 계산 모델은 가새골조의 기둥에 대해서만 사용되어야 한다.

6.5 목재 구조물

6.5.1 설계의 기초

단면의 구조용 목재 부재의 내화성은 예측 가능한 탄화율(charring rate)에 기초하여 계산할 수 있다. 숯이 된(charred) 목재와 탄화된(carbonized) 목재 사이의 경계는 300℃로 가정한다.

6.5.2 탄화깊이(Charring depth)

탄화깊이는 원래 부재의 바깥 표면과 탄화선 위치 사이의 거리이고, 화재노출 시간과 관련된 탄화율로부터 계산할 수 있다. 표준화재노출에서 화재기간과 탄화깊이 사이의 근사한 선형 관계는 목재와 목재-기반 재료에 대한 많은 화재실험에서 도출된 것으로 밝혀졌다. 그러므로 탄화깊이는 대략 식(6.24)와 같다.

$$d_{char,0} = \beta_0 t \tag{6.24}$$

여기서, β_0는 표준화재노출에서 1차원의 설계탄화율(표 6.1 참조)이고, t는 분으로 나타내는 화재노출시간이다.

표 6.1 EN 1995-1-2 : 2005에 따른 일반적인 1차원 설계 β_0와 개념적인 β_n 탄화속도

재료		β_0 mm/min	β_n mm/min
침엽수재(Softwood)와 너도밤나무(beech)	290kg/m^3 이상의 특성밀도를 가지는 집성재	0.65	0.70
	290kg/m^3 이상의 특성밀도를 가지는 단단한 목재	0.65	0.80
활엽수재(Hardwood)	290kg/m^{3}의 특성밀도를 가지는 단단한 혹은 집성 활엽수재	0.65	0.70
	450kg/m^3 이상의 특성밀도를 가지는 단단한 혹은 집성 활엽수재	0.50	0.55

탄화(charring)는 화재에 직접적으로 노출된 목재 부재의 모든 표면에 대해 고려되어야 한다. 화재보호를 위한 마감(claddings), 다른 피복재료 혹은 다른 구조부재에 의해 보호된 표면에서 탄화는 시간 t_{ch}에 의해 지연되는 것으로 가정한다. 하나 혹은 몇 가지 층(layers)의 목질 패널이나 목재 판벽을 구성하는 화재보호 마감에 대해서 피복된 목재 부재의 탄화 시작 시간 t_{ch}는

식(6.25)로 얻을 수 있다.

$$t_{ch} = \frac{h_p}{\beta_0} \tag{6.25}$$

여기서, h_p는 피복 패널의 전체 두께이다.

6.5.3 단순 해석 모델

구조용 목재 부재에 필요한 내화성을 평가하기 위해 다음의 두 가지 방법이 사용된다.

1) 단면감소법(Reduced cross-section method)

탄화깊이와 함께 두께 $k_0 d_0$의 탄화선 내의 목재층은 제로(0) 강도와 강성을 갖지만 남아 있는 단면의 강도와 강성특성은 변화하지 않는다고 가정한다(그림 6.7). 그러므로 유효단면은 다음 유효탄화깊이에 의해 초기 단면을 줄여서 얻는다.

$$d_{ef} = d_{char,n} + k_0 d_0 \tag{6.26}$$

$d_0 = 7\text{mm}$와 함께 $d_{char,n}$은 식(6.24)에 따라 결정한다. 피복되지 않은 표면에 대해 표준화재 노출시간(t)이 20분 미만이면, $k_0 = t/20$이다. 더 긴 화재노출시간에 대해서는 $k_0 = 1.0$이다.

유효단면 내부의 수분 증발 때문에 유효단면의 설계강도와 강성특성은 보정계수 $k_{\text{mod},fi} = 1.0$과 함께 계산되어야 한다.

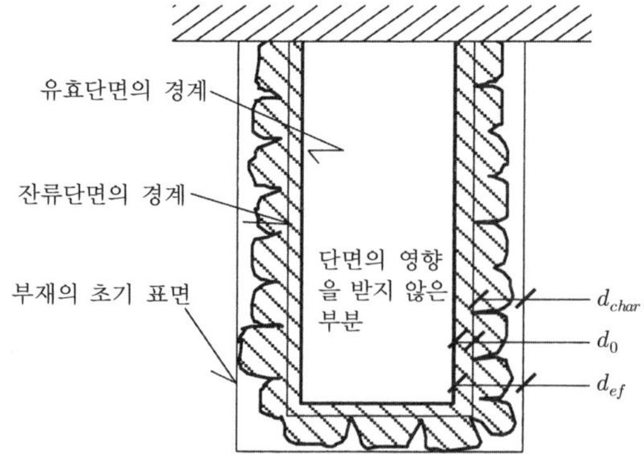

그림 6.7 잔류단면과 유효단면의 정의

2) 특성저감법(Reduced properties method)

단면감소법의 대안으로 특성저감법은 3면 혹은 4면이 화재에 노출된 연목(softwood)의 사각형 단면과 전체 가장자리를 따라 화재에 노출된 원형 단면에 적용할 수 있다. 잔류(residual)단면은 식(6.26)에 주어진 탄화깊이에 따라 결정되어야 한다. 보정계수 $k_{\mathrm{mod},fi}$는 EN 1995-1-1 : 2005에 주어진 상온설계에 대한 보정계수 k_{mod}를 대체하기 위해 사용된다. 상승된 온도에서 설계강도와 탄성계수는 식(6.27 a, b, c)로부터 평가할 수 있다.

$$f_{fi,d} = k_{\mathrm{mod},fi} k_{fi} \frac{f_k}{\gamma_{M,fi}} \tag{6.27a}$$

$$E_{fi,d} = k_{\mathrm{mod},fi} k_{fi} \frac{E_{k,05}}{\gamma_{M,fi}} \tag{6.27b}$$

$$E_{fi,d} = k_{\mathrm{mod},fi} \frac{E_{mean}}{\gamma_{M,fi}} \tag{6.27c}$$

여기서, $k_{\mathrm{mod},fi}$는 온도와 습도의 영향을 고려하는 화재에 대한 보정계수이다. $\gamma_{M,fi}$는 화재시 목재에 대한 부분계수이고, f_k는 상온에서의 특성강도이다. $E_{k,05}$는 5% 분위수(分位數)의 상온에서 특성 탄성계수이고, E_{mean}은 상온에서의 평균 탄성계수이다. 여기서, k_{fi}는 특성값에서 평균값으로 모델을 전환하는 계수이다. 견고한(solid) 목재에 대해 $k_{fi} = 1.25$이다. 집성재(glued-laminated timber)와 목질패널(wood-based panels)에 대해서 $k_{fi} = 1.15$이다. 강재의 측면 부재와 함께 전단력을 받는 연결재(fasteners)의 접합부와 목재와 목질패널의 축방향으로 재하된 연결재의 접합부에 대해서 $k_{fi} = 1.05$이다. 화재에 대한 보정계수 $k_{\mathrm{mod},fi}$는 다음 방법으로 결정할 수 있다.

- 휨강도에 대해 :

$$k_{\mathrm{mod},fi} = 1.0 - \frac{1}{200} \frac{p}{A_r} \tag{6.28a}$$

- 압축강도에 대해 :

$$k_{\mathrm{mod},fi} = 1.0 - \frac{1}{125} \frac{p}{A_r} \tag{6.28b}$$

- 인장강도와 탄성계수에 대해 :

$$k_{\mathrm{mod},fi} = 1.0 - \frac{1}{330} \frac{p}{A_r} \tag{6.28c}$$

여기서, p는 화재에 노출된 잔류단면의 외주부(perimeter)이고, A_r은 잔류단면의 면적이다.

6.5.4 접합부

목구조의 내화성은 목재 표면의 연소에 의해 영향을 받는다. EN 1995-1-2 : 2005(CEN, 1995-2005b)는 60분까지의 내화성에 대해 못, 볼트, 다우얼(dowels), 스크류, 분할 링(split-ring) 연결재, 전단 플레이트 연결재와 주름날 플레이트(toothed-plate) 연결재로 이루어진 접합부의 화재설계에 대한 규칙을 제공하고 있다. 또한 벽과 바닥의 구조 상세와 관련된 최상의 공학적인 실무를 제공한다. 목재의 측면 부재와 함께 접합부, 외부 강재 플레이트와 함께 접합부와 축방향으로 재하된 스크류에 대해 간략화된 규칙과 하중감소법(reduced load method)을 사용할 수 있다.

1) 간략화된 규칙(Simplified rules)

간격, 모서리 및 단부 거리와 측면 부재 크기가 EN 1995-1-1 : 2005의 8장에 주어진 최소한의 요구사항을 따르는 경우 피복되지 않은 목재와 목재 접합부의 내화성(fire resistance)은 15분이다. 다우얼(dowel ; 전단 연결재), 못 혹은 돌출되지 않은 머리를 가진 스크류 등의 접합부에 대해 측면 부재의 두께와 폭 및 패스너(fasteners)까지 끝과 단부(the end and edge) 거리를 a_{fi} 만큼 목재 크기를 증가시킴으로써 더 긴 내화시간(30분을 초과하지 않는)이 확보될 수 있다(그림 6.8 참조). 추가된 두께/폭은 식(6.29)로부터 계산할 수 있다.

$$a_{fi} = \beta_n k_{flux} (t_{req} - t_{d,fi}) \tag{6.29}$$

여기서, β_n은 개념상(notional)의 탄화율이다. $k_{flux}(=1.5)$은 연결재를 통해 증가된 열속(heat flux)을 고려하는 계수이다. t_{req}는 필요한 표준내화시간이고, $t_{d,fi}$은 피복되지 않은 접합부의 내화시간이며, $t_{d,fi} = 15$분이다.

접합부가 목재 판벽, 목질 패널 혹은 석고보드의 추가에 의해 보호될 때, 내화성은 추가 피복 파괴 후 피복되지 않은 접합부의 내화성에 기초하여 계산한다. 추가 피복으로 조기 파괴를 방지해야 한다. 목질 패널이나 석고보드에 의해 제공되는 추가 피복은 부재의 탄화가 시작되는 $t = t_{ch}$까지 남아 있어야 한다.

2mm 이상 두께의 내부 강재 플레이트와 목재 표면 위로 돌출하지 않는 접합부에 대해 강재 플레이트의 폭 b_{st}는 필요조건을 준수해야 한다.

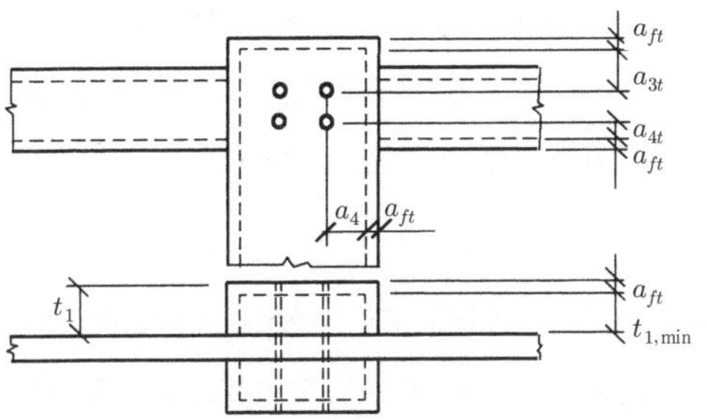

그림 6.8 15분을 초과하는 내화성에 대한 추가 두께/거리

2) 하중감소법(Reduced load method)

표준화재노출에 대해 전단을 받는 피복 또는 무피복된 접합부의 내화성은 필요한 내화시간과 일치하는 저감계수 k로 곱해진 상온에서의 내력으로부터 계산되어야 한다.

6.6 조적 구조물

6.6.1 설계의 기초

조적조의 재료 특성은 국부 조건에 따라 변한다. 상승된 온도에서 조적조의 강도와 변형 특성은 프로젝트 시험으로 얻어진 응력-변형률 관계나 데이터베이스로부터 얻을 수 있다. 화재설계 시 비내력벽과 내력벽, 분리벽과 비분리벽 사이에는 차이가 있다. 조적벽의 화재거동은 다음 사항에 따라 달라진다 : 조적 단위 재료, 점토(규산칼슘, 공기함유 콘크리트 혹은 고밀도/경량 골재 콘크리트와 생산된 석재), 단위 종류(구멍의 형태, 속빈 비율, 쉘과 웨브 두께를 포함하는 솔리드(solid) 혹은 할로우(hollow, 中空), 모르타르의 종류(일반 목적, 박층이나 경량 모르타르), 벽체의 설계내력에 대한 설계하중과의 관계, 벽체의 세장비, 하중의 편심, 단위의 밀도, 벽체 시공의 종류, 적용된 표면마감의 형태와 특성 등이다.

조적벽의 내화성(화재 노출에 관련된 파괴 모드, 온도 의존적인 재료 특성)은 간단한 방법으로 계산된 벽체의 열팽창과 변형 효과를 고려하는 계산에 의해 평가할 수 있다. 이는 다음에 설명된다.

1) 등온법(Isotherm method)

간략화된 계산법에서 하중지지 능력은 조적 구조물의 잔류단면에 기초하여 결정한다. 이 방법은 콘크리트 구조물에 대한 500℃ 등온법과 유사하다. 그러나 조적설계에 대해 두 가지 등온

선이 고려되어야 한다. 100℃ 이하 온도에서 조적조의 역학적인 특성은 영향을 받지 않는 것으로 가정한다. 특정 온도 위 : 이는 형태에 따라 다르고, 조적조는 강도나 강성이 없는 것으로 가정된다. 표준화재노출시 조적벽과 기둥에 대한 간략화된 방법을 사용하기 위해 두 번째 등온 온도는

- 600℃ 점토 단위(EN 1996-1-1 : 2005[CEN, 1996-2005a]에 따른 그룹 1S와 그룹 1, 10에서 $40\mathrm{N/mm^2}$까지의 단위강도 f_b, 일반 목적의 모르타르를 가진 1,000에서 $2,000\mathrm{kg/m^3}$까지의 총밀도)
- 규산칼슘 단위에 대한 500℃(그룹 1S와 그룹 1, 10에서 $40\mathrm{N/mm^2}$까지의 단위강도 f_b, 박층(thin-layer) 모르타르를 가진 1,500에서 $2,000\mathrm{kg/m^3}$까지의 총밀도) ;
- 치밀한 골재 콘크리트에 대한 500℃(그룹 1, 10에서 $40\mathrm{N/mm^2}$까지의 단위강도 f_b, 일반 목적 모르타르와 함께 1,500에서 $2,000\mathrm{kg/m^3}$까지의 총밀도) ;
- 경량 골재 콘크리트에 대한 500℃(그룹 1S와 그룹 1, 4에서 $8\mathrm{N/mm^2}$까지의 단위강도 f_b와 경량 모르타르를 가진 부석(pumice)에 대한 600에서 $1,000\mathrm{kg/m^3}$까지의 총밀도) ;
- 공기함유 콘크리트에 대한 400℃(그룹 1, 2에서 $6\mathrm{N/mm^2}$까지의 단위강도 f_b, 일반 목적 모르타르의 박층을 가진 400에서 $700\mathrm{kg/m^3}$까지의 총밀도) ;

벽체 혹은 기둥의 수직내력설계값은 식(6.30)에 의해 주어진다.

$$N_{Rd,fi,\theta i} = \Phi(f_{d\theta 1}A_{\theta 1} + f_{d\theta 2}A_{\theta 2}) \tag{6.30}$$

여기서, Φ는 EN 1996-1-1 : 2005(CEN, 1996-2005a)의 6.1.2 2)로부터 얻어진 벽체 중앙의 성능저감계수이다. 이 값은 조적조를 가로지르는 온도의 변화로 인한 편심 $e_{\Delta\theta}$을 고려한다. $f_{d\theta 1}$는 온도 θ_1에서 조적조의 설계압축강도이다(조적조의 상온 강도(cold strength[6]))까지의 온도는 사용될 수 있다=100℃) ; $A_{\theta 1}$는 θ_1까지 조적조의 면적이다. $f_{d\theta 2} = cf_{\theta 1}$는 θ_1℃와 θ_2℃ 사이에서 압축에 대한 조적조의 설계강도이다. θ_2는 재료가 잔류강도를 가지지 못하는 이상의 온도이다. c는 상승된 온도에서 응력-변형률 시험으로부터 얻은 상수이다. $A_{\theta 2}$는 θ_1과 θ_2 사이의 조적조 면적이다. 조적조 단면에 걸친 온도분포와 조적조가 유효하지 못하게 될 때의 온도는, 시험의 결과로부터 얻거나 화재노출시간의 함수로써 시험 결과의 데이터베이스로부터 얻어야 한다. 시험 결과가 없을 경우 EN 1996-1-2(CEN, 1996-2005b)의 부록 C.3에 있는 그래프를 사용할 수 있다. 이는 그림 6.9에 나타나 있다.

6) The compressive or flexural strength of refractory concrete prior to firing

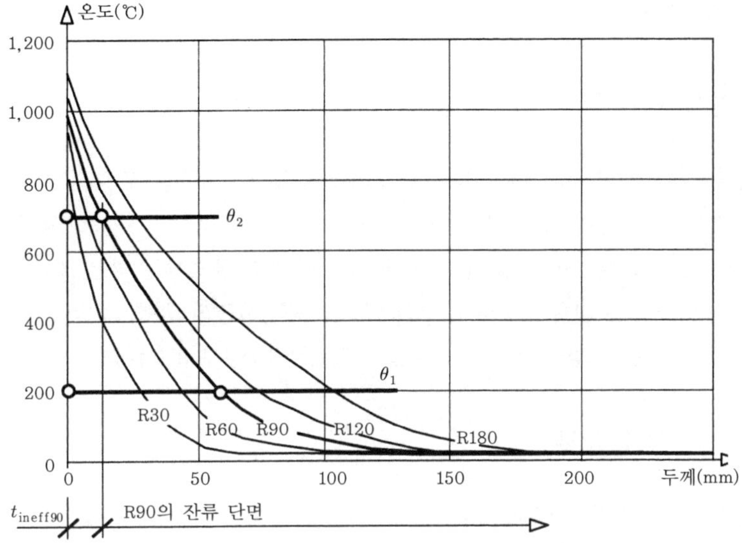

그림 6.9 총밀도 500kg/m³인 조적이 공기함유 콘크리트 조적에 대한 구조적으로 유효하지 않은 상부 온도($t_{ineff90}$는 90분에 유효하지 않게 되는 벽의 두께이다), EN 1996-1-2 : 2005b 그림 C.3(f)의 예제

조적구조물의 높은 온도구배(gradient) 때문에 온도구배 $e_{\triangle\theta}$에 의해 생성된 편심을 고려하는 것은 중요하다. 이 간략화된 계산방법에서 편심은 시험결과나 다음 식(6.31)로부터 얻는다.

$$e_{\triangle\theta} = \frac{1}{8} h_{eff}^2 \frac{\alpha_t(\theta_2 - 20)}{t_{Fr}} \le h_{eff}/20 \tag{6.31}$$

여기서, h_{ef}는 벽체의 유효높이이다. α_t는 EN 1996-1-1 : 2005의 3.7.4에 따른 조적조의 열팽창계수이다 ; 20℃는 차가운 부분에서 가정된 상온이다. t_{Fr}는 온도가 θ_2를 초과하지 않는 단면의 두께이다.

6.7 알루미늄 구조물

6.7.1 설계의 기초

상온설계에서와 마찬가지로 알루미늄 구조물의 화재설계는 구조용 강재설계에 적용된 공학 지식에 기초한다. 더 많은 정보를 위해 EN 1999-1-1 : 2007(CEN 1999-2007a)을 참조할 수 있다. 합금의 녹는점(590℃~650℃)이 낮기 때문에 알루미늄 구조물은 낮은 내화성능을 가지고 있다. 그러나 알루미늄은 빛을 반사하고, 코팅 없이 매끈한 표면에 대해 0.3의 낮은 표면 방사율 ε_m을 가진다. 이 값은 스테인리스 강재의 0.4와 탄소강의 0.7에 비교된다.

6.7.2 단순 설계 모델

강구조물에 대한 동일한 원리와 관계가 피복되지 않거나 피복된 알루미늄 골조의 열전달을 계산하기 위해 사용되기도 한다(EN 1999-1-1 : 2007(CEN 1999-2007b) 참조).

인장, 압축 혹은 휨으로 재하된 부재는 온도가 170℃를 초과하지 않는 경우 확인할 필요가 없다.

알루미늄 합금(0.2% 내력)의 탄성계수와 강도의 감소는 강합금(steel alloys)에서 훨씬 더 높다. 단면 분류에 대한 알루미늄 강도의 감소는 탄성계수의 감소보다 더 빠르기 때문에 상온에서와 같은 단면 분류가 사용될 수 있다. 그림 6.10은 여러 가지 알루미늄 합금에 대한 고온에서의 알루미늄 강도 감소계수에 대한 탄성계수 감소계수의 비를 제시한다.

그림 6.10의 특성을 이용하여 고온에서의 기둥 좌굴 및 보의 횡-비틀림 좌굴설계내력($N_{b,fi,t,Rd}$와 $M_{b,fi,t,Rd}$)은 저감된 0.2% 내력과 상온에서와 동일한 상대 세장비에 기초하여 평가할 수 있다.

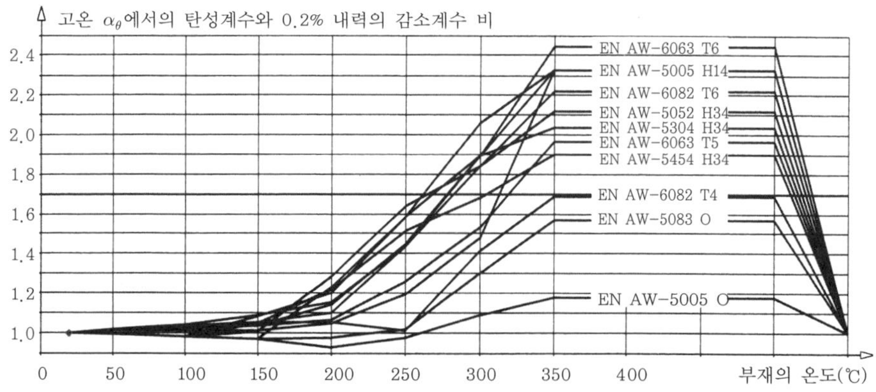

그림 6.10 알루미늄 합금에 대한 고온에서 0.2% 내력의 감소계수에 대한 탄성계수의 감소계수 비(EN 1991-1-2 : 2007의 표 1a로부터)

6.8 내화설계 예제

6.8.1 500℃ 등온법에 의한 콘크리트 보

그림 6.11은 500×800mm 단면의 연속보를 보여준다. 이 보는 6m 스팬의 일방향 슬래브(두께 250mm)를 지지한다. 콘크리트 등급은 C25/30이고, 철근 등급은 EN 10080에 따라 B500B이다. 철근은 스팬에서 6ϕ R25이고 지점에서 6ϕ R32이다[7]. 길이방향의 철근 피복은 45mm이다. 필요한 내화성능은 240분(구조안정성)이다.

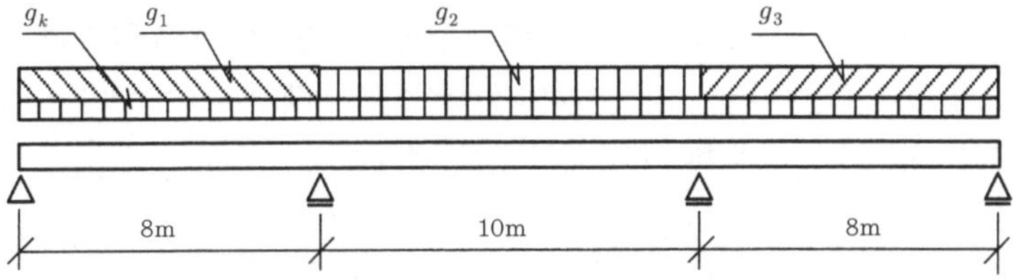

그림 6.11 연속 콘크리트 보의 하중

1) 상온설계 : 극한한계상태

하중의 특성값은 $g_k = 70\,\text{kN/m}$, $q_{k1} = q_{k2} = q_{k3} = 70\text{kN/m}$ 이다.

극한한계상태에서 하중조합에 대한 부분안전계수는 표 6.2에 요약되어 있다.

그림 6.12는 표 6.2에 있는 하중조합 결과를 나타내는 휨모멘트 포락선(envelopes)을 보여준다.

표 6.2 극한한계상태에서 하중조합에 대한 부분안전계수

하중조합	g	q_1	q_2	q_3
1	1.35	1.5	0	0
2	1.35	1.5	1.5	0
3	1.35	1.5	1.5	1.5
4	1.35	0	1.5	1.5
5	1.35	0	0	1.5

7) R25와 R32는 원형(봉)강(Round bars)의 규격(diameter)를 의미한다.

2) 화재상황에 대한 설계

(1) 역학적 하중과 휨모멘트 포락선

화재시 역학적 하중은 그림 6.13에 '화재에서 역학적인 하중(mechanical action)' 휨모멘트 포락선(envelope)을 제시하는 부분 안전계수 $\gamma_{M,fi}=1.0$에 대해서 평가된다. 가열된 단면에 걸친 온도구배의 결과로서 차등의 열변형으로 인한 간접적인 화재하중이 그림 6.13에 '온도의 영향'에서 부(hogging)모멘트를 계산하기 위해 사용된다. 휨모멘트는 내부 지점에서 열변형률 곡률을 부역학적인(negative mechanical) 변형률 곡률로 바꿈으로써 계산된다. 이 계산에 대해 감소된 콘크리트 단면 크기가 사용되고, 콘크리트 보 단면의 상부는 상온이고, 하부는 곡률을 계산하기 위해 500℃로 가정된다. 그러나 단면은 휨모멘트를 계산하기 위해 상온에서 탄성인 것으로 가정한다. 그림 6.14의 온도분포(profile)에 따라 단면 깊이는 60mm로 감소된다. 전체 휨모멘트의 15% 재분배를 허용하면서 (좀 더 자세한 정보를 위해서 EN 1992-1-1의 5.5.(4) 참조(CEN 1992-2005a)), 최종 설계 휨모멘트 포락선을 얻는다.

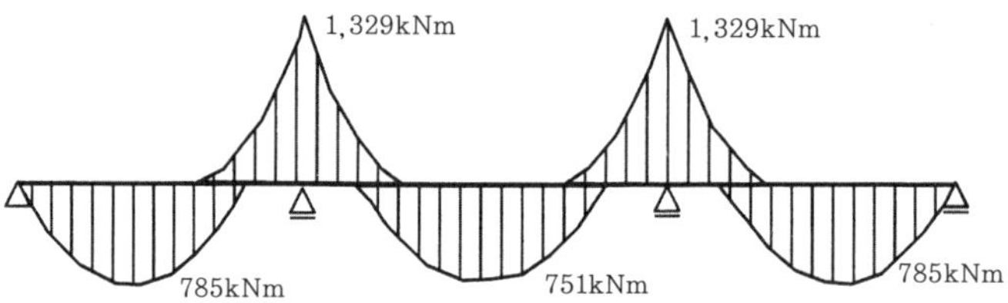

그림 6.12 휨모멘트 포락선(값은 kNm)

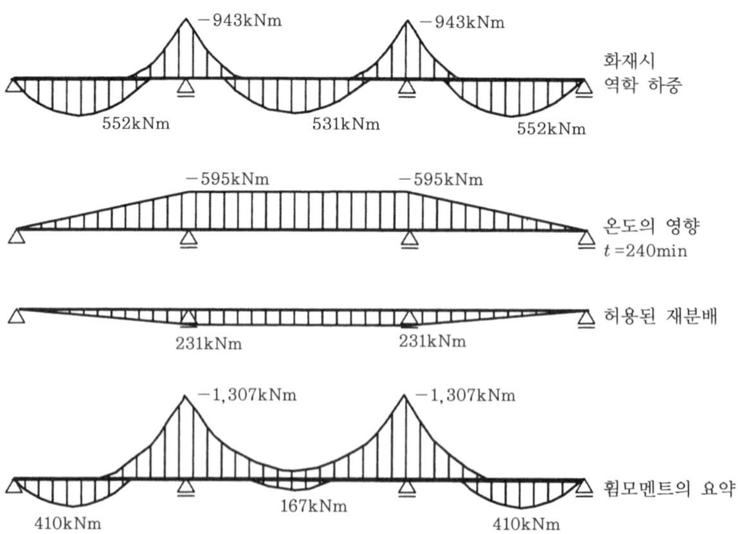

그림 6.13 내화설계에 대한 휨모멘트 포락선(값은 kNm)

3) 내화성 입증

(1) 유효단면

500℃ 등온의 위치(position)는 그림 6.14로 재생산된 EN 1992-1-2 : 2005(CEN 1992-2005b)의 그림 A.10b 그래프로부터 얻어진 것처럼 $a_{500} = 60\text{mm}$ 이다.

모서리에서 철근은 500℃ 등온 밖에 위치하고 내부 철근과 비교하여 더 높은 온도를 가진다. 간략화를 위해 모서리에 있는 철근은 보수적 관점에서 향후 계산에서는 제외한다(그림 6.15 참조).

500℃ 등고선 내부의 4개 철근은 온도 $\theta = 500℃$ 에 있다(그림 6.15 참조). 철근의 특성강도에 대한 감소계수는 $k_{s,\theta} = 0.78$ 이다.

단면 휨내력은 다음의 철근과 콘크리트 특성강도를 이용하여 상온설계와 같이 입증된다.

$$f_{yd,fi} = \frac{k_\theta f_{yk}}{\gamma_{M,fi}} = \frac{0.78 \times 500}{1} = 390\ \text{N/mm}^2$$

$$f_{cd,fi} = \frac{k_{\varpi} f_{ck}}{\gamma_{M,fi}} = \frac{1 \cdot 25}{1.0} = 25\ \text{N/mm}^2$$

단면의 유효깊이는 $d_{fi} = d = 800 - (45 + 0.5 \times 25) = 742.5\,\text{mm}$ 이다. 철근 단면적은 $1{,}964\text{mm}^2$ 이다. 압축에서 콘크리트의 깊이는

$$x = \frac{A_s \times f_{syd,fi,v}}{b_{fi} \times \lambda \times \eta \times f_{ed,fi,20℃}} = \frac{1{,}964 \times 10^{-6} \times 390}{0.8 \times 0.5 \times 25} = 0.077\ \text{m}$$

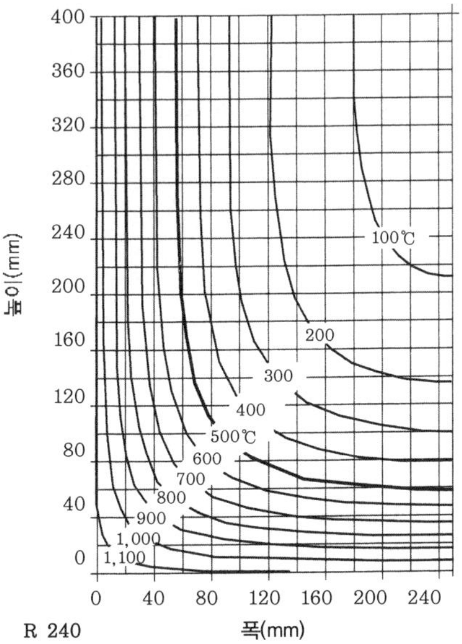

그림 6.14 240분 구조 안정 내화성에 대한 h′ b=800′ 500 보의 온도 단면의 하부 사분면

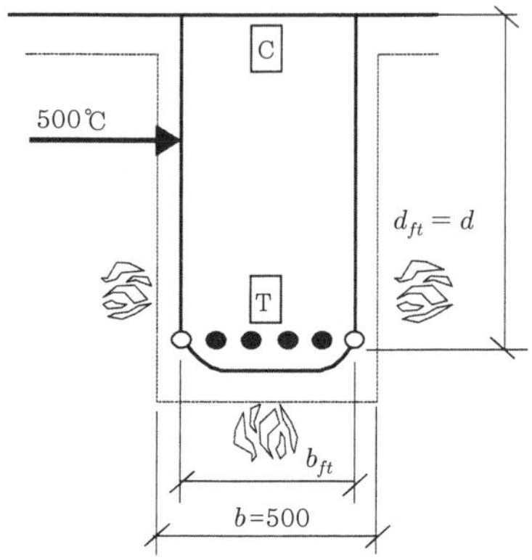

그림 6.15 500℃ 등온에 따른 유효단면

상부 콘크리트가 압축이어서 콘크리트 폭이 감소되지 않는다는 점에 주목해야 한다. 계수 λ $(=0.8)$와 $\eta(=1)$는 EN 1992-1-1 : 2005(CEN 1992-2005a)에 따라 상온설계에서 취해진다.

$$M_{Rd,fi}=A_s \times f_{syd,fi,v} Z_{fi}=A_s \times f_{syd,fi,v} \times (d_{fi}-0.5 \times \lambda \times x_{fi})$$
$$=1{,}964 \times 10^{-3} \times 390 \times (0.7425-0.5 \times 0.8 \times 0.077)=545\text{kNm}$$
$$M_{fi,Rd}=545\text{kNm} > M_{d,fi}=410\text{kNm}$$

스팬의 단면은 적절하다.

(2) 지지점의 단면

500℃ 등온 위치는 그림 6.14에 보이는 것과 같다. 그림 6.16은 설계 단면을 보여준다.

등온 500℃, $a_{500}=60\text{mm}$는 콘크리트 단면 폭을 $b_{fi}=380\text{mm}$로 감소시킨다(그림 6.16 참조). 감소된 단면의 유효높이는

$$d_{fi}=800-45-32/2-60=679\text{ mm}$$
$$f_{yd,fi}=\frac{k_\theta f_{yk}}{\gamma_{M,fi}}=\frac{1 \times 500}{1}=500\text{ N/mm}^2$$

상부 철근은 특성강도의 감소가 없는 위치에 있다. 따라서

$$f_{yd,fi}=\frac{k_\theta f_{yk}}{\gamma_{M,fi}}=\frac{1 \times 500}{1}=500\text{ N/mm}^2$$

그리고

$$f_{cd,fi} = \frac{k_{\varpi} f_{ck}}{\gamma_{M,fi}} = \frac{1 \times 25}{1.0} = 25\ \text{N/mm}^2$$

철근 단면적 $= 4{,}826\text{mm}^2$

압축 부분의 콘크리트 두께 : $x = \dfrac{4{,}826 \times 10^{-6} \times 500}{0.8 \times 0.38 \times 25} = 0.318\text{m}$

$$M_{fi,Rd} = 4{,}826 \times 10^{-3} \times (0.679 - 0.5 \times 0.8 \times 0.318) = 1{,}331\text{kNm}$$

$$M_{fi,Rd} = 1{,}331\text{kNm} > M_{d,fi} = 1{,}307\text{kNm}$$

그러므로 지지점(supports)에서 단면은 만족한다.

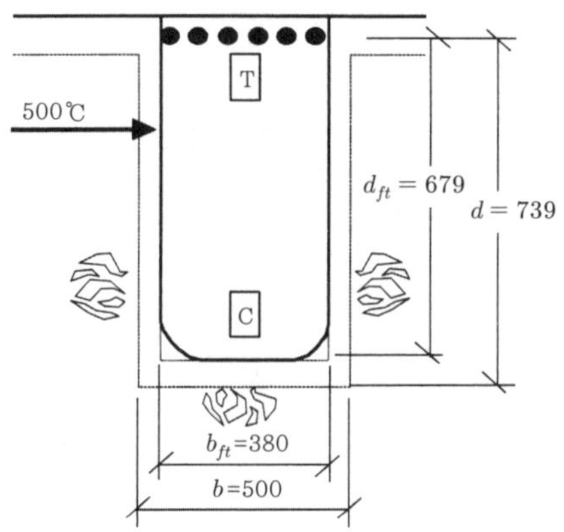

그림 6.16 지점에서 단면에 대한 500℃ 등온

6.8.2 구역법에 의한 콘크리트 벽

그림 6.17은 규산질 골재, 40mm 피복을 가진 R14/150 철근으로 보강된 보통 중량 콘크리트를 가진 두께 300mm의 벽체를 보여준다. 벽체는 양 측면에서 화재에 노출되어 있고, 필요한 내화시간은 120분이다.

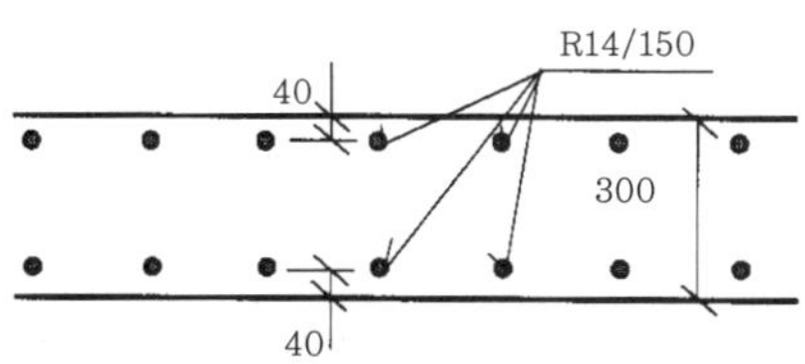

그림 6.17 벽단면

단면을 다섯 구역($\eta = 5$)으로 나누어서 구역법(zone method)을 사용한다. 그림 6.18은 각 구역 중간에서의 온도 θ_i, 평균 압축강도 저감계수 $k_{ci,\theta i}$와 M점에서의 단면 압축강도 저감계수 $k_{c,\theta,M}$를 보여주고 있다.

평균 강도 저감계수는

$$k_{c,m} = \frac{(1-0.2/n)}{n}\sum_{i=1}^{n} k_{c,\theta} = \frac{(1-0.2/5)}{5}(0.22+0.76+0.95+1+1) = 0.75$$

손상된 층의 두께는(그림 6.19 참조)

$$a_z = w\left[1-\left(\frac{k_{c,m}}{k_{c,\theta,M}}\right)^{1.3}\right] = 150\left[1-\left(\frac{0.75}{1}\right)^{1.3}\right] = 47\text{mm}$$

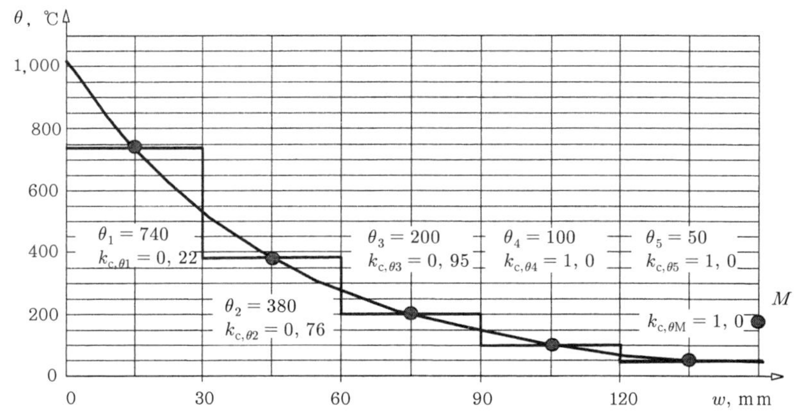

그림 6.18 그림 6.17에서 대칭 단면의 절반에 대한 온도분포와 압축강도 저감계수

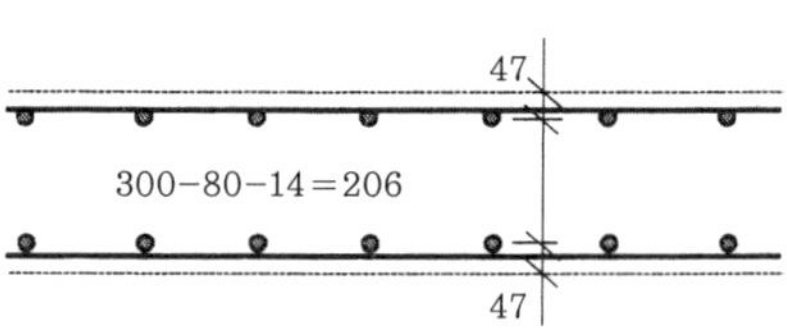

그림 6.19 구역법에 따른 벽의 감소된 단면

6.8.3 피복되지 않은 강재 보

보는 등분포하중을 받고, 상부(압축) 플랜지 위에 있는 콘크리트 슬래브가 횡비틀림 좌굴에 대해 구속해 준다.

그림 6.20에서 보여주는 보는 열간압연된(hot-rolled) IPE 단면으로 제작되었다. 필요한 내화시간은 30분이다.

재료 특성

강재 등급 : S 275

항복응력 : $f_y = 275\text{N/mm}^2$

밀도 : $\rho_a = 7{,}850\text{kg/m}^3$

하중

고정하중 : $g_k = 4.8\text{kN/m}$

활하중 : $q_k = 7.8\text{kN/m}$

상온설계에 대한 역학하중

설계하중값 :

$$v_d = g_k v_G + q_k v_Q = 4.8 \times 1.35 + 7.8 \times 1.5 = 18.18\text{kN/m}$$

휨모멘트와 전단력 :

$$M_{Ed} = \frac{1}{8} v_d\, l^2 = \frac{1}{8} \times 18.18 \times 7.4^2 = 124.4\text{kNm}$$

$$V_{Ed} = \frac{1}{2} v_d\, l = \frac{1}{2} \times 18.18 \times 7.4 = 67.3\text{kNm}$$

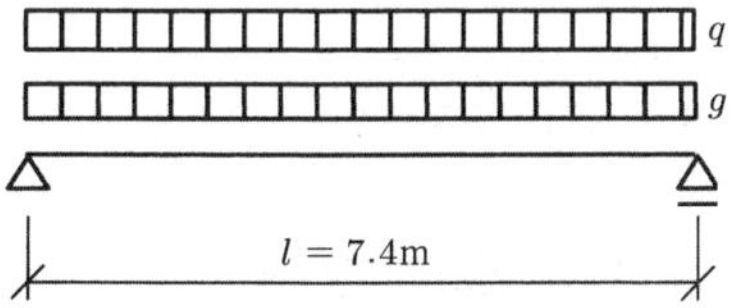

그림 6.20 균등하게 재하된 보

1) 상온설계(Normal temperature design)

단면 IPE 300은 EN 1993-1-1 : 2005에 따라 선택되었다.

그림 6.21은 단면 크기를 보여준다. 단면은 등급 1이다.

휨모멘트내력은

$$M_{pl,Rd} = \frac{W_{pl,y} f_y}{\gamma_{M0}} = \frac{628.4 \times 10^3 \times 275}{1.0} = 172.8\text{kNm} > 124.4\text{kNm} = M_{sd}$$

전단내력은

$$V_{pl,Rd} = \frac{A_{V,z} f_y}{\sqrt{3}\gamma_{M0}} = \frac{2,568 \times 275}{\sqrt{3} \times 1.0} = 407.7\text{kN} > 67.3\,\text{kN} = V_{sd}$$

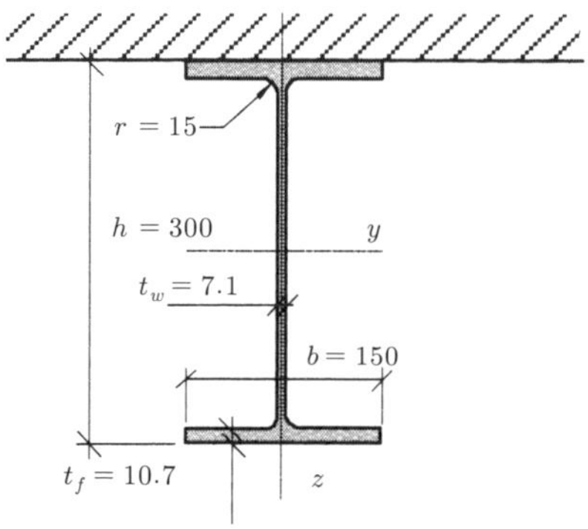

그림 6.21 IPE 300 단면의 치수

2) 화재상황에 대한 설계(Design for fire situation)

(1) 화재설계 상황에 대한 역학하중[8)]

사무용 건물을 가정해서 조합계수 ψ는 $\psi_{1,1} = 0.3$이다.

감소계수는

$$\eta_{fi} = \frac{g_K + \psi_{1,1} q_k}{g_k \gamma_G + q_k \gamma_Q} = \frac{4.8 + 0.3 \times 7.8}{4.8 \times 1.35 + 7.8 \times 1.5} = 0.393$$

(2) 공칭 표준화재곡선에 노출된 보 온도의 평가[9)]

단면계수는 3면에서 화재 노출에 대해 계산한다.

$$\left(\frac{A_m}{V}\right)_b = 139\text{m}^{-1}$$

EN 1993-1-2 : 2005에 따른 그림자 효과(shadow effect : 그림 6.22 참조)를 고려해서 단면계수는

8) Mechanical actions for fire design situation

9) Evaluation of beam temperature exposed to nominal Standard Fire curve

$$\left(\frac{A_m}{V}\right)_{sh} = 0.9 \cdot \left(\frac{A_m}{V}\right)_b = 0.9 \times 139 = 125\text{m}^{-1}$$

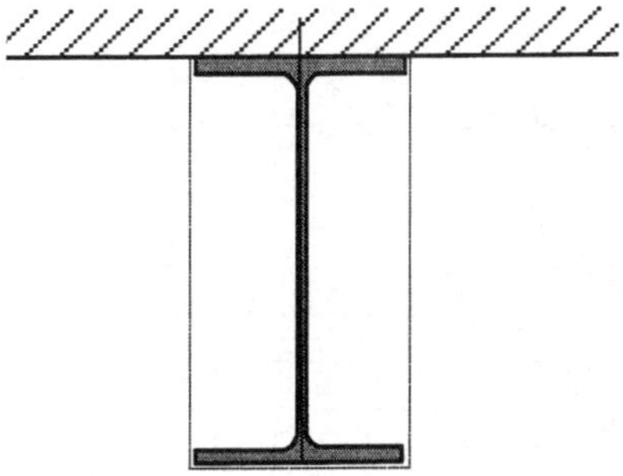

그림 6.22 EN 1993-1-2 : 2005에 따른 화재에 노출된 부재의 표면과 박스값

그림 6.22는 화재에 노출된 부재의 표면과 EN 1993-1-2 : 2005에 의한 박스값(box value)이다. 유로코드에서 단면형상계수(section factor)의 박스값(box value)은 $[A_m/V]_b$로 정의되고 있다. 여기서 A_m은 단위길이당 부재의 표면적이고, V는 단위길이당 부재의 부피이다.

콘크리트 슬래브를 지지하고 세 면이 화재에 노출된 피복되지 않은 보에 대해 단면에 걸친 비균일 온도에 대한 적응계수(adaptation factor)는 $k_1 = 0.7$이다.

시간 $t = 0$에서 활용도(degree of utilization)는 다음과 같이 구한다.

$$\mu_0 = \eta_{fi} k_1 k_2 = 0.393 \times 0.7 \times 1.0 = 0.275$$

임계온도는

$$\theta_{a,cr} = 39.19 \ln\left(\frac{1}{0.9674\mu_0^{3.833}} - 1\right) + 482$$

$$= 39.19 \cdot \ln\left(\frac{1}{0.9674 \times 0.275^{3.833}} - 1\right) + 482 = 677℃$$

그림 6.23은 서로 다른 단면계수에 대한 피복되지 않은 강재 단면의 온도 증가를 보여준다. 이 그림에 따르면 보의 내화성은 17분이다. 이 내화성은 30분보다 작다. 그러므로 단면은 만족하지 않는다.

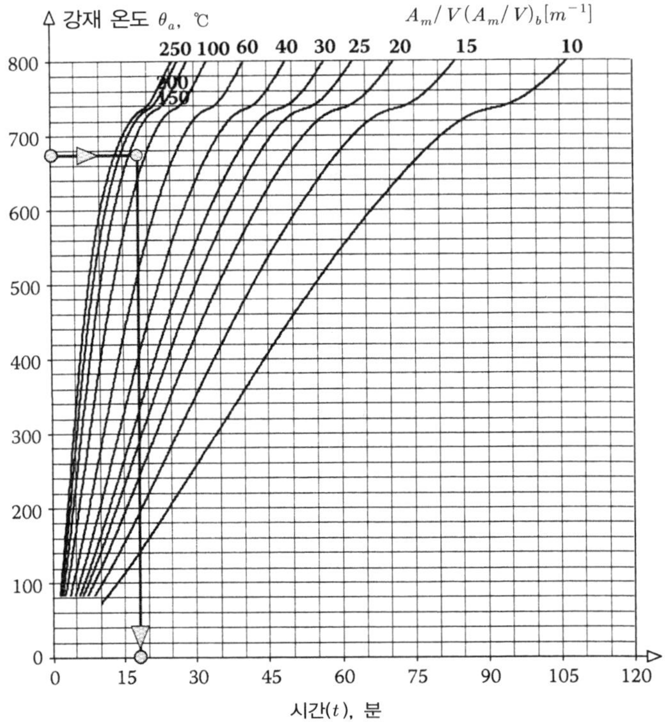

그림 6.23 보의 내화성에 대한 그래픽 평가

6.8.4 내화피복된 강재기둥

그림 6.24는 2개 층에 걸친 연속 강재기둥을 보여준다. 그림 6.25는 기둥 크기(HEB 180)를 보여준다. 스프레이 질석 시멘트에 의해 내화피복되었다. 필요한 내화시간은 90분이다.

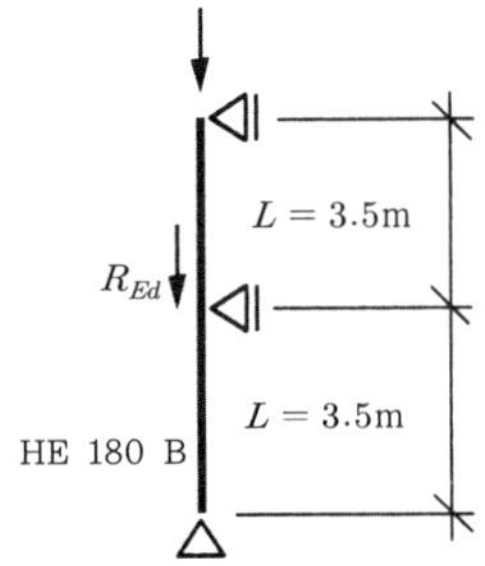

그림 6.24 기둥 치수와 하중 및 지점 조건

재료 특성

강재 등급 : S 355

항복응력 : $f_y = 355\text{N/mm}^2$

밀도 : $\rho_\text{a} = 7{,}850\text{kg/m}^3$

하중

고정하중에 의한 각 바닥에서의 반력 : $R_{G,k} = 185\text{kN}$

활하중에 의한 각 바닥에서의 반력 : $R_{Q,k} = 175\text{kN}$

부분안전계수

$\gamma_G = 1.35$; $\gamma_Q = 1.50$; $\gamma_{M1} = 1.00$

화재 계산에 대한 데이터

내화피복의 재료 특성 : 스프레이 질석 시멘트

두께 $d_p = 20\text{mm}$, 밀도 $\rho_\text{p} = 550\text{kgm}^{-3}$; 비열 $c_p = 1{,}100\text{Jkg}^{-1}\text{K}^{-1}$;

열전도율 $\lambda_p = 0.12\ \text{Wm}^{-1}\text{K}^{-1}$

상온에서의 역학하중

기둥 하부에서 설계하중 값은

$$N_{Ed} = 2R_{Ed} = 2(R_{G,k}\,\gamma_G + R_{Q,k}\,\gamma_Q) = 2 \times (185 \times 1.35 + 175 \times 1.5) = 1{,}024.5\text{kN}$$

1) 상온설계

$$L_{cr,y} = L_{cr,z} = 3.5\text{m}$$

기둥 단면은 등급 1이다(그림 6.25 참조).

기둥의 좌굴길이는

$$L_{cr,y} = L_{cr,z} = 3.5\text{m}$$

z축에 수직인 좌굴이 중요하다.

EN 1993-1-1 : 2005(CEN, 1993-2005b)에 따른 보통 설계에 대한 탄성임계하중은

$$N_{cr} = \frac{\pi^2 EI_z}{L_{cr,z}^2} = \frac{\pi^2 \times 210{,}000 \times 1{,}363 \times 10^4}{3{,}500^2} = 2{,}306\text{kN}$$

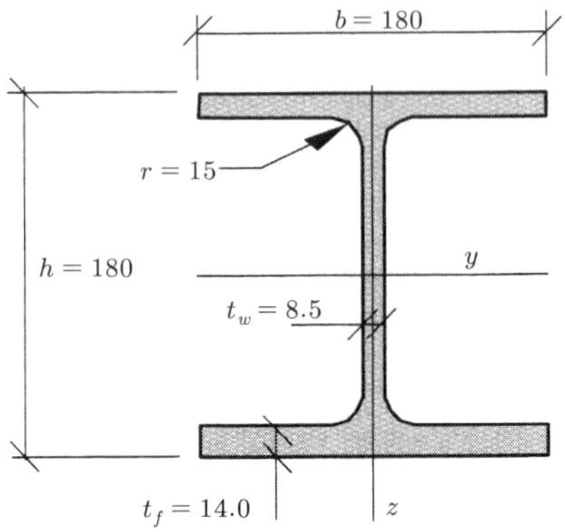

그림 6.25 기둥 단면의 치수

무차원 세장비는

$$\overline{\lambda}_z = \sqrt{\frac{Af_y}{N_{cr}}} = \sqrt{\frac{6,530 \times 355}{2,306 \times 10^3}} = 1.003$$

$h/b < 1.2$를 가진 열간압연 I–단면에 대한 기둥 좌굴곡선 c를 선택하시오. α는 0.49로 한다. 그러므로

$$\Phi = 0.5(1 + \alpha(\overline{\lambda}_z - 0.2) + \overline{\lambda}_z^2) = 0.5 \times (1 + 0.49 \times (1.003 - 0.2) + 1.003^2) = 1$$

$$\chi_z = \frac{1}{\Phi + \sqrt{\Phi^2 - \overline{\lambda}_z^2}} = \frac{1}{1.200 + \sqrt{1.200^2 - 1.003^2}} = 0.538$$

극한한계상태에서 기둥설계내력은

$$N_{b.Rd} = \chi_z \frac{Af_y}{\gamma_{M1}} = 0.538 \times \frac{6,525 \times 355}{1.0} = 1,246.2\,\text{kN} > 1,024.5\,\text{kN} = N_{Ed}$$

상온에서 이 단면은 만족한다.

2) 화재상황에 대한 설계

(1) 화재설계 상황에 대한 역학거동

사무용 건물로 가정하여 조합계수 ψ는 $\psi_{2,1} = 0.3$으로 취한다. 설계하중수준에 대한 감소계수는

$$\eta_{fi} = \frac{G_k + \psi Q_k}{G_k \gamma_G + Q_k \gamma_Q} = \frac{185 + 0.3 \times 175}{185 \times 1.35 + 175 \times 1.5} = 0.464$$

따라서

$$N_{fi,Ed} = \eta_{fi} \cdot N_{Ed} = 0.464 \times 1{,}024.5 = 475.0\text{kN}$$

(2) 화재 가스 온도의 평가

화재 가스 온도의 평가를 위해 표준화재 온도-시간곡선을 사용한다.

(3) 기둥 온도의 평가

그림 6.26에서 점선은 화재에 노출된 기둥 단면의 외주부를 가리킨다. 단면계수는 다음과 같이 계산한다.

$$\frac{A_p}{V} = \frac{4b + 2(h - t_w - 4r) + 2\pi r}{A} = \frac{4 \times 180 + 2 \times (180 - 8.5 - 4 \times 15) + 2 \times \pi \times 15}{6{,}525}$$

$$= 0.159\text{mm}^{-1} = 159\text{m}^{-1}$$

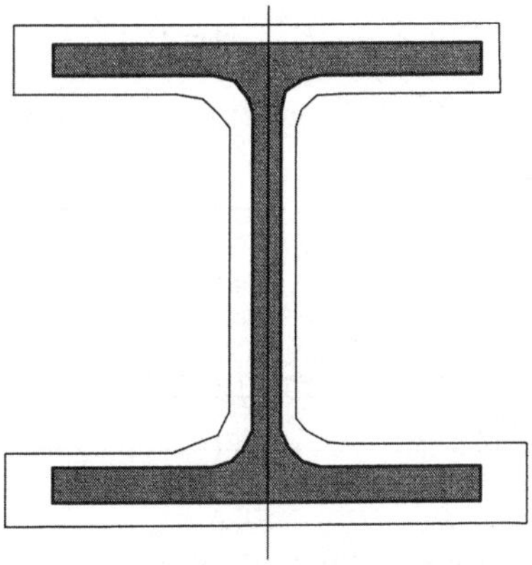

그림 6.26 내화피복된 단면에 대한 단면계수 A_p / V의 평가

피복된 강재 단면과 30초의 온도 간격에 대해 4장의 식(4.45)를 이용하여 간략한 온도계산을 통해 기둥 온도를 계산할 수 있다. 표 6.3은 몇 단계의 결과를 보여준다. 그림 6.27은 가스와 강재온도의 진전(evolution)을 보여준다.

표 6.3과 그림 6.27에서 나타낸 결과로부터 $t = 90$분에서 강재온도 $\theta_a = 554℃$ 이다.

표 6.3 강재온도의 계산

분	초	T, min	θ_g, ℃	c_a J/kg℃	ϕ	$\Delta\theta_{a,t}$, ℃	$\theta_{a,t}$, ℃
	0	0	20.0	440			20.0
	30	0.5	261.1	440	0.557	0.0	20.0
1	00	1.0	349.2	440	0.557	0.0	20.0
1	30	1.5	404.3	440	0.557	0.0	20.0
2	00	2.0	444.5	440	0.557	0.0	20.0
2	30	2.5	476.2	440	0.557	0.7	20.7
3	00	3.0	502.3	440	0.557	1.4	22.0
88	00	88.0	1,002.6	700	0.350	2.1	545.5
88	30	88.0	1,003.5	702	0.349	2.1	547.6
89	00	89.0	1,004.3	704	0.348	2.1	549.7
89	30	89.5	1,005.2	706	0.347	2.1	551.7
90	00	90.0	1,006.0	708	0.346	2.1	**553.8**
90	30	90.5	1,006.8	710	0.345	2.1	555.8

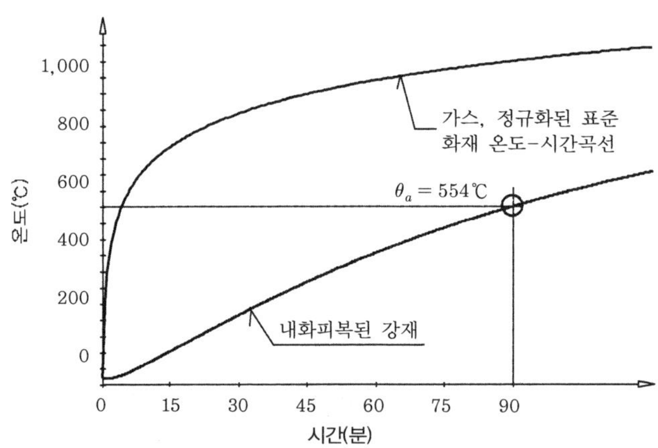

그림 6.27 강재 화재가스 시간-온도곡선

3) 강도영역에서의 입증

(1) 고온에서 단면의 분류

압축 플랜지의 세장비(그림 6.28 참조)는

$$\frac{c}{t_f} = \frac{70.75}{14.0} = 5.05$$

등급 1에 대한 한계는 9ε이다. 화재설계에서, ε은 보통 설계와 같이 0.85를 취한다. 그러므로 S355에 대한 한계는

$$9 \times 0.85 \times 0.814 = 6.22$$

이 값은 한계를 초과하지 않는다. 그러므로 플랜지는 등급 1이다.

압축 웨브의 세장비는

$$\frac{d}{t_w} = \frac{122.0}{8.5} = 14.35$$

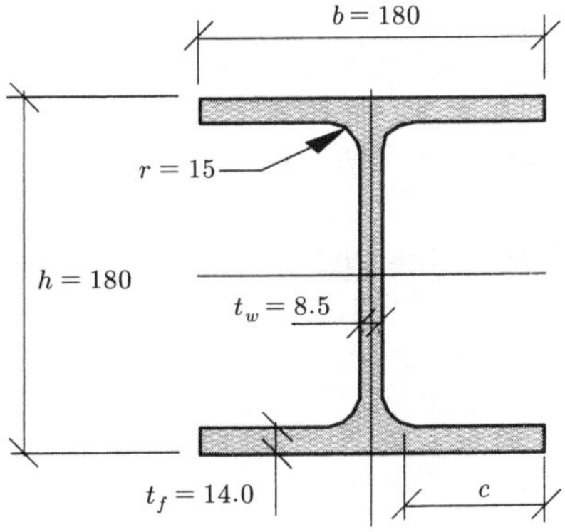

그림 6.28 플레이트 세장비에 기초한 단면의 분류

등급 1에 대한 한계는 33ε 이다. 화재설계에 대해서 ε 은 보통 설계에 사용한 것처럼 0.85를 취한다. 그러므로 한계는

$$33 \times 0.85 \times 0.814 = 22.8$$

한계를 초과하지 않는다. 그러므로 웨브는 등급 1이다.

따라서 고온에서의 전체 단면은 등급 1이다.

그림 5.14에 따라 온도 $\theta_a = 554℃$ 에서 강재 감소계수는

$k_{y,\theta} = 0.613$ 이고 $k_{E,\theta} = 0.444$

$$L_{cr,y,fi} = L_{cr,z,fi} = 0.7 \times L = 0.7 \times 3.5 = 2.45\text{m}$$

기둥이 가새골조의 한 부분이고, 바닥을 분리하는 콘크리트 슬래브의 내화성이 기둥의 내화성 이상이면 좌굴길이는 감소된다.

$$L_{cr,y,fi} = L_{cr,z,fi} = 0.7 \times L = 0.7 \times 3.5 = 2.45\text{m}$$

그리고 나서 상온에서 수정된 임계좌굴하중이 주어진다.

$$N_{cr} = \frac{\pi^2 EI_z}{L_{cr,z}^2} = \frac{\pi^2 \times 210{,}000 \times 1{,}363 \times 10^4}{2{,}450^2} = 4{,}706\text{kN}$$

상온에서 수정된 무차원 세장비는 다음과 같다.

$$\overline{\lambda} = \sqrt{\frac{A \times f_y}{N_{cr}}} = \sqrt{\frac{6{,}530 \times 355}{4{,}706.3 \times 10^3}} = 0.702$$

고온 강재온도 θ_a에서 무차원 세장비는 다음과 같다.

$$\overline{\lambda}_\theta = \overline{\lambda}\sqrt{k_{y,\theta}/k_{E,\theta}} = 0.702\sqrt{0.613/0.444} = 0.825$$

불완전(imperfection)계수 α는 다음과 같다.

$$\alpha = 0.65\sqrt{\frac{235}{f_y}} = 0.65 \times \sqrt{\frac{235}{355}} = 0.53$$

기둥 강도 저감계수는

$$\phi_{z,\theta} = 0.5(1 + \alpha\overline{\lambda}_{z,\theta} + \overline{\lambda}_{z,\theta}^2) = 0.5 \times (1 + 0.53 \times 0.825 + 0.825^2) = 1.058$$

따라서

$$\chi_{z,fi} = \frac{1}{\phi_{z,\theta} + \sqrt{\phi_{z,\theta}^2 - \overline{\lambda}_{z,\theta}^2}} = \frac{1}{1.058 + \sqrt{1.058^2 - 0.825^2}} = 0.581$$

상승된 온도 $\theta_a = 554℃$에서 기둥설계내력은

$$N_{b,fi,\theta,Rd} = \chi_{z,fi} A k_{y,\theta} \frac{f_y}{\gamma_{M,fi}} = 0.581 \times 6{,}525 \times 0.613 \times \frac{355}{1.0} = 825.0\text{kN}$$

하중의 설계영향은

$N_{fi,Ed} = 475.0\text{kN}$이고 $N_{b,fi,\theta,Rd} \geq N_{fi,Ed}$

그러므로 단면은 화재설계에 만족한다.

6.8.5 휨모멘트내력 모델에 의한 합성보

이 예제는 다층 저장고의 바닥 구조물 일부분을 형성하는 단순지지된 합성보의 내화설계를 설명한다.

보(그림 6.29 참조)는 S235 강종의 열간 압연 HEB 180 단면으로 제작되었고 유효폭 2m의 콘크리트 슬래브 C20/25를 지지하고 있다. 이 보는 내화피복 없이 공칭 표준화재 온도-시간 곡선에서 30분의 내화(구조안정성)를 가지도록 설계한다. 상온설계에서 보는 10kN/m의 설계 고정하중과 q_d =14kN/m의 설계 활하중을 받고 있다.

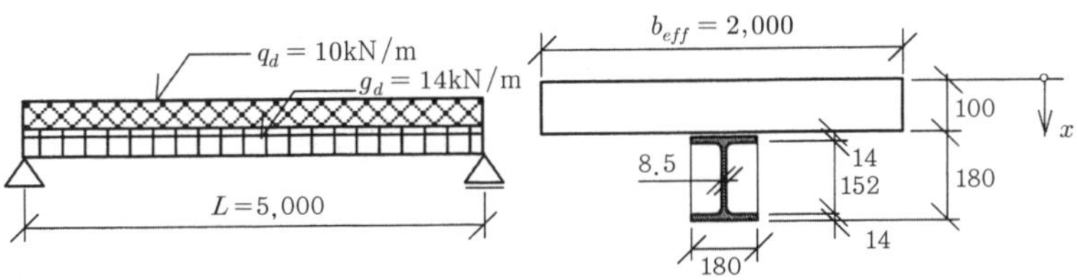

그림 6.29 피복되지 않은 부분적으로 채워진 합성보

1) 상온설계

휨모멘트 :

$$M_{Ed} = \frac{1}{8}(q_d + g_d) \times 5^2 = \frac{1}{8}(10 + 14) \times 5^2 = 75\text{kNm}$$

단면내력 :

재료특성 :

콘크리트 $f_{ck} = 20\text{N/mm}^2$, $f_{cd} = 0.85 \times 20/1.5 = 11.3\text{N/mm}^2$

강재 : $f_{ay} = 235\text{N/mm}^2$, $f_{yd} = f_y/\gamma_a = 235/1.00 = 235\text{N/mm}^2$

HEB 180 : $A_a = 6,530\text{mm}^2$

중립축의 위치 :

$$x = \frac{A_a\, f_{yd}}{b_{eff}\, f_{cd}} = \frac{6,530 \times 235}{2,000 \times 11.3} = 67.9\text{mm}$$

휨모멘트 내력 :

$$M_{pl,Rd} = 6,530 \times 235 \times (90 + 100 - 67.9/2) = 239.5\text{kNm}$$

보는 만족한다 :

$$M_{Ed} = 72\text{kNm} < M_{pl,Rd} = 239.5\text{kNm}$$

2) 화재상황에 대한 설계

화재시 휨모멘트는 상온설계보다 낮다. 보수적으로 $\eta_{fi} = 0.70$의 간략화된 값은 EN 1991-1-1 : 2002(CEN 1991-2002)에 주어진 하중 카테고리 E에 따라 저장고와 같이 물건이 쌓이기 쉬운 구역에 대해 사용될 수 있다.

화재상황에서 휨모멘트는

$$M_{Ed,fi} = 0.7 \times 75 = 52.5\text{kNm}$$

보 휨모멘트 내력의 계산에서 보의 단면은 각 부분으로 나뉜다.

(1) 콘크리트 슬래브

슬래브(두께 30mm)의 아래 부분은 고려하지 않는다(보통 중량 콘크리트와 단열되지 않은 두께 100mm 솔리드 슬래브의 온도분포에 대해 EN 1994-1-2 : 2005의 표 D.5 참조). 슬래브의 나머지 부분은 재료 특성이 감소되지 않는다고 가정한다.

(2) 하부 플랜지

단면계수 :

$$\left(\frac{A_m}{V}\right) = \left(\frac{2 \cdot (b_f + t_f) - t_w}{b_f \cdot t_f}\right) = \left(\frac{2 \times (180 + 14) - 8.5}{180 \times 14}\right) = 0.1509\text{mm}^{-1} = 150.9\text{m}^{-1}$$

강재 단면의 온도 증가는 단계별(step-by-step)로 계산한다(6.8.3절의 예제 참조).

공칭 표준화재 온도-시간곡선에 대해 30분에서의 강재온도는 $\theta_{a,1} = 815.8℃$이다.

강재의 항복강도에 대한 감소계수(그림 5.14 참조)는 $k_{y,\theta} = 0.10$이다.

감소된 설계강도는 $f_{y,\theta,1} = k_{y,\theta} \times f_{y,\theta} = 0.10 \times 235 = 23.5\text{N/mm}^2$이다.

(3) 보 웨브

단면계수 :

$$\left(\frac{A_m}{V}\right) = \left(\frac{2 \cdot h_w}{h_w \cdot t_w}\right) = \left(\frac{2 \times 152}{152 \times 8.5}\right) = 0.2353\text{mm}^{-1} = 235.3\text{m}^{-1}$$

강재 단면의 온도 증가는 단계별 절차를 통해 계산한다.

30분에서 강재온도는 $\theta_{a,2w} = 832.3℃$ 이다.

항복강도에 대한 감소계수는 $k_{y,\theta} = 0.09$ 이다.

감소된 설계강도는 $f_{y,\theta,w} = k_{y,\theta} \times f_{y,\theta} = 0.09 \times 235 = 21.2\text{N/mm}^2$ 이다.

(4) 상부 플랜지

단면계수 :

$$\left(\frac{A_m}{V}\right) = \left(\frac{2 \cdot t_f + b_f - t_w}{b_f \cdot t_f}\right) = \left(\frac{2 \times 14 + 180 - 8.5}{180 \times 14}\right) = 0.0792\text{mm}^{-1} = 79.2\text{m}^{-1}$$

30분에 강재온도는 $\theta_{a,2} = 741.2℃$ 이다.

강재의 항복강도에 대한 감소계수는 $k_{y,\theta} = 0.18$ 이다.

감소된 설계강도는 $f_{y,\theta,2} = k_{y,\theta} \times f_{y,\theta} = 0.18 \times 235 = 42.3\text{N/mm}^2$ 이다.

그림 6.30은 최종 단면과 감소된 설계강도를 보여준다. 모든 재료에 대한 부분안전계수는 $\gamma_{M,fi} = 1.0$ 이다. 강재 부분의 인장력은

$$T = (f_{amax,\theta 1} \cdot b_1 \cdot e_1 + f_{amax,\theta w} \cdot b_w \cdot e_w + f_{amax,\theta 2} \cdot b_2 \cdot e_2)/\gamma_{M,fi,a}$$

$$= (23.5 \times 180 \times 14 + 21 \times 2 \times 152 \times 8.5 + 42.3 \times 180 \times 14)/1.0 = 333.8\text{N}$$

$$h_u = T/(b_{eff} \cdot f_{c,20℃}/\gamma_{M,fi,c}) = 333.8/(2{,}000 \times 20/1.0) = 8.3\text{mm}$$

휨모멘트 내력은

$$M_{fi,Rd^+} = T(y_F - y_T) = 333.8 \times [(180 + 100 - 8.3) - 180/2] = 60.7\text{kNm}$$

$$\geq M_{Ed,fi} = 52.5\text{kNm}$$

그러므로 합성보는 30분 내화성(구조안정성)을 만족시킨다.

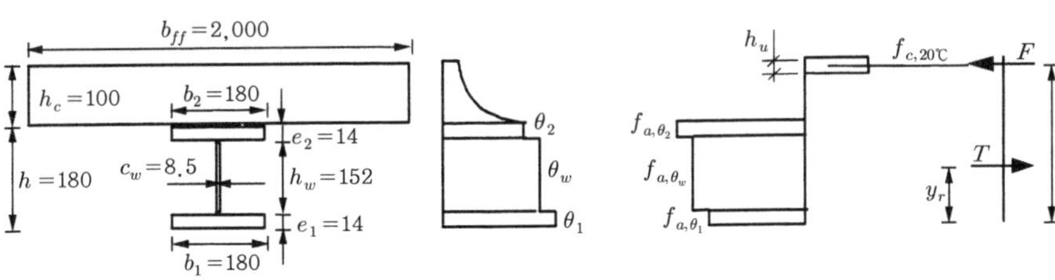

그림 6.30 합성단면의 온도분포와 응력

6.8.6 솔리드 목재 보

설계보는 180×220mm 단면의 연한 솔리드(soft solid) 목재로 만들어진다. 필요한 내화성은 60분이다. 보 스팬은 5.0m이다. 상온에서 극한한계상태 설계에 대한 전체 역학하중은 $g_d + q_d = 6.5\text{kN/m}$이다. 특성 활하중에 대한 특성 고정하중의 비는 $Q_{k,1}/G_k = 1.0$이다.

상온에서 휨모멘트는

$$M_{El} = \frac{(g_d + q_d)l^2}{8} = \frac{6.5 \times 5^2}{8} = 20.31\text{kNm}$$

고정하중(permanent load)에 대한 활하중(variable load[10]))의 비는

$$\xi = Q_{k,1}/G_k = 1.0$$

화재설계에 대한 감소계수는

$$\eta_{fi} = (\gamma_{GA} + \psi_{1.1}\xi)/(\gamma_G + \gamma_{Q,1}\xi) = (1.0 + 0.2 \times 1.0)/(1.35 + 1.5 \times 1.0) = 0.42$$

화재시 설계 휨모멘트는

$$M_{fi,d} = \eta_{fi} M_d = 0.42 \times 20.31 = 8.53\text{kNm}$$

1) 특성저감법 사용

EN 1995-1-2 : 2005 [CEN 1995-2005b]의 표 2.1로부터 강도의 20% 분위수(fractile)에 대한 계수는 $k_{fi} = 1.25$이다.

화재시 재료의 부분안전계수는 $\gamma_{m,fi} = 1.0$이다. 솔리드 목재에 대한 표준화재노출에서 설계 개념적인(notional) 탄화율은 $\beta_n = 0.8\text{mm/min}$이다(EN 1995-1-2 : 2005[CEN 1995-2005b]의 표 3.1 참조).

탄화깊이는

$$d_{char} = \beta_n t = 0.8 \times 60 = 48\text{mm}$$

잔류 폭(residual width)은

$$b_r = b - 2d_{char} = 180 - 2 \times 48 = 84\text{mm}$$

10) (유로코드) variable load : 활하중, permanent load : 고정하중

잔류 높이(residual height)는

$$h_r = h - d_{char} = 220 - 48 = 172\text{mm}$$

3면이 화재에 노출된 잔류단면의 탄성계수는

$$W_r = \frac{b_r \times h_r^2}{6} = \frac{84 \times 172^2}{6} = 414 \cdot 10^3\text{mm}^3$$

잔류단면의 면적은

$$A_r = b_r\ h_r = 0.084 \times 0.172 = 1.4 \times 10^{-2}\text{m}^2$$

화재에 노출된 잔류 단면의 외주부(perimeter)는

$$p = b_r + 2h_r = 0.084 + 2 \times 0.172 = 42.8 \cdot 10^{-2}\text{m}^2$$

특성저감법에 대한 화재의 보정계수는

$$k_{\text{mod},fi} = 1.0 - \frac{1}{200}\frac{p}{A_r} = 1.0 - \frac{1}{200}\frac{42.8 \times 10^{-2}}{1.4 \times 10^{-2}} = 0.85$$

설계 휨강도는

$$f_{m,fi,d} = k_{\text{mod},fi} k_{fi} \frac{f_{m,k}}{\gamma_{M,fi}} = 0.85 \times 1.25 \frac{22}{1.0} = 23.4\text{N/mm}^2$$

설계 휨 수직응력(normal stress)은

$$\sigma_{m,fi,d} = \frac{M_{fi,d}}{W_r} = \frac{8.53 \times 10^6}{414 \times 10^3} = 20.6\text{N/mm}^2$$

응력에 대한 평가

$$\sigma_{m,fi,d} = 20.6\text{N/mm}^2 \le k_{crit}\, f_{m,fi,d} = 1.0 \times 23.4 = 23.4\text{N/mm}^2$$

그러므로 보는 60분의 내화등급에 대해 만족한다.
활용계수(utilisation factor)가 $\sigma_{m,fi,d}/f_{m,fi,d} = 20.6/23.4 = 0.88$ 임에 주목한다.

2) 단면감소법 사용

보는 단면감소법을 사용하여 확인되었으며, 그 결과는 특성저감법과 비교하여 특성저감법에 비해 더 큰 값을 가진다. 감소된 단면계산법 결과는 다음에 설명된다. 화재에 대한 보정계수

$k_{\text{mod},fi}=1.0$이다. 20% 분위수 강도에 대한 계수나 솔리드 목재에 대한 강성특성 $k_{fi}=1.25$이다.

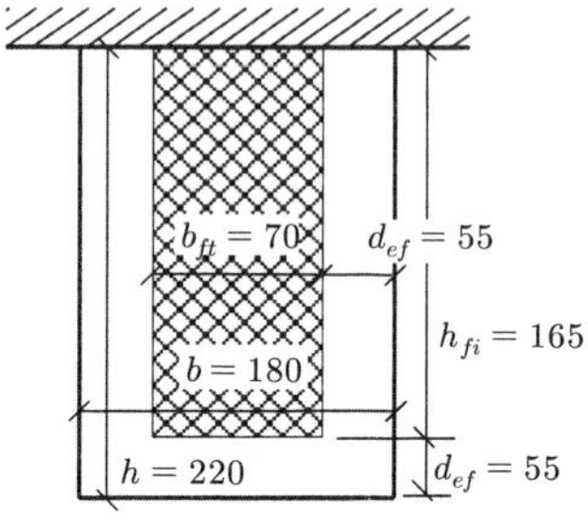

그림 6.31 세 면에서 화재에 노출된 보의 감소된 단면

화재에 대한 부분안전계수 $\gamma_{m,fi}=1.0$이다.

솔리드 목재에 대한 표준화재노출에서 탄화율 $\beta_n=0.8\text{mm/min}$이다.

강도와 강성이 없는 것으로 가정된 층(layer)의 두께 $d_0=7\text{mm}$이다.

$k_0=1.0$(보의 표면이 피복되지 않고 $t\geq 20$분).

유효 탄화깊이(charring depth)는

$$d_{ef}=\beta_n t+k_0 d_0=0.8\times 60+1.0\times 7=55\text{mm}$$

감소된 폭(그림 6.31 참조)은

$$b_{fi}=b-2d_{ef}=180-2\times 55=70\text{mm}$$

감소된 높이는

$$h_{fi}=h-d_{ef}=220-55=165\text{mm}$$

노출된 감소 단면을 가진 보에 대한 탄성계수는

$$W_{fi}=\frac{b_{fi}\cdot h_{fi}^2}{6}=\frac{70\times 165^2}{6}=318\times 10^3\text{mm}^3$$

화재시 휨 설계강도는

$$f_{m,fi,d}=k_{\text{mod},fi}\,k_{fi}\frac{f_{m,k}}{\gamma_{M,fi}}=1.0\times 1.25\frac{22}{1.0}=27.5\text{N/mm}^2$$

설계 휨 수직응력(normal stress)은

$$\sigma_{m,fi,d} = \frac{M_{fi,d}}{W_{fi}} = \frac{8.53\times10^6}{318\times10^3} = 26.8\text{N/mm}^2 < f_{m,fi,d} = 27.5\text{N/mm}^2$$

그러므로 보는 60분 내화성을 만족한다.

활용계수 $\sigma_{m,fi,d}/f_{m,fi,d} = 26.8/27.5 = 0.97$임을 주목하시오.

그러나 $0.97 > 0.88$이므로 단면감소법은 특성저감법보다 훨씬 보수적이다.

6.8.7 내화피복된 목재 기둥

이 예제는 특성저감법과 단면감소법 모두를 이용하여 다층 건물에서 목재 기둥의 화재설계를 설명한다.

기둥은 100/100mm 단면의 연한 솔리드(solid) 목재로 구성되고, 밀도 550kg/m^3의 OSB[11] 플레이트에 의해 피복되어 있다. 기둥 길이는 3.0m이다. 역학하중 $N_{Ed} = 40.0\text{kN}$이다. 필요한 내화등급은 30분이다.

역학적인 거동

고정하중에 대한 활하중의 비는 2로 가정한다. 그래서

$$Q_{k,1}/G_k = 2.0$$

화재설계에 대한 감소계수는

$$\eta_{fi} = (\gamma_{GA} + \psi_{1,1}\ \xi)/(\gamma_G + \gamma_{Q1}\ \xi) = (1.0 + 0.5\times1.0)/(1.35 + 1.5\times1.0) = 0.46$$

화재시 설계하중은

$$N_{fi,d} = \eta_{fi}\ N_{Ed} = 0.46\times40.0 = 18.4\text{kN}$$

OSB 플레이트 피복으로 인해 탄화에 대한 지연 시간

$h_p = 20\text{mm}$ 두께의 OSB 피복 패널에 대해 표준화재노출에서 일차원 탄화의 밀도 450kg/m^3에 대한 설계 개념적인 탄화율은 EN 1995-1-2 : 2005[CEN 1995-2005b]의 표 3.1로부터 $\beta_{0,450,20} = 0.9\text{mm/min}$이다.

탄화율에 대한 계수 $\rho_k = 550\text{kg/m}^3$이다.

$$k_p = \sqrt{\frac{450}{\rho_k}} = \sqrt{\frac{450}{550}} = 0.9$$

11) Oriented Standard Board

$h_p = 20\text{mm}$ 인 패널 두께에 대한 계수는

$$k_h = \sqrt{\frac{20}{h_p}} = \sqrt{\frac{20}{20}} = 1.0 \le 1.0$$

탄화율은

$$\beta_{0,p,t} = \beta_{0,450,20}\, k_p k_h = 0.9 \times 0.9 \times 1.0 = 0.81\text{mm/min}$$

피복된 부재의 탄화 시작 시간은

$$t_{ch} = \frac{h_p}{\beta_{0,450,20}} = \frac{20}{0.81} = 24.5\text{min}$$

피복의 파괴시간은 $t_f = t_{ch}$ 이다.

1) 단면감소법 사용

화재에 대한 보정계수 $k_{\text{mod},fi} = 1.0$ 이다.

목재 화재설계에 대한 계수 $k_{fi} = 1.25$ 이다.

화재상황에서 목재에 대한 부분안전계수 $\gamma_{m,fi} = 1.0$ 이다.

솔리드 목재에 대한 표준화재노출에서 설계 개념적인 탄화율은 $\beta_n = 0.8\text{mm/min}$ 이다.

가정된 제로 강도와 강성을 가진 층의 두께 $d_0 = 7\text{mm}$ 이다.

탄화시간은

$$t_{fi,req} - t_{ch} = 30 - 24.5 = 5.5\text{min}$$

계수 k_0 :

$$k_0 = \frac{t_{fi,req} - t_f}{20} = \frac{30 - 24.5}{20} = 0.3$$

유효탄화깊이(그림 6.32 참조)는

$$d_{ef} = 2\beta_n t + k_0 d_0 = 2 \times 0.8 \times 60 + 0.3 \times 7 = 11\text{mm}$$

유효폭은 $b_{fi} = b - 2d_{ef} = 100 - 2 \times 11 = 78\text{mm}$ 이다.

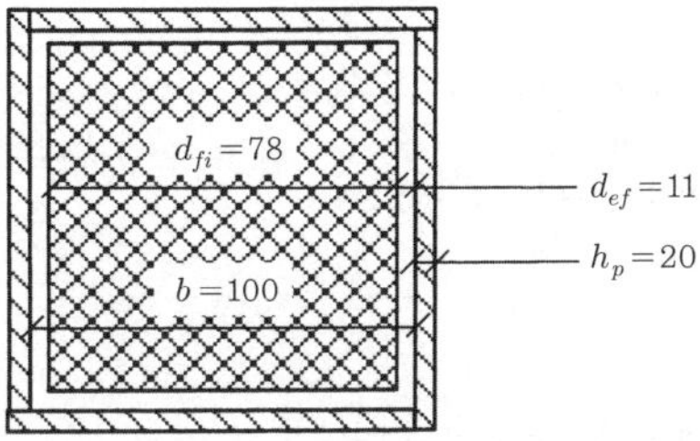

그림 6.32 모든 면에서 화재에 노출된 기둥의 감소된 단면

횡구속골조에서 연속기둥의 좌굴길이는 $\ell_{efi}=0.5L$이다.

세장비는

$$\lambda=\frac{\ell_{ef}}{i}=\frac{3000}{0.289\times 78}=133$$이다.

임계휨응력은

$$\sigma_{c,crit}=\pi^2\frac{E_{0.05}}{\lambda^2}=3.14^2\frac{6,700}{133^2}=3.7\text{N/mm}^2$$이다.

상대 세장비는

$$\lambda_{rel}=\sqrt{\frac{f_{c,0,k}}{\sigma_{c,crit}}}=\sqrt{\frac{20}{3.7}}=2.3$$이다.

불안정계수는

$$k=0.5[1+\beta_c(\lambda_{rel}-0.5)+\lambda_{rel}^2]=0.5[1+0.2(2.3-0.3)+2.3^2]=3.3$$

$$k_c=\frac{1}{k+\sqrt{k^2-\lambda_{rel}^2}}=\frac{1}{3.3+\sqrt{3.3^2-2.3^2}}=0.17$$이다.

설계압축강도는

$$f_{c,0,fi,d}=k_{\text{mod}}k_{fi}\frac{f_{c,0,k}}{\gamma_{M,fi}}=1.0\times 1.25\times\frac{20}{1.0}=25\text{N/mm}^2$$이다.

감소된 면적은

$A_{fi}=b_{fi}^2=78^2=6\times 10^3\text{mm}^2$이다.

좌굴내력은

$N_{c,Rd,fi}=k_c\cdot A_{fi}\cdot f_{c,0,d,fi}=0.17\times 6\times 10^3\times 25=25.5\times 10^3\text{kN}$이다.

좌굴내력을 확인하기 위해

$$N_{fi,d}=18.4\times 10^3\text{kN}<N_{c,Rd,fi}=25.5\times 10^3\text{kN}$$

활용계수

$N_{fi,d}/N_{c,Rd,fi} = 18.4/25.5 = 0.72$ 이다.

그러므로 기둥은 30분 내화성에 대해 만족한다.

2) 특성저감법 사용

20% 분위수 강도에 대한 계수 $k_{fi} = 1.25$ 이다.

화재에 대한 부분안전계수 $\gamma_{m,fi} = 1.0$ 이다.

표준화재노출시, 솔리드 목재의 설계 개념적인 탄화율은 $\beta_n = 0.8\,\mathrm{mm/min}$ 이다.

탄화깊이는

$d_{char} = 2\beta_n\ t = d_{char} = \beta_n\ t = 2 \times 0.8 \times 5.5 = 9\mathrm{mm}$ 이다.

유효폭은

$b_{fi} = b - 2d_{ef} = 180 - 2 \cdot 9 = 82\mathrm{mm}$ 이다.

세장비는

$$\lambda = \frac{\ell_{ef}}{i} = \frac{3{,}000}{0.289 \times 82} = 127 \text{ 이다.}$$

임계휨응력은

$$\sigma_{c,crit} = \pi^2 \frac{E_{0.05}}{\lambda^2} = 3.14^2 \frac{6{,}700}{127^2} = 4.1\mathrm{N/mm^2} \text{ 이다.}$$

상대 세장비는

$$\lambda_{re\ell} = \sqrt{\frac{f_{c,0,k}}{\sigma_{c,crei}}} = \sqrt{\frac{20}{4.1}} = 2.2 \text{ 이다.}$$

불안정계수는

$$k = 0.5\left[1 + \beta_c(\lambda_{re\ell} - 0.5) + \lambda_{re\ell}^2\right] = 0.5[1 + 0.2(2.2 - 0.3) + 2.2^2] = 3.1$$

$$k_c = \frac{1}{k + \sqrt{k^2 - \lambda_{re\ell}^2}} = \frac{1}{3.1 + \sqrt{3.1^2 - 2.2^2}} = 0.19 \text{ 이다.}$$

잔류 단면의 면적 $A_r = b_{fi}^2 = 0.082^2 = 67 \times 10^{-2}\mathrm{m}$ 이다.

$p = 4b_{fi} = 4 \cdot 0.082 = 32.8 \times 10^{-2}\mathrm{m}$

화재에 노출된 잔류단면의 외주부는

$p = 4b_{fi} = 4 \cdot 0.082 = 32.8 \times 10^{-2}\mathrm{m}$ 이다.

화재에 대해 피복된 단면의 노출 보정계수는 $30 - 24.5 = 5.5$분이다.

$$k_{\mathrm{mod},fi,20} = 1.0 - \frac{1}{125}\frac{p}{A_r} = 1.0 - \frac{1}{125}\frac{32.8 \times 10^{-2}}{67 \times 10^{-4}} = 0.6\ ;\ k_{\mathrm{mod},fi,0} = 1.0$$

$$k_{\mathrm{mod},fi,5.5} = 1.0 - \frac{(1.0-0.6)\times 5.5}{20} = 0.9$$

설계 압축강도는

$$f_{c,0,d,fi} = k_{\mathrm{mod},fi}\, k_{fi}\, \frac{f_{c,0,k}}{\gamma_{M,fi}} = 0.9\times 1.25 \frac{20}{1.0} = 19\mathrm{N/mm^2}$$ 이다.

좌굴내력은

$N_{c,Rd,fi} = k_c \cdot A_r \cdot f_{c,0,d,fi} = 0.19\times 6.7\times 10^3 \times 22.5 = 19.1\times 10^3\mathrm{kN}$ 이다.

좌굴내력을 확인하기 위해 $N_{fi,d} = 18.4\times 10^3\mathrm{kN} < 19.1\times 10^3\mathrm{kN}$ 이다.

활용계수는 $N_{fi,d}/N_{c,Rd,fi} = 18.4/19.1 = 0.96$ 이다.

그러므로 기둥은 30분의 내화성을 만족시킨다.

그러나 활용계수 0.96은 단면감소법을 이용한 0.72보다 더 크다는 것에 주목해야 한다.

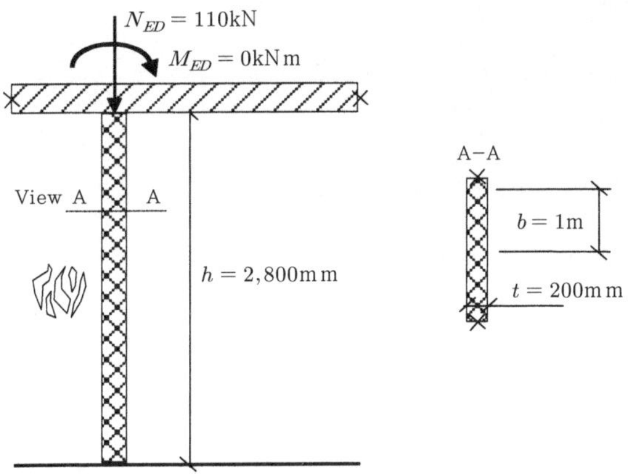

그림 6.33 하중을 지지하고 분리하는 벽의 형상과 하중조건

6.8.8 한쪽 면에서 화재 하중을 받는 조적벽

그림 6.33에서 하중을 지지하는 분리벽(separating wall)은 경량기포 콘크리트 조적 솔리드(solid) 유닛인 P2(카테고리 Ⅰ)로 설계되었다. 이는 실행제어(execution control) 세 번째 등급의 얇은 조인트 M2.5에 속해 있고, 크기는 $200\times 599\times 249\mathrm{mm}$, $500\mathrm{kg/m^3}$의 총밀도(gross density)를 가진 모르타르이다. 그것은 중심하중(centric force)으로 재하된다 ; $F_{Ed} = G_{Ed} + Q_{Ed} = 110\mathrm{kN}$. 상온에서 하중조합은 유럽 표준(EN 1990–2002) 식(6.10b)에 따라 계산한다. 한쪽 면의 화재 노출에 대해 필요한 내화성은 90분이다.

1) 상온설계

(1) 조적강도 계산

솔리드(solid) 단위와 모르타르 :

$$f_b = \delta \cdot \eta \cdot f_u = 1.25 \times 1.0 \times 2.0 = 2.5\text{MPa} \text{과 } f_m = 2.5\text{MPa}$$

얇은 조인트, 실행 제어 3등급을 가진 조적조에 대한 압축 부분의 조적강도는

$$f_d = \frac{f_k}{\gamma_M} = \frac{k \cdot f_b^{0.85}}{\gamma_M} = \frac{0.8 \times 2.5^{0.85}}{2.2} = \frac{1.74}{2.2} = 0.79\text{MPa} \text{이다.}$$

보통 온도에서의 내력

단면적 : $A = 0.2 \times 1.0 = 0.2\text{m}^2$

1m^2벽의 중량 : $G_{0d} = 1.35 \times 0.2 \times 1.0 \times 5.0 = 1.35\text{kNm}^{-2}$

상부와 하부에서 편심은 $e_i = 0.05 \cdot t$이다.

벽의 상부와 하부에서 감소계수 $\Phi_i = 0.9$이며 벽체의 내력은

$N_{Rd,i} = 0.9 \times 0.2 \times 0.79 \times 10^3 = 142.2\text{ kN} > N_{Ed,i} = 110 + 1.35 \times 2.8 = 113.8\text{kN}$이다.

중간에서 벽은 세장비에 의해 영향을 받는다.

$\frac{h_{eff}}{t} = \frac{0.75 \times 2.8}{0.2} = 10.5$에 대해

벽의 중간 높이 부분에서 감소계수 $\Phi_m = 0.775$이고, 벽 내력은

$$N_{Rd,m} = 0.775 \times 0.2 \times 0.79 \times 10^3 = 122.45\text{kN} > N_{Ed,m} = 110 + 1.35 \times 0.5 \times 2.8 = 111.9\text{kN} \text{이다.}$$

벽은 상온에서 만족한다.

2) 화재시 설계

유럽 표준 EN 1993-1-2의 그림 C.3(g)에 기초한 단순 모델을 통해 화재시 그림을 이용한 설계를 수행할 수 있다(그림 6.9 참조). 좀 더 정확한 설계를 위해서는 더 많은 시험 결과가 필요하다. 화재 한계상태에서 벽체에 적용한 수직하중의 설계값은 벽의 수직 설계내력 값 이하이어야 한다. 그래서

$$N_{Ed,fi} \leq N_{Rd,fi,\theta i}$$

벽에 작용하는 설계하중의 화재설계시, 하중감소계수 $\eta_{fi} = 0.65$이다. 그러므로

$$N_{Ed,fi,i} = \eta_{fi} \cdot N_{Ed,i} = 0.65 \times 113.8 = 74.0\text{kN}$$

$$N_{Ed,fi,m} = \eta_{fi} \cdot N_{Ed,m} = 0.65 \times 111.9 = 72.7\text{kN}$$

벽의 수직내력 설계값은

$N_{Rd,fi,\theta i} = \Phi \cdot (f_{d,\theta 1} \cdot A_{\theta 1} + f_{d,\theta 2} \cdot A_{\theta 2})$이다.

오토클레이브 기포콘크리트 조적 솔리드 단위로 만들어진 벽에 대해 온도는 $\theta_1 = 200℃$, $\theta_2 = 700℃$이고 그림 6.9에 따라 두께는 $t_{700℃,90} \approx 20\text{ mm}$와 $t_{200℃,90} \approx 60\text{mm}$이다.

θ_1 이하인 조적조의 설계 압축강도는

$f_{d\theta 1} = \dfrac{1.74}{1.0} = 1.74\text{MPa}$이다.

θ_1와 θ_2 사이에 조적조의 설계 압축강도는 $f_{d\theta 2} = c \cdot f_{d\theta 1}$으로 평가할 수 있다. 보수적으로 $c = 0$이다.

그러므로 설계내력은

$N_{Rd,fi,\theta i} = \Phi \cdot f_{d,\theta 1} \cdot A_{\theta 1}$이다.

한 쪽 면만 화재에 노출될 때, 온도 θ_1까지 조적조의 면적은

$A_{\theta 1} = (0.20 - 0.06) \cdot 1.0 = 0.14\text{m}^2$이다.

계수 Φ의 평가를 위해 벽두께는 다음과 같이 가정할 수 있다.

$$t = 0.20 - 0.04 = 0.16\text{m}$$

하부 단면에 대해

$$\frac{e_{mk}}{t} = \frac{0.005}{0.16} = 0.031 < 0.05 \text{와 } \frac{h_{eff}}{t} = \frac{0.75 \times 2.8}{0.16} = 13.125$$

그래서 $\Phi_i = 0.9$와 $\Phi_m = 0.605$

화재 설계시, 화재 하중으로 인한 편심을 추가해야 한다.

$$e_{\Delta\theta} = \frac{1}{8}(0.75 \times 2.8)^2 \times \frac{9 \times 10^{-6}(700 - 20)}{0.2 - 0.02} = 0.0187\text{m} \le \frac{h_{eff}}{20} = \frac{0.75 \times 2.8}{20} = 0.105\text{m}$$

$$e_{mk} = \frac{h_{eff}}{450} + e_{\Delta\theta} = 0.005 + 0.0187 = 0.0237\text{m}$$

$$\frac{e_{mk}}{t} = \frac{0.0237}{0.16} = 0.148 \text{과 } \frac{h_{eff}}{t} = 13.125 \text{ 그래서}$$

$\Phi_i = 0.9$와 $\Phi_m = 0.605$

하부에서 벽의 화재내력은

$N_{Rd,fi,\theta i,i} = 0.9 \times 0.14 \times 1.74 \times 10^3 = 219.2\text{kN} > N_{Ed,fi,i} = 74.0\text{kN}$ 이다.

중간 부분에서 벽의 내력은

$N_{Rd,fi,\theta i,m} = 0.523 \times 0.14 \times 1.74 \times 10^3 = 127.4\,\text{kN} > N_{Ed,fi,m} = 72.7\text{kN}$ 이다.

대략적인 가정으로 벽은 한쪽 면에서 화재 노출시 90분을 만족한다.

7장

화재시 전체 구조물의 모델링

7.1 서론

성능기반 접근법의 도입으로 설계자가 다른 형태의 하중과 함께 화재하중을 다루는 것이 가능해졌다. 그러나 이를 위해 설계자는 구조물이 화재에 어떻게 반응할지에 대해 확신을 가지고 예측할 수 있어야 한다. 화재시 구조거동은 표준화재시험에 기초한 것처럼 단순히 열에 의한 재료 강도의 감소에 따른 해석이 의외로 복잡하다는 것이 밝혀졌다(Usmani 등 2001). 화재 해석시 (상온에서 보편적인 것처럼) 보와 기둥 같은 구조부재를 분리하고, 그 지지점을 이상화하여(idealized supports) 해석하는 것은 전체 구조물의 내화성을 충분히 이해하기에 적절하지 않다는 것이 밝혀졌다. 정확한 결과를 얻기 위해 전체 구조물의 거동이나 적절한 경계조건을 가진 큰 부분의 구조물 거동이 고려되어야 한다. 그 결과 거의 모든 경우에 수치해석은 화재에서 구조물의 강도와 거동을 정확하게 예측하기 위해 필요하다.

이 장은 가열된 구조물에 대한 전체 모델링의 필요성과 필요조건을 설명하고자 한다. 먼저 화재하중에 대해 구조물을 해석하고 설계하는 것이 왜 구조공학에서 힘든 일인지를 설명한다. 상온에서 고려되지 않는 여러 현상에 대한 열구조(thermostructural) 해석의 중요성에 초점을 맞추어 간단한 사례를 통해 상세하게 설명하고, 표준화재시험을 자유롭게 사용하는 측면도 언급한다. 두 번째로 구조화재 문제에 적절한 모델링 기술을 논의한다. 여러 가지 수치해석 계획의 장단점이 고려되고, 수치해석 모델이 효율적이고 정확하다는 것을 보여주는 실용적인 방법들이 검토된다. 마지막으로 실제 사례를 통해 가열된 구조물의 수치해석 모델로부터 어떻게 결과물이 다루어져야 하는지를 논의한다.

7.2 화재시 전체 구조거동의 특성

7.2.1 요구사항

상온에서 구조물의 '하중'은 일반적으로 풍하중과 중력하중의 통계적인 극한 조합의 결과로부터 나온다. 그러한 하중은 힘(forces)이고 시간에 따라 변화하지 않는다(혹은 변화하지 않는 것으로 가정할 수 있다). 그 결과 각 하중에 대해 구조물에서 발생한 응력들은 일정한 것으로 간주하며, 충분한 강도를 가지도록 설계하는 것은 어렵지 않다. 구조해석에서는 단순화가 종종 행해진다. 이는 일반적으로 사용되는 구조 재료들이 대부분 매우 강(剛)하기(stiff) 때문이다. 또한 이는 보통 하중에서 처짐이 미미하다는 것을 의미한다. 대부분의 구조물에서 건물 사용자는 인지할 수 있는 정도의 움직임을 꺼려하기 때문에 사용성에 대한 필요조건을 만족하여야 한다. 이는 기하학적인 비선형성이 해석에서 종종 무시될 수 있음을 의미한다. 더욱이 재료 거동을 선형-탄성이나 강-소성(rigid-plastic)으로 가정하는 것이 가능하다. 이는 계산과정에서 재료 비선형성을 다루는 것의 어려움을 제거함으로써 해석 절차를 좀 더 단순화한다. 이러한 간략화는 등가응력블록(quivalent stress blocks)의 사용으로 비선형 응력-변형률 거동을 가지고 있는 콘크리트에 대해서도 가능하다.

그러나 몇 가지 이유 때문에 상승된 온도에서의 상황은 매우 다르다. 가열된 구조물에서 하중은 주로 온도, 즉 열유속(heat flux)이다. 이는 뜨거운 가스나 복사(radiation)에 구조물이 노출되기 때문이다. 이러한 하중은 화재가 번져나가면서 가열되거나 연료가 소모되거나 화재가 소화(消火)될 때 냉각을 가져온다. 구조물의 모든 부분은 동일한 비율로 가열되지 않으며, 가열될 때 구조부재들은 팽창하기 때문에 간섭응력(interference stresses)이 생겨난다. 반면에 상온에서 구조물의 설계응력은 일정한 것으로 간주될 수 있지만 이것이 가열된 구조물에서 흔한 일은 아니다. 왜냐하면 열평형(thermal equilibrium)이 일반 화재시에는 일어나지 않기 때문이다. 또한 이러한 팽창에 의해 구속된 열팽창과 화재 상황에서 존재하는 큰 처짐(large deflection) 사이의 상호작용(interplay)은 가열-냉각 순환과정에서 구조부재 내의 응력 변화를 가져온다.

최대 응력이 작용된 열유속(heat flux)이나 구조 온도의 최고치(peak)가 동시에 일어나야 한다는 데는 특별한 이유가 없다. 더 복잡한 문제는 가열이나 냉각이 구조물의 모든 부분에서 동시에 일어나지 않는다는 것이다. 이는 화재가 진행되는 동안 어떤 시점에서 응력과 재료 강도가 어느 구역에서는 증가하지만 다른 구역에서는 감소하는 것을 의미한다.

또한 고온은 5장에서 논의된 것처럼 선형성, 강도, 탄성계수 및 뚜렷한 항복점의 감소와 같은 주요 요인들과 함께 구조재료의 역학적인 특성에 영향을 미친다. 이러한 변화는 가열된 구조물 내의 응력뿐만 아니라 구조물의 강도(strength)도 시간에 따라 변한다는 것을 의미하고, 해석과정에서 고려되어야 한다. 가열에 의한 두 번째 결과는 열팽창이다. 만약 열팽창이 한 단면에서 온도분포로 인하여 서로 다른 자유팽창(free expansions)을 평형시킴으로써[1] 구속된다면 큰 응력이 발생할 것이다. 또한 열팽창은 가열된 구조물에서 자주 나타나는 큰 처짐을 유발한다. 이러한 처짐은 가열된 부재의 길이가 변할 때 발생하기 때문에 상온에서와 같이 처짐이 임박한 파괴(impending failure)를 나타내지만 필연적인 것은 아니다. 더욱이 큰 처짐은 열로 발생한 응력을 경감시킬 수 있다. 그러나 큰 처짐이 발생한다는 것은 정확한 결과를 얻으려 할 경우 구조해석시 기하학적 비선형의 영향을 고려해야 한다는 것을 의미한다.

이러한 논의는 고온에서 구조거동의 정확한 예측을 얻기 위해 상온 조건에서 일반적으로 포함되지 않거나 무시될 수 있는 다음 요소들을 해석에서 고려할 필요가 있다는 것을 보여 준다 : 재료 비선형성, 기하학적 비선형성, 시간과 온도가변강도(temperature-varying strength[2]). 구조물이 성능기반 접근법을 사용해서 화재에 저항할 수 있도록 설계된다면 구조물이 충분한 강도를 가지고 상온보다 높은 온도에 노출된 시간 동안 다른 설계 요구사항들을 만족하는지 확인할 필요가 있다. 가열된 구조물에서 응력과 강도는 복잡하고 시간에 따라 변하는 특성을 가지기 때문에 상온에서 가장 지배적인 하중을 찾는 것처럼 작용된 온도의 중요한 경우(set)를 규명하는 것은 불가능하다는 것을 의미한다. 화재하중은 이러한 모든 현상이 구조물 거동을 정확하게 예측하기 위해 동시에 고려되어야 하는 것으로 구조공학에서 드문 사례이다.

내화성 평가는 대부분 개별 구조부재만을 다루는 표준화재시험을 기준으로 평가되어 왔기 때문에 화재가 발생한 구조물 거동의 복잡성은 일반적으로 화재안전설계 계산에서 인식하지 못하였다. 즉 구조물의 화재설계는 부재에 대해 정적 정정(static determinacy) 부재로 가정되어 왔다. 이러한 조건에서 고온 강도 계산은 합리적으로 정확한 임계온도를 얻기 위해 재료 강도의 감소를 설명하는 데만 필요하다. 그러나 실제 구조물들은 어느 정도의 잉여력(redundancy)을 가지고 있으며, 간소화된 계산으로는 성능기반 설계에서 필요한 강도의 정확한 추정치를 구하지 못한다.

7.2.2 실제 사례

화재를 입은 단순한 구조물에 대해 앞 절에서 고려된 여러 가지 현상의 중요성을 강조하기 위해 Gillie(2009)은 그림 7.1에 나타낸 벤치마크(benchmark) 문제를 논의하였다. 보의 단면은 1m 길이의 35mm 사각형으로 이루어져 있고, 균등하게 분포된 중력하중과 더불어 균일하게 가열된 후 냉각된다. 재료거동은 그림에서 보듯이 시간 의존적인 항복응력과 함께 탄소성(elastoplastic)이다. 열팽창계수는 $1.2 \times 10^{-5}/℃$ 이며 온도와는 독립적이다. 보는 수직으로

1) by equilibrating
2) temperature-varying strength는 온도에 따라 바뀌는 강도를 의미한다.

고정되어 있고, 양단에서 회전이 자유로우며, 축강성의 75% 강성으로 횡구속(lateral restraint)된다. 기준점(benchmark)이 존재할 수 있는 구조물에 해당한다기보다는 해석을 비교할 수 있는 한정된 문제를 제시한다. 해석상 비교는 다양한 현상을 포함하거나 배제한다.

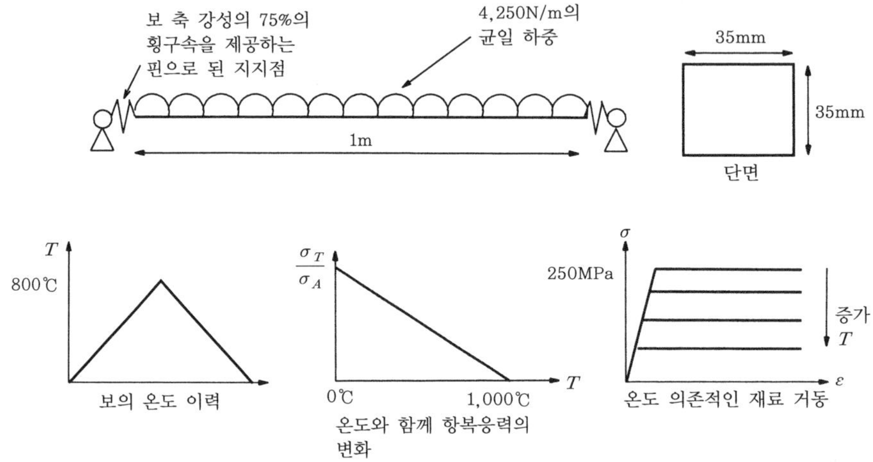

그림 7.1 화재를 입은 구조물의 수치해석 모델링을 위한 Gillie(2009)의 벤치마킹 문제. 온도에 따른 재료의 영계수가 일정한 점에 주목해야 한다.[3]

그림 7.2는 완전한 재료와 기하학적 비선형성을 이용하여 해석할 때와 다른 가정들과 함께 해석시 구조물의 예측된 처짐을 보여준다. 앞 절에서 강조되었던 어떤 현상의 영향을 제외하면 예측값이 달라지게 됨을 알 수 있다. 가장 큰 차이는 기하학적인 비선형성의 영향이 해석에서 생략될 때 발생하므로 축 구속력(restraint force)의 $P-\delta$효과는 포함되지 않는다. 상온에서의 보(beam)는 기하학적 비선형성의 영향이 일반적으로 미미하기 때문에 해석시 이를 무시할 수 있다. 이 사례는 정확한 예측을 위해 기하학적 비선형성을 화재해석에 포함시키는 것이 중요하다는 것을 보여준다. 기하학적 선형해석에 의해 예측된 처짐은 비선형에 비해 두 배 정도의 차이가 발생한다. 이는 현수작용(catenrary action)을 안정화시키는 영향이 설명되지 않았기 때문이다. 기하학적 선형의 경우에 처짐은 냉각시에 지속적으로 증가하는데, 이와 같은 반직관적인(counterintuitive) 결과는 이러한 메케니즘을 통한 인장에서의 보항복과 휨강도 손실에서 기인하는 결과가 냉각으로 인해 증가되는 것보다 좀 더 빠르기 때문이다. 또한 그림 7.2는 소성 영향의 생략과 경계조건 변화의 영향을 나타낸다. 이 두 가지는 중요한 영향을 미치는 것으로

3) From Gillie, M., Analysis of Heated Structures : Nature and Modelling Benchmarks, Fire Safety Journal, 44(5), pp.673~680, 2009. With permission from Elsevier

보여진다. 표준화재시험에서는 단순지지로 가정하기 때문에 구조물의 반응에서 경계조건의 영향은 중요하다.

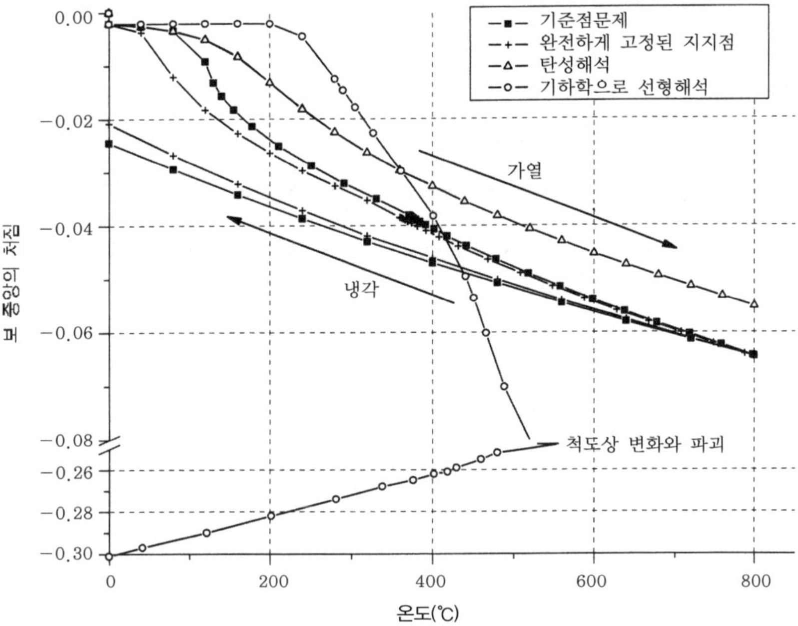

그림 7.2 모델화된 서로 다른 조건으로 단순가열된 구조물에 대한 예측된 처짐4)

7.3 화재시 구조물에 대한 해석방법

7.3.1 서론

화재시 구조적 거동을 결정하는데 필요한 해석방법은 풀어야 할 문제, 요구되는 정확성의 수준, 그리고 사용 가능한 입력 데이터에 따라 달라진다. 결정은 표현되어야 할 물리적 현상과 그것들을 표현하기 위해 사용된 수치해석 계획에 관해 이루어져야 한다. 구조물에 발생하는 응력과 다른 역학적인 양(quantities)은 항상 계산되어야 한다. 더불어 가능한 정보와 선택된 설계 접근법에 따라 가스온도를 계산하고, 추후 구조물의 온도를 계산할 필요가 있다. 그림 7.3은 요구되는 여러 종류의 해석 사이에 관계를 보여준다. 다음 논의는 역학적인 반응을 계산하는 방법

4) After Gillie, M., Analysis of Heated Structures : Nature and Modelling Benchmarks, Fire Safety Journal, 44(5), pp.673~680, 2009. With permission from Elsevier

에 초점을 맞춘다(가스온도를 추정하는 방법은 3장에서, 구조물의 온도를 계산하는 방법은 4장에서 논의되었다). 좀 더 간단한 해석방법은 다른 문헌(Bailey 2002b)에서 논의되었기 때문에 여기서는 컴퓨터 기반 해석을 사용하는 것으로 가정하였다. 구조해석은 열전달 해석과 비연성되거나(decoupled) 연성될(coupled) 수 있다.

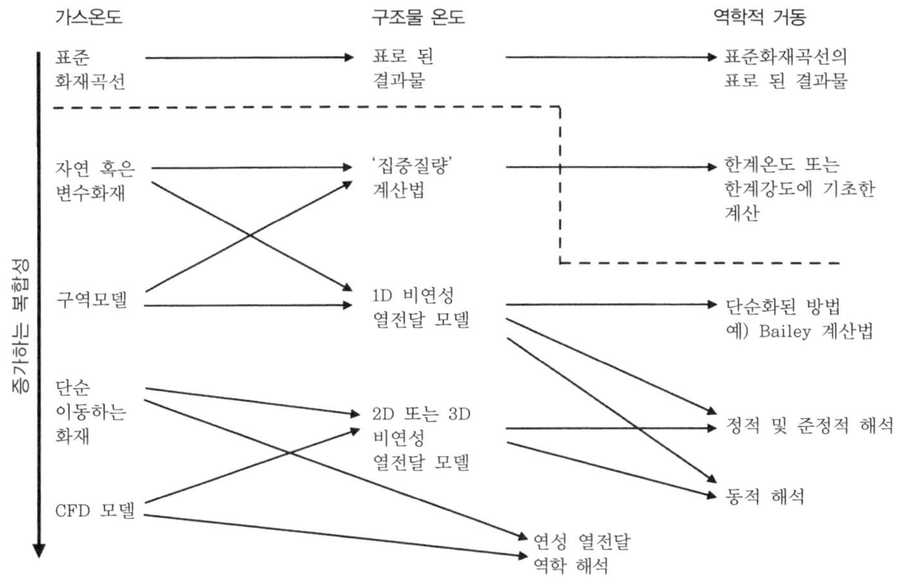

그림 7.3 가열된 구조물의 설계에 대한 해석방법 사이의 관계. 점선 위의 방법들은 사실상 사양(prescriptive) 설계법이다 ; 점선 아래 방법들은 성능기반설계에 대해 적합하다. 화살표는 계산법의 적절한 조합을 나타낸다.

1) 비연성 열전달 해석[5)]

구조물 내에서 온도는 화재가 진행되는 동안 계산된다. 이후에 역학적인 해석은 완전히 비연성된(uncoupled) 형태로 수행된다. 비연성 접근법은 열전달과 구조해석에 사용되는 서로 다른 모델과 소프트웨어 사용을 가능하게 하는 장점이 있다. 구획화재를 모델링하는 방법들은 구획 안에서 균일한 가스온도를 가정하기 때문에 슬래브와 같은 큰 구조부재에서도 구조물 온도를 결정하기 위해 1차원 혹은 2차원 열전달 해석을 하는 것이 가능하다(그림 7.4). 비록 동일한(변형되지 않은) 기하학적 구조가 열(thermal)과 구조해석을 위해 사용되더라도 두 해석에 대해 최적화된 메쉬 밀도(mesh densities)는 서로 다르다. 그래서 순차적인 접근법을 채택하는 것이 계산 효율성과 정확성을 향상시킬 수 있다.

5) Uncoupled heat transfer analyses

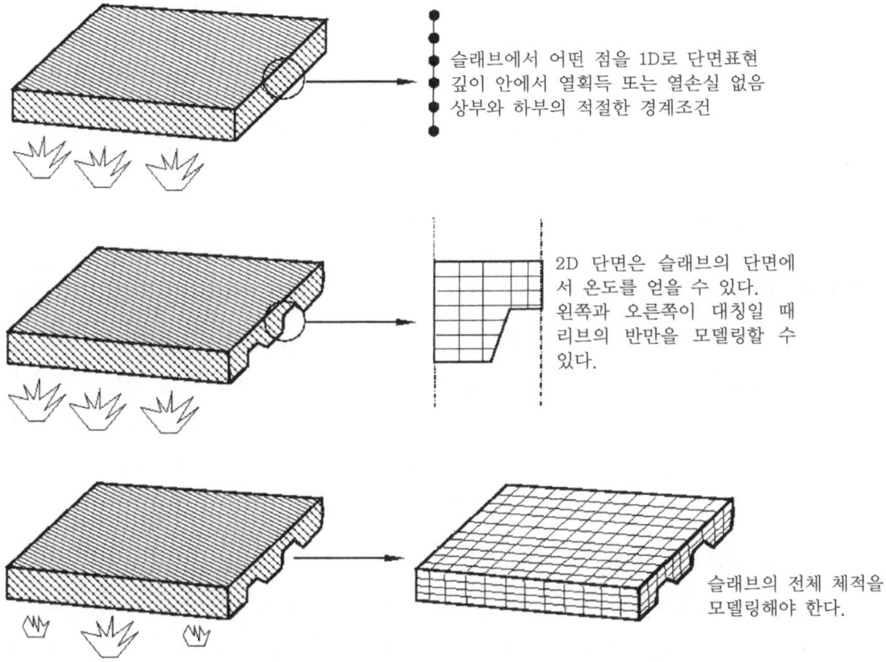

그림 7.4 열전달 해석에 대한 적절한 이산계획(discretization schemes)
[맨 위 : 균일한 화재에 의해 가열된 일정한 두께의 슬래브. 중간 : 균일한 화재에 의해 가열된 리브(ribbed) 슬래브. 맨 아래 : 비균일한 화재에 의해 가열된 리브[골이 진] 슬래브]

2) 완전한 연성해석[6)]

완전한 연성(coupled)의 열역학 해석은 건물 화재에서 거의 요구되지 않는다. 왜냐하면 가열과 역학적인 반응 사이에 양 방향의 연결[7)](coupling)이 약하기 때문이다. 그러나 완전한 연결(full coupling)이 필요한 상황도 있다. 예를 들어, 콘크리트의 폭렬(spalling)이나 구조물의 노출을 바꾸는 다른 손상이 모델링되어야 할 때이다. 플래시 오버(flash over[8)])되지 않는 국부화재가 지붕 구조물을 부분적으로 파괴시킬 수 있는 경우가 이에 해당된다. 국부화재는 화재 환기조건을 변화시키고, 화재의 특성을 변화시킬 수 있다. 몇 가지 경우에서 구조물의 기하학적 구조는 가열의 결과로 상당히 바뀔 수 있고, 이는 결국 양방향 커플링을 초래하면서 구획의 열 경계조건을 바꿀 수 있다. 완전한 연성 접근법을 사용하는 열전달 해석에 필요한 입력 데이터는 비연성된 모델링에 대한 접근법과 같다. 그러나 이 접근법은 역학적이면서 열적인 자유도를

6) Fully coupled analyses
7) a weak two-way coupling
8) 플래시 오버 : 화재의 초기 단계에서 연소물로부터의 가연성 가스가 천장 부근에 모이고 그것이 일시에 인화해서 급속히 화재가 확대되어 실내 전체가 불길에 휩싸여 온도가 상승하기 시작하는 현상

필요로 하는 유한요소의 선택과 그 맞물림(두 상황[9])에 대해 정확성을 보장해야 하는)는 예외로 한다.

필요하지 않더라도 연성 접근법의 한 가지 잠재적인 이점은 하나의 해석 과정만이 필요하다는 것이다. 그래서 열전달 해석으로부터 구조해석까지 어떤 데이터 전송도 필요하지 않다.

7.3.2 역학적 해석(Mechanical analyses)

가열된 구조물을 모델링하는 여러 종류의 역학적 해석이 표현할 수 있는 현상들을 그림 7.5에 나타냈다. 해석의 차이는 시간이 물리적인 의미를 가지는 정도(degree)이다. 시간은 컴퓨터 기반 해석이 아닌 경우에 무시되고 있다. 그 결과 이러한 해석은 한 세트의 하중과 온도(구조물의 최고(peak) 온도가 중요 관심사)에 대해서만 응력을 계산할 수 있다. 수치해석 모델은 다음의 여러 가지 방법으로 시간을 표현하는 것을 허용한다.

1) 정적 해석(Static analyses)

구조물의 상온 유한요소해석(FEAs)에 대해 정적 해석은 가열된 구조물을 해석하는 가장 일반적인 방법이다. 정적 해석에서 '시간'은 비물리적인 해법 매개변수[10]이다 ; 그것은 일련의 하중을 수치해석 모델에 작용할 수 있게 하고, 이러한 절차를 통해 모델의 평형상태를 계산한다. 이는 비록 역학적 혹은 열적 하중이 해석적인 예측에 영향을 미친다 할지라도 그것들이 작용된(비물리적인) 시간은 임의적이라는 것이다. 하중이 작용되는 상대적인 시간이 같게 유지된다면 해석 시간의 증가는 예측에 영향을 미치지 않는다. 이는 관성력처럼 시간 의존적인 현상은 그러한 해석에서 표현될 수 없다는 것을 의미한다. 관성의 효과는 모델링되지 않기 때문에 구조물의 움직임이 느린 곳의 구조적 거동을 예측하는 데는 정적 해석이 적절하다. 정적 해석은 평형안정성을 잃은 붕괴 모델링에 대해 적절하지 않고, 커다란 관성력이 생길 수 있다.

9) 연성 접근법과 비연성 접근법
10) non-physical solution parameter

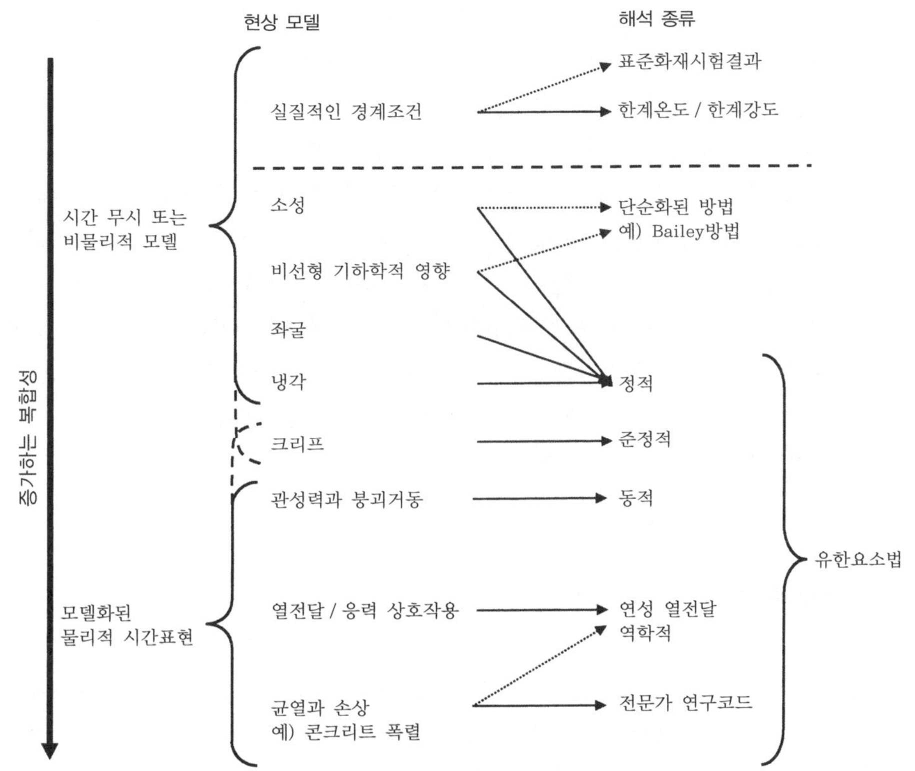

그림 7.5 가열된 구조물에 대한 여러 가지 구조해석 방법에 의해 모델화된 현상. 실선 화살표는 현상이 표현될 수 있는 가장 간단한 해석방법을 나타낸다. 복잡한 해석방법은 더 단순한 방법에 의해 표현된 모든 현상을 포함한다. 점선 화살표는 현상이 제한된 방법으로 표현되는 것을 나타낸다. 점선 위의 방법은 사실상 사양적이다 ; 점선 아래 방법들은 성능기반설계에 적합하다.

가열된 구조물의 정적 해석은 열(thermal) 하중이 변하는 동안 역학적 하중(mechanical loading)이 일정하다고 가정한다. 이는 대부분의 화재 상황을 합리적이고 정확하게 나타낸다. 왜냐하면 구조물에서 자중과 활하중은 화재 이전부터 존재하며, 가열되는 동안 일정하게 남아 있기 때문이다. 보통 이러한 해석은 두 가지로 나뉜다. 첫 번째 단계에서, 역학적 하중이 작용하고, 두 번째 단계에서 역학적 하중은 그대로 유지되고 열하중이 작용한다. 열하중은 해석에 사용된 비물리적인(non-physical) 시간에 걸쳐서 변할 수 있고, 냉각을 포함할 수 있다.

비선형 문제의 정적 해석은 비선형 문제를 풀기 위해 뉴턴-랩슨(Newton-Raphson)법에 기초한 해법을 사용한다. 그러나 이 방법은 평형안전성을 잃고 구조적 연화(softening) 혹은 실제에서 동적인 경우 한계하중좌굴(snap-through buckling[11]))이 일어날 때에는 해(解)를 얻기가

11) Snap through buckling은 셸 형상의 구조물에서 발생하는 불안정 좌굴현상의 하나로 미소한 하중의 증가에 의해 급격히 평형상태를 이동하여 곡률이 바뀌는 좌굴현상이다.

쉽지 않다. 상온에서 연화와 좌굴거동은 하중과 변위를 동시에 풀이하기 위해 '호-장(arc-length)' 알고리즘(Zienkiewicz와 Taylor 2000)을 사용한다. 온도가 변하는 해석에서 호장법의 사용은 불가능하다. 그 이유는 구조물에 작용된 하중이 미리 정의된(predefined) 열하중(thermal loading)에 일정하기 때문이다. 그러므로 하중-처짐이나 하중-온도 공간에서 수행된 호-장(arc-length)을 찾는 것은 어렵다. 이는 가열된 구조물을 해석하는 데 어려움을 유발하며, 때로는 뉴턴-랩슨 해법의 사용을 전적으로 합리화하지 못하는 재료의 거동에 대해 가정할 수 있고(인장을 받고 있는 콘크리트 거동은 연성적(ductile)이라고 가정됨), 아니면 해답을 얻기 위해 동적 해석을 요구하기도 한다. 또 다른 해결책은 정적 평형의 일시적인 손실 단계를 살펴보기 위해 구조물에 적은 양의 유사감쇠(pseudodamping)를 도입하여 수치해석 시뮬레이션을 가능하게 하는 것이다(Dai 등 2010a ; Elsawaf 등 2011). 이러한 단점에도 불구하고 정적 해석은 상승된(elevated) 온도에서 구조물 거동의 이해를 위해 널리 사용되고, 주의 깊게 사용된다면 유용한 결과를 빨리 얻을 수 있을 것이다.

2) 준정적(Quasi-static) 해석

크리프 등 시간-의존적인 효과를 준정적(quasi-static) 해석에 도입하는 것은 가능하며, 여기에는 관성효과가 포함되어 있지 않다. 그러나 크리프 영향이 고온에서 가속화되고 모델링하는 데 필요하므로 가열된 구조물의 해석에서는 이 방법이 바람직하다. Huang 등(2006)은 가열된 강재 골조의 거동을 고려할 때 크리프를 모델링할 것을 권장하고 있다. 그러나 많은 연구자들은 크리프를 수치적으로 모델링하지 않고 일반 수치해석모델을 사용하여 실험적으로 가열된 구조물의 거동을 잘 밝혀왔다. 이는 해석에 사용된 재료 입력데이터에서 크리프효과가 일부 형태로 포함되어 있기 때문이다. 강재에 대한 유로코드 응력-변형률 데이터는 일시적(transient) 시험결과를 이용하여 고온 크리프에 대한 고려를 포함하고 있다.

3) 동적 해석

동적 해석에서 시간은 적절한 물리적인 의미가 있으며, 관성력이 정확히 반영될 수 있다. 동적 유한요소해석을 위해 두 종류(명시적 시간적분법과 묵시적 시간적분법[12])의 수치해석 기법이 널리 사용되고 있다. 두 가지 방법은 동적 평형방정식을 시간에 대해 미소하게 증분하여(incrementally) 풀이하고, 화재시 구조물을 모델링하는 데 성공적으로 사용되어 왔다.

명시적(explicit) 동적 해석은 한 미소 증분 시간 단계에서 수치해석 모델의 명시적 단계를 이용하여 다음 시간 단계에서의 수치모델 상태를 계산한다. 이러한 수치해석기법은 사용된 시간 단계가 일정한 크기보다 작고, 모델에서 가장 작은 요소의 크기와 재료의 밀도에 연관된다면(가장

12) "explicit" time integration and "implicit" time integration

높은 고유진동수) 수학적으로 안정적이다. 결과적으로 상세 모델링에서 수치해석기법들은 작은 시간적 단계를 요구하며 계산량이 많아진다. 그러나 모델링한 재료의 밀도를 인위적으로 증가시키고(mass scaling), 그로 인해 안정적인 시간 증분(increment)을 시킴으로써 관성력이 작은 구조화재공학 문제들은 합리적인 시간에서 명시적(explicit) 알고리즘을 사용하여 해결할 수 있다. 이는 실제 필요조건이 구조물의 평형상태를 나타내는 결과라면 유용하다. 그리고 정적 평형을 잃고 구조물이 자유롭게 움직인다면 일시상태(transient states)를 정확하게 나타내는 것은 중요하지 않다. 일단 관성력이 지배적이고 질량 조정(mass scaling)이 사용된다면 구조요소(components)의 속도와 가속도의 상세가 정확하지 않더라도 붕괴 거동은 이러한 종류의 해석과 함께 모델링할 수 있다. Flint(2005)는 아바쿠스 유한요소 패키지(ABAQUS 2007)를 이용하여 화재시 다층 구조물의 붕괴 거동을 모델링하기 위한 명시적인 수치해석 계획 사용의 상세한 설명을 제시하였다. 또한 Flint는 질량 조정(mass scaling)과 다른 변수의 모델링에 대한 정확성을 고려한 매개변수(parametric) 연구를 수행하였다. 동적이면서 명시적인 수치해석 모델들은 물리적으로 의미가 없지만 정적인 해석과 관련된 수렴(convergence)의 문제 없이 몇 가지 해법에 도달하기 때문에 이러한 모델에 대해 주의 깊은 벤치마킹이 필요하다. 수렴 문제에 직면하고 동일한 지점까지 명시적인(explicit) 동적 해석에 의해 예측된 것과 함께 결과를 비교할 수 있을 때까지 이러한 과정은 2차적인 정적 해석을 수행하는 것을 포함한다.

묵시적인(implicit) 동적 해석은 다음 시간 단계에서 해를 추정하기 위해 반복적인 방법으로 직접 적분을 통하여 동적 평형방정식을 풀이한다. 이러한 과정은 과도한 연산작업으로 매 시간 단계에서 변환되는 큰 매트릭스를 요구한다. 그러나 이러한 해석에서 사용될 수 있는 시간 단계의 크기에 수학적인 한계는 없다. 이러한 수치해석기법의 형태는 구조화재공학에 거의 사용되지 않았지만 Varma 등(2008)은 다층 강구조물을 해석할 때 그 기법을 성공적으로 적용했다.

7.4 실제 모델링 기법

7.4.1 소프트웨어

가장 간단한 구조화재에서도 처짐과 응력의 실제적인 예측은 매우 복잡하여 수치해석이 필요하다. 오늘날까지 유한요소법은 이러한 것을 얻기 위해 사용되어 왔고, 비록 간략화된 방법들이 설계 목적을 위해 강도와 내화성을 확인하는 것이 가능할지라도 유한요소해석은 예측할 수 있는 미래에 대한 현실적인 선택으로 남아 있을 가능성이 높다. 그러나 사용할 코드의 특성을 선택할 여지는 있다. 구조화재해석에 적합한 유한요소 코드는 두 가지 범주로 나눌 수 있다 :

ABAQUS(ABAQUS 2007), Ansys(2007) 및 그 외 상업용 목적의 코드와 Vulcan(Vulcan 2008), ADAPTIC(ADAPTIC 2008) 및 Safir(Franssen 2005)와 같은 연구-기반 코드. 상업용 코드는 넓은 범위의 요소 형태, 다양한 범위의 해(解) 알고리즘, 화재공학 이외의 더 세분화된 범위에 적용할 수 있는 등 연구용 코드보다 더 광범위한 문제들을 다룰 수 있는 장점을 가진다. 이것은 구조물이 여러 가지 하중조건(아마도 화재와 지진하중)에 대해 해석해야 할 경우에 단지 하나의 모델이 필요하다는 것을 의미한다. 그러나 일반적으로 상업용 프로그램들은 비싸고, 코드를 확장하거나 수정하려면 해석자(analyst)의 능력에 따라 제한을 받는다. 이 '블랙박스'는 수치해석적인 수렴이 이루어지지 않으면 어려운 문제이지만, 비(non)수렴성에 대한 이유는 아직 완전히 밝혀지지 않고 있다. 반면에 연구-기반 코드들은 훨씬 저렴하고 좀더 일반적인 구조화재 상황에 대한 코드의 적합성에 초점을 맞추는 경향이 있다. 해석자들은 소스(source) 코드에 접근할 수 있어서 필요에 따라 소스 코드를 조정할 수 있다.

7.4.2 콘크리트 재료 거동의 표현

이 절에서는 실제적인 열구조 모델링에 영향을 미칠 수 있는 콘크리트 재료 특성 측면의 수치해석 적용을 논의하는 것을 목적으로 한다.

콘크리트는 강재보다 상당히 복잡하고 변동이 심한 재료이다. 상온에서도 콘크리트 구조물의 수치해석 모델링은 강구조물의 모델링보다 덜 정확하다. 그러므로 고온 콘크리트 구조물을 모델링하기 위해서는 사용된 특정 모델의 한계를 인식하는 것이 중요하다.

1) 소성모델(Plasticity models)

몇 가지 구성(constitutive) 모델들은 콘크리트의 다축 소성거동을 나타낼 수 있다(세부사항은 5장 참고). 이러한 구성모델들은 모두 상온에서 사용하기 위해 개발되었고, 콘크리트의 다축 거동(multiaxial behaviour)에 대해 제한된 실험적 연구를 통해 입증되어 왔다(Kupfer 등 1969). 상승된 온도에서 콘크리트의 사용은 직접적인 실험 증거 부족에도 불구하고 상온에서와 같은 다축 거동을 가지는 것으로 가정한다. 콘크리트 다축 거동의 중요한 측면은 von Mises 항복 기준에 의해 가정된 것처럼 정수압(hydrostatic pressure)에 독립적이지 않다는 것이다. 이러한 의존성을 설명하는데 가장 일반적으로 사용되는 항복 기준은 대부분의 해석 소프트웨어에서 사용하고 있는 Drucker-Prager 모델이다. Drucker-Prager 모델과 변형된 다른 모델들은 가열된 콘크리트 구조물의 거동을 모델링하기 위해 성공적으로 사용되어 왔지만, 일반 형태에 있어서 Drucker-Prager 모델은 중요한 콘크리트 거동의 몇 가지 측면(균열과 파쇄)을 모델링하기에는 부족하고, 항복 표면(yield surface) 형태는 실험 데이터와 대략적인 일치(match)만을 보여준다. 강재에 대한 von Mises의 항복 기준처럼 고온에서의 사용에 대해 Drucker-Prager 기준은 5장에서 설명된 것처럼 온도 의존적일 필요가 있다.

이러한 단점이 없는 '손상 소성(damaged plasticity)' 모델이 ABAQUS 소프트웨어에 적용되었고, 많은 연구자가 가열된 콘크리트(Law 2010)를 표현하는데 사용한 것이다. 이 항복 기준은 Drucker-Prager 모델보다 실험적으로 관찰된 콘크리트의 거동을 좀 더 잘 나타낼 수 있는 두 표면을 결합하고 있다. 또한 입력 부분으로 정의되는 변형률-연화 거동(strain-softening behaviour)을 가능하게 함으로써 그 모델에서 균열의 영향이 잘 반영되었다. 이는 콘크리트의 균열 거동을 효과적으로 반영하는 반면에 해석에서 메쉬 민감도(mesh sensitivity)를 고려해야 하는 단점을 가지고 있다.

2) 기타 현상

여러 수치해석 코드들은 철근콘크리트에서 일어나는 균열과 인장 연화와 같은 기본 구성 모델에 추가되는 다양한 범위의 현상들을 허용하고 있다. 고온에서 그러한 효과를 표현하는 것이 바람직한 반면에 실험적인 증거 부족으로 적당한 입력 변수를 결정하는 것이 불가능하다.

균열은 가장 일반적으로 포함되는 현상이다. 보통 수치해석적으로 콘크리트의 균열 거동을 나타내기 위해 '분산 균열(smeared cracking)' 접근법을 사용한다. 이는 전체 요소에 걸쳐 등가의 변형률을 적용한 균열을 나타낸다. 그리고 콘크리트구조물에서 일어날 수 있는 균열의 국부적인 불연속 특성을 완전하게 나타내지 않는다. 가열된 강-콘크리트 합성 구조물의 전체적인 거동을 모델링하는데 상당한 정확성을 보여주는 접근법이지만, 화재에서 콘크리트를 사용하는 다른 형태의 구조물을 나타내기 위해 사용될 때 그 방법의 정확성은 분명하지 않다. 이 분야에서 최근 진전된 접근법 중 하나로 확장 유한요소법(XFEM) (Sukumar 등 2000)이 있다. 여기에는 유한요소에 불연속적인 형상 함수를 포함할 수 있어서 불연속(discrete) 균열을 나타낼 수 있다. 그러나 오늘날까지 이 접근법은 구조화재공학에서 적용되지 않고 있다.

콘크리트 인장 부분과 철근 사이의 상호작용은 복잡하고 보통 '인장 연화(tension softening)'로 표현한다. 이는 수치해석 모델에서 정확하게 반영하기 어려운 복잡한 현상이고, 이를 위한 시도는 수치해석적인 불안정성을 가져올 수 있다. 이러한 거동을 가장 잘 모델링하는 방법을 현재 활발히 연구하고 있다.

7.4.3 좌굴

상온에서 구조물의 좌굴은 평형안정성을 잃는 점에서 볼 때 불안정한 현상이다. 이는 대체평형경로(alternative equilibrium paths)로 분기되거나 시스템의 강성이 정(+)에서 부(-)로 변화하는 점 이상의 한계하중(limit load) 발생에 의해 일어난다. 그리고 '내리막길(downhill)' 평형경로가 생겨난다. 특히 후자의 경우에 처짐은 구조물이 붕괴되는 것으로 간주하기 전에 새로운 안정된 평형 형상(stable equilibrium configuration)이 직면하는(encounter) 가능성과 함께 제어되지 않는 동적 경향(run away)으로 급격하게 증가한다. 이러한 런어웨이(run away) 과정은 외부 하중과 변위가 어떤 강성관계에 의해 연결되어 있지 않은 하중 제어 조건에서 특히 일어난다. 변위 제어를 통해 하중이 재하되는 곳에서는 동적 런어웨이를 피하는 것이 가능하지만 이 조건은 단지 실험실 테스트 조건에서만 가능하다. 그러나 화재 조건에서 구속된 부재의 열팽창은 변위를 효과적으로 제어할 수 있는 좌굴을 발생시킨다. 열을 균일하게 받는 양단 고정보를 나타내는 그림 7.6에 개념적으로 나와 있다. 가열이 일어날 때 상승된 온도에서 어느 정도까지 재료의 접선강성이 저감된다면 보의 축력은 임계좌굴하중에 도달할 때까지 증가한다. 그 후에 횡처짐은 축방향의 처짐과 함께 2차(quadratic) 관계를 가지기 때문에 급격하게 일어난다. 축력이 계속적으로 감소하는 동안 추가 열팽창은 단순히 부가적인 횡처짐을 일으킨다. 응력-변형률 관계는 곡선으로 나타나기 때문에 좌굴된 상태에서 냉각이 처짐을 감소시키지만 원래 직선형태로 되돌리지 못하여 약간의 영구 압축 변형률이 일어났다. 이러한 형태의 좌굴은 보통 열팽창으로 생기는 구속 때문에 여러 형태의 가열된 구조물에서 일어난다. 이 현상은 열 변형률을 경감시킴으로써 유리하거나 불리할 수 있다. 이는 간접적으로 붕괴를 유발할 수 있거나(Röben 2010 ; Flint 2005) 구획 붕괴(breach)에 의한 차염성(integrity) 파괴 때문이다.

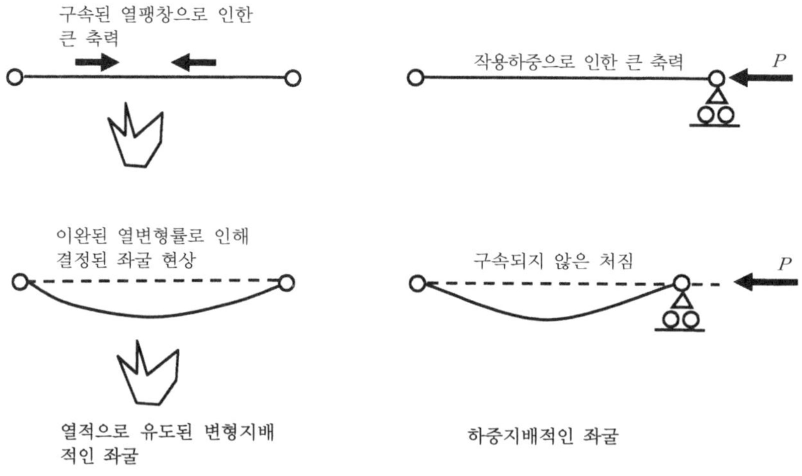

그림 7.6 변위와 하중제어된 좌굴의 영향 비교. 열에 의해 발생된 변형으로 제어된 좌굴은 즉시 붕괴하지 않고 기하학적인 신장(geometric lengthening)이 일어남으로써 사실상 어떤 구조요소에 있어서 역학적인 변형률을 감소하게 된다.

7.4.4 직교 이방성(Orthotropic) 바닥 슬래브

가열된 구조물 모델은 종종 모델링된 강-콘크리트 합성 구조물에 일반적으로 사용된 직교 이방성 바닥 슬래브를 필요로 한다. 그러한 바닥 슬래브는 보통 한 방향으로 나있는 리브와 콘크리트 아래에 절곡 강판(profiled steel) 데크로 형성된 3차원(3D) 구조요소이다. 이 요소는 연속 깊이(continuous depth) 내에서 균열방지용 보강 철망 메쉬와 콘크리트 두께 내의 복잡한 온도 영역(fields)을 포함한다. 필요한 구조적 현상들을 반영하면서(capturing), 상당히 큰 수치해석 모델을 만들지 않는 방법으로 수치해석을 위한 이러한 요소들을 이산화하는(discretizing) 것은 주의를 요한다.

초기의 격자(grillage) 모델(Sanad 등 2000)을 제외하고, 오늘날 거의 모든 해석자는 쉘 유한요소를 사용하여 이러한 바닥 슬래브를 표현하고 있다. 격자는 기하학적인 비선형 해석에서 중요한 슬래브 거동 측면에서 보면 부족하다. 이는 주로 평면 바닥판에 내재하고(inherent), 슬래브의 어떤 솔리드(solid) 형상에서도 자동적으로 존재하는 매우 높은 면내 전단강성이다. 쉘요소(shell element)는 솔리드요소보다 계산의 관점에서 휨과 멤브레인(membrane) 거동을 좀 더 효율적으로 모델링하는 데 중요한 이점을 가지고 있다. 그리고 자세한 세부사항이 필요치 않다면 가열된 슬래브의 구조 모델링을 위한 가장 논리적인 선택으로 보인다. 그러나 쉘요소를 사용할 때 슬래브 아래의 한 방향으로 나있는 리브를 모델링하는 것은 간단하지 않다. 첫째 리브에 의해 생성된 기하학적 직교 이방성 때문이고, 둘째로는 리브 안과 사이에서 발생하는 복잡한 온도영역 때문이다. 이러한 복잡성을 다루고자 여러 접근법이 사용되어 왔다. 기하학적이고 열적인 복잡성을 나타내는 점에서 가장 강력한 프로그램은 Gillie 등(2001b)에 의해 개발된 FEAST 프로그램으로 직교 이방성 쉘의 휨내력을 모델링의 응력-단면력(stress-resultant)에 기반한 방법이다. 그러나 이 접근법은 소성보다 비선형 탄성 재료 특성을 나타냈다. 그 후에 실무자들은 해석의 목적과 요구되는 정확성 정도에 따라 몇 가지 논리적인 대안으로부터 접근법을 선택해 왔다.

- 가장 정확한 접근법(솔리드 ‘브릭(brick)’ 요소 제외)은 T형태의 보 요소(파이버 요소)를 일반 분할(segmented) 단면의 보 요소를 사용하는 것이다. 이는 슬래브의 리브 부분과 상부의 일부분을 나타내며, 이 둘을 연결하기 위해 층(layered) 평면 쉘요소를 함께 사용한다(Yu 등 2008b) (그림 7.7 참조).

  보 요소 분할의 수직 간격이 쉘요소 층(layers)의 수직 간격과 일치하면 일관된 2차원 열해석이 수행될 수 있으며, 대부분의 목적에 잘 부합하는 것으로 확인되었다(Lamont 등 2006). 열구조 해석의 정확성은 선택된 유한요소에서 사용 가능한 메쉬의 조도(coarseness)와 두께 방향(through-thickness) 해상도의 정도에 따라 달라진다.

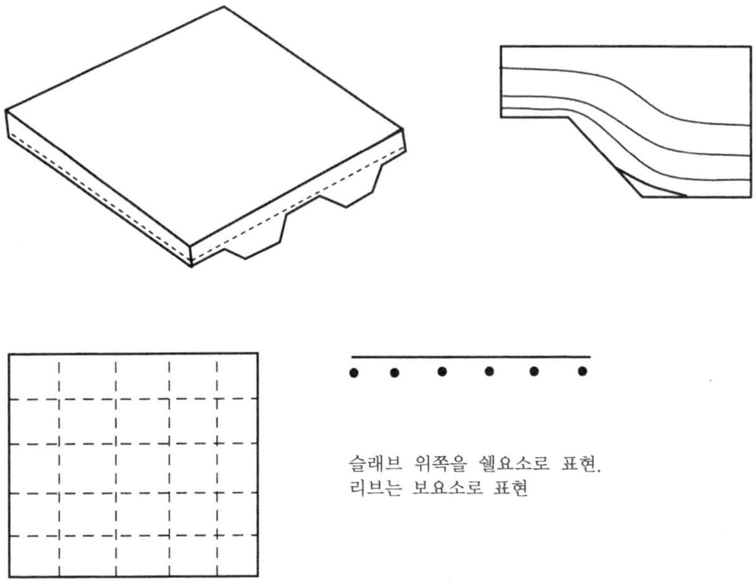

그림 7.7 리브 슬래브의 단순화

- 등방성 평면 슬래브로서 직교 이방성 슬래브의 근사치는 층을 이룬(layered) 평면 쉘요소를 이용하여 설계 목적으로 사용된다. 슬래브 두께의 결정은 등방성 가정에 대한 보정(compensation)을 위해 필요한 보수성 정도(degree of conservatism)에 달려 있다. 완전한 두께(full-depth)의 평면 슬래브는 확실히, 그리고 논증적으로(demonstratively) 자유롭다. 심지어 합성강재보로부터 오프셋(offset)되어 단순하게 리브 위에 연속적인 상부처럼 슬래브를 취급함으로써 생기는 보수성은 그와 같은 부재 선택이나 내화피복이 비경제적일 수 있다.
- 이 방법의 좀 더 합리적인 확장은 리브(ribs)와 골(troughs)의 아래쪽 면의 평균 레벨에서 슬래브의 아래쪽 면과 함께 등방성(isotropic) 슬래브를 사용하는 것이다. Eurocode 4 Part 1-2에 자세히 제시되어 있는데, 평균 레벨은 리브와 골의 상대적인 평균 폭에 대하여 가중치를 두는 것이다 ; 골의 폭이 보통 리브의 폭보다 훨씬 작은 곳인 안쪽으로 굽은(reentrant) 데크에 대해 잘 설명되어 있다.
- 평면 슬래브 요소를 구성하는 것은 상대적으로 쉽다. 직교 이방성은 상온에서 완전한 두께의 휨강성에 강성비로 어느 방향(either direction)과 어떤 온도에서 강성을 계수로 곱하여(factoring) 나타낸다. 이 '유효강성법(effective stiffness method)'은 분명히 임의적인 측면을 가지고 있지만, 매개변수 연구의 결과(Yu 등 2008b)는 적어도 사다리꼴 데크를 가진 슬래브에 대해 이 방법이 잘 일치하는 것을 알 수 있다.
- 컴퓨터 이용에 비용이 많이 들지만 해석이 열과 슬래브 상세의 조합에 대해 정확하다고

확신할 수 있는 가장 효과적인 방법은 전체 슬래브 부피를 모델링하기 위해 솔리드 브릭(solid brick) 요소를 사용하는 것이다. 이는 동일한 요소의 메쉬를 사용하여 3차원의 열과 열-구조 해석 모두를 가능하게 한다. 그러나 밀도가 높은 3차원의 메쉬를 사용할 때 준비와 계산 모두를 위해 고려해야 하는 시간은 실무 설계 해석에 있어서 매우 제한된 범위의 모델을 사용해야 하는 것을 암시한다. 그러나 이 방법은 논의된 단순한 방법의 검증 및 민감도 평가를 위해 사용될 수 있다.

대부분의 유한요소 코드에서 쉘요소는 일련의 연결된 층(layers)으로 쉘 두께를 취급함으로써 쉘 두께를 통해 서로 다른 재료 특성을 처리할 수 있다. 이는 적당한 깊이에서 등가면적의 강재층(layer)을 명시함으로써 손쉽게 슬래브 안의 균열방지용 철근 메쉬 층을 나타내는 것이 가능하다는 것을 의미한다. 어느 방향에서 철근을 나타내는 두 개의 얇은 인접 층(layers)에 직교의 단일방향 특성을 지정함으로써 수행할 수 있다. 이러한 단일 층(layer)은 철근의 추가 층들을 나타내기 위해 사용할 수 있다 ; 보 사이에서 더 긴 슬래브 스팬이 사용될 때, 이러한 다수 층들은 리브에서 자주 사용된다.[13] 내화해석에서 슬래브 아래의 강재 데크를 무시하는 것은 일반적인 가정이다. 그 이유는 화재 구획에서 가스처럼 거의 같은 온도로 빠르게 상승해서 그 강도가 무시할만하기 때문이다. 국부화재의 가열과 같은 경우 이러한 가정은 적용될 수 없지만 쉘요소 안의 추가 강재 층(layer of steel)으로 데크를 표현하는 경우에는 고려할 수 있다. 그러나 강재 데크는 국부적인 가열에서 슬래브 아래의 콘크리트로부터 분리되지만 합성작용은 하지 않는다. 합성효과는 심도있게 검토한 후에 해석에 포함되어야 하고, 설계에는 거의 포함하지 않는다. 강재 데크가 약축방향으로 쉽게 '펴질(unfold)' 수 있는 경우에는 양 방향으로 합성작용을 하지 않을 수 있다.

7.4.5 단위

대부분의 유한요소 코드는 사용자가 특정단위를 쓰도록 요구하지 않지만 일관되게 사용하도록 권장한다. 가장 일반적으로 사용되는 국제표준은 SI단위이다. 이 시스템의 '기본' 단위(길이 : 미터, 질량 : 그램, 힘 : 뉴턴, 시간 : 초)만을 사용한다면, 비록 입력과 출력이 구조 엔지니어들에게 익숙하지 않고 구조 레이아웃이나 세부사항을 명시하는 데 조금 불편하더라도 모든 입력과 출력에는 일관성이 있다. 가열된 구조물 해석에서 다수의 기본 단위가 부주의하게 사용된다면(구조공학에서처럼 길이는 밀리미터) 혼란이 일어날 수 있다.

13) primary beam은 girder로 secondary beam은 beam을 의미한다.

정적역학 해석에서 시간 의존적인 현상은 모델링되지 않으며, 힘(forces)이 유일하게 구조물과 평형의 역학적인 특성들로부터 얻어진다. 이러한 사실은 유용한 결과를 가져다준다. 만약에 정적역학 해석에서 밀리미터가 길이 단위로 사용된다면 힘의 정의는 힘(MLT^{-2})[14] 안에서 길이 치수를 가지기 때문에 뉴턴의 천분의 일로 정확히 계산해야 한다. 그러나 힘은 구조물의 강성으로부터 계산되기 때문에 다음과 같다.

$$F = kx = (\text{힘}/\text{길이}) \times \text{길이} \tag{7.1}$$

여기서, 모든 길이의 항은 오른 편에서 제거되고, 일반적인 구조공학에서처럼 재료 계수는 뉴턴과 밀리미터 단위로 입력되면 힘은 사실상 뉴턴으로 출력될 것이다. 따라서 정적해석에서 서로 일치하지 않는 단위인 뉴턴과 밀리미터를 사용하는 것이 가능한 이유는 힘을 계산하는 경우 모두 뉴턴으로 나타나므로 결과에는 영향을 미치지 않기 때문이다. 이러한 손기술(sleight of hand)은 아직 명쾌하게 인정되지 않고 있지만, 구조공학 실무와 상온의 유한요소 해석에서 폭넓게 사용된다. 이는 순수한 역학적인 고온 정적해석에 대해서도 문제없이 사용할 수 있다. 그러나 원칙은 데이터 입력 전에 공학단위를 일관된(consistent) 단위로 바꾼 뒤, FEM 해석 종료 후에 결과를 공학단위로 다시 바꾸는 것이 더 낫다는 것이다.

열(thermal)해석에 있어서 편의를 위해 일치되지 않는 단위를 사용하는 것은 시간 의존적인 현상이 모델링되고 부정확한 결과가 쉽게 생길 수 있기 때문에 더 이상 합리적이라고 볼 수 없다. 정확한 결과를 가져다주고, 열전달 해석을 수행하기 위해 사용되는 밀리미터 단위로 된 기존의 역학적인 유한요소 모델을 사용하려고 시도하는 데는 위험한 면이 있다. 이는 초기에 전체오차(gross error)를 유발할 수 있지만, 좀 더 중요한 것은 단위의 일관성이 요구되더라도 이는 물리적인 양(quantities)이 흔치 않은 단위로 입력되어야 하는 것처럼 열전달 해석 모델의 사용을 매우 복잡하게 만들 수 있다. 구조공학에서 통상적인 모델링 작업에 맞지 않더라도 SI단위를 사용하는 것이 가장 단순한 방법이다.

동역학(dynamic mechanical)해석에서 시간 미분이 포함되며, 힘은 동적 평행상태로부터 계산된다 :

$$F = m\ddot{x} + c\dot{x} + kx \tag{7.2}$$

시간에 대한 미분은 시간과 길이, 치수 둘 다 포함하므로 SI단위로 데이터를 입력하기 위해 밀리미터, 제곱밀리미터당 뉴턴(N/mm^2 ; 메가파스칼) 및 뉴턴을 사용하는 것은 불가능하다.

14) MLT는 질량(Mass), 길이(Length), 시간(Time)으로 이루어진 차원이고, FLT는 힘(Force), 길이(Length), 시간(Time)으로 구성된 차원이다. 힘은 F=ma로 MLT계로 바꾸어주면 MLT^{-2}이 된다.

예제 7.1

해석된 구조물은 Cardington 실험 골조이며, 철골-콘크리트 합성구조로 설계되었고, 일반적으로 피복되지 않은 상업용 건물로서 화재실험을 위해 특별히 제작되었다. Cardington 건물은 화재실험을 행한 매우 드문 실제 규모의 구조물이었으며, 많은 계측장비가 설치되었다. 따라서 카딩턴 골조는 실험 이전에 집중적으로 해석이 수행되었으며,[15] 축적된 실험 데이터는 실제와 수치해석적으로 예측된 반응을 쉽게 비교할 수 있게 하였다. 일련의 6개 화재실험 동안에 측정한 처짐, 변형률, 회전과 온도를 포함한 전체 데이터는 온라인을 통하여 자유롭게 이용할 수 있다.[16]

국부화재가 발생하여 하나의 보에 영향을 미치는 동안 Cardington 골조의 거동, 즉 '구속된(restrained) 보 실험'을 여기에서 논의한다.

◈ 구조물과 실험

Cardington 골조는 8층 건물로 1994년에 완공되었고, 1995~1996년 사이에 실험이 진행되었다. 이 건물은 2장의 그림 2.3에 나타난 것처럼 305×165×40UB 거더(큰보)와 610×228×101UB 빔(작은보)을 기초로, 5개의 9m 합성보가 골조의 정면을 가로지르며 거의 동일한 합성 바닥을 지지하고 있다. 콘크리트 합성 슬래브는 9m 보에 수직으로 나 있는 리브를 따라 사다리꼴 강재 데크에 타설되었다. 47N/mm^{2}의 콘크리트 강도와 한 층(single layer)의 A142(미터당 142mm^2) 균열방지 메쉬가 깔린 슬래브의 전체 두께는 130mm였다. 모든 층(floors)에서 총 중력하중은 5.48kN/m^{2}에 달했다. 실험이 완료된 보는 그림 2.3에서 1번으로 표시되어 있다. 화재하중은 실험 중 9m 전 경간에 가스 버너로 모의실험을 하였다. 다만, 단부에서부터 500mm 길이는 접합부로서 피복하였다. 또한, 바닥 슬래브는 양쪽에서 강재보로부터 1m 떨어진 곳에서 가열되었다.

◈ 수치해석 이상화

합리적인 크기의 유한요소 모델을 이용하여 화재실험의 역학적 거동을 모델링하기 위해 그림 7.8에서 보는 것처럼 구조물 한 층의 대표적인 구역이 수치해석적으로 표현되었다. 이 구역의 모든 가장자리(edges)를 따라 대칭 경계조건이 적용되었다. 이는 주변 구조물을 시뮬레이션하고 가열된 구역의 대칭 특성을 이용하기 위한 것이다. 비록 3면의 대칭 조건이 가열되지 않은 주변 구조물을 정확히 나타내지는 못하지만, 대칭 조건은 가열된 구역과 충분히 떨어져 있어 예측값에 미치는 영향은 미미하다. 강재보는 선형 보(linear beam)의 유한요소를 사용하여 모델

15) Bailey 등 1996 ; Elghazouli 등 2000 ; Gillie 등 2001a
16) http://www.mace.manchester.ac.uk/project/research/structures/strucfire/, 2011

링되었고 콘크리트 슬래브는 보강 메쉬를 표현하기 위해 적절한 깊이에 매립된 강재 층(layer)과 함께 선형의 4절점(four-node) 쉘요소를 사용해서 모델링되었다. 중요한 단순화로서, 슬래브 밑면의 리브를 무시하고 두께는 70mm로 균일하게 취급하였다. 이는 결과의 정확성을 통해 정당화되지만, 이미 논의된 기법을 이용하여 보다 상세한 모델링을 할 수 있다. 가열된 합성 바닥 슬래브를 모델링할 때는 통상적으로 강재데크를 해석에서 무시한다. 구역의 중심에 있는 기둥은 명확하게 모델링하는 대신에 완전히 고정된 경계조건으로 나타내었다.

압축에서 강재와 콘크리트에 대한 온도 의존적인 응력-변형률 거동은 유로코드에서 가져왔다.[17] 코드에서 결정된 응력-변형률 곡선을 허용하는 실험 데이터의 주요한 값은 표 7.1에 나타냈다. 콘크리트의 인장강도는 압축강도의 5%(2.25MPa)로 하였고, 인장의 연성거동은 수치해석적인 수렴을 위해 가정되었다. 연성(ductility)에 대한 이 가정은 철근콘크리트의 인장-연화 거동에 의해 일부 정당화될 수 있지만 이는 실제 거동을 단순화한 것이다.

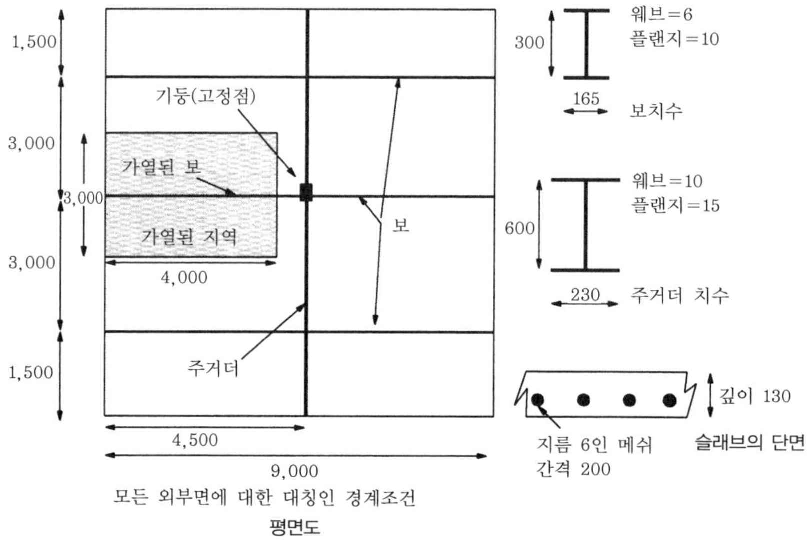

그림 7.8 Cardington 골조와 수치해석된 구조물 구역의 상세

표 7.1 Cardington의 구속된 보 실험을 모델링하기 위해 사용된 재료의 특성

재료	탄성계수(E, GPa)	프와송비	열팽창계수(℃)	항복응력(MPa)	극한응력(MPa)
연강	210	0.3	1.35×10^{-5}	300	400
철근	210	0.3	1.35×10^{-5}	450	460
콘크리트	–	0.25	9×10^{-6}	–	47

17) Committee of European Normalization[CEN], 1992–2005b, 1993–2005b, 1994–2005b

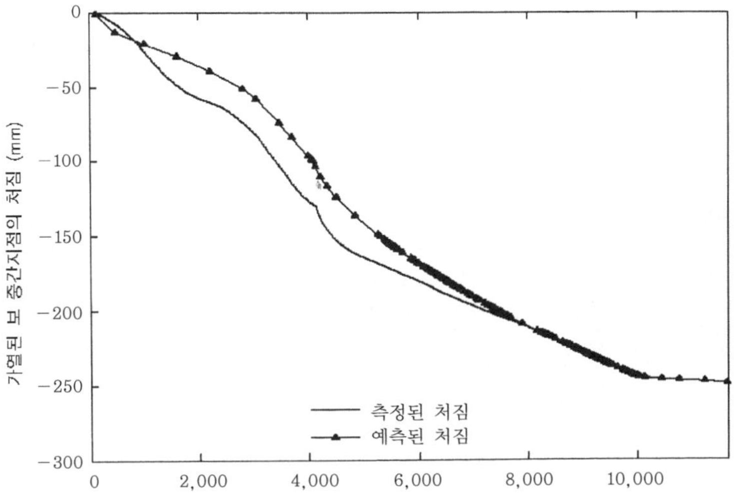

그림 7.9 Cardington의 구속된 보 실험에서 측정된 슬래브 중앙부의 처짐과 예측값 비교

정적해석이 선택되었기 때문에 시간에 대한 모든 현상은 무시되었다. 먼저 5.48kN/m^2의 중력하중을 슬래브에 재하한 후 온도하중을 추가하였으며, 이때 중력하중은 일정하게 유지되었다.

그림 7.9는 가열된 보의 중앙지점에서 측정된 처짐과 해석값을 비교한 것이다. 특히 측정된 온도를 사용하면 높은 상관관계를 얻을 수 있다.

8장

강재와 합성 조인트

8.1 서론

강재골조와 합성구조물에서 사용되는 조인트 상세는 많이 다르며, 기본 설계원칙과 골조시스템 가정 같은 여러 가지 요소에 따라 달라진다. 단순골조나 중력골조가 사용될 때 보는 분리되어 있는 가새시스템이나 골조에 작용하는 횡하중에 저항하는 구조 코어와 함께 단순지지되는 것으로 가정한다. 이 경우 보-단부 조인트의 기본 역할은 보의 수직 단부 반력을 전달하는 것이다. 골조가 분리된 가새시스템 없이 수평하중을 전달하도록 설계되면 보-기둥 조인트는 강접 혹은 반강접으로 설계되고, 모멘트와 수직력의 조합을 전달할 수 있어야 한다. 어느 경우이든 적용된 조인트는 어느 정도 모멘트와 수직내력 둘 다 가지지만, 그 조인트의 설계상세는 서로 다를 것이다.

조인트의 내화성은 최소한 연결된 부재와 같아야 한다. 이는 보-기둥 조인트가 전체 내화시간에 내부 힘을 전달할 수 있어야 한다는 것을 의미한다. 부재에 수동적인 내화피복이 사용될 때 이 요구사항은 같은 두께의 내화피복이 조인트에 적용되면 만족하는 것으로 간주한다. 이 때문에 보-기둥 조인트는 주요한 문제를 일으키지 않는다고 여겨진다. 왜냐하면 재료의 집중으로(concentration of material) 인해 조인트의 온도는 연결된 부재의 온도보다 낮은 경향이 있기 때문이다. 그러므로 조인트의 강도는 조인트가 연결되어 있는 보의 강도보다 상대적으로 증가하지만 이는 표면적인 논리이다. 조인트를 통해 전달되는 힘은 화재에 의해 가열되는 동안에 크게 변한다. 실제로 골조 건물에서 조인트는 보통 부재에서 발생하는 온도 차이와 함께 상호작용하는 구속된 열팽창의 효과와 온도에 따른 강재와 콘크리트의 강도 및 강성 감소 때문에 많이 변화할 것이다.

이 단계에서 조인트(joint)와 접합부(connection) 용어 사용에 대해 몇 가지 주목할 필요가 있다. 대부분의 이전의 작업과 연구 논문에서, 이러한 용어는 같은 뜻을 가지는 것으로 고려되어 왔지만 Eurocode 3 EN 1993-1-8[1)]의 발간으로 조인트와 접합부는 분리해서 정의되어 왔다. 조인트라는 용어는 부재가 교차하는 모든 영역을 가리킨다. 그러므로 조인트는 개별 부재와 가까이 있는 연결 부분(기둥 웨브와 보 단부)의 '접합'을 쉽게 하는 플레이트, 볼트, 용접을 포함한다. 따라서 접합부는 특별히 연결된 구역의 상세를 가리키기 위해 사용된다. 넓은 의미에서 이 장에서는 이 명명법(nomenclature)을 사용한다. 그러나 구분이 항상 명확하지는 않다.

8.2 상온과 화재시 일반 조인트

8.2.1 '단순' 조인트

단순 가새골조에서 조인트는 보-단부 수직 전단력만을 기둥에 전달하는 것으로 가정된다. 그러한 조인트는 매우 낮은 회전강성을 가지기 때문에 기둥에 발생한 모멘트는 오직 기둥 중심선으로부터 반력의 편심에 의해서만 유발된다. 세 가지 단순 조인트(그림 8.1)에 대한 상온설계 절차는 강구조협회(SCI[2]))의 'Green Books'에서 제공된다.

이러한 조인트의 유연성은 순수한 회전이다. 수평적 측면에서 조인트는 국부적인 구조 파괴로 인한 연쇄붕괴를 막기 위한 강건성(robustness) 요구사항을 충족시키기 위해 공칭 '구속력(tying force)'을 전달할 수 있어야 한다. 화재조건에서 그러한 조인트는 좀 더 광범위한 기능을 수행할 필요가 있다. 조인트 회전은 훨씬 더 크다. 왜냐하면 초기에 바닥 시스템에서 강재와 콘크리트의 부등팽창(differential expansion)이 화재쪽으로 열에 의한 휨변형(thermal bowing)을 일으키기 때문이다. 궁극적으로는 매우 높은 온도에 노출된 강재보의 휨강성과 강도 손실로 지점 사이에서 바닥이 현수인장(catenary tension)으로 매달리기 때문이다. 수평력에서 조인트는 보 부재의 전체적인 팽창이 처짐으로 인한 유효수축(effective shortening)보다 더 중요한 초기 단계에서 높은 압축력을 받는다. 온도가 상승하면서 보에서 일어나는 현수작용은 수평 조인트 힘 성분의 방향을 반대로 바꾸면서 커다란 인장력을 야기한다. 만약에 BS 476 표준화재[3])에서처럼 온도가 계속 증가한다면 이러한 인장력은 결국 감소한다. 이는 강재보의 인장강도가 온도의 증가에 따라 감소하기 때문이다. 이후 냉각시 조인트는 매우 높은 인장을 받는다. 그 이유는 부재가 가열로 인해 실제로 수축하기 때문이다.

1) Committee of European Normalization[CEN], 1993-2005c
2) Steel Construction Institute ; 1992, 1993
3) British Standards Institution[BSI], 1990a

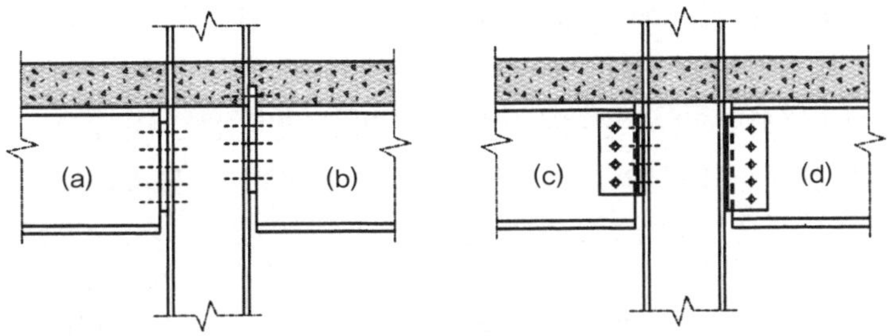

그림 8.1 단순 조인트의 종류 : (a), (b) 부분-깊이(partial-depth) 엔드-플레이트, (c) 웨브 클리트 (web cleat), (d) 핀 플레이트(fin plate)

특히 이러한 부재가 피복되지 않았다면 조인트 구역의 온도분포는 접합부에 연결된 부재들보다 상당히 낮다. 그 이유는 재료가 국부적으로 집중되고 노출된 표면이 상대적으로 적기 때문이다. 이러한 결과 상온에서 간단한 힌지로 설계된 조인트에서도 모멘트를 발생시킬 수 있다. 접합된 보의 처짐은 저항하는데 효과적인 도움을 줄 수 있다. 화재에서 이 모멘트 저항성은 보 단부에서 잔류 저항모멘트(residual resisting moment)를 가지고 있는 보에 대해 간단한 화재공학계산에 사용될 수 있다고 여겨져 왔다. 그러나 화재시 압축응력으로 인한 국부좌굴이 관찰되었고, 이는 더 많은 연구가 수행될 때까지 적용하는 데 주의가 필요함을 시사한다.

1) 화재실험에서 관찰된 단순 조인트의 거동

그림 8.1의 표준 조인트 상세는 화재시 모두 동일하게 거동할 것으로 예상할 수 없다. (a)의 부분-깊이 엔드-플레이트는 Cardington 화재실험에서 광범위하게 사용되었고, 그림 8.2에서 볼 수 있는 것처럼 보 웨브의 전단좌굴과 결합하여 보의 하부 플랜지에서 국부좌굴에 대한 증거를 보여주었다.

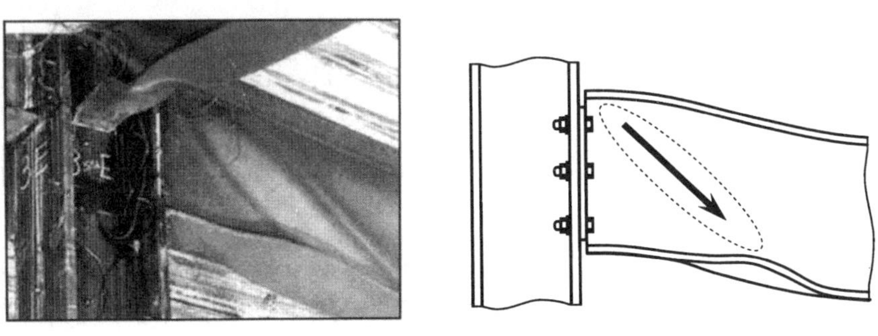

그림 8.2 Cardington 화재실험에서 관찰된 국부좌굴

냉각시 접합부의 부분파괴(partial failure)가 관찰되었는데, 그림 8.3에 나타난 것처럼 보 플랜지의 한쪽 면 용접에 인접한 엔드-플레이트 재료가 파괴되었다. 어떤 경우에도 엔드-플레이트 양면이 둘 다 파괴되지 않았다는 것은 한쪽 면의 파괴로 인해 생긴 유연성(flexibility) 증가가 남아 있는 접합부를 충분히 연성적으로 거동하게 만들 수 있다는 것을 의미한다.

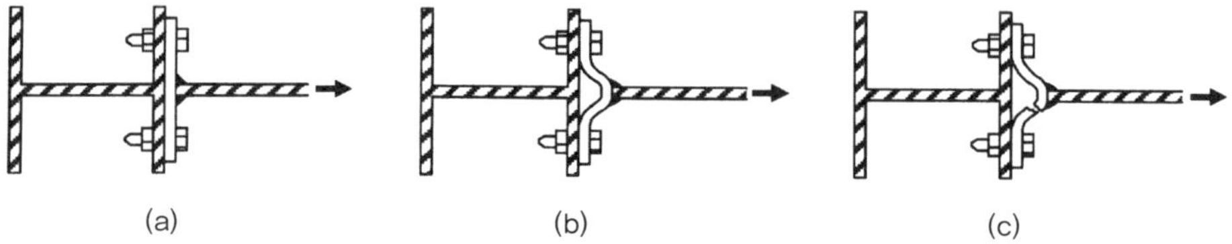

그림 8.3 냉각시 엔드-플레이트의 부분 파괴

바닥의 내부구역에서 강재 또는 합성보는 보 주변에 있는 슬래브의 연속구역에 의해 제공된 열팽창에 구속을 받는 우발적인 화재(accidental fires)의 여파(aftermath)로 여겨진다. 강재보 온도가 증가하면서 팽창이 구속되는 동안 이러한 구속은 하부 플랜지와 보 아래 부분의 웨브에서 급격히 증가하여 큰 압축력을 일으킨다. 그러나 대부분의 강재강도는 그대로 남아 있고 처짐은 상대적으로 적다. 이 단계의 본질적인 한계는 강재강도가 400℃~700℃ 사이에서 급격하게 감소하고 축방향의 압축력이 떨어진다는 점이다. 이 단계에서 소성좌굴은 하부 플랜지와 접합부 근처의 웨브에서 발생한다. 여기서 구속으로 인한 축방향의 압축응력은 부회전(hogging rotation)으로 인한 휨압축응력에 의해 높아진다. 보의 강도가 크게 감소될 때, 처짐이 급격히 증가할 정도로 보는 대부분의 휨강도를 잃는다. 압축력 또한 급격하게 감소하며 결국은 강재 단면이 주로 현수작용으로 하중을 전달하면서 인장력에도 변화가 생긴다.

그림 8.4는 이러한 거동을 보여준다. 이 그림은 Cardington에서 실험된 합성보로써 아래 매달린 피복되지 않은 강재의 축력 변화를 나타낸다.

보 단부에서 축방향 구속 강성이 크다면 가열되는 동안 고온에서의 인장력은 강재의 강도저감곡선과 비슷하다. 그러나 보 단부에서 더 큰 축방향 유연성(axial flexibility)이나 더 큰 보의 처짐에 의해 인장력이 감소된다는 점에 주목해야 한다. 이 상태에서 냉각될 때 구속된 가열(restrained heating)로 사실상 짧아진 보는 축방향의 구속에 대해 수축하고, 다시 강도저감곡선처럼 보이는 인장력을 서서히 키워 나간다.

이 단계에서 생성된(generated) 힘은 어떤 축방향 유연성에 의해 감소된다. 이는 인접한 구조물로부터의 낮은 구속, 단부 조인트에서의 낮은 결속(tying) 강성 혹은 보의 처진 형상을 펴주는 유연성 등이다.

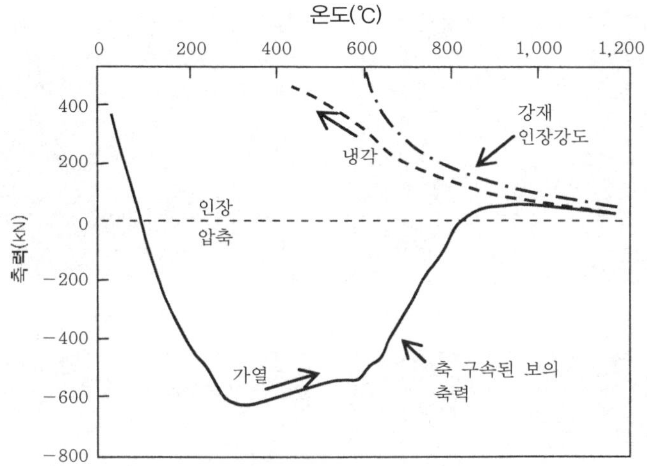

그림 8.4 아래 매달린 강재의 축력

자연화재(Wald 등 2006)와 가열로 시험 프로그램(Yu 등 2008a, 2009a, 2009c, 2011)의 구조거동 관찰에서 조인트는 접합된 부재의 열(thermal)과 구조적 변형에 의해 유발된 큰 힘 때문에 볼트와 엔드-플레이트 같은 요소(components)를 파괴하는 것으로 밝혀졌다.

그림 8.5a와 8.5c는 서로 다른 화재실험으로부터 그림 8.3에 묘사된 형태의 부분 파괴 사례를 보여준다. 어떤 경우에도 엔드-플레이트 양면이 둘 다 파괴되지 않았다는 것은 한쪽 면의 파괴로 생긴 유연성(flexibility) 증가가 남아 있는 접합부를 충분히 연성적으로 거동하게 만들 수 있다는 것을 보여주었다.

파단 후 증가된 유연성은 냉각된 보에서 인장력이 조인트의 변형을 통해 이완되는(relaxed) 것을 가능하게 했다. 남아 있는 접합부는 연성적으로 거동하였고 여전히 수직반력을 전달할 수 있었다. 이러한 조건에서 대체거동(alternative behaviour)은 볼트 파괴이다. 볼트 파괴는 그림 8.5d에서 볼 수 있는 것처럼 너트 안에서 때때로 트레드 스트리핑(thread stripping) 형태를 취한다.

핀 플레이트는 Cardington 실험에서 보(secondary beams)를 지지하는 거더(primary beams)에 연결하기 위해 사용되었다. 몇몇 경우 핀 플레이트와 보 웨브 사이의 접점에서 볼트가 전단으로 파괴되는 것이 관찰되었다(그림 8.5b). 이는 아마 보가 냉각되는 동안 수축에 의해 발생했겠지만, 다른 경우에는 보가 가열되는 동안 팽창에 의해 발생할 수도 있다. 핀 플레이트(fin plates)는 직접 인장과 전단에 저항하기 때문에 부분-깊이(partial-depth) 엔드-플레이트와 같은 휨부재보다 덜 연성적으로 거동할 것이다. 그러나 연결된 보의 하부 플랜지가 기둥면에 닿을 때 상응하는 회전능력 감소와 함께 엔드-플레이트 조인트의 회전강성은 상당히 증가한다.

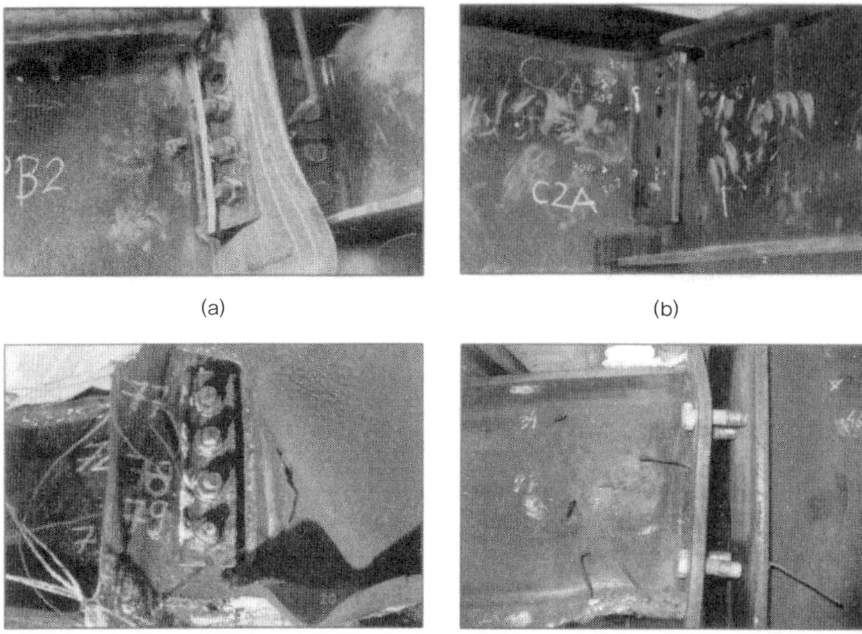

(a) (b) (c) (d)

그림 8.5 Cardington과 Coimbra 조인트 파괴. (a)와 (c) 냉각시 부분-깊이 엔드-플레이트의 단면 파괴 ; (b) 냉각시 핀 플레이트에서 볼트의 전단파괴 ; (d) 너트의 트레드 스트리핑

2) 조인트에서 측정된 내부 힘

주요 Cardington 화재실험 이후 2003년 1월에 합성바닥을 가진 8층 강골조 건물에 대해 일곱 번째 실제 규모의 화재실험이 수행되었다(Wald 등 2006). 이 실험의 주목적은 자연화재시 보-기둥과 보-보 접합부의 거동에 관한 증거를 수집하는 것이었다. 그림 8.6a에서 볼 수 있는 것처럼 11×7m 바닥면적으로 둘러싸인 4층 구획에서 수행되었다.

기둥의 두꺼운 내화피복으로 과도한 온도 증가가 방지되었고, 상온 변형률 게이지를 통해 4층에서는 60분까지, 5층에서는 실험 종료시까지 변형률 변화(gradients)의 측정이 가능했다. 기둥에서의 응력은 휨모멘트를 계산하기 위해 사용되었다. 기둥에서의 전단력은 휨모멘트로부터 유도되었고, 마지막으로 보-기둥 조인트를 통해 전달된 수평력이 계산되었다. 화재 진행시 여러 단계에 걸쳐 계산된 수평력은 그림 8.6b에서 볼 수 있다.

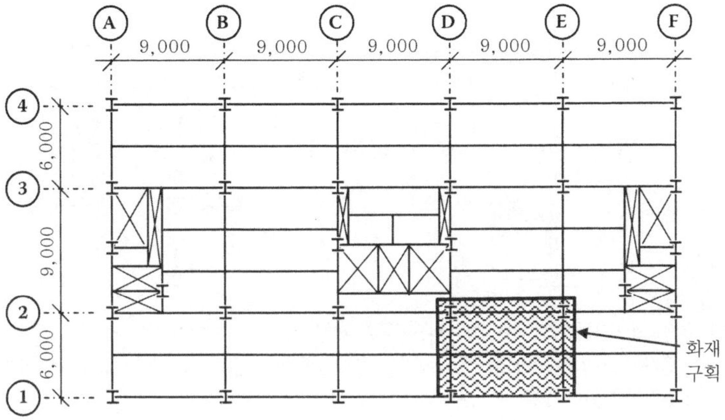

(a) 3층에서 Cardington 실험 7의 위치

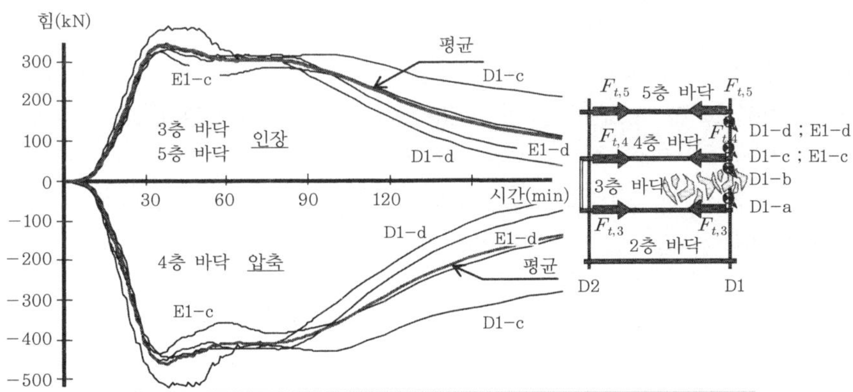

(b) 여러 단계의 접합부에서 계산된 수평력

그림 8.6

3) 단순 조인트의 변형(variants)

최근에 논의된 유형이 주로 제작되어 왔지만 여러 유형의 단순 조인트가 강구조물에 사용되어 왔다. 화재에서의 최적 거동을 위해 단순 조인트는 필요하다.

- 화재로 인한 큰보의 처짐을 극복하기 위한 높은 회전능력
- 수평 인장에서 비교적 유연한 거동, 큰 처짐에 의해 유발되는 유효수축(effective shortening)을 일어나게 함으로써 현수 인장력은 감소될 수 있다.
- 현수 인장력에 저항하기 위한 비틀림을 받을 때 충분한 강도
- 최종 강재온도에서 화재한계상태에 적합한 수직 하중 요소를 전달하기 위한 충분한 수직 전단내력

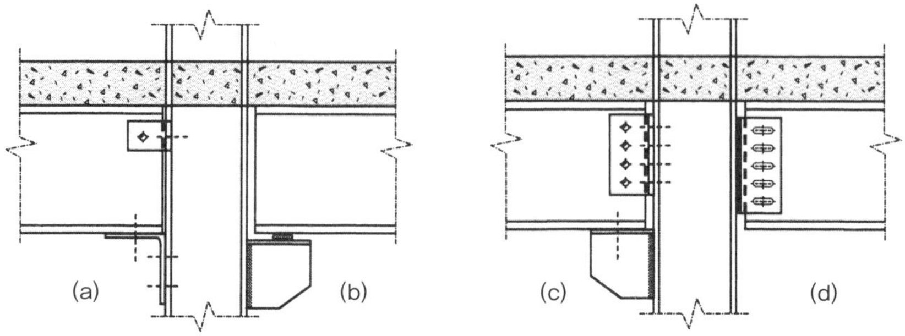

그림 8.7 대체 단순 보-기둥 조인트. (a) 시팅/로케이팅 클리트(seating/locating cleats) ; (b) 슬라이딩 베어링(sliding bearing) ; (c) 시팅 브래킷/웨브 클리트(seating bracket/web cleat) ; (d) 기다란 구멍(slot)이 나 있는 핀 플레이트.

그림 8.7은 보-기둥 조인트를 위한 몇 가지 상세를 나타낸다.

그림에서 볼 수 있는 상세는 특수 상황에서 언급된 몇 가지 요구사항을 제공하는데 유용한 변형들이다. (d)에서 볼 수 있는 기다란 구멍(slot)이 나 있는 핀 플레이트와 (c)에서의 시팅 웨브 클리트는 이러한 힘에 저항하기 위한 최종 강도와 함께 회전의 연성과 현수력을 최소화하기 위해 필요한 축방향의 움직임을 제공하기 위해 설계된다. (b)는 높은 축방향 움직임과 회전 능력을 제공하지만 슬래브 철근에 의한 것과 달리 결속 능력을 가지지는 못한다.

8.2.2 반강접과 강접 조인트

현장용접 조인트는 정확성과 용접의 품질을 확보하기 어렵기 때문에 많은 나라에서 선호하지 않는다. 반강접 혹은 강접 조인트가 필요한 곳에는 그림 8.8a와 8.8b에서 볼 수 있는 것처럼 엔드-플레이트 조인트의 변형을 사용하는 것이 일반적이다. 그러나 플러시 엔드-플레이트(flush end-plates)는 힌지지점을 가정해서 단순 전단 접합부로 상온 강도에서 설계되어왔더라도 편의를 위해 철골제작업체(fabricators)에 의해 구체적으로 명시된다. 강접 조인트를 통해 상온에서 완전한 모멘트 전달을 가정하는 설계는 일반적으로 추가 공장제작(shop fabrication)과 확장 엔드-플레이트를 강화하는데 드는 비용 및 현장용접(site welding)을 의미한다.

화재시 그와 같은 조인트의 거동에 대한 연구는 지금까지 거의 수행되지 않았고, 국부좌굴이 접합부에 인접한 보 단부에서 일어날 가능성이 있을 때 화재에서 조인트가 강성(rigidity)을 유지할 수 있는지는 의심의 여지가 있다.

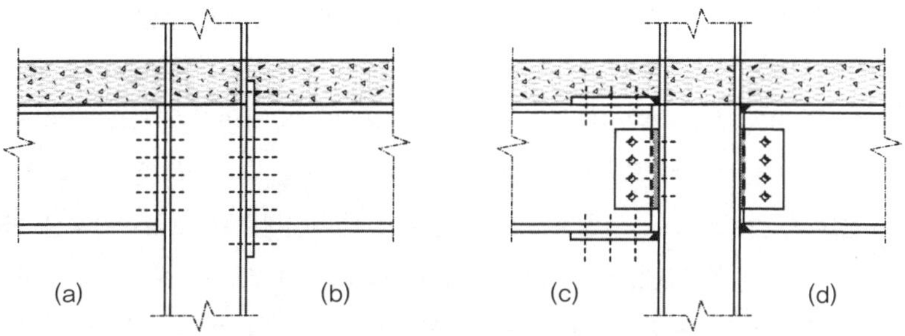

그림 8.8 반강접과 강접 조인트. (a) 플러시 엔드-플레이트 ; (b) 확장 엔드 플레이트 ; (c) 공장-용접된/현장 볼트 체결된 조인트 ; (d) 현장 볼트 체결된/현장-용접된 조인트

8.2.3 보-보 이음 조인트(Splice joints)

직각으로 서로 연결하는 보는 정상범위의 보-기둥 조인트 형태의 일부분(subset)을 사용한다. 그러나 일렬로 연결하는 보는 완전히 구별되는 상세를 사용해야 한다. 그림 8.9는 몇 가지 일반적인 형태를 나타낸다. 이러한 조인트에 대한 연구나 실험은 이루어지지 않았지만 몇 가지 논리적인 예측을 할 수 있다.

용접된 모멘트 이음은 고온에서 좋은 성능을 발휘해야 한다. 왜냐하면 용접과 열에 영향받은 구역에 상승된 온도는 보 단면 그 자체와 비교하면 용접된 모멘트 이음에 불리한 영향을 주지 않기 때문이다. 볼트로 체결된 모멘트 이음(splices)은 상당한 모멘트를 전달하기 위해 설계되지만 열팽창(thermal expansion) 혹은 부등연화(differential softening)로 인해 볼트가 초기 인장력을 잃을 수 있다. 비록 접합부가 현수인장(catenary tension)을 잘 전달하더라도 접합부는 휨모멘트를 전달하면서 연쇄적인 볼트의 파괴를 겪을 수 있다.

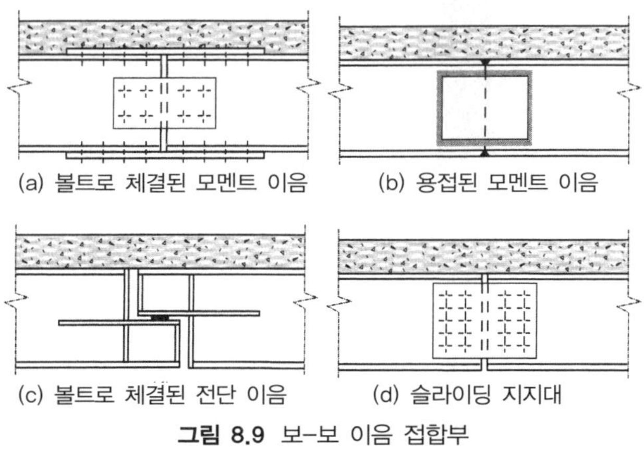

그림 8.9 보-보 이음 접합부

볼트로 체결된 전단이음이 제대로 설계되지 않으면 볼트로 체결된 전단이음은 화재에서 현수력(cantenary forces)에 취약할 수 있다는 미국연방재난관리청(FEMA 2002)의 보고가 있다. 2001년 9월 11일에 심각한 화재가 일어난 뉴욕의 세계무역센터 단지의 건물 5(WTC 5)는 그림 8.10에 볼 수 있는 것처럼 현수식 보 스팬을 지지하는 사전제작된 '컬럼 트리(column trees)'를 사용하여 건설되었다. 그림 8.11의 조인트는 내화피복으로 보호되었지만 화재 때문에 파괴되었다. 이 건물의 상부층은 화재 중 몇 개의 아래층이 붕괴되는 동안에도 파괴되지 않고, 원래 상태로 남아 있었다. 한 개 층에서 시작된 붕괴와 충격하중은 연속적인 영향으로 아래층의 붕괴를 유발했을 개연성이 있다. 접합부는 부재를 따라 수직전단력을 전달하기 위해 설계된 단순전단 플레이트를 사용했다. 볼트 열(bolt rows) 사이의 편심은 작은 모멘트를 유발하지만, 그 외에 볼트와 볼트-구멍 위치는 수직력에 대해서만 설계된다. 이는 볼트-구멍과 강재 플레이트의 단부 사이에 '공칭' 연단거리를 설명한다. 큰 처짐에서 발생된 현수력(catenary forces)에서 수직전단과 결합된 연단거리(edge distances)는 분명히 불충분하고 블록 전단파괴를 야기한다.

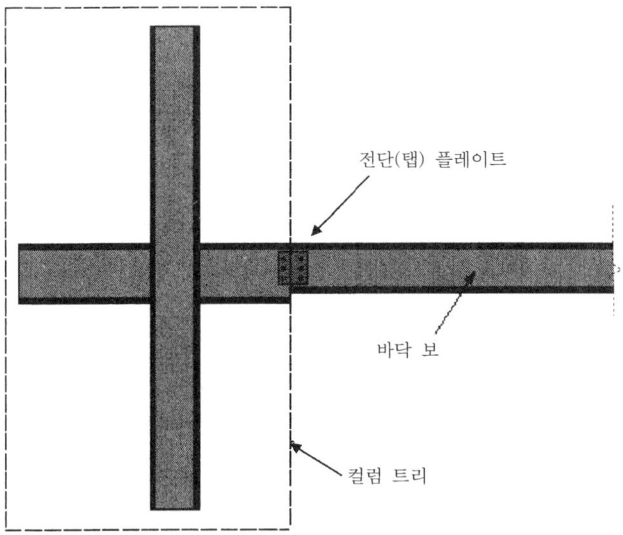

그림 8.10 세계무역센터 5의 컬럼 트리 상세[4]

4) From Federal Emergency Management Agency[FEMA], World Trade Center Building Performance Study : Data Collection, Preliminary Observations and Recommendations, FEMA Technical Report 403, Federal Emergency Management Agency, Washington, DC, USA, 2002

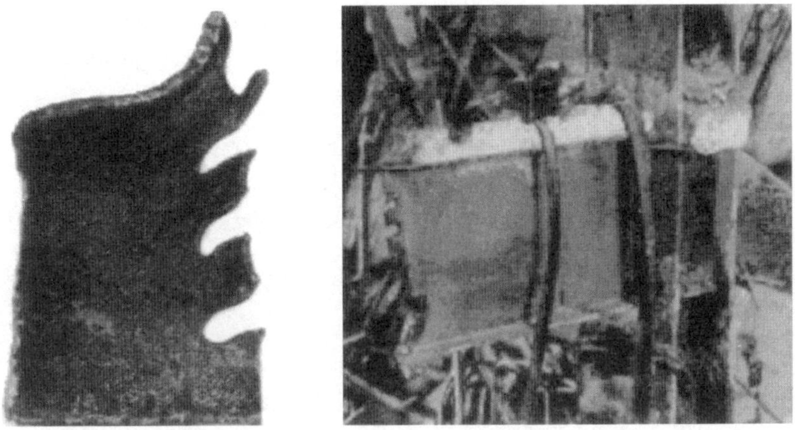

그림 8.11 세계무역센터 5로부터 파괴된 탭 플레이트와 컬럼 트리 모서리[5)]

8.3 현행 설계

강재와 합성구조물의 조인트는 힘에 대해 설계되어 왔다. 이는 하중조건(load cases)에서 연결된 부재들 사이에 전달되는 것으로 가정된다. 대부분의 경우 설계자는 보 단부의 조인트가 지지하는 부재에 직각방향으로만 반력을 전달한다고 가정한다. 이는 보수적인 가정이다. 왜냐하면 지지된 보는 보의 단부에서 완전 혹은 부분 회전연속성의 이점 없이 하중을 전달하는 것으로 설계되고 실제로 존재하는 회전강성은 정모멘트와 보처짐 둘 다 감소시키는 묵시적(implicit) 부가 안전계수를 추가한 것으로 생각되기 때문이다. 지진하중에 대해서 구조물을 '연속적'인 것으로 해석 및 설계할 때 모든 접합부가 완전한 회전 연속성을 갖는 것으로 가정한다. 모든 접합부는 하중조건에서 전달된 모멘트에 저항하기 위해 설계된다. 회전에서 접합부 상세의 실제 거동에 대한 연구는 '반강접 설계'의 허용으로 반영되어 왔다. 이는 구조물의 비용을 최적화할 수 있는 중간해법(intermediate solution)을 만들기 위해 접합부 회전강성과 모멘트내력의 간략화된 형태를 사용 가능하게 했다. 또한, 완전한 강성에 대한 접합부보다 훨씬 더 단순한 접합부 상세를 사용하지만 단부 강성이 제공하는 보 휨모멘트와 처짐의 조절을 이용한다.

5) From Federal Emergency Management Agency[FEMA], World Trade Center Building Performance Study : Data Collection, Preliminary Observations and Recommendations, FEMA Technical Report403, Federal Emergency Management Agency, Washington, DC, USA, 2002

비연성 비선형 스프링의 조합(assembly)으로 접합부를 모델링해서 접합부의 작용을 나타내는 방법으로 '구성요소법(component method)'의 발달은 EN 1993-1-8(CEN 1993-2005c)에 코드화된 반강접설계를 허용해 왔다. EN 1993-1-8은 구성요소의 허용된 역학적 모델이 존재하는 제한된 범위의 접합부 형태에 대해 강재와 합성골조의 상온설계를 포함한다. 현재 이 방법은 상온에서 접합부의 회전강성과 모멘트내력을 계산하기 위해 코드화되었다.

8.3.1 강재와 강재 접합부 : 유로코드 EN 1993-1-2 : 2005 부록 D

EN 1993-1-2(CEN 1993-2005b)는 조인트에 대해 거의 언급하지 않는다. 이는 EN 1993-1-8(CEN 1993-2005c)에서 상온의 조인트에서 가능한 매우 발전된 내용과 대조적이다. 연결부재와 비교하여 조인트 구성 부재의 상대적으로 차가운 온도가 상온보다도 화재시 단순 조인트의 회전강성을 더 중요하게 만든다. 그러나 조인트의 반강접 거동에 대한 명확한 규정은 없다. 부록 D는 간략화된 접합부 온도 계산과 고온에서 볼트와 용접의 감소된 강도만을 다루는 '유용한 정보를 주는' 절이다. 부록 D는 예측된 어떠한 하중처짐 거동도 허용하지 않는다.

1) 접합부 온도

EN 1993-1-2는 조인트 구역에 대한 온도 계산방법을 제공한다. 접합부의 온도는 4장에서 언급한 피복 및 무피복 부재에 대해 제공된 선형화된 증분법(incremental linearised methods)에 의해 평가된다. 이는 접합부를 형성하는 부분 국부 단면형상계수(A/V) 값을 이용한다.

(1) 균일한 접합부 온도

균일한 접합부 온도는 접합된 강재의 최대 단면형상계수(A/V) 값을 이용하여 계산된다.

(2) 비균일한 접합부 온도

보가 콘크리트 바닥을 지지하는 곳의 보-기둥과 보-보 조인트에 대한 접합부의 온도는 보 중앙에서 하부 보 플랜지의 온도에 관하여 평가된다. 보 플랜지 온도는 스프레드시트를 통한 선형화된 증분법을 이용하여 계산된다. 이는 플랜지 플레이트 자체에 대한 단면형상계수(section factor)를 이용하여 적용된다. 단면형상계수가 결정될 때 접합부 구성요소를 통한 온도분포는 보의 깊이에 따라 선형 혹은 이선형의 변화도(그림 8.12)로 표현된다.

보의 깊이가 400mm 이하이면

$$\theta_h = 0.88\theta_0[1 - 0.3(h/D)] \tag{8.1}$$

보의 깊이가 400mm를 초과하면 :
h가 $D/2$ 이하일 때 온도는

$$\theta_h = 0.88\theta_0$$

h가 $D/2$ 초과할 때 온도는

$$\theta_h = 0.88\theta_0[1 + 0.2(1 - 2h/D)]$$

여기서, θ_h는 강재보의 높이 h에서의 온도, θ_0는 조인트로부터 떨어진 강재보의 하부 플랜지 온도, h는 보의 하부에서 고려되는 구성요소의 높이(mm)이고, D는 보의 깊이(mm)이다.

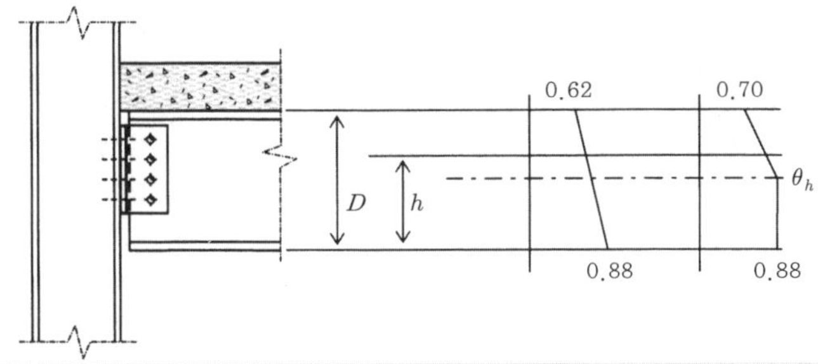

그림 8.12 합성 접합부의 깊이 내에서 열변화

2) 볼트로 된 접합부

접합부의 부재내력에서 조인트 온도는 조인트로부터 떨어진 부재의 온도보다 낮기 때문에 화재시 순단면 강도를 계산하기 위한 요구사항은 없다. 이는 상온에서 설계된 하중조건에 대해 조인트와 부재가 모두 약해진다고 하더라도 조인트가 화재시 부재보다 더 강해진다는 것을 의미한다.

(1) 전단력을 받는 볼트

전단력을 받는 볼트는 접합된 부분이 큰 마찰 없이 서로 미끄러질 수 있을 것으로 가정되는 지압형태(bearing type)이거나, 마찰내력을 발생하기 위해 볼트에서 명시된 최소한의 인장을 사용하는 '마찰 그립(friction grip)'의 형태이다.

화재시 마찰 그립 볼트의 가열은 접지압(contact pressure)을 효과적으로 제거하는 것으로 가정되어 마찰 그립 볼트는 미끄러지는 것으로 가정되었고, 지압볼트와 같은 방식으로 취급된다. 볼트의 강도는 표 8.1에 주어진 경향으로 온도와 함께 감소할 것으로 예상된다(그림 8.13).

단일 전단(그림 8.14)에서 각각의 볼트 강도는 식(8.2)로 계산된다.

$$F_{v,t,Rd} = F_{v,Rd} k_{b,\theta} \frac{\gamma_{M2}}{\gamma_{M,fi}} \tag{8.2}$$

여기서, $k_{b,\theta}$는 표 8.1로부터 적절한 볼트 온도에 대해 결정된 강도감소계수이다. γ_{M2}는 상온에서의 부분안전계수이다. 부분안전계수의 일반값은 1.25이지만 국가별 부속 규정(National Annexes)에서는 변경되어 있다.

표 8.1 전단과 인장에서 볼트에 대한 EC3 강도감소계수

온도 θ_b, ℃	강도감소계수 $k_{b,\theta}$
20	1.000
100	0.968
150	0.952
200	0.935
300	0.903
400	0.775
500	0.550
600	0.220
700	0.100
800	0.067
900	0.033
1,000	0.000

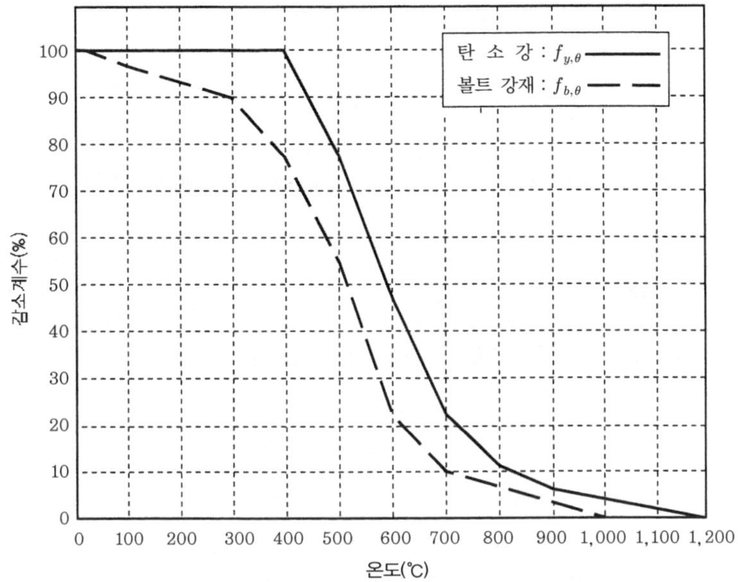

그림 8.13 고온에서 구조용 탄소강과 비교한 볼트 강재에 대한 EC3 강도감소

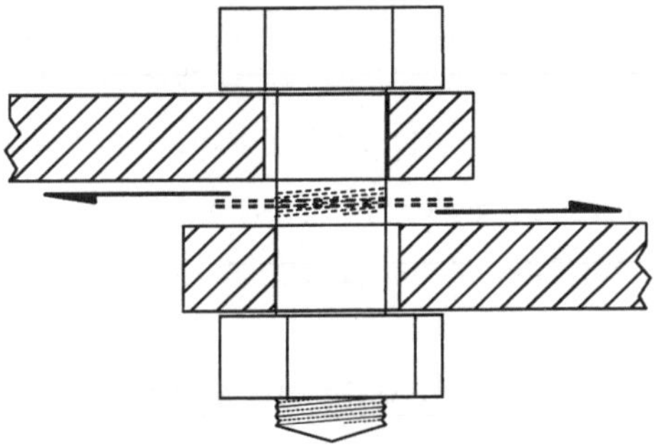

그림 8.14 단일-전단내력 계산

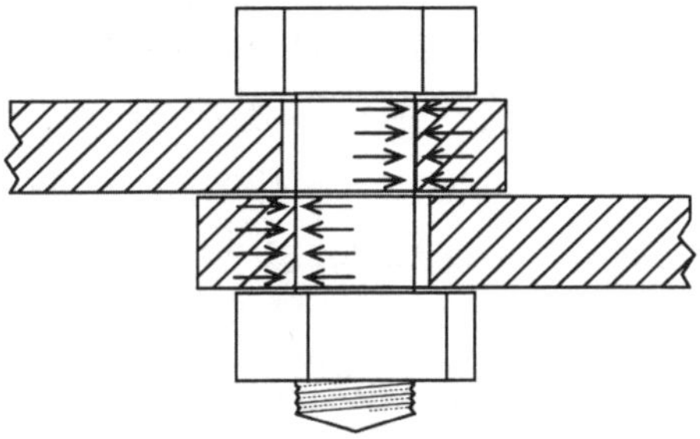

그림 8.15 지압내력 계산

$\gamma_{M,fi}$은 1.0의 일반값을 가지는 화재조건에 대한 부분안전계수이다. $F_{v,Rd}$는 전단 평면이 볼트의 나사산을 통과하는 것을 가정하는 전단 평면당 볼트의 설계 전단내력이고, 식(8.3)으로 주어진다.

$$F_{v,Rd} = \frac{\alpha_v f_{ub} A}{\gamma_{M2}} \qquad (8.3)$$

여기서, 등급 4.6, 5.6과 8.8 볼트에 대해 $\alpha_v = 0.6$이고, A는 나사산에 걸친 전단면적이다.

지압(그림 8.15)에서 각각의 볼트 강도는 식(8.4)로 주어진다.

$$F_{b,t,Rd} = F_{b,Rd}\, k_{b,\theta}\, \frac{\gamma_{M2}}{\gamma_{M,fi}} \tag{8.4}$$

여기서, 정의된 계수와 달리 $F_{b,Rd}$는 식(8.5)에 의해 주어지는 볼트의 설계 지압내력이다.

$$F_{b,Rd} = \frac{k_1 \alpha_b f_u dt}{\gamma_{M2}} \tag{8.5}$$

여기서, α_b는 α_d, (f_{ub}/f_u) 또는 1.0 중 가장 작은 값이다.

하중전달방향에 수직 :

• 모서리 볼트에 대해 k_1은 $(2.8e_2/d_0 - 1.7)$과 2.5 중 작은 값이다.

• 내부 볼트에 대해 k_1은 $(1.4p_2/d_0 - 1.7)$과 2.5 중 작은 값이다.

길이방향의 축이 힘전달방향에 수직인 슬롯 구멍(slotted holes)에서의 지압강도는 일반 원형 구멍을 가진 볼트 지압내력의 0.6배이다.

(2) 인장 볼트

상온에서 설계된 하중에 대해 상승된 온도에서 볼트의 인장강도는 보-기둥 혹은 보-보 조인트의 감소된 강도를 계산하는데 중요하지 않다. 왜냐하면 볼트는 그러한 조인트에서 인장에 직접 사용되지 않기 때문이다. 그러나 보가 화재시 높은 처짐에 도달할 때 보는 휨강성의 대부분을 잃고 보의 단부 조인트 사이에서 현수선(catenary)으로 버틴다. 이 단계에서 조인트의 결속강도는 바닥 슬래브의 붕괴를 막는 중요한 구조적 특성이며, 상부층으로 화재의 수직 확산을 유도한다.

프리텐션되거나(pretesioned) 프리텐션되지 않은(non-pretensioned) 볼트 둘 다 같은 방법으로 취급된다. 상승된 온도에서 단일 볼트의 설계강도는 식(8.6)으로부터 결정된다.

$$F_{ten,t,Rd} = F_{t,Rd} k_{b,\theta} \frac{\gamma_{M2}}{\gamma_{M,fi}} \tag{8.6}$$

여기서, 상온 강도 $F_{t,Rd}$는 접시머리 볼트(countersunk bolt)에 대해 $F_{t,Rd} = \dfrac{k_2 f_{ub} A_s}{\gamma_{M2}}$와 $k_2 = 0.63$이거나 아니면 $k_2 = 0.9$로 결정된다. 적절한 볼트 온도에 대한 강도저감계수 $k_{b,\theta}$는 표 8.1로부터 결정된다.

3) 용접 접합부

(1) 맞댐용접(Butt welds)

700℃의 온도에서 완전용입 맞댐용접(full-penetration butt weld)의 강도감소는 구조용 강재의 강도감소계수를 이용하여 연결된 약한 부분의 강도와 같다. 700℃를 초과하는 온도에서 모살(필렛) 용접에 대해 표 8.2에 주어진 감소계수 또한 맞댐용접에 적용된다.

(2) 모살용접(Fillet welds)

상승된 온도에서 모살용접의 단위길이당 강도감소는 식(8.7)로부터 결정된다.

$$F_{w,t,Rd} = F_{w,Rd} k_{w,\theta} \frac{\gamma_{M2}}{\gamma_{M,fi}} \tag{8.7}$$

여기서, 강도감소계수 $k_{w,\theta}$는 적절한 용접 온도에 대해 표 8.2로부터 얻어진다. 단위길이당 상온 강도 $F_{w,Rd}$는 식(8.8)이다.

$$F_{w,Rd} = f_{vw,d} a \tag{8.8}$$

여기서, $f_{vw,d}$는 식(8.9)에 의해 주어진 용접의 설계전단강도이다.

$$f_{vw,d} = \frac{f_u / \sqrt{3}}{\beta_w \gamma_{M2}} \tag{8.9}$$

표 8.2 용접에 대한 감소계수

온도 θ_b	강도감소계수 $k_{w,\theta}$
20	1.000
100	1.000
150	1.000
200	1.000
300	1.000
400	0.876
500	0.627
600	0.378
700	0.130
800	0.074
900	0.018
1,000	0.000

그리고 f_u는 연결된 약한 부분의 공칭극한인장강도이다. 상관인자 β_w는 연결된 부분에서 더 약한 강재 등급에 따라 달라진다(표 8.3).

표 8.3 상관인자(Correlation factors)

S235	$\beta_w = 0.8$
S275	$\beta_w = 0.85$
S355	$\beta_w = 0.9$
S420, S460	$\beta_w = 1.0$

8.3.2 합성 접합부 : EN 1994-1-2 5.4절(CEN 1994-2005b)

1) 접합부 형태

유로코드 EN 1994-1-2 5.4절은 합성보와 합성기둥 사이의 접합부에 대한 전단 전달 및 두 조인트의 상세 형태만을 고려한다. 이는 기둥면에 둘 다 용접된 지압블록과 핀 플레이트이다(그림 8.16). 만약에 지압블록이 사용된다면 지압블록은 보가 화재의 냉각단계에서 이러한 지점들을 미끄러져 내릴 수 없다는 것을 보장하기 위해 자세히 설명되어야 한다.

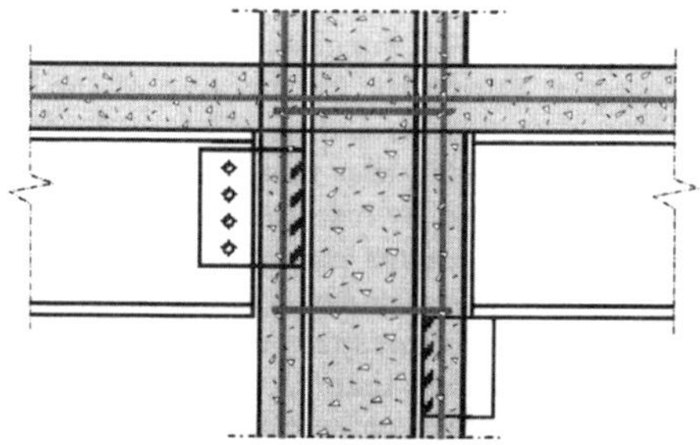

그림 8.16 콘크리트 충전 기둥의 접합부

합성구조물에서는 상온에서와 마찬가지로 화재시 강재와 콘크리트 사이에 요구되는 전단 연결 수준(level of shear connection)을 보장하는 것은 매우 중요하다. EN 1994-1-2에서 이 부분의 가장 중요한 측면은 보 단부의 전단력이 합성기둥의 강재와 콘크리트 단면 둘 다에 적절하게 분배될 수 있도록 보장하는 주제(theme)이다. 이는 접합부 상세가 플랜지 돌출(flange outstands)이지만 속이 빈 단면의 벽과 같은 강재기둥 단면의 유연한 부분에 붙는다면 전단커넥터(shear connectors), 보통 헤드 스터드(headed studs) 또는 다른 적절한 상세를 이용해야 한다. 이렇게 하지 않으면 콘크리트로부터 쉽게 분리되어 강재와 콘크리트 사이의 전단 전달은 없다. 대안으로 강재와 콘크리트는 별도의 내화 요구사항을 만족시켜야 한다. 전단커넥터는 강재단면에서 직접 가열되는 부분에 붙지 않아야 한다. 완전 또는 부분 매립(encased) 단면의 경우에 콘크리트는 반드시 보강되어야 한다. 철근의 콘크리트 피복은 화재시 콘크리트의 폭렬을 방지하기 위해 20~50mm 정도이어야 한다.

EN 1993-1-2(CEN 1993-2005b)에서 보-기둥 조인트는 하중을 전달하는 부재처럼 동일한 내화시간에 대해 작용한 힘과 모멘트를 지지하기 위해 설계 및 시공되어야 한다. 내화피복 부재에서 이를 얻기 위한 한 가지 방법으로 동일한 내화피복을 적용시키는 것이 제안되었다. 이는 매우 피상적이고 화재시 골조의 실제 거동과 거의 관련이 없다는 점이 지적되어 왔다.

상온설계에서 단순지지된 보의 경우 콘크리트 슬래브의 연속성을 확보하도록 적절하게 철근이 보강되고 구속된 팽창에 의해 발생한 압축력이 강재 접합부를 통해 효과적으로 전달될 수 있으면 EN 1994-1-2에서는 보 처짐으로 인해 부모멘트가 화재시 지지점에서 발생할 수 있다고 언급되고 있다. 보단부와 기둥면 사이의 간격이 10mm 미만이거나 30~180분 사이의 내화시간에 대해 5m에 걸친 보스팬의 경우 15mm 미만이라면 제안된 것처럼 부모멘트는 화재시 항상 발달할 수 있다.

영국강구조협회(SCI[6])는 상온 조인트에서 발생된 부모멘트 때문에 단순지지된 것으로 설계되는 합성보 화재시 내력 향상에 기초한 화재공학계산법을 출간하였다(Lawson 1990b). 이는 출간 당시 널리 배포되었다. 그러나 1995~1996년에 Cardington 실제 규모 실험에서 접합부 구역 옆의 합성보 하부 플랜지에 상당한 국부좌굴이 관찰되어 이 방법의 안전성에 의심을 불러 일으켰다. 이 국부좌굴은 구속된 열팽창에 의해 유발된 압축으로부터 비롯된다. 이 문서는 더 이상 권장되지 않는다. 하부 보 플랜지의 국부좌굴 가능성을 방지하기 위해 매우 특정한 상세(specific detailing)가 사용되지 않는다면 조인트에서 부모멘트는 보의 내화능력을 향상시키는데 사용되지 않아야 한다고 제안했다.

2) 콘크리트 충전 기둥의 접합부

콘크리트 충전 기둥 아래 매달린 강재보가 연결되는 현장 접합부의 실질적인 문제는 단순접합방법이 기둥면에 사전용접된 핀 플레이트나 지압블록을 사용하고, 보를 지지하기 위해 콘크리트 충전으로부터 충분한 거리를 내미는 것을 따르는 것이다(그림 8.16).

---

6) Steel Construction Institute

3) 부분 충전된 보와 기둥 사이의 조인트

I-단면 또는 H-단면의 플랜지 사이에 콘크리트 채움은 설계에서 단순하게 사용될 수 있는 접합 방법을 다시 제한하지만, EN 1994-1-2에 포함된 두 가지 형태를 사용하는 것은 가능하다(그림 8.17). 기둥면에 용접이 화재에 노출되기 때문에 피복되지 않은 지압블록이 사용된다면 추가 전단스터드가 접합부 부근에서 제공되어야 한다. 이러한 스터드의 전단내력은 지압블록의 평균 온도와 같은 스터드 온도로 가정해서 검토되어야 한다. 핀 플레이트는 전단을 H-단면 강재의 웨브에 직접 전달할 수 있고, 콘크리트로 분포시키는 것을 가능하게 하여 이러한 규정이 없다.

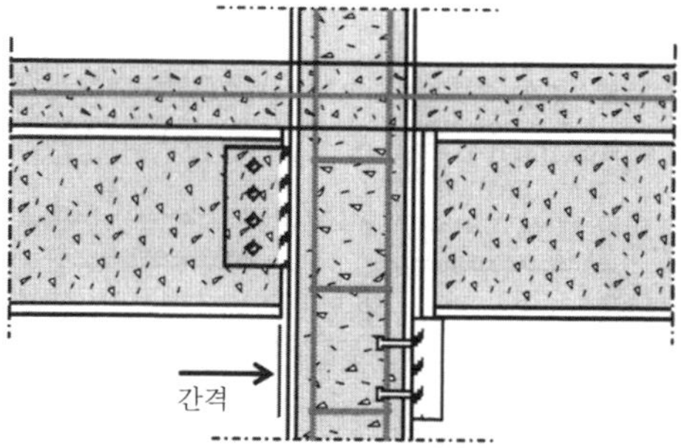

그림 8.17 부분 충전된 H-단면 기둥의 접합부

R120까지 내화등급에 대해 다음과 같은 조건이면 추가 스터드를 필요로 하지 않는다.

- 피복되지 않은 지압블록은 최소 80mm의 두께를 가진다.
- 기둥 플랜지의 네 면에 연속적으로 용접된다.
- 직접 복사(radiation)에 대해 피복된 상부 용접은 주변 용접의 최소 1.5배 두께를 가지고, 상온에 대한 설계는 설계전단력의 최소 40%를 지지한다.

핀 플레이트가 사용된다면 보와 기둥 사이의 순간격(clear gap)이 10mm 미만이면 추가 피복이 필요하지 않다.

4) 합성보와 콘크리트 충전 합성 중공-단면 기둥 사이의 조인트

합성보는 지압블록이나 핀 플레이트를 이용해서 콘크리트 충전 중공-단면 기둥에 연결된다(그림 8.18). 접합부 상세는 보에서 이러한 합성 기둥 형태의 철근콘크리트 코어까지 적절한 방법으로 전단력과 인장력을 전달할 필요가 있다. 만약에 지압블록이 사용된다면 용접 전에 드릴로 뚫은 구멍을 통해 단면 밖으로부터 삽입할 필요가 있더라도 화재시 중공-단면 기둥 안에서 반드시 추가 스터드에 의해 전단하중이 전달되어야 한다.

스터드의 전단내력은 지압블록의 평균 온도와 같은 스터드 온도로 검토되어야 한다. 핀 플레이트가 사용된다면 콘크리트와 강재 둘 다에 하중전달을 보장하기 위한 최선의 방법은 기둥을 관통하고 양쪽 접합부를 형성하기 위한 단일 플레이트가 있다는 것이 명시된다(그림 8.18b). 이는 중공 단면의 양쪽 벽에 용접되어야 한다.

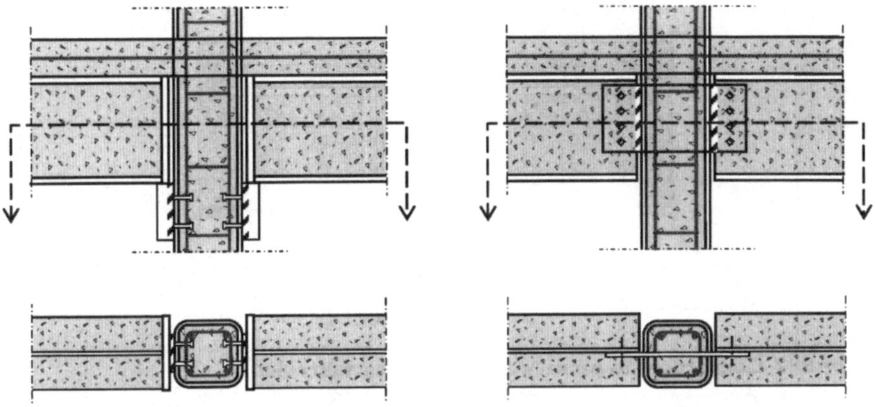

(a) 추가 스터드를 가진 지압블록　　(b) 핀 플레이트 관통

그림 8.18 합성보와 콘크리트 충전 중공-단면 기둥 사이의 접합부

8.4 성능기반 접근법의 발달

구조화재공학은 화재시 전체 구조물과 개별 부분의 거동에 대한 이해에 근거하고 있다. 이러한 이해의 기초는 실험과 해석 연구의 조합이다. 조인트의 경우 이 접근법에 대한 동기 부여는 두 부분이다. 설계자가 실제 조인트로부터 얻을 수 있는 보처짐의 잠재적인 제어를 이용하고 싶어하고, 다른 한편으로는 조인트가 화재시 연쇄 구조붕괴에 견딜 수 있을 정도로 견고하다는 것을 보장할 필요가 있다.

8.4.1 모멘트-회전 특성

고온에서 조인트의 실제 반응에 대한 기존의 데이터는 축력이 없는 상태에서 모멘트-회전 거동에 대해서만 초점을 맞춘 십자형 배치(cruciform arrangements)에 대한 실규모 가열로 시험[7]과 Liu(1996)의 유한요소 해석으로부터 얻어졌다. 실험으로부터 Al-Jabri 등(2002)은 그림 8.19에 나타낸 강도와 회전강성의 점진적인 성능저하를 보여주는 반경험적(semiempirical) 규칙을 가정하였다.

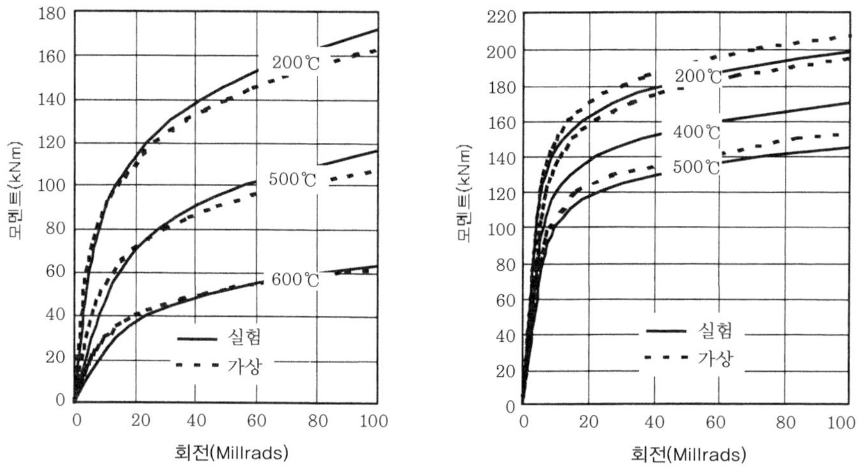

그림 8.19 강재-강재와 합성보-기둥 조인트에 대한 모멘트-회전곡선[8]

Cardington 실제 규모 화재실험은 연속골조의 화재시 거동은 상승된 온도에서의 강도 성능저하, 강재와 합성단면의 온도 차이(temperature differentials) 및 열팽창 구속에 의해 매우 유사한 정도로 통제된다는 사실을 가져왔다. 특히 열팽창의 구속 효과는 단일 부재(isolated member) 거동에 기초한 설계과정이 잘못되었다는 것을 의미한다. 조인트에서 회전 거동은 구속된 팽창으로 유발된 축력을 함께 고려해야 한다는 것을 의미한다.

---

7) Lawson 1990a ; Leston-Jones 1997 ; Al-Jabri 1999

8) From Al-Jabri, K.S., Burgess, I.W., and Plank, R.J., Prediction of the Degradation of Connection Characteristics at Elevated Temperature, Proceedings of 3rd European Conference on Steel Structures, Coimbra, Portugal, pp.1,391~1,400, 2002. With permission from Elsevier

8.4.2 요소기반 설계법(Component-based methods)의 발달

전체적인 골조반응에서 조인트의 거동은 피복되지 않은 보의 열팽창 구속에 의해 생겨난 높은 축력에 의해 영향을 받는다. 국부좌굴이 일어나지 않더라도 강재에 대한 응력-변형률 곡선의 특성을 고려해 볼 때 조인트의 회전거동은 이러한 축력에 의해 영향을 받는 것이 확실하다. 그러므로 조인트의 모멘트-회전-온도 특성은 화재시 구조 골조의 일부분으로 거동하는 방법을 표현하는데 적절하지 않다. 모멘트-회전-축력 표면이 서로 다른 온도에서 발생되었다면 이 과정은 여러 가지 복잡함과 단일 조인트 형상에 대해 비용이 많이 드는 가열로 실험을 요구할 것이다. 좀 더 실용적인 대안은 조인트 해석의 요소법 원칙을 넓혀 상승된 온도에서 설계하는 것이다. 요소법(component method)의 기초는 그림 8.20에서처럼 조인트에 대해 몇 가지 요소를 포함한 개별 단일 구역의 조립체로 고려하는 것이다. 부재 단부 모멘트의 단독 작용에서 강재 조인트는 세 개의 주요 구역(인장, 압축, 전단)으로 나눌 수 있다.

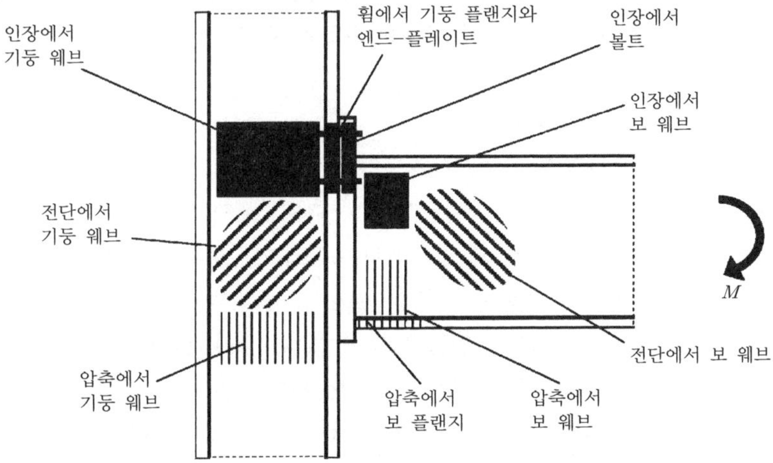

그림 8.20 모멘트에서 엔드-플레이트 조인트에서의 세 영역과 요소

각 요소는 인장, 압축, 전단에서 각각에 맞는 강도와 강성을 가지는 비선형 스프링이고, 각각은 온도가 증가함에 따라 감소할 것이다. 그러므로 그림 8.21에서처럼 모멘트와 축력의 조합은 개별 비선형 스프링의 서로 다른 수평력의 조합이다.

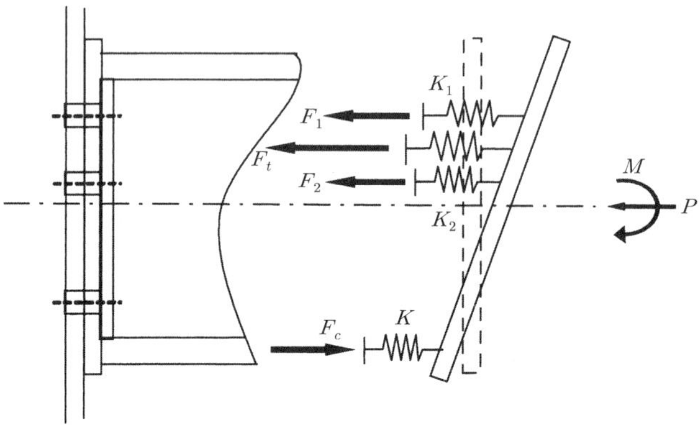

그림 8.21 모멘트와 축력에서 요소 스프링 작용의 설명

셰필드에서 Spyrou 등(2004a, 2004b)과 싱가포르의 Tan 등(2004)에 의한 연구는 상승된 온도에서 엔드-플레이트 조인트의 인장과 압축구역의 거동을 실험적·해석적으로 연구하기 위해 시작되었다. 간략화된 해석 모델은 상승된 온도에서 몇 가지 플러시의 주요 요소와 확장된 엔드-플레이트 특성에 대해 발전해왔고, 이러한 것들은 가열로 실험과 상세한 유한요소 시뮬레이션을 통해 검증되어 왔다.

평가되어 온 요소는 다음의 범위이다.

• 엔드-플레이트, 상부 볼트와 기둥 플랜지를 구성하는 인장영역

• 기둥 축력이 크지 않은 경우나 다양한 수준의 기둥 축력이 존재할 때 기둥 웨브의 압축영역

이는 십자형 배치에 관한 초기 가열로 실험에서 측정되었던 보나 기둥에서 축력 없이 높은 온도 모멘트-회전을 재생하기 위해 사용함으로써 그 방법을 실험하는 것은 충분하다. 요소법은 이러한 시도에서 성공적으로 입증되었지만(그림 8.22), 실제 적용에 있어서는 더 많은 발전이 필요하다. 각 요소 구역 연구는 기본적인 부분을 잘 수행했고, 모델 개발은 유사한 특성(보 단부의 전단 패널은 기둥 웨브 전단 패널로 확장될 수 있는 모델을 제공해야 함)을 가진 다른 구역과 몇 가지 동일한 요소를 적용하는 다른 조인트 형태에 적용할 수 있다.

비록 일반적인 조인트 형태에 대해 유사한 방법이 개발될 필요가 있더라도 간략화된 모델은 이러한 일반적인 형태의 조인트에 대해 신뢰할 수 있다는 것을 입증해 왔다.

요소법의 원칙은, 화재시 전체적인 조인트 거동을 예측하기 위한 시도 없이 간략화된 또는 유한요소 모델링에서 직접적으로 사용될 수 있다. 이는 강골조와 합성건물의 해석적인 화재공학 설계에서 고려하는 반강접 거동을 가능하게 한다.

요소기반 접합부 모델이 강골조와 합성건물의 해석적인 화재공학설계에서 고려된 접합부 반응을 가능하게 하는 간략화된 해석 또는 전체적인 열구조 유한요소 모델링에서 일상적으로

신뢰하고 사용할 수 있도록 현재의 심각한 문제는 해결해야 한다. 좀 더 중요한 것은 여러 접합부 요소 거동의 불연속적인 특성이다.

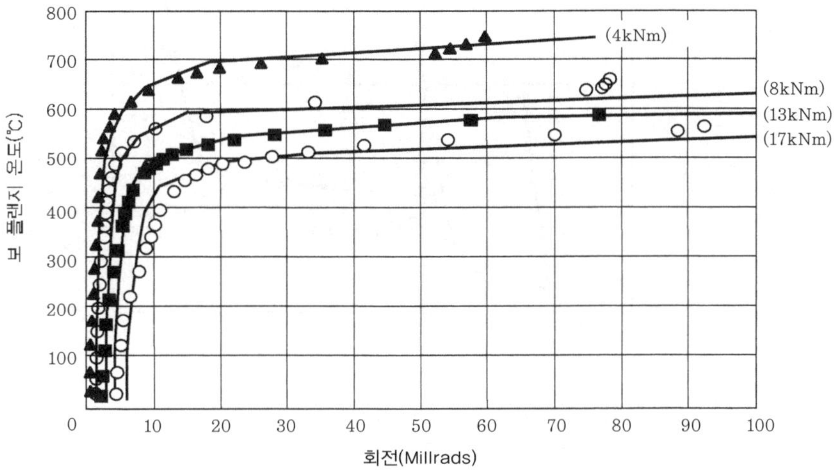

그림 8.22 십자형 실험으로부터 얻어진 모멘트-회전 특성에 대한 요소기반 (component-based) 조인트 모델의 비교

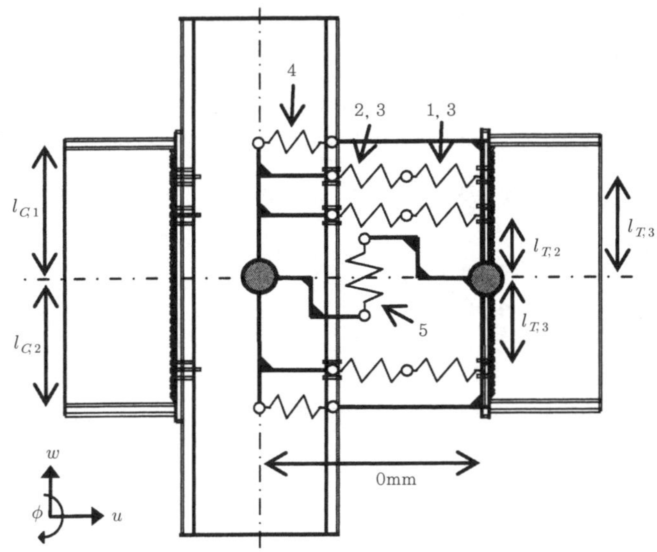

그림 8.23 접촉에 좌우되는 스프링을 포함한 요소기반 강재 조인트 모델[9)]

9) Courtesy of Block, F.M., Development of a Component-Based Finite Element for Steel Beam-to-Column Connections at Elevated Temperatures, PhD thesis, University of Sheffield, UK, 2006

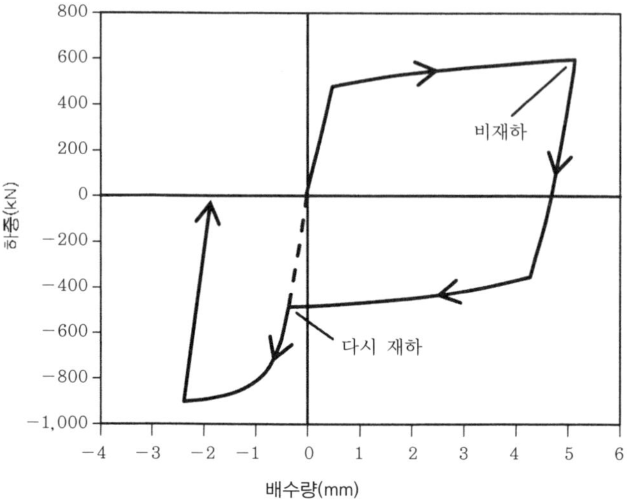

그림 8.24 당김에 있어서 엔드-플레이트에 관한 항복과 접촉 효과10)

변형된 요소의 탄성 역변형률(reverse straining)에서 비탄성 영역과 접촉면을 파괴하고 다시 얻기 위한 몇몇 표면의 역량에 부분적으로 기인한다. 그림 8.23에서 상부의 스프링 4는 압축에서 기둥 웨브의 강성을 나타낸다. 스프링 1, 2, 3은 인장에서 효과적인 수준의 볼트와 엔드-플레이트 강성을 나타낸다.

그림 8.24는 단순한 접합부 하중을 나타내야 하는 복잡한 거동을 설명하고 있다. 엔드-플레이트 조인트는 초기에 600kN의 당김힘11)(기둥면에 수직인 인장)에 재하된 후 900kN의 압축력에 반대로 재하되고, 마지막으로 표면 접촉이 다시 이루어질 때 강성이 빨리 변하면서 0으로 제하된다(unloaded).

8.4.3 조인트의 생존

화재공학설계 접근법에서는 조인트가 구조적인 온전함(structural integrity)을 유지하는 것으로 가정되지만, 세계무역센터 건물(건물 5와 7) 붕괴와 Cardington에서의 실제 규모 실험으로부터의 증거는 조인트가 가열과 냉각 모두에 취약하다는 것을 나타낸다. 만약에 조인트 파괴가 일어난다면, 가정했던 구조반응이 완전하게 일어나지 못해서 안전 수준을 위태롭게 한다. 화재가 원래의 구획 안에 포함되어야 한다는 것은 중요하다. 바닥의 물리적인 온전함(physical

10) Courtesy of Block, F. M., Development of a Component-Based Finite for Steel Beam-to-column connections at Elevated Temperatures, PhD thesis, University of sheffield, UK, 2006

11) tying forces

integrity)은 매우 큰 비틀림(distortions)에서도 유지되어야 한다. 조인트가 파괴된다면 국부변형이 크게 일어날 것이다. 구조 골조 내에 국부변형을 견디기 위한 충분한 잉여력이 존재하더라도 콘크리트 바닥 슬래브는 매우 제한된 연성을 가져서 구획손실을 유발하는 심각한 균열 없이 그러한 변형을 수용할 수 없다. 결국 조인트 파괴는 바닥 구조시스템의 국부 파괴를 촉발시킬 수 있다. 이는 뉴욕의 세계무역센터 건물 7 붕괴에서 나타난 것처럼 하부층에 차례로 연쇄붕괴(progressive failure)를 유발하는 과다하중(overload)이 작용했거나 좀 더 과도한 구조붕괴로 이어져 지지기둥을 좌굴하게 한다. 조인트를 가로질러 하나의 연결된 부재에서 다른 부재로 전달된 힘은 조인트 거동의 상세에 따라 달라지고, 화재시 이러한 거동의 철저한 이해 없이 전체 구조성능을 정확히 예측하는 것은 불가능하다. 그럼에도 불구하고 지금까지 화재시 강재 조인트의 파괴에 관한 연구는 거의 없었다.

조인트에서 '파괴'로 간주될 수 있는 주요 구조영향은 인장과 전단으로 인한 파괴(fracture)와 압축과 전단으로 인한 국부좌굴이다. 국부좌굴은 열팽창에 취약한 구조물 일부에서 가장 일어나기 쉽다. 조인트에 인접한 하부 보 플랜지의 국부좌굴은 화재시 그 자체로는 파괴되지 않지만, 그림 8.2에 설명된 것처럼 웨브에 전단좌굴을 일으키는 것으로 알려져 있다. 전단좌굴에 의해 발생된 사인장(diagonal tension)영역 작용은 접합부의 상부 부분에 전단과 당김힘(tying forces)을 집중시킬 가능성이 있다. 이때는 보의 처짐이 크고 현수인장이 일어나고 있을 때이며, 이는 상부 아래쪽으로부터 접합부의 연쇄파괴를 유발할 수 있다. 설계상세에 따라 볼트, 볼트 구멍, 용접, 보 웨브 또는 엔드 플레이트 파괴를 포함할 수 있다. 가열단계에서 파괴가 발생하지 않았더라도 냉각시 동일한 연쇄파괴가 일어날 수 있다. 이는 Cardington 화재실험 후에 관찰되었다. 조인트 파괴는 연쇄 구조붕괴로 이어질 수 있고, 연쇄 구조붕괴의 방지는 '강건성(robustness)있는 건물을 설계'하는 것으로 정의된다.

조인트 파괴의 영향이나 쌍둥이 타워와 세계무역센터의 다른 건물에서 일어난 엄청난 규모(catastrophic scale)의 연쇄붕괴에서 보여진 것처럼, 심각한 화재에서 조인트의 극한강도는 다루어져야 하는 연구 주제이지만 이 책의 저술 시점에 설계자들에게 반드시 유로코드에 의해 제공되는 빈약한 지침 이상을 제공하는 것은 불가능했다.

1) 고온에서 접합부의 구조실험

화재시 조인트 거동을 고온 측면에서 접합부의 구조실험에 관해 다룬 유일한 연구는 셰필드대학에서 수행되었다(Yu et al. 2008a, 2009a–2009d, 2011 ; Hu et al. 2008, 2009). 네 개의 서로 다른 형태의 강재 조인트(플러시와 부분 엔드-플레이트, 핀-플레이트와 웨브-클리트)는 그림 8.25a에서 나타낸 방식을 이용하여 고온에서 높은 회전, 전단과 당김힘의 조합을 받았다. 핀(fin)-플레이트(그림 8.25b)에 대한 결과(Yu et al. 2008a)는 상당히 낮은 회전각(그림 8.27, 약 6°)에서 연속적인 볼트 전단에 의한 갑작스런 취성파괴(그림 8.26)와 함께 일반적으로 낮은 연성을 나타낸다. 접합부에서 상온설계는 지압 때문에 연성파괴를 얻는 것에 기초한다.

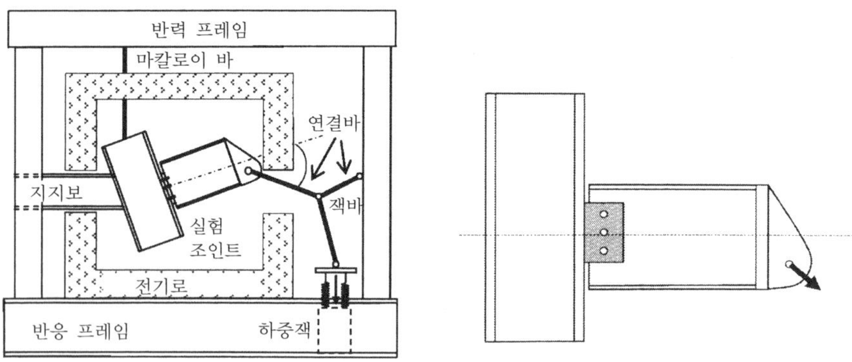

(a) 실험 설치 (b) 핀–플레이트 실험체

그림 8.25 조인트 강건성 실험

(a) 변형된 보 웨브 구멍 (b) 절단된(sheared) 볼트

그림 8.26 550℃ 핀-플레이트 실험

고온 실험은 네 가지의 서로 다른 조인트 형태에 대해 수행되었다. 핀-플레이트는 가장 낮은 연성을 가지는 조인트 형태였다. 극한상태에서 웨브-클리트는 그림 8.28에서 나타낸 힘-회전곡선에서 보여지는 가장 연성적인 형태였다. 소성힘에서 앵글-클리트(angle cleats) 자체의 연성은 변형 능력을 '조절하는' 설계자에 의해 상세화될 수 있는 접합부 형태의 일부분을 제공한다는 것은 그림 8.28에서 볼 수 있다. 그림 8.29에서 사후 시험 사진으로부터 서로 다른 파괴 모드가 가능하다는 것 또한 볼 수 있다.

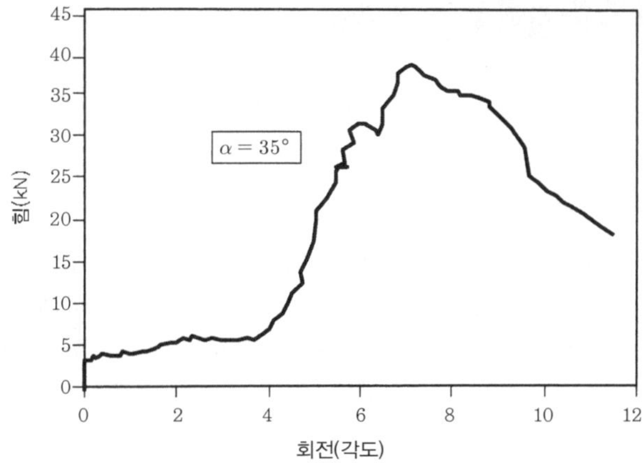

그림 8.27 550℃에서 세 가지 8.8 등급 볼트를 가진 핀-플레이트의 힘-회전곡선

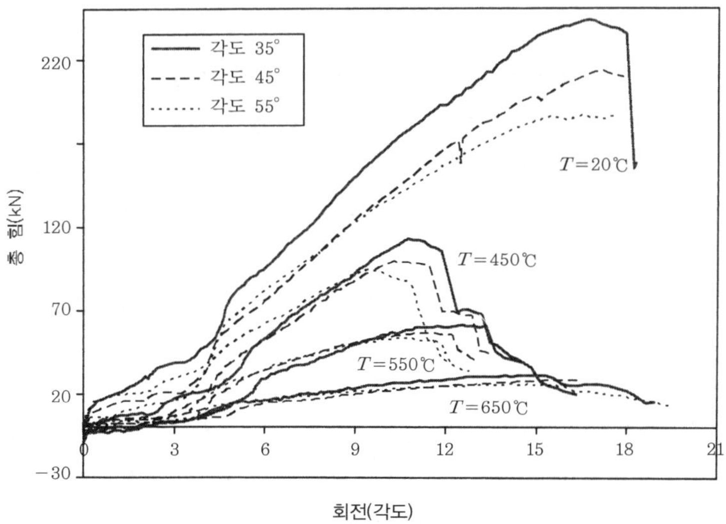

그림 8.28 상이한 온도에서 웨브-클리트(cleats)의 힘-회전곡선

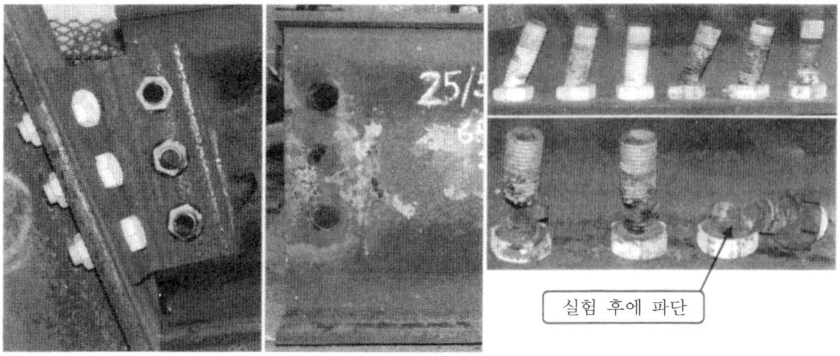

(c) 기둥 플랜지에 여섯 개 볼트의 변형

(d) 보 웨브를 통해 변형된 볼트

(a) 파괴된 접합부 (b) 보 웨브 변형

그림 8.29 650℃ 웨브-클리트 실험

2) 요소 모델(Component models)

전체 해석 소프트웨어에서 그림 8.20과 8.22에 설명된 종류의 요소기반 접합부 모델을 실행시키기 위한 기본 요구사항은 수학적 모델이 개별 요소 스프링 각각에 대해 존재해야 한다는 것이다. 화재시 강건성에서는 개별 요소의 극한강도와 변형능력을 가능한 잘 나타내는 것이 중요하다. 초기 탄성 강성이 강재 골조 구조물의 상온 반강접설계에서 중요하게 고려되는 동안 화재시 부재가 설계 화재상황에서 그대로 유지되는 것이 중요하다. 셰필드대학에서 수행된 상승 온도 실험의 목적은 요소기반(component-based) 접합부 모델이 검증될 수 있는 실험 데이터를 제공하는 것이었다. 유한요소 모델 또한 실험 프로그램의 범위 이상으로 확장하기 위하여 개발되었다.

힘-변형-온도 구성 관계식처럼 요소의 특성은 꾸준한 연구 주제가 되어왔으나 플러시 엔드-플레이트 접합부는 수십 년 동안 상온에서 연구되어 왔기 때문에 그 접합부의 요소 모델링은 다른 상세들보다 더 잘 정립되어 왔다. 따라서 Yu 등(2009b)에 의해 개발된 여러 가지 요소 모델들을 요약적으로 설명한다. 이러한 구성요소들은 수동설계법의 일환으로 만들어진 것은 아니나 전체 수치해석 모델링에 통합되어 요소 기반 접합부재로 결합된 것으로 기억되어야 한다.

그림 8.30은 실현 가능한 요소 표현과 더불어 플러시 엔드-플레이트 보-기둥 조인트를 나타낸다. 상부와 하부 스프링은 압축에서 작용하고, 엔드-플레이트와 함께 보 웨브와 플랜지의 교차점에 의해 생성된(created) 강성(stiff)이 매우 큰 구역에서 압축될 때 기둥 웨브의 반응을 나타낸다. 볼트 중 중심에 위치한 세 개의 스프링은 기둥 웨브/플랜지, 볼트와 엔드-플레이트의 반응을 나타낸다. 볼트의 특성은 인장에서만 작동한다. 가깝게 배치된 상부의 2개 볼트는 커플링을 고려하여 단일 요소로 '그룹화'되어 있다. 이는 단순히 추가된 볼트를 고려하는 것보다 좀 더 현실적이다. 중심 수직 스프링은 접합부 접점에서 전단이동을

표현하기 위해 사용될 수 있다. 그러나 대부분은 상당히 높은 강성을 주는 것이 허용되어야 한다.

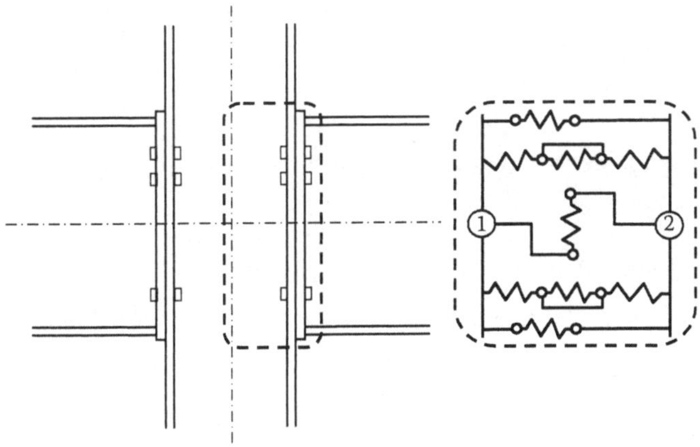

그림 8.30 엔드-플레이트 조인트의 요소기반 모델

집합된 상부의 볼트와 단일 하부의 볼트에서 요소 스프링 특성은 인장에서 볼트 거동 모델과 마찬가지로 티-스터브(tee-stub) 모델에 대해 플레이트 휨 거동의 합리화에 기초한다. 강재 플레이트와 볼트 모두에 초기 항복과 변형률 경화 효과가 고려된다. 볼트 파괴와 파괴 후 거동은 단순화된 용어로 정의된다. 플레이트 파괴에 대한 정보 부족으로 인해 강재 플레이트는 무한연성으로 가정된다.

그림 8.31은 T-stub를 나타낸다. 티 줄기(tee stalk)에 의해 당겨질 때, 두 개의 소성힌지는 플랜지 각각에서 형성될 수 있다. 볼트의 축방향 신장(axial extension)은 표시된 반쪽 모델에서 스프링으로 나타낸다. 잠재적인 외력의 손실이 구조물에 의해 수행된 소성일과 같은 소성일 평형원칙은 식(8.10)으로 표현된다.

$$F\delta = E_{PH1} + E_{PH2} + E_{bolt} \tag{8.10}$$

여기서, E_{PH1}와 E_{PH2}는 각각 소성힌지 PH1와 PH2의 회전으로 인한 내부에너지를 나타내고, E_{bolt}는 볼트 스프링에서 생성된(generated) 내부에너지이다.

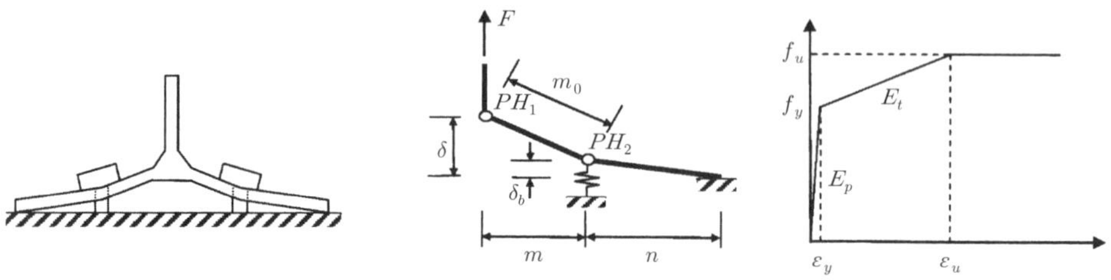

그림 8.31 단순화된 삼선형 응력-변형률곡선과 함께 강재의 T-stub 모델에서 가능한 변형 메케니즘

강재의 응력-변형률곡선이 그림 8.31c에 나타난 삼선형의 일반적인 형태로 단순화된다면, 단면의 최대 휨응력이 Yu 등(2009b)에 의해 제시한 다음 식에 의해 주어진 응력-변형률곡선의 세 영역 중 하나일 때 회전에너지는 한 쪽의 힌지에서 발생되었다. 이 식들에서 ε_m은 두께 t와 소성힌지의 길이 $k(t/2)$로 주어지는 T-stub 플레이트 단면의 모서리에서 최대 변형률이다.

$$E_{PH} = \frac{1}{6k} E\theta^2 \qquad \text{for} \quad \varepsilon_m \le \varepsilon_y \tag{8.11}$$

$$E_{PH} = \frac{1}{6k} E_t\theta^2 + (E - E_t)\left[\frac{1}{2}\theta\varepsilon_y + \frac{1}{6}\frac{k^2\varepsilon_y^2}{\theta} - \frac{k}{2}\varepsilon_y^2\right] \qquad \text{for} \quad \varepsilon_m \le \varepsilon_u \tag{8.12}$$

$$E_{PH} = \frac{1}{6k} E_t k\varepsilon_u^2 + (E - E_t)\frac{1}{2}k\left[\varepsilon_y\varepsilon_u - \varepsilon_y^2 + \frac{1}{3}\frac{\varepsilon_y^3}{\varepsilon_u}\right] + \Omega\left(\frac{k}{\varepsilon_u} - \frac{k^2}{\theta}\right) + \frac{1}{2}f_u(\theta - k\varepsilon_u) \qquad \text{for} \quad \varepsilon_m > \varepsilon_u \tag{8.13}$$

여기서,

$\Omega = (E - E_t)\left(\frac{1}{2}\varepsilon_y\varepsilon_u^2 - \frac{1}{6}\varepsilon_y^3\right) + \frac{1}{3}E_t\varepsilon_u^3 - \frac{1}{2}f_u\varepsilon_u^2$는 재료특성에 따라 좌우되는 매개변수(parameter)이다.

볼트의 힘처짐특성이 각각 E_b, E_{bT}, $f_{by'}$와 $f_{bu'}$로 나타낸 탄성계수, 접선계수, 항복강도와 극한강도와 함께 세 단계로 선형화된 탄소성 재료특성에 의해 표현된 후 어떤 변형 δ_b에서의 볼트에 의해 수행된 내부일은 식(8.14), 식(8.15), 식(8.16)으로 계산된다.

$$E_{bolt} = \frac{1}{2}k_{ba}\delta_b^2 \qquad \text{for} \quad \delta_b \le d_e \tag{8.14}$$

$$E_{bolt} = \frac{1}{2}F_{by}K_{ba} + \frac{1}{2}(F_{by} + K_{bT}(\delta_b - d_e)) \cdot (\delta_b - d_e) \qquad \text{for} \quad d_e < \delta_b \le d_y \tag{8.15}$$

$$E_{bolt} = \frac{1}{2}F_{by}K_{ba} + \frac{1}{2}(F_{by} + F_{bu}) \cdot (d_y - d_e) + F_{bu}(\delta_b - d_y) \quad \text{for} \quad \delta_b > d_y \tag{8.16}$$

상온에서 볼트는 최고 내력(peak resistance) 이상에서만 급격히 파괴된다. 그러나 상승된 온도에서의 실험은 볼트내력의 연속 저감을 동반하는 단면의 확연한 네킹(necking)과 함께 볼트가 점진적으로 파괴되는 것을 보여준다. 이에 단순모델은 최고치 이후 단계에서 볼트 거동을 시뮬레이션하기 위해 개발되어 왔다.

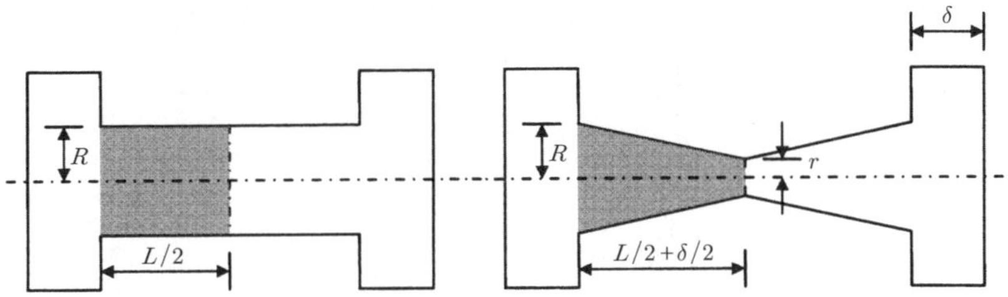

그림 8.32 볼트 최고치 이후 네킹(postpeak necking)의 단순모델

볼트가 극한강도에 도달한 후 네킹은 그림 8.32에 볼 수 있는 것처럼 헤드와 너트 사이의 프리존(free zone)에서 발달한 것을 볼 수 있다. 볼트 반지름은 프리존의 단부에서 원래 값 R로부터 축방향 신장(伸張) δ_b의 중간에서 감소된 값 r로 선형적으로 변화한다고 가정되었다. 감소된 볼트지름은 프리존의 부피가 변화되지 않고 그대로 남는다는 가정하에 결정된다.

$$\frac{r}{R} = \frac{1}{2}\sqrt{\frac{12L}{L+\delta} - 3} - \frac{1}{2} \tag{8.17}$$

이 단계의 시작으로부터 어떤 신장에서 감소된 볼트내력은 식(8.18)이 된다.

$$F_{bolt} = F_{bu}\left(\frac{r}{R}\right)^2 \tag{8.18}$$

8.4.4 접합부와 요소의 온도 발생

구조 모델링의 정확성에 대한 온도 예측 정확성(accuracy of temperature prediction)의 영향은 상대적으로 높다. 그것은 서로 다른 가정에서 계산된 온도에 의해 주어진 볼트 강도 감소의 비교에서 볼 수 있다. 조인트 요소에서 온도를 계산하는 방법은 중요하고, 요소기반 접합부 모델링이 완전한 구조 모델링에서 사용된다면 조인트 요소의 보수성 정도에 대한 정확성을 만들어내야 한다. 최근에 실험실에서 가열로 진행한 실험과 실제 크기 건물의 화재실험 등으로부터 실험증거가 축적되고 있다. 온도예측의 연구는 8.4.3절에서 나타낸 구조 결과의 셰필드대학과 공동연구 프로젝트의 일부분으로 맨체스터대학에서 수행한 열 연구로부터 수행되어 왔다(Dai

등 2007, 2009, 2010b). 이는 피복되지 않거나 내화도료로 피복된 접합부 모두를 포함한다.

1) 실험 증거

철거(demolition)되기 전의 건물에서 2006년에 실행된 Ostrava 화재실험(Wald 등 2006)에서 측정된 엔드-플레이트 접합부의 온도는 그림 8.33에서 볼 수 있다.

예측의 민감도는 그림 8.34에서처럼 서로 다른 열 가정에 기초한 볼트 인장내력의 감소로부터 측정된다.

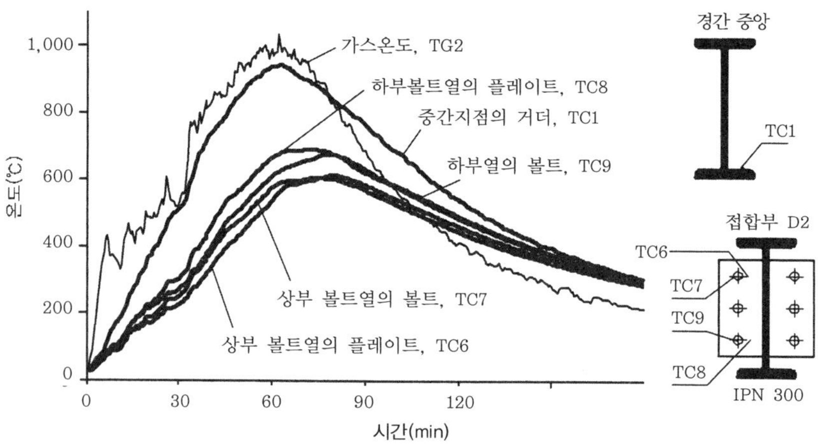

그림 8.33 Ostrava 화재실험에서 보-기둥 헤더 플레이트 조인트의 높이에 걸쳐 측정된 온도

2) 무피복 조인트 온도의 유로코드 기반 방법

조인트의 온도에 대한 연구는 맨체스터대학에서 Dai 등(2007, 2009, 2010b)에 의해 수행되었다. 이는 ABAQUS와 함께 상세한 유한요소모델링에 대해 합리화된 국제표준화기구(ISO)의 834 표준곡선을 적용하여 가스 가열로에서 가열된 네 개의 서로 다른 접합부 형태의 열 실험(thermal testing)을 포함했다. 모든 경우 상부 플랜지에서 수행된 보와 콘크리트 슬래브의 길이가 포함되었다. 피복되지 않은 접합부 요소의 온도를 예측하는 간략화 방법은 연구의 결과로 제안되었다.

모든 접합부 형태의 실험으로부터 얻은 결과보다는 조인트에서 열조건의 일반적인 관점에 대한 기초로 유용하다.

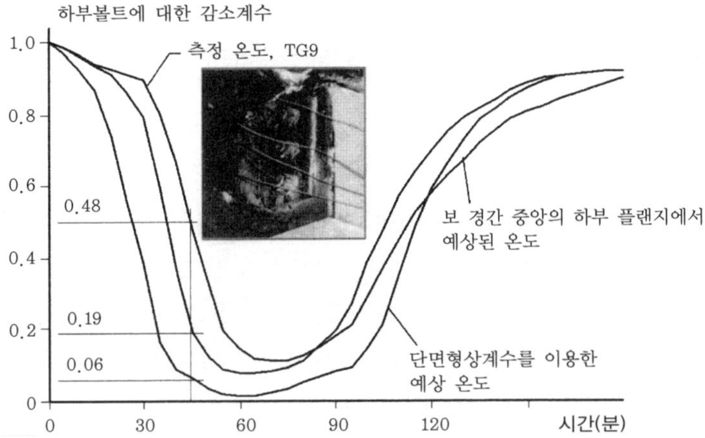

그림 8.34 측정온도와 비교한 각각 다른 열모델을 사용한 헤더 플레이트 접합부의 하부열 볼트내력 감소

- 조인트 요소의 온도는 접합부 구역에서 먼 곳에서 발생하는 보 온도보다 훨씬 낮았고, 접합부 온도는 접합부 구역으로부터 떨어진 거리만큼 증가되었다.
- 수직적인 관점에서 온도는 전체 온도 차이를 결정하는데 있어서 가장 중요한 접합부 구역의 높이 및 콘크리트 슬래브로부터 떨어진 거리만큼 증가되었다. 이는 콘크리트 슬래브 밑면(soffit)과 강재 접합부 사이의 복사 교환 때문이다.

연구의 결론은 수직온도분포와 상관없이 단일 단면형상계수는 접합부의 주어진 형태와 상세요소 온도를 평가하는 데 적절한 단면형상계수를 계산하기 위해 사용된 단면은 그림 8.35에서 표준 접합부 형태의 사례를 볼 수 있다.

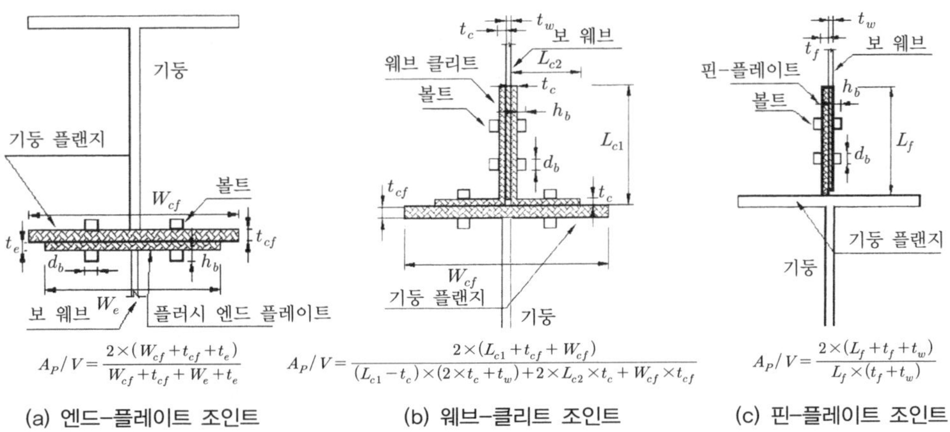

그림 8.35 무피복 조인트에 대한 단면형상계수 계산(Dai 등 2010b)

슬래브와 접합부의 특정 위치 사이의 복사교환이 중요한 경우 수직 온도분포를 고려하여 이 위치에서 순입사(net incident) 열속은 식(8.19)로 주어진다.

$$\dot{h}_{nst,r} = (1-\Phi)\varepsilon_r \sigma[(\theta_r + 273)^4 - (\theta_m + 273)^4] + \Phi\varepsilon_r \sigma[(\theta_c + 273)^4 - (\theta_m + 273)^4] \tag{8.19}$$

여기서, θ_m는 국부강재온도, θ_r는 유효복사온도, 그리고 θ_c는 콘크리트 표면온도이다. ε_r는 방사율의 총합이고, σ는 슈테판–볼츠만 상수, Φ는 콘크리트 표면과 접합부 요소의 관심 지점(the point of interest) 사이의 형상계수(configuration factor)이다. 대류열전달은 더 높은 온도체계에서 효과가 작다. 그러나 접합부 구역에서 더 느린 가스속도로 주어진 보의 경간 중앙(midspan) 구역에 일반적으로 사용되는 $\alpha = 25\mathrm{W/m^2K}$보다 $\alpha = 10\mathrm{W/m^2K}$의 복사열전달 계수가 더 적절할 수 있다고 제안한다.

접합부 실험에서 상부와 하부 사이의 온도확산은 상당히 낮고, 간략화된 열해석은 그림 8.35에서 정의된 단면형상계수가 무피복 단면에 대해 보통의 EN 1993-1-2 증가 가열식과 함께 사용되는 곳에서 수행된다.

$$\Delta\theta_{a,t} = K_{sh}\frac{A_m/V}{c_a\rho_a}\dot{h}_{nst}\Delta t \tag{8.20}$$

이는 모든 접합부 요소의 단일온도를 생산하기 위해 사용된다. '그림자 계수(shadow factor)' K_{sh}는 1.0으로 맞춰져서 그 식은 EN 1993-1-2 버전보다는 식(8.21)로 된다.

$$\Delta\theta_{a,t} = \frac{A/V}{c_a\rho_a}\dot{h}_{nst}\Delta t \tag{8.21}$$

$$\Delta\theta_{a,t} = 0.9\frac{A_{box}/V}{c_a\rho_a}\dot{h}_{nst}\Delta t \tag{8.22}$$

이 변화는 피복의 유무를 떠나 모든 형태의 부재와 조인트 요소에 대해 동일한 해석방법을 적용하게 한다. 0.7에서 0.5로 피복되지 않은 강재의 표면방사율을 바꾸기 위해 이 버전을 사용하고 1.0의 화재방사율을 사용하는 것은 필요하다. 그래서 복사 열속을 계산하기 위해 사용된 방사율의 총합은 0.5이다.

3) 비활성 수동 피복을 가진 조인트의 확장

EN 1993-1-2 증분법(incremental method)을 적용하여 보수적으로 균일한 접합부 온도를 예측할 수 있는 실험 및 수치 열해석이 정립되었다. 수동적으로 피복된 강구조물의 평행 증분법은 동일한 단면형상계수를 적용할 것으로 예상할 수 있다. 현재 비활성 수동 피복은 시멘트계 스프레이를 사용하는 측면의 피복이나 단열보드를 사용하는 박스로 된 피복에 대해 실험하지 않았다.

4) 내화도료 피복 조인트의 단순해석

Dai 등(2010b)은 접합부 위의 내화도료와 접합된 부재의 다양한 길이를 이용해서 무피복 조인트 형태를 실험하였다. 최근 내화도료 피복의 인기는 모든 강재 단면의 공장 내화피복에 신뢰할만한 공정과 내화도료 제품이 개발되었다는 사실에 기초한다. 분명히 여기에는 현장설치(site erection)를 위해 사용하는 볼트가 포함되지 않으므로 접합부의 모든 요소가 같은 내화등급으로 피복되어야 한다는 원칙을 준수하기 위해 철골조 설치 후에 볼트 헤드와 너트를 수동으로 내화도료로 칠해야 하는 곳에 적합하지 않을 수 있다. 실제로 이러한 후향적 과정(retrospective process)으로 제공되는 도막두께는 보장할 수 없으며, 볼트가 확실하게 무피복으로 남을 수 있으면 앞으로 큰 발전이 있을 것이다. 접합된 부재가 조절된 내화도료 페인트와 함께 도포되기도 했지만 볼트의 노출된 부분이 무피복으로 남은 조인트를 실험한 후에 Dai 등(2010b)은 실무에서 무피복으로 남을 수 있도록 하는 간략화된 설계 과정을 제안했다.

중요한 일반적인 관찰사항은 다음과 같다 :

- 조인트 조립체의 모든 강구조물이 피복되었다면 볼트 자체를 제외하고 볼트의 피복 유무는 피복된 강구조물의 온도에 거의 영향을 미치지 않는다.
- 볼트의 온도는 피복된 경우보다 무피복일 때 더 높았지만, 내화피복된 조인트의 무피복 볼트의 온도는 완전하게 무피복된 조인트의 볼트 온도보다 훨씬 낮았다.
- 적어도 보의 400mm가 접합부에 인접하여 내화피복되어 있다면 조인트 온도는 부착된 보의 내화피복에 영향을 받지 않았다.
- 기둥 자체만 피복되었다면 기둥에 인접한 용접과 같은 유일한 조인트 요소들은 조인트 조립체가 피복되었거나 피복되지 않았는지에 따라 현저한 온도 차이가 발생한다.

내화도료의 특성은 화학적 조성 및 설계 용도에 따라 제품마다 상당히 다르므로 팽창된 탄화층의 유효한 열특성 추출은 항상 표준화재 조건에서 강재단면의 특정 재료 시험에 따라 좌우된다(5.3.3.6)절 참고). 이러한 시험이 수행되고 피복된 강구조물에 대한 시간-온도곡선이 생성되면 유효열전도율은 측면이 내화피복된 강구조물의 온도발달에 대해 EN 1993-1-2 증분 방정식을 도치시킴으로써 추론될 수 있다.

$$\lambda_{p,t}(t) = \left[d_p \times \frac{V}{A_p} \times c_a \rho_a \times (1+\Phi/3) \times \frac{1}{(\theta_t - \theta_{a,t})\Delta t}\right] \times \left[\Delta\theta_{a,t} + \left(e^{\Phi/10}-1\right)\Delta\theta_t\right] \quad (8.23)$$

표기법은 4장에서 정의된 것과 동일하지만, 두께는 팽창된 탄화층의 두께이다.

보호도장(protective coating) 자체의 열저장을 나타내는 용어는 팽창성 탄화에서는 상대적으로 중요하지 않다.

이후의 과정은 다음과 같다 :

- 내화피복 재료의 온도는 $\theta_p = (\theta_t + \theta_{a,t})/2$를 가정해서 시간의 함수로서 $\lambda_{p,t}$값을 온도의 함수로서 λ_p값으로 변환한다.
- 동일한 실험에서 다양한 보 또는 칼럼 단면에서 얻은 다른 값 λ_p을 사용하여 평균 λ_{pm}을 계산한다.
- 피복된 조인트 요소의 온도를 계산하기 위해 λ_{pm}와 유로코드 식(8.24)를 사용한다.

$$\Delta\theta_{a,t} = \left[\frac{\lambda_{p,t} d_p}{c_a \rho_a} \times \frac{A_p}{V} \times \frac{1}{(1+\Phi/3)} \times (\theta_t - \theta_{a,t}) \Delta t\right] - \left[\left(e^{\frac{\Phi}{10}} - 1\right) \Delta\theta_t\right] \qquad (8.24)$$

구성요소 온도를 계산할 때 무피복 접합부에 대해 그림 8.35에 정의된 단면형상계수가 다시 사용된다. 약 350℃ 이하의 화재온도에서 유효전도율값은 이 온도 이상의 상당히 균일한 값과 비교할 때 매우 높고 가변적으로 나타난다. 분명하게 도막을 팽창시키는 화학적 작용은 초기 가열단계에서 일어나고 획득된 최종 강재 온도는 상대적으로 덜 민감하다.

제안된 방법의 유효성은 그림 8.36에 나타낸 4가지의 완전히 피복된 조인트 유형에 대한 표준화재 시험결과에서 측정할 수 있다.

EN 1993-1-2 방정식을 이용하여 계산된 온도에 변수 ρ_p가 거의 영향을 미치지 않는다고 지적되어 왔더라도 이 그래프의 예상 온도는 피복층 밀도 ρ_p가 1,300kg/m^{3}이고 비열 c_p이 1,000J/kgK라고 가정한다. 비록 비교가 상대적으로 작은 실험과 단일 내화도료 제품에 기초하더라도 상관관계는 인상적이며 어떤 변화도 보이지 않는다. 60분이 지날 무렵 예측된 온도는 모든 경우 열전대 판독값의 최고치에 있으며, 이는 설계분석에서 예측적으로 사용되는 경우 이 방법이 보수적이어야 함을 나타낸다.

볼트가 피복되지 않았다면 볼트는 피복되지 않은 표면에서 화재 노출에 직접적으로 가열될 수 있다. 이와 다르게 피복된 조인트에서 피복되지 않은 볼트 표면의 효과를 설명하기 위해 '노출계수(exposure factor)' F_e를 사용하는 것은 가능하다. 이 노출계수는 조인트 조립체의 전체 표면적 비율로 볼트 헤드/너트의 피복되지 않은 표면적을 나타낸다.

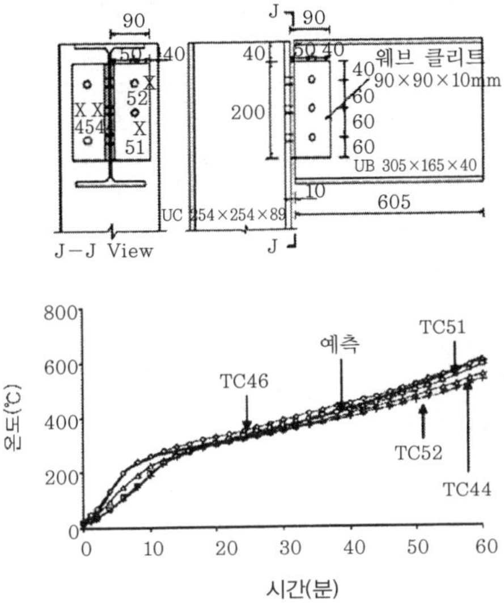

(a) 웨브-클리트(SP1 실험)

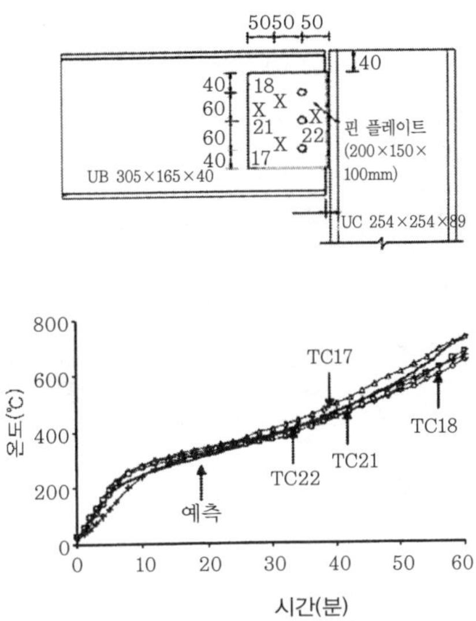

(b) 핀-플레이트(SP4 실험)

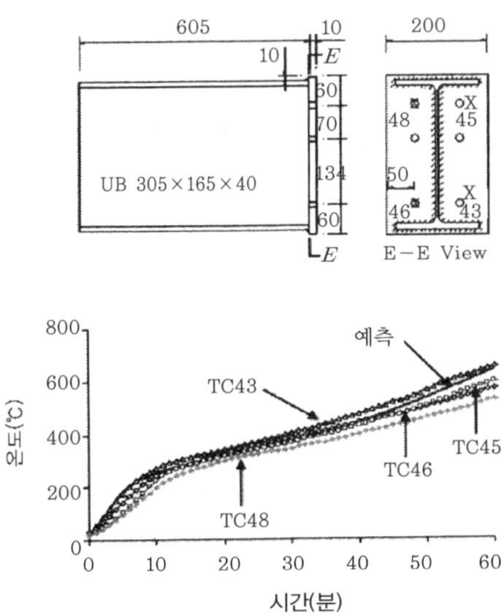

(c) 플러시 엔드-플레이트(SP7 실험)

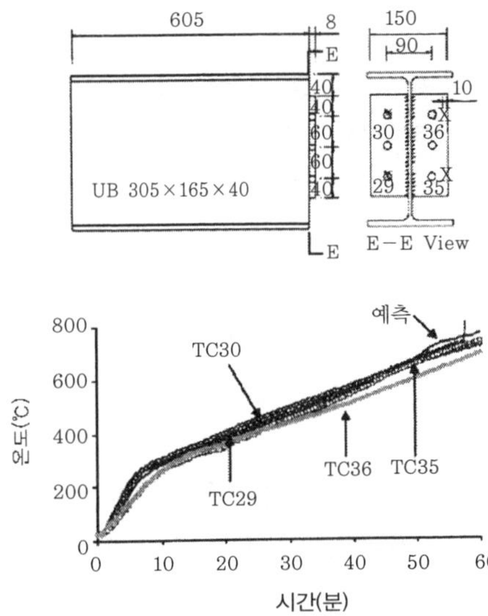

(d) 플렉시블 엔드-플레이트(SP9 실험)

그림 8.36 완전 피복된 서로 다른 형태의 조인트 요소의 예측온도와 측정온도의 비교

따라서 F_e는 완전히 피복된 조인트 조립체의 경우 0에서 완전히 피복되지 않은 조립체의 경우 1까지의 범위에 이른다. 이는 단순화된 2차원, 2-D 또는 좀 더 복잡한 3차원, 3-D로 평가된다. 2차원의 단순화된 접근법은 그림 8.37과 같이 볼트 헤드가 접합된 플레이트 전체 너비에 걸쳐 있는 것으로 가정하므로 노출계수는 그림 8.37과 같이 조인트를 통한 단면도(sectional view)를 기초로 단순하게 정의한다.

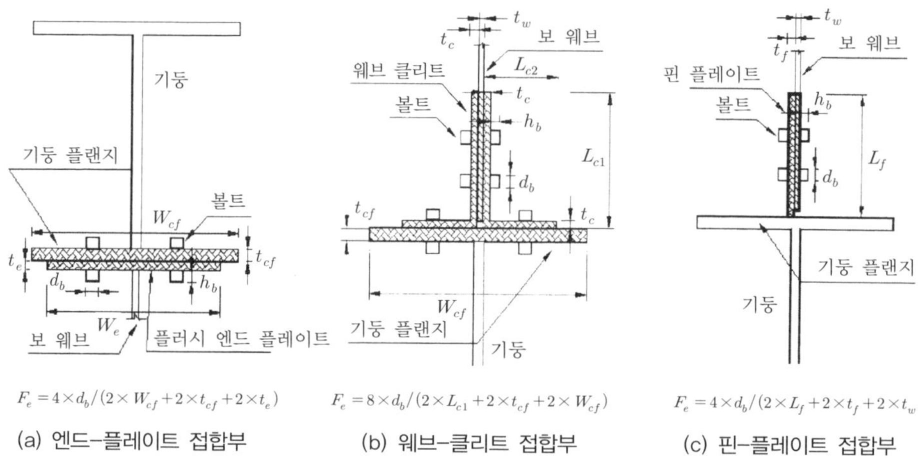

그림 8.37 볼트만 피복되지 않은 곳에서 부분적으로 피복된 엔드플레이트, 웨브-클리트와 핀-플레이트 조인트에 대한 2차원의 노출계수 계산

노출계수 사용은 무피복 및 피복 강재 표면의 단위면적당 열유속 고려에 기초한다. 강재 단면에 대한 총 열유속은 식(8.25)이다.

$$\dot{h}_{agg} = \dot{h}_{up}F_s + \dot{h}_p \tag{8.25}$$

여기서, $\dot{h}_{up}$와 $\dot{h}_p$는 각각 무피복 및 피복 강재 표면의 열유속이다. 완전히 피복되지 않거나 완전히 피복된 접합부에 동시에 발생하는 온도가 각각 θ_{up} 및 $\theta_{prot'}$인 경우 피복되지 않은 볼트의 온도는 식(8.26)으로 계산된다.

$$\theta_{pp} = \theta_{up}F_s + \theta_p(1-F_s) \tag{8.26}$$

피복되지 않은 볼트를 가진 피복된 조인트에서 식(8.26)은 볼트온도에만 적용된다는 점을 기억해야 한다. 피복된 접합부 요소 온도는 완전 피복을 가정하여 계산한다. 완전 피복된 온도 θ_p와 완전 피복되지 않은 온도 θ_{up}를 계산할 때 단면형상계수는 그림 8.35와 같이 평가할 수 있다.

조인트 조립체에서 볼트와 너트의 수량과 치수(quantity and dimensions)에 대해 더 정확한 설명이 필요하다면 2차원 근사치 대신에 조인트의 3차원 근사치를 사용하는 것이 필요하다. 그림 8.38은 엔드-플레이트 조인트의 단면형상계수와 노출계수를 계산하는데 사용된 치수를 나타낸다.

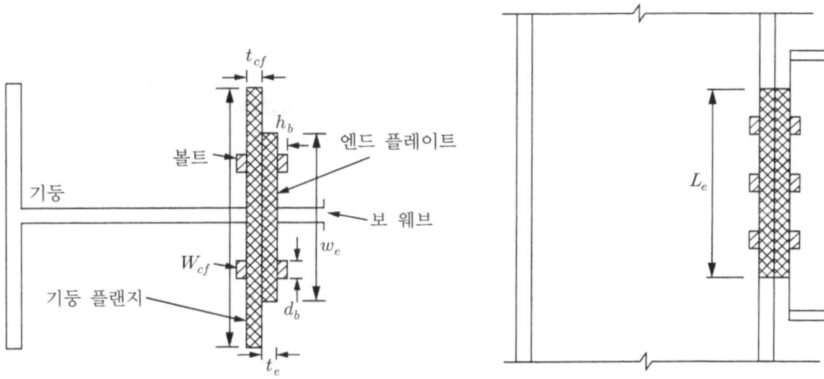

그림 8.38 볼트만 피복되지 않은 곳에서 부분 피복된 엔드-플레이트 조인트에 대한 3차원 노출계수의 계산을 위한 치수

엔드-플레이트 조인트의 단면형상계수는 식(8.27)로 주어진다.

$$\frac{A_p}{V} = \frac{(2W_{cf} + t_{cf} + t_s)L_s + A_{bs}n_b}{W_{cf}t_{cf}L_s + W_s t_s L_s + V_{bo}n_b} \tag{8.27}$$

이 단면형상계수와 함께 사용되는 노출계수는 식(8.28)과 같다.

$$F_s = \frac{A_{bs}n_b}{(2W_{cf} + t_{cf} + t_s)L_s + A_{bs}n_b} \tag{8.28}$$

여기서 n_b는 조인트에서 볼트 수이다. A_{bs}는 $2\pi d_b h_b$로 근사치를 나타낸 볼트의 노출된 측면 표면적(side surface area)이다. A_{bs}는 $0.5\pi d_b^2$로 근사치를 나타낸 볼트의 양 단부의 노출된 단부 면적이고, V_{bo}는 $A_{bs}h_b$로 근사치를 나타낸 볼트와 너트의 노출된 단부의 부피이다.

이 외에 내화도료로 완전 피복된 접합부에서 노출된 볼트의 온도를 평가하는 2차원 및 3차원 방법은 플렉시블(부분 깊이) 엔드-플레이트[12] 접합부에 대한 그림 8.39의 실험 결과와 비교된다.

12) flexible(partial-depth) end-plate connection

그림 8.39에서 볼 수 있듯이 3차원 방법은 실험온도에 비교해서 정확하지만 2차원 방법은 보수적이어서 설계해석에 안전하다는 이점을 가진다.

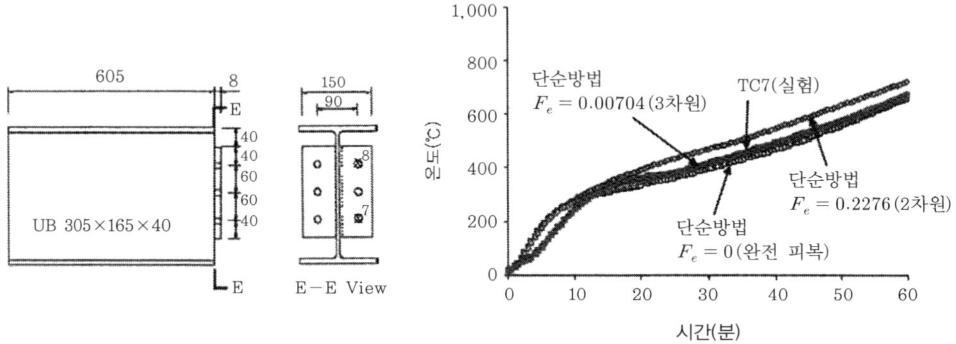

그림 8.39 내화도료로 피복된 플렉시블 엔드-플레이트 접합부에서 피복되지 않은 볼트의 온도 비교 (2차원과 3차원 예측과 비교된 실험)

9장

구획의 차염

9.1 서론

하나의 지정된 방화구획을 다른 구획과 구분하는 구조부재의 내화개념은 세 가지 기준[구조안정성(내력), 차열성 및 차염성]이 요구 내화시간(required fire resistance period) 동안 만족되어야 한다. 화재안전에 있어서 차염성은 일반적으로 화염 및 고온가스의 확산을 막는 부재의 성능으로써 화재가 발생한 구획(compartment of origin) 이상으로 화재가 확산되지 않는 것을 설명한다. 차염성 문제는 건물의 세부사항을 고려하고 화재가 발생할 때 분리구조(separating structure)에서 빈 공간을 제공하지 않는 구성요소와 시스템을 선택하여 화재발생을 방지하는 것이다. 방화구획 시스템의 실험에서 차염성 파괴에 대한 기준은 매우 실험적이다. 구성요소의 비가열면에 놓인 면패드(cotton pad)는 표준화재의 진행중에 발화해서는 안 되며, 요구내화시간까지 계속되어야 한다. 차염성 파괴는 건물 건축설계의 실수(oversights)나 건축설비(building services)에서 생긴 빈 공간 때문에 일어날 수 있다. 리모델링(refurbishment) 중 기존구조물과 설비관에 대해 벽이나 바닥 등에 새로운 마감(cladding)을 하면서 생긴 내화충전(fire-stop) 틈새(gaps)를 막는 것이 중요하다.

2000년 이후 바닥 슬래브에 대해 인장막작용(tensile membrane action)에 대한 서로 다른 방식의 구조화재공학설계 계산법이 등장하였다. 파괴 기준은 화염이 상부층으로 통과하도록 허용할 수 있는 콘크리트 슬래브의 수직관통 균열(through-depth cracks) 발생에 근거하므로 방화구획의 차염성에 관한 방법의 기본방식이 이 장에서 설명된다.

9.2 내부벽에 영향을 미치는 문제

구조적으로 개방된 평면(open-plan) 바닥을 방화구획으로 나누는 벽은 붕괴 없이 화재시 예상되는 구조적 움직임을 수용할 수 있도록 설계하여야 한다. 기둥 격자선(grid lines)에 일치하는 벽이 피복되지 않았더라도 보의 움직임은 작고 처짐허용량은 적절해야 한다. 일반 권고사항은 차열 필요조건이 만족되어야 하고 보는 모든 빈 공간과 내화충전된(fire–stopped) 설비관과 함께 30분 또는 60분 동안 내화피복되어야 한다는 것이다. 비화재면(non–fire side)의 온도는 BS 476(British Standards Institute[BSI] 1990a)에서 요구하는 한계를 초과할 가능성이 있기 때문에 내화도료로 피복된 보는 추가 차열성능을 필요로 한다. 격자선에서 벗어난 벽의 경우 벽 위에 있는 슬래브의 처짐이 클 수 있으므로 가능하면 격자 위에 방화구획벽을 배치하는 것이 바람직하다. 처짐허용량은 벽 상부 부분의 이동이나 신축으로 조정될 수 있다. 슬래브의 처짐이 클 것으로 예상되는 곳에 그림 9.1에 개념적으로 설명한 것처럼 내화담요 또는 커튼을 사용해서 변형 가능한 상부를 필요로 하거나 보는 피복되어야 한다. SCI 지침(Newman 등 2006)에서는 무피복 보의 중간을 가로지르는 벽에서 처짐허용량은 경간의 1/30로 권장하고 있다. 보 단부의 1/4을 가로지르는 벽의 경우 처짐허용량은 보단부에서 0으로 선형으로 감소한다.

방화구획벽 위에 연속된 강재 보는 벽의 일부분으로 간주하며 동일한 분리기능을 가질 필요가 있다. 그래서 관통하지 않는 강재 보는 차염성을 가지지만 다른 설비관들은 내화충전되어야 하고 합성보에서 아래 매달린 강재 단면 위에 빈 공간 또한 내화충전되어야 한다. 구획벽의 평면에서 무피복 보는 충분한 차열성능을 가지지 못하며 추가 내화피복을 필요로 한다.

구획벽은 가급적이면 보 아래에 배치하는 것을 권장한다. 그러나 BS 476에 명시된 분리부재(separating elements)의 차열기준을 준수하기 위해 이러한 보들은 구획벽의 차염성을 유지하는데 있어서 추가 안전수준을 제공하기 위해 내화피복되어야 한다.

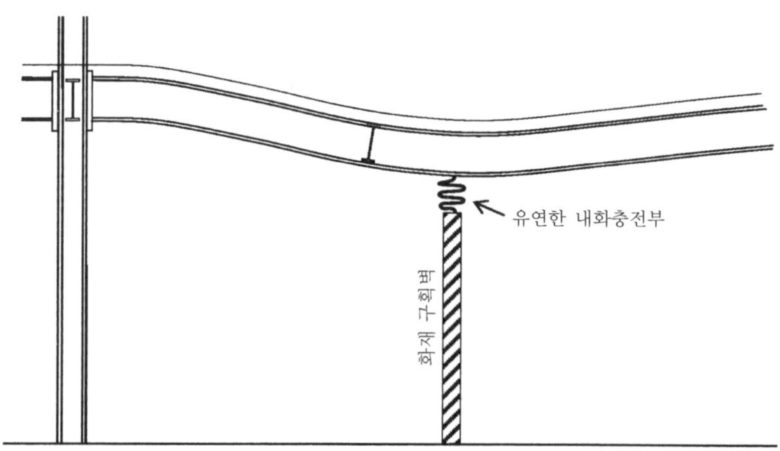

그림 9.1 구획벽 위의 내화충전을 위한 요구사항

9.3 화재시 차염성에 대한 슬래브 설계

여기서는 방화구획의 천장을 구성하는 합성보의 차염성에 대한 설계철학과 관련한 설계법에 대해 설명한다. 파괴 기준은 항복선 휨파괴 '메케니즘'을 정립한 이후 콘크리트 슬래브의 막인장 파괴에 기초하기 때문에 차염성 파괴(breach)를 예측할 수 있다. 이 인장파괴는 수직관통(through-depth) 균열을 유발하며, 이는 화재가 발생한 위층에서 재발화될 가능성이 있다. 슬래브 위에 접선(fold lines)은 큰 처짐에 대한 메케니즘을 형성하지 않기 때문에 큰 균열은 국부적인 구조붕괴를 일으키지 않는다. 그래서 콘크리트와 철근의 추가 파괴는 구조내력 파괴가 일어나기 전에 발생해야 한다. 화재시 이 방법을 설정하기 위해서는 합성바닥처럼 연속 슬래브 시스템이 어떤 속도로 상승하는 곳에서 화재진행시 하중을 이동시키고 전달하는지를 고려하고, 화재하중과 환기조건에 의해 결정된 온도를 아는 것이 필요하다. 피복 유무를 떠나 강재 단면의 온도는 화재조건에 따라 절대값과 상대값 모두 크게 달라질 수 있다. 그 결과 콘크리트 슬래브를 통한 온도분포는 큰 차이를 나타낸다. 짧은 지속시간이지만 고온화재는 상당히 차가운 상부 표면과 매우 높은 하부 표면 온도를 동시에 유발한다. 반면에 오래 지속되지만 온도가 크게 높지 않은 화재는 슬래브를 통해 좀더 균일한 온도를 생성한다.

건물에서 구조부재는 연속 조립체의 일부분을 형성하며 건물화재는 건물 주변의 더 차가운 구역으로부터 상당한 구속을 받으면서 화재로 영향을 받은 구조물과 함께 국부적으로 남을 수 있다. 전체 바닥화재에도 불구하고 구조물에서 인접한 경간 사이의 적합조건은 발생된 변형과 응력을 상당히 억제할 수 있다. 따라서 접합된 구조부재들의 실제거동은 일반적인 가열 시험에 의해 나타난 것과 매우 다르다.

보와 일방향 슬래브 모두에 대한 정적으로 정정인 지지조건과 같이 구조설계에서 정상적으로 이루어지는 이상화된 가정 방식으로 매우 많이 작용하는 구조프레임을 설계하는 것이 가능하다. 그러나 대부분의 현대 고층건물은 바닥시스템을 구성하는 슬래브와 보 사이에 어떤 형태의 합성구조물을 사용한다. 이러한 시스템에서 슬래브는 설계시 인접한 보 사이에 일방향으로 걸쳐진 것으로 간주하지만, 실제로는 연속이고 거더(primary beam)와 보(secondary beam) 모두 합성으로 만들어진다. 상온 설계과정에서 완전한 힌지로 간주되는 실질적인 보-기둥 및 보-보 조인트는 연결된 보가 고온에서 강도와 강성을 많이 잃을 때 중요한 잔류 강성을 가진다. 또한 합성 슬래브를 지지하는 보 부재의 단부에서 단순한 강재 조인트는 훨씬 더 견고한 전체 조인트를 생성하는 접합부 중심에서 응력 중심간 거리의 연속 슬래브 철근과 함께 작용한다. 따라서 열에 의해 유발된 움직임의 구속은 보의 단부와 슬래브의 모서리에서 변형 및 회전이 존재한다. 그러므로 하중분담(load sharing)과 회전 및 수평이동에 대한 구속의 장점 및 단점 모두를 위한 상당한 범위가 있다.

9.3.1 관찰된 합성바닥의 거동 : 카딩턴(Cardington)

1995년과 1996년 사이에 Cardington의 8층 건물에 대한 본격적인 화재실험(British Steel 1999)은 합성바닥의 일부를 형성하는 피복되지 않은 철골부재가 독립된 부재로 실험될 때보다 실제 다층 건물 내에서 훨씬 더 큰 내화성을 가질 수 있음을 분명히 했다. 이는 화재구획 내의 가열된 부재, 콘크리트 바닥슬래브 및 인접한 철골구조물 사이의 상호작용으로 인한 것으로 보인다. 가장 중요한 정성적 관찰은 실시된 6건의 화재실험 중 어느 것도 국제표준화기구(ISO)의 834 표준화재시험조건 하에서 독립된 모든 부재시험의 최종 결과(eventual outcome)로 나타나는 갑작스런 파괴(runaway failure)의 징후(indication)는 없었다는 것이다. 이러한 현상은 강재 강도가 95% 이상 감소했을 때 피복되지 않은 강재 보의 온도가 1,100℃ 이상에 도달했기 때문에 특히 두드러지게 나타났다. 최대처짐은 항상 경간의 1/30을 초과했고 일부 경우 경간 1/20의 일반적인 시험한계를 초과했다. Cardington 실험 중 하나를 검토해 볼 가치가 있으며, 적어도 구조화재공학에 대한 통합 접근법에서 고려해야 할 구조적 영향의 일부를 상세히 밝힐 것이다.

전형적인 평면도는 그림 9.2에 나타나 있으며, 영국 철골 모서리-경간 실험(British Steel Corner-Bay Test)으로 알려진 실험 중 하나의 위치를 보여주고 있다. 이 실험은 1995년 7월에 폭 9.98m, 깊이 7.57m의 구획에서 수행되었다. 화재구획벽은 경량콘크리트 블록을 사용하여 시공되었으며, 화재구획의 상부는 유연한 단열재로 틈을 채우면서 상부 구조물의 자유로운 처짐을 허용하기 위해 슬래브 밑면으로부터 분리되었다. 모든 기둥과 가장자리 보는 세라믹 섬유 단열재로 감쌌지만 다른 모든 구조부재는 내화피복되지 않은 채로 남겨졌다. 실험은 자연화재를 생성하기 위해 총 45kg/m^{2}의 화재하중을 제공하는 목재 크립을 사용하여 점화되었다. 화재실험 동안 측정된 구획실의 최대온도는 1,028℃였다. 이 실험은 기하학적으로 선형이고 비선형 슬래브 요소 둘 다를 사용해서 Huang 등(2002)에 의해 수치해석적으로 모델링되었다.

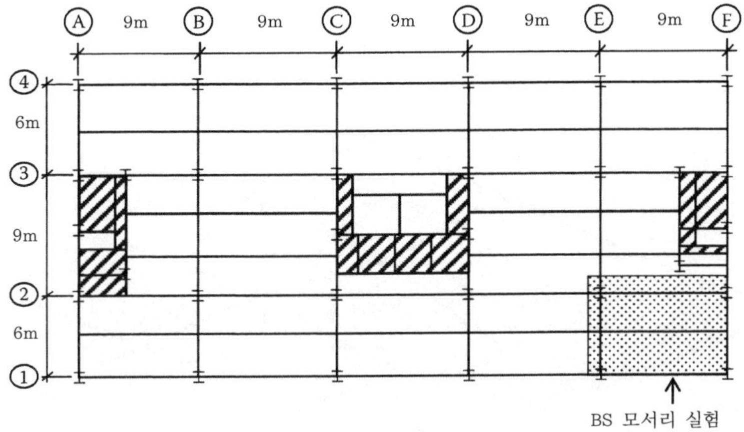

그림 9.2 Cardington British Steel의 코너-경간 실험과 주요 구조부재의 위치

기하학적으로 비선형 슬래브 요소에 의해 주어진 것처럼 900℃에서 합성슬래브의 처짐형상은 상부 콘크리트층의 균열 패턴을 포함하여 그림 9.3a에 나타냈고, 900℃의 강재온도에서 슬래브 막 당김(총 주 막력 벡터[1])은 그림 9.3b에 나타나 있다. 이 그림에서 힘 벡터는 각 슬래브 요소 내의 9개 지점에 표시되며 크기는 선길이에 비례한다. 압축력은 짙고 두꺼운 선으로 표시된다. 인장력은 회색으로 표시되며 일반적으로 더 낮은 강도이다. 인장은 주로 균열방지 철근의 작은 영역에 의해 전달된다는 것을 이해해야 한다. 이는 이 단계에서 화재구획 위의 슬래브에서 슬래브의 중심부에 효과적으로 정압 인장영역이 있고 둘레에 압축 링이 있음을 분명하게 보여준다.

9.3.2 화재시 철골조 및 합성골조가 하중을 전달하는 방법

건축물 화재시 강구조물의 구조거동에 영향을 미치는 두 가지 기본적인 재료특성이 있다. 이는 온도가 상승함에 따라 강재의 응력-변형률 곡선의 점진적인 저감이고, 온도변화에 수반되는 열로 인한 변형률이다. 건물의 어느 부분에서 강재의 이러한 두 가지 기본적인 변화는 다른 재료에 연결된 방법, 건물의 다른 부분과 상온에서의 구조거동과 매우 다를 수 있는 구조거동을 생성하는 지지시스템과 상호작용한다. 바닥슬래브가 강재 보에 단순히 하중을 가하는 다층골조의 거동(그림 9.4a)은 슬래브와 강재 보가 연속적으로 연결되는 합성골조(그림 9.4b)의 거동과는 상당히 다를 수 있다.

---

1) aggregate principal membrane force vectors

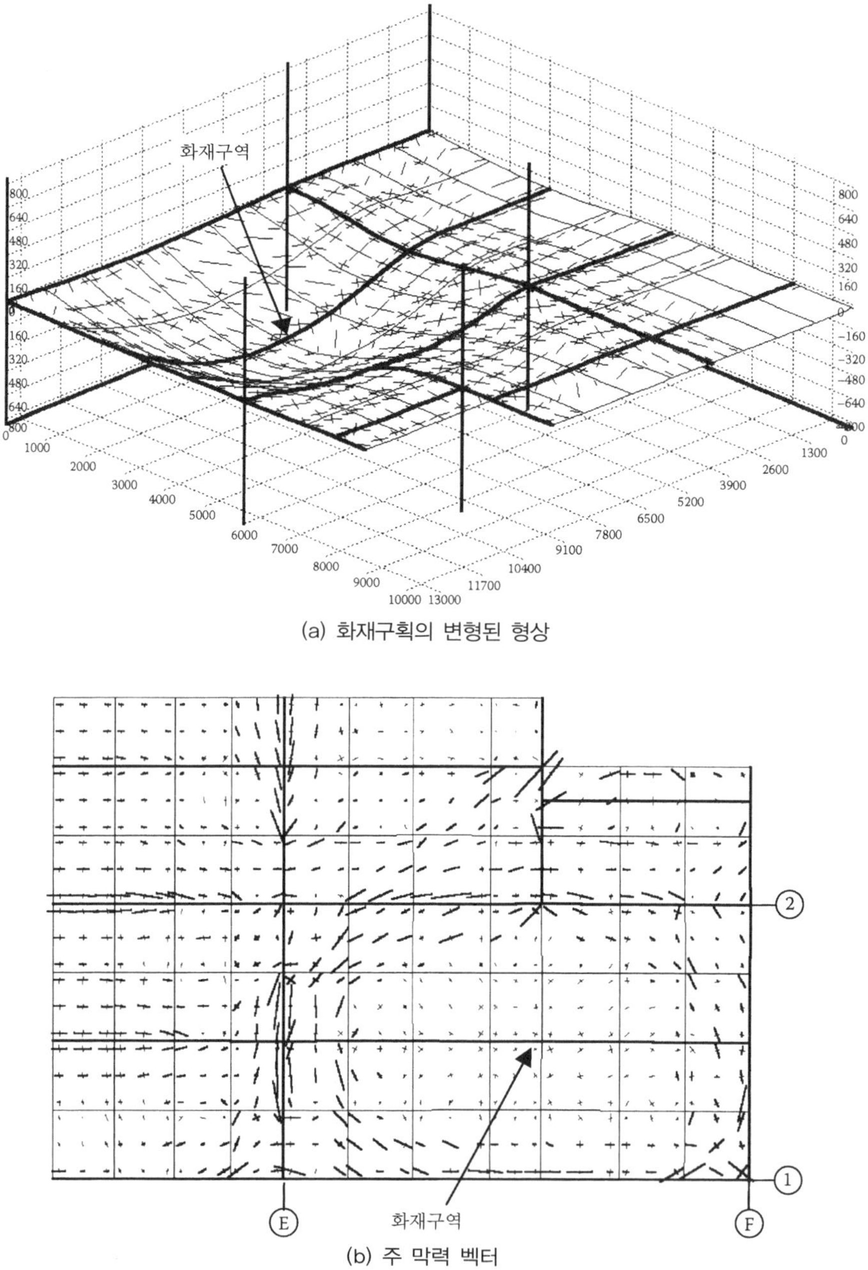

(a) 화재구획의 변형된 형상

(b) 주 막력 벡터

그림 9.3 BS 모서리-경간 화재 실험2)

2) From Huang, Z., Burgess, I.W., and Plank, R.J., Modelling of Six Full-Scale Fire Tests on a Composite Building, The Structural Engineer, 80(19), pp.30~37, 2002

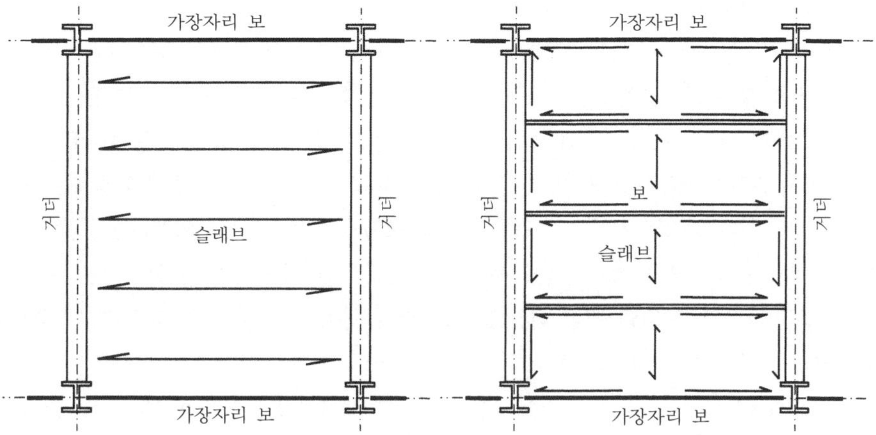

(a) 비합성 바닥-골조 시스템 (b) 합성 바닥-골조 시스템

그림 9.4 상온에서의 하중 경로

이 절에서 독립된(free-standing) 슬래브는 단지 화재시 국부강도에 대해 설계되어야 하고 보를 지지하는 건물의 구조적인 작용을 변경할 수 없기 때문에 합성구조물의 건물에 가장 직접적으로 관련된다. 두 가지 유형의 구조 모두 분명히 부재 간 접합부의 지속적인 건전성에 크게 좌우되지만, 합성바닥시스템이 제공하는 가열구역과 냉각구역 사이에 어느 정도의 연속성이 있을 때 조인트 힘의 변화가 훨씬 두드러진다.

그림 9.4b에 나타낸 것과 같은 합성바닥시스템은 일반적으로 격렬하고 오래가는 화염에 의해 가열된 구획에서 온도가 상승함에 따라 구조거동의 여러 단계를 거치는 것은 분명하다.

- 초기에 노출된 피복되지 않은 강재 보는 급격히 가열되어 팽창하고 강도는 거의 감소하지 않는다.
- 콘크리트 슬래브가 더 천천히 가열되어 열원쪽으로 열로 인한 휨변형을 일으킨다.
- 강재 강도와 강성이 점진적으로 감소하면 강재 보에 매우 높은 영구적인 압축 변형률이 발생한다.
- 화재구획을 둘러싸고 있는 차가운 구조물로 인한 열팽창 구속은 이 압축 변형률을 더욱 증가시킨다.

강재의 강도가 감소함에 따라 부착된 콘크리트 슬래브는 바닥하중을 지지하는데 점점 더 중요한 역할을 한다. 지지된 방식과 함께 슬래브의 특성은 이제 하중이 전달되는 방식을 제어한다.

- 이 단계에서 슬래브의 잔류 휨강도는 상대적으로 낮은 처짐으로 도움을 받지 않고 하중을 효과적으로 전달할 수 있을 정도로 충분히 크며, 특히 공칭 균열방지 메쉬가 아닌 구조보강으로 설계된 경우 또는 정상보다 두꺼운 경우(주거건물에서 소음 확산을 제어하기 위한 것)

에 더욱 그러하다.

- 예를 들어 기둥 그리드 선의 거더(primary girder) 및 보(secondary beam)에 의해 슬래브가 적절한 정사각형 영역으로 분할되는 선을 따라 수직처짐에 대해 잘 지지된다면, 인장막작용(그림 9.5a)은 하중지지 메케니즘으로 생성될 수 있다. 슬래브는 이중곡률로 밀려 중앙영역에서 인장막으로 매달려 있으며, 그림 9.3b에서 관찰된 것처럼 주변의 압축된 '원형 보(ring beam)'가 지지된 가장자리 또는 모서리 보에서 생성된다. 이 메케니즘은 슬래브 하중을 지지하는 자기평형 메케니즘을 형성한다. 이 메케니즘의 특별한 유용성은 수직지지가 가장자리에서 제공된다면 인장막작용을 유지하기 위해 각 슬래브 패널의 가장자리에서 수평구속이 필요하지 않다는 것이다.
- 온도가 계속해서 상승할 경우 가장자리 지지가 실패하거나 단순히 가장자리 또는 구획 차염성 파괴를 구성하기에 충분히 넓은 중간영역에서 인장슬래브 균열로 이어지게 되면 최종적으로 실제 구조붕괴로 끝날 수 있다. 자유롭게 지지되는 개별 슬래브에 대한 정상적인 파괴의 경우는 가장 높은 인장막 힘의 위치인 중앙 단경간에 걸친 단일 수직관통 인장균열이다. 인장균열은 모서리에서 슬래브의 막인장이 발생하는 지지 보나 근처와 비교해서 슬래브를 가로지르는 선의 유효길이를 연장하기 때문에 가장자리 지지 보의 중심부를 따라 연속슬래브에서 발생할 수 있다(그림 9.6a). 이는 모서리로부터 떨어진 지지된 가장자리를 가로질러 발생하는 높은 부곡률(hogging curvature)에 의해 향상된다. 이러한 슬래브 인장균열 파괴 자체는 붕괴로 이어지지는 않지만 화재의 수직확산 경로를 허용함으로써 차염성을 잃게 한다.

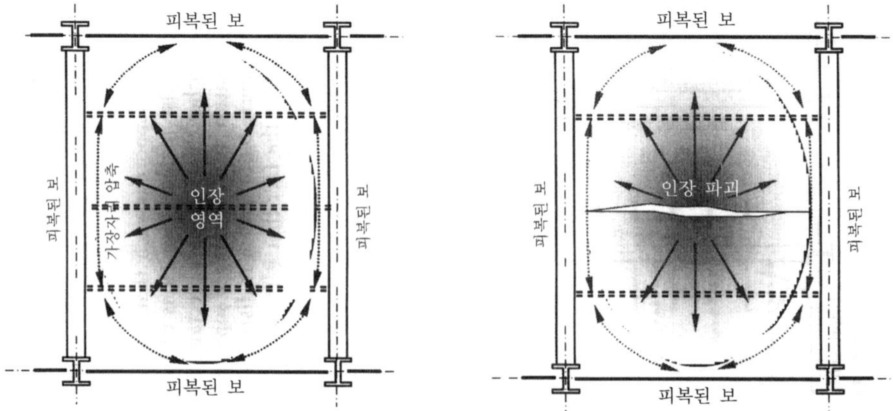

(a) 높은 처짐에서 인장막 작용 (b) 더 짧은 스팬을 가로지르는 인장 파괴

그림 9.5 합성 바닥-골조 시스템

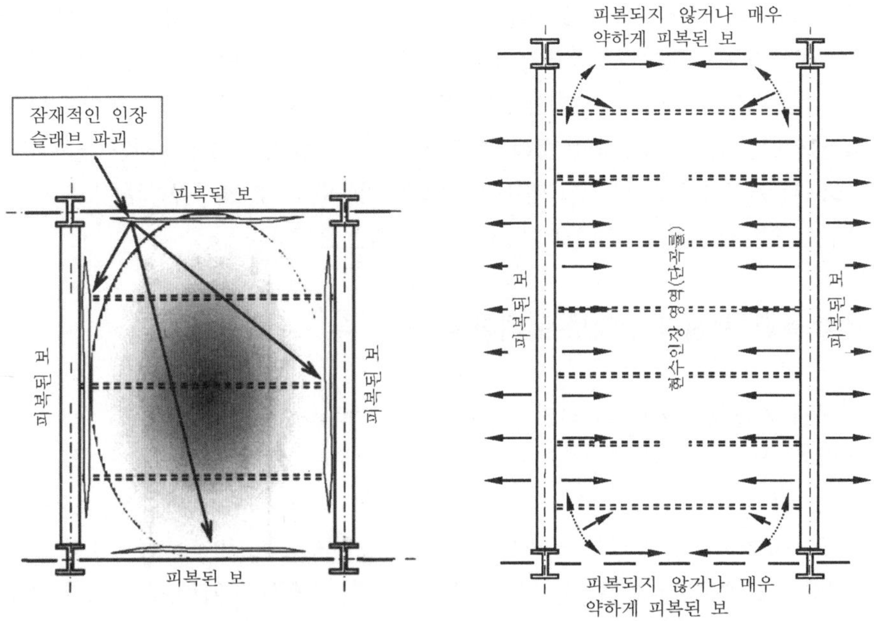

(a) 높은 처짐에서 지지보에서의 슬래브 인장균열 (b) 단곡률에서 현수작용으로 인한 일축 힘

그림 9.6

- 슬래브의 지점이 지지 모서리가 정사각형이 아닌 긴 직사각형을 형성하는 상황을 포함하여 효과적으로 일방향 경간인 경우 더 긴 지지 모서리로부터 단일곡률로 매달리게 된다. 이는 자체평형은 아니지만 슬래브의 지지 모서리에서 수평방향으로 고정될 필요가 있다는 사실에 의해 인장막작용과 구별되는 현수작용(그림 9.6b)이다.

이 경우 슬래브의 인장으로 인해 파괴가 발생할 수 있거나 이 인장력에 의해 영향을 받는 구조 구성요소 순서 중 하나에서 발생할 수 있다. 현수인장의 방향으로 걸친 합성보와 지지기둥 사이의 조인트는 현재 고온에서 결속능력(tying capacity)의 부족으로 인해 파괴할 수 있다. 따라서 현수작용으로 인한 파괴는 구조적일 수 있으며, 단순하게 화재구획의 차염성 상실보다는 연쇄붕괴로 이어질 수 있다.

9.3.3 전체 골조의 화재공학설계 전략

9.3.2절에서 합성바닥시스템은 개별 강재 또는 합성 보 부재가 화재조건에서 급격한 처짐으로 파괴되는 하중보다 상당히 큰 하중을 전달할 수 있음을 보여 주었다. 이는 합리적으로 정사각형 종횡비의 슬래브 영역 모든 가장자리가 수직으로 지지되는 인장막작용에 의해 이루어질 수 있으며, 슬래브의 처짐이 주로 이중곡률로 채택되도록 한다. 플랫 슬래브는 훨씬 더 높은 강

성과 함께 얇은 쉘을 형성한다. 단일곡률 굴곡의 발생이 가능하도록 지지하는 슬래브의 경우 슬래브 종횡비가 높거나 일부 가장자리가 수직으로 지지될 때 발생하는 현수작용으로 인해 플랫 슬래브보다 높은 강도의 향상이 있어야 한다. 후자의 경우 수평 현수인장력은 슬래브 영역 가장자리 주변의 인접한 구조물에 의해 물리적으로 저항되어야 한다. 따라서 수직의 가장자리 지지만 필요로 하는 자기평형 하중지지 메케니즘으로써 바닥의 내화성을 향상시키기 위한 인장막 작용 사용은 일반적으로 설계자에게 더 매력적인 전망일 뿐이다.

9.3.4 높은 처짐의 슬래브에 대한 배경 연구

1960년대 후반과 1970년대 초반 Park(1964a, 1964b), Sawczuk와 Winnicki(1965), Hayes(1968), Hayes와 Taylor(1969) 및 Brotchie와 Holley(1971)에 의해 수행된 중요 실험 및 이론연구는 큰 수직변위를 받을 때 얇은 콘크리트 바닥 슬래브의 거동에 대해 수행되었다. 이 연구는 큰 수직변위에서 콘크리트 슬래브는 잘 확립된 항복선 접근법을 사용하여 계산된 하중보다 상당히 큰 하중을 지지할 수 있음을 보여주었다. 하중지지 메케니즘은 인장막(tensile membrane)작용으로 나타나며, 슬래브가 경계에서 수평으로 구속되었는지 여부에 관계없이 슬래브 내에서 형성될 수 있다. 경계 주변에서 구속되지 않은 슬래브의 경우 압축 면내 막력은 경계 주변의 슬래브 깊이에서 형성되는 것으로 나타났으며, 이는 슬래브 중심부의 면내 인장막력이 필요한 지지를 제공했다(그림 9.7). 압축력의 지지링은 증가하는 하중에서 가장자리 근처의 수직변위가 작게 유지되는 경우에만 발생할 수 있다.

이 초기 연구는 큰 변위에서 슬래브 거동에 대한 통찰력을 제공하고 일부 임시 설계방법이 제안되었지만 연구에 대한 실제 사용은 발견되지 않았으며, 작업이 크게 발전되지 않았다. 그러나 합성바닥슬래브가 사용된 Cardington에서의 화재실험 후 큰 변위에서 콘크리트 슬래브의 거동에 대한 관심이 되살아났다. Huang 등(2001a, 2001b)은 3m 떨어진 평행한 보를 가진 9m 간격의 기둥 사각형 격자를 기반으로 국부화재 및 전층의 화재에서 합성바닥시스템을 채택한 일반골조의 거동에 대해 수치해석 연구를 수행했다. 내화피복되지 않은 다른 보와 함께 기둥 격자선 위에서 내화피복된 보의 다른 패턴을 연구했다. 기둥의 격자선 위에 잘 피복된 보를 배치하는 것은 기둥에 대한 강력한 수평지지를 제공하고 합성바닥 내의 슬래브 패널에 필요한 수직 모서리 지지를 제공하여 인장막작용이 발생할 수 있도록 하기 위한 것이다. 바닥슬래브의 내화성에 대한 상당한 향상은 다른 강재 보가 내화피복되지 않은 경우에도 격자선 보에 대한 충분한 보호를 제공할 수 있는 것으로 나타났다.

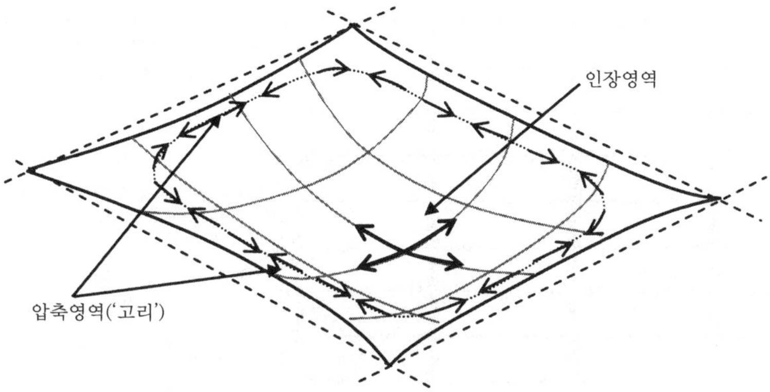

그림 9.7 수평적으로 구속되지 않은 콘크리트 슬래브에서의 막작용

9.3.5 인장막작용에 기초한 단순화된 설계방법

화재시 화재가 원래의 구획 내에 구속된 경우 구조물의 큰 변형이 허용된다면 건물 전체를 통한 화재 확산의 위험은 낮다. 단순화된 설계방법은 1960년대에 개발된 큰 변위뿐만 아니라 고온을 받는 합성바닥슬래브의 단순화된 막작용 모델을 기반으로 영국의 BRE[3]에서 Bailey(2000, 2001)에 의해 처음 개발되었다. 인장막작용을 사용함으로써 특정 바닥슬래브 내에서 강재 보의 상당 부분은 규정된 내화시간 동안 내화피복되지 않은 상태로 유지할 수 있는 합성바닥을 설계하는 것이 가능하다. 이전에는 휨작용만을 고려하여 주어진 바닥슬래브 내의 지지하는 모든 강재 보는 필요한 내화성능을 얻기 위해 일종의 수동적인 내화피복 형태를 필요로 했다. 이 방법은 뉴질랜드의 HERA[4]에서 Clifton 등(2001)에 의해 약간 수정되었지만 이 수정은 여기서 다루지 않는다.

이 방법은 건물의 바닥슬래브를 내화피복된 보에 의해 둘러싸인 정사각형 또는 직사각형 슬래브 패널로 구분하는 기본철학을 구현한다(그림 9.8). 슬래브의 미소변형(small-deflection) 휨능력 관점에서조차도 이 배열이 슬래브가 더 큰 처짐의 막응력 생성을 야기하는 항복선 파괴 패턴을 생성하도록 유도한다는 것을 쉽게 알 수 있다.

3) Building Research Establishment
4) Heavy Engineering Research Association

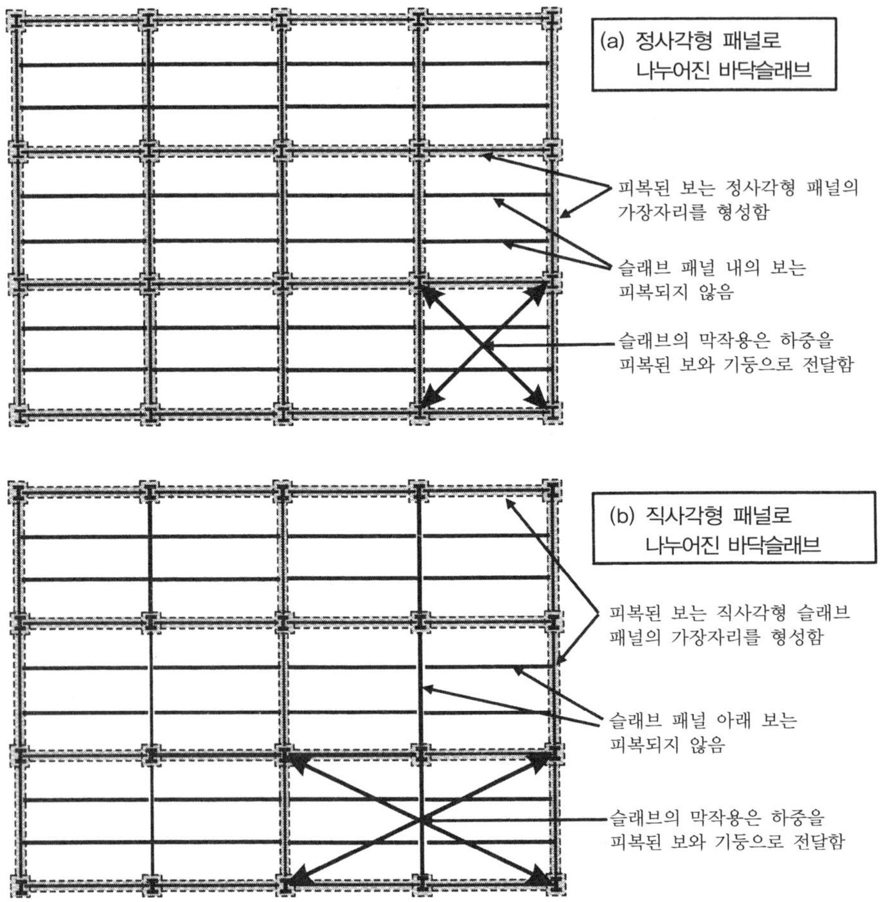

그림 9.8 피복되지 않은 보를 남긴 각각 다른 수동 내화피복 전략

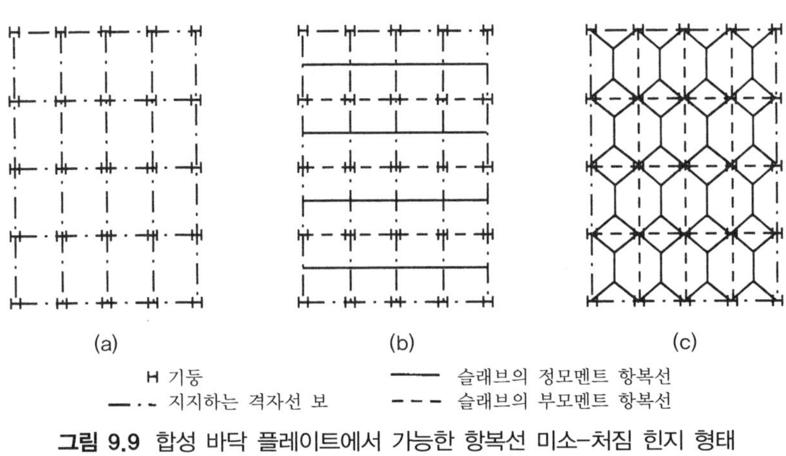

그림 9.9 합성 바닥 플레이트에서 가능한 항복선 미소-처짐 힌지 형태

그림 9.9a에 나타낸 바닥슬래브 배치에서 장방향 격자선 보에 의해 제공된 적절한 지지가 있는지 여부에 따라 그림 9.9b 및 9.9c에서 볼 수 있는 항복선 패턴이 가능할 수 있다. 그림 9.9b에서 평행 '콘서티나(concertina)' 접힘은 휨 이외의 작용을 유도하지 않지만 그림 9.9c에서 막응력 생성 없이 항복선 패턴은 발달할 수 없다.

이전 절에서 알 수 있는 것처럼 이 방법은 내화피복된(또는 수직으로 지지된) 영역이 합리적으로 정사각형의 종횡비를 가질 때 가장 효과적으로 작용하여 현수작용보다는 인장막작용이 얻어진다. 이러한 각 패널 내의 보는 내화피복되지 않은 상태로 남는다. 화재가 발생하는 동안 내화피복되지 않은 보는 열영향과 연동하여 상당한 부분의 강도와 강성을 손실하고 합성슬래브의 수직방향으로 큰 변위가 발생한다. 작용하중은 주로 합성슬래브의 인장막작용에 의해 지지되어 내화피복되지 않은 보에서 내화피복된 보로 하중을 효과적으로 전달한다.

주어진 바닥슬래브 내의 내화피복되지 않은 보의 비율은 패널 크기 및 종횡비에 의해 좌우되며 막능력에 의해 제어된다. 주요한 가정은 내화피복된 보에 대한 슬래브 철근이 높은 부모멘트와 이 영역에서 발생하는 막력의 조합으로 인해 화재 발생 동안 파괴되는 것이다. 가장자리에서 철근이 손상되지 않는 것으로 가정하면 슬래브에서 유도된 인장막의 힘, 즉 하중전달 능력이 상당히 높아지므로 이는 보수적인 가정이다. 설계철학에서 슬래브 패널은 수평으로 구속되지 않는 것으로 가정되므로 가장자리의 압축 당김만이 중앙영역의 인장영역(tension field)에 지지를 제공한다.

설계방법의 원래 버전은 등방성(isotropic) 철근이 있는 슬래브를 기초로 하고 있으며, 직교이방성(orthotropic) 철근이 있는 슬래브에 대한 공개정보가 부족하기 때문에 이 방법은 Bailey (2003)에 의해 확장된 이후 직교방향에서 철근의 양이 동일하지 않을 가능성을 포함한다. 이 방법은 고온에서 합성바닥슬래브와 강재 보의 지지격자 거동을 고려한다. 합성슬래브의 막 작용에 대한 처리는 상온 및 고온 모두에서 콘크리트 슬래브의 관찰된 작용을 기반으로 한다.

인장막작용에서 콘크리트 슬래브의 하중변위 응답을 예측하기 위한 설계방법 유도는 등방 및 직교이방성으로 보강된 슬래브에 대해 Bailey(2000a, 2003)에 의해 발표되었다. 이전에 발표된 실험결과(Hayes와 Taylor 1969)의 관찰에 근거하여 전체 깊이 인장균열은 최종적으로 슬래브의 더 짧은 경간에 걸쳐 형성된다는 사실에 기초한다. 유도는 여기서 반복하지는 않으나 주요식은 등방성으로 보강된 경우에 대해 재생성된다. 사용된 표기법은 주로 그림 9.10에 정의되어 있다. 표현방법을 용이하게 하기 위해 설계방법은 슬래브의 항복선 파괴하중에 곱하는 향상계수(enhancement factor)에 대한 강도 변위 관계를 정의한다.

이 향상계수는 수직변위에 따라 증가하며 다음과 같이 주어진다.

$$e = e_1 - \frac{e_1 - e_2}{1 + 2\mu a^2} \tag{9.1}$$

여기서,

$$e_1 = e_{1m} + e_{1b}$$
$$e_2 = e_{2m} + e_{2b} \tag{9.2}$$

여기서, e_{1m}과 e_{2m}는 각각 요소 1과 2(그림 9.10)에서 막력으로 인한 항복선 하중의 향상계수이다. 향상계수 e_{1m}과 e_{2m}는 다음과 같이 주어진다.

$$e_{1m} = \frac{M_{1m}}{\mu M_0 L} = \frac{4b}{3+(g_0)_1}\left(\frac{w}{d_1}\right)\left((1-2n)+\frac{n(3k+2)-nk^3}{3(1+k)^2}\right) \tag{9.3}$$

그리고

$$e_{2m} = \frac{M_{2m}}{M_0 l} = \frac{4bK}{3+(g_0)_2}\left(\frac{w}{d_2}\right)\left(\frac{2+3k-k^3}{6(1+k)^2}\right) \tag{9.4}$$

여기서, M_{1m}과 M_{2m}은 막력에 의한 지지에 대한 모멘트를 나타내며, 최대수직변위 w에 대해 M_{1m}과 M_{2m}은 다음과 같이 주어진다.

$$M_{1m} = KT_0 L b w = \left((1-2n)+\frac{n(3k+2)-nk^3}{3(1+k)^2}\right) \tag{9.5}$$

그리고

$$M_{2m} = KT_0 l b w\left(\frac{2+3k-k^3}{6(1+k)^2}\right) \tag{9.6}$$

여기서, e_{1b}와 e_{2b}는 각각 요소 1과 2(그림 9.10)에서 막력에 의해 야기된 휨내력 증가로 인한 항복선 하중에 대한 향상계수이다. 향상계수 e_{1b}와 e_{2b}는 다음과 같이 주어진다.

$$e_{1b} = \frac{M}{\mu M_0 L} = 2n\left[1+\frac{\alpha_1 b}{2}(k-1)-\frac{\beta_1 b^2}{3}(k^2-k+1)\right]+(1-2n)(1-\alpha_1 b-\beta_1 b^2) \tag{9.7}$$

그리고

$$e_{2b} = \frac{M}{M_0 l} = 1+\frac{\alpha_2 bK}{2}(k-1)-\frac{\beta_2 b^2 K^2}{3}(k^2-k+1) \tag{9.8}$$

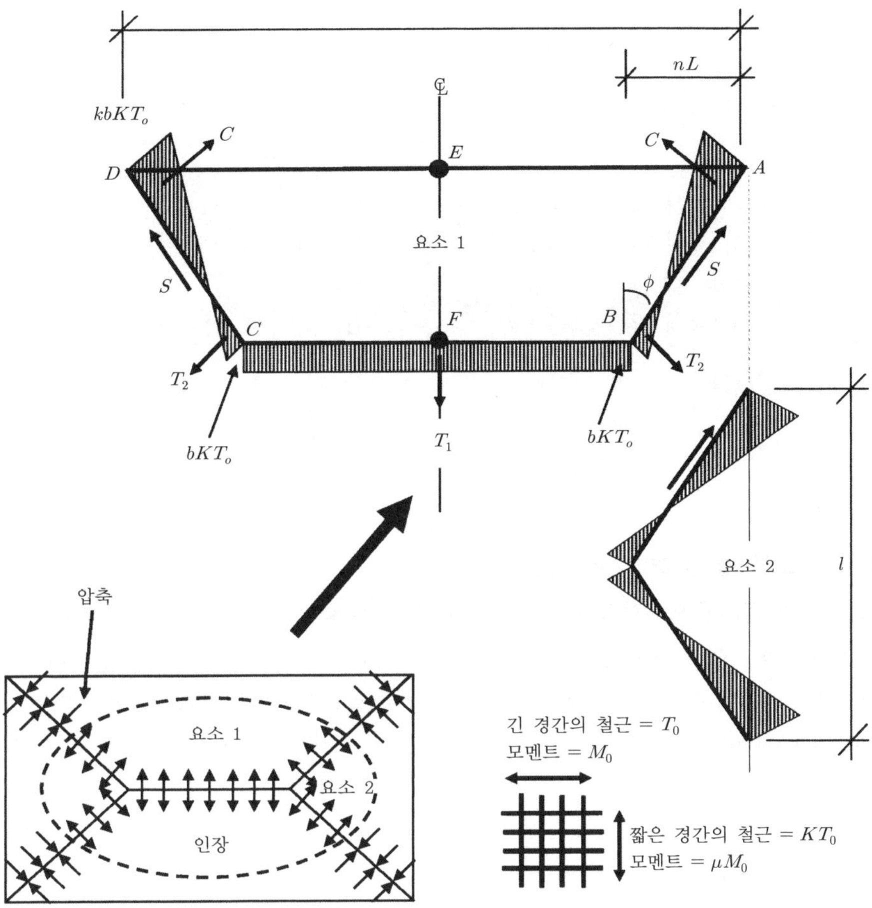

그림 9.10 직교이방성 철근의 정의와 사각형 슬래브에 대한 항복선을 따르는 면내 힘

여기서

$$\alpha_2 = \frac{2(g_0)_2}{3+(g_0)_2} \tag{9.9}$$

$$\beta_2 = \frac{1-(g_0)_2}{3+(g_0)_2} \tag{9.10}$$

상수 k와 b는 다음 식(9.11)과 (9.12)로 주어진다.

$$k = \frac{4na^2(1-2n)}{4n^2a^2+1}+1 \tag{9.11}$$

그리고

$$b = \frac{1.1l^2}{8K(A+B+C-D)} \tag{9.12}$$

여기서,

$$A = \frac{1}{2}\left(\frac{1}{1+k}\right)\left[\frac{l^2}{8n} - \frac{(L/2-nL)}{nL}\left((nL)^2 + \frac{l^2}{4}\right) - \frac{1}{3}\left(\frac{1}{1+k}\right)\left((nL)^2 + \frac{l^2}{4}\right)\right]$$

$$B = \frac{1}{2}\left(\frac{k^2}{1+k}\right)\left[\frac{nL^2}{2} - \frac{k}{3(1+k)}\left((nL)^2 + \frac{l^2}{4}\right)\right]$$

$$C = \frac{l^2}{16n}(k-1)$$

$$D = \left(\frac{L}{2} - nL\right)\left(\frac{L}{4} - \frac{nL}{2}\right) \tag{9.13}$$

1) 단순화된 설계방법 : 실용성

식(9.1)에서 주어진 인장막작용으로 인한 항복선 능력 향상은 슬래브에 필요한 데이터와 채택된 피복전략을 고려할 때 표준 스프레드시트에서 매우 쉽게 설정될 수 있다. 그 가장자리에서 간단하게 지지되는 직교로 보강된 슬래브에 대한 최적의 미소변형 항복선능력은 다음과 같이 주어진다(Park 1964a).

$$p = \frac{24m_x\mu_s}{l^2\left[\sqrt{\left[3\mu_s + \left(\frac{l}{L}\right)^2\right]} - \frac{l}{L}\right]^2} \tag{9.14}$$

등방성 철근의 일반적인 경우(합성슬래브는 흔히 추가 바 없이 균열방지 메쉬만을 포함) Wood(1961)의 식으로 축소될 수 있다.

$$p = \frac{24m}{l^2\left[\sqrt{3+\left(\frac{l}{L}\right)^2} - \frac{l}{L}\right]^2} \tag{9.15}$$

이는 지지되지 않는 영역 내에 추가 보가 부착되지 않은 슬래브에 적용되며, 리브형(ribbed) 금속 데크에 채워진 일반 합성슬래브의 경우에는 해당되지 않는다. 그러나 내화계산에서 고려되는 중요한 상태는 내화피복되지 않은 강구조물이 매우 높은 온도에 있고 슬래브의 일부로서 효과적으로 무시될 수 있을 때이다. 원본과 동일한 방법의 뉴질랜드 버전에서 하향 강재 보의 감소된 강도는 관련 방향의 슬래브 모멘트 용량에 포함되지만 다른 방법으로는 사용되지 않는다는 점을 명심해야 한다.

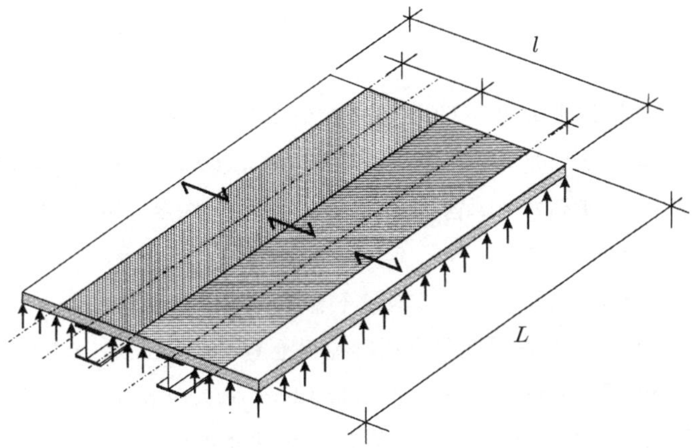

그림 9.11 피복되지 않은 보에 의해 지지된 것으로 가정된 재하면적을 보여 주는 합성슬래브

BRE–Bailey 방법에서 원하는 내화시간에 적합한 최종 온도에서 지지된 슬래브 내의 합성 보 사이에서 휨으로 작용하고 고온에서 BS 5950 강도감소계수와 인장막작용으로 인한 슬래브의 향상된 능력에 따라 엄격하게 총 하중을 공유하는 것으로 가정한다. 합성 보의 경우 가장 높은 하중비를 갖는 보의 보수성을 보장하는 것은 포함된 모든 합성 보의 강도감소를 결정하기 위해 사용된다. 각 보에 대한 하중은 그림 9.11과 같이 상온설계에서 취한 일반적인 가정인 '지지'하는 바닥면적에 따라 할당된다.

다음으로 막작용 향상과 함께 슬래브에서 발생하는 총 하중에 필요한 기여분을 화재한계상태(화재시 사용되는 부분안전계수에 따라)에서 슬래브에 의해 전달된 총 하중에서 합성 보 격자능력을 뺀 값으로 계산한다. 슬래브가 추가 하중능력을 제공할 수 있는지 여부를 계산하는 프로세스는 다음과 같다.

1. 휨으로 작용하는 합성슬래브의 미소변형 하중능력은 보가 0(제로)의 내력을 갖는다고 가정해서 하한계 항복선 메케니즘을 기반으로 계산된다.
2. 필요한 향상계수는 슬래브에서 총 하중 능력에 필요한 기여도로 나누어 계산된다.
3. 향상계수를 제공하기 위해 필요한 슬래브 처짐은 수용 가능성에 대해 계산되고 확인된다.

2) 합성 보의 기여

두 개의 내화피복되지 않은 합성 보를 가진 사각형 슬래브를 구성하는 그림 9.11에 나타낸 단순한 예를 고려해서 보에 의해 전달된 슬래브 하중의 일부분($w_{beam,\theta}$)은 한 보의 하한계 메케니즘(중앙경간에서 생기는 소성힌지)을 기반으로 하고, 다음과 같이 주어진다.

$$w_{beam,\theta} = \frac{8M_{fi}}{\gamma L^2} \quad (9.16)$$

여기서, γ는 하나의 보에 의해 지지되는 슬래브의 폭을 정의하며, $l/3$인 경우에 보 간격으로 취해진다. 이는 슬래브에 대해 가정된 항복선 메케니즘과 일치하지 않지만 보수적이다. 향후 연구는 이 보수성이 합성슬래브 시스템 내에서 실제 하중분담으로 과도하거나 정당한지를 밝힐 것이다.

물론 합성 보는 화재시 전체 슬래브 하중을 전달할 수 있으므로 슬래브의 인장막작용으로 인한 기여가 필요하지 않다. 이는 초기에 약간의 수정된 형태의 유로코드 4 Part 1.2(유럽 표준화위원회[CEN[5]] 1994-2005b)의 임계온도법(critical temperature method)을 사용하여 확인되었다. 유로코드 기호를 사용한 하중수준은 다음과 같이 계산된다.

$$\eta_{fi,t} = f_{amax,\theta_{cr}} / f_{ay,20℃} \quad (9.17)$$

EN 1994-1-2(CEN 1994-2005b)의 표 3.2는 하중수준 η_{fi}에 대해 임계온도를 제공한다. 여기서 표 9.1로 재생산된다.

보에 대한 임계온도가 원하는 내화시간에서 설계온도 이하인 경우에만 슬래브의 하중능력에 대한 인장막작용 향상을 사용할 필요가 있다.

슬래브의 막내력을 사용할 필요가 있는 경우 얼마나 많은 하중이 합성 보에 의해 지지되는지 계산할 필요가 있다. 첫째로 상온 소성모멘트 능력은 유효폭의 콘크리트 압축블록에 대해 강재 단면의 인장력 균형을 맞추고(그림 9.12) 강재 데크를 무시하고 이러한 블록의 도심 사이의 응력 중심 간 거리를 곱해서 계산된다.

표 9.1 바닥 슬래브를 지지하는 피복되지 않은 강재 합성 보에 대한 임계온도

하중수준	0.7	0.6	0.5	0.4	0.3	0.2	0.1	0.08	0.06	0.04	0.02	0.01
임계온도(℃)	526	558	590	629	671	725	820	860	900	1,000	1,100	1,150

고온에서 전체 계산을 동일하게 다시 수행해야 하지만 강재의 적절한 강도감소계수에 따라 소성모멘트 능력을 줄이는 것만으로도 충분하고 보수적이다. 필요한 내화시간에서 강재 단면의 설계온도를 사용하여 표 9.1의 보간법에 의해 수행될 수 있다.

5) Committee of European Normalization

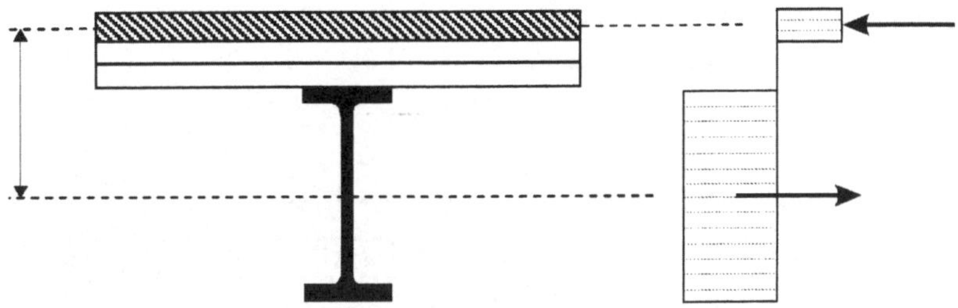

그림 9.12 합성 보에 대한 소성모멘트내력 가정을 나타내는 개념도

3) 막작용에서 슬래브의 영향

인장막작용 향상을 계산하기 위한 예비단계로써 하한계 항복선 메케니즘을 사용하는 미소 변형 슬래브 휨하중 능력에 대한 Wood의 식(9.15)은 슬래브 종횡비 관점에서 pl^2/m값을 제공한다(표 9.2).

슬래브 m의 등방성 모멘트 능력은 철근의 위치, 사용된 재료의 상온 강도 및 단면을 통한 온도분포에 따라 달라진다.

이제는 합성슬래브 강도를 적절하게 증가시키기 위해 인장막작용을 사용할 수 있는지 여부를 평가할 수 있다. 항복선 하중능력에 비례하는 향상계수는 허용 가능한 슬래브 처짐이 알려지면 식(9.1)~(9.13)을 사용하여 계산할 수 있고, 이것들을 평가하는 방법은 다음 절에서 설명한다. 대안으로 그림 9.13에 나타난 형태의 설계차트를 사용할 수 있다. 이 차트 각각은 순수 휨에서 강재의 하향 단면에서 순 인장력의 균형을 맞추기 위해 압축 층으로 사용되는 슬래브 두께의 비율을 기준으로 0.3과 0.9 사이의 g_0의 상수값을 적용한다. 다른 차트 사이에서 보간하는 것은 허용된다.

표 9.2 등방성 철근을 가진 슬래브에 대한 항복선 파괴하중

$L/l=$	1.0	1.2	1.4	1.6	1.8	2.0	2.5	3.0	5.0	10	∞
$pl^2/m=$	24.0	20.3	17.9	16.2	15.0	14.1	12.6	11.7	10.1	9.0	8

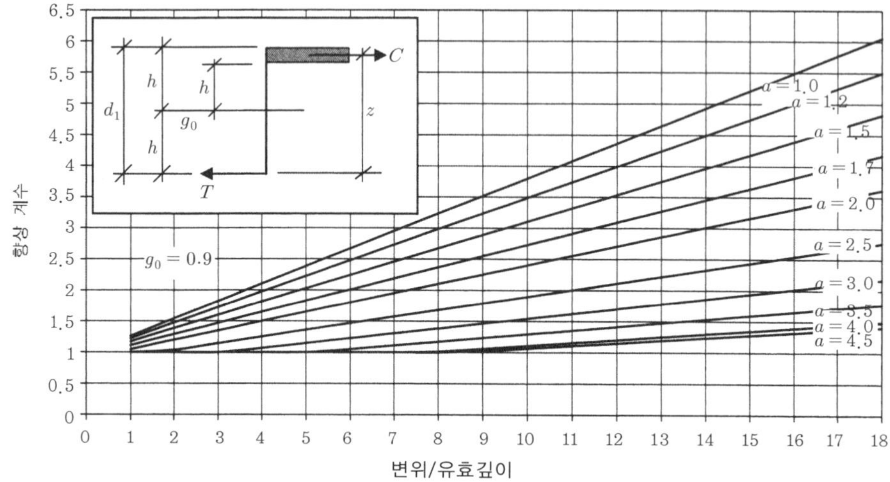

그림 9.13 등방성으로 보강된 슬래브에 대한 향상계수 ; $g_0 = 0.9$.

4) 막작용시 한계 슬래브 처짐

사용된 재료가 무한연성인 경우 인장막작용으로 인한 슬래브 항복선 능력의 향상을 나타내기 위해 이전 절에서 제공된 식과 도표는 더 큰 하중능력이 단순하게 더 큰 처짐을 필요로 한다는 것을 의미한다.

이는 철근이 결국 파괴될 것이라는 사실을 무시하며, 이 시점에서 시험에서 관찰된 전체 깊이 균열이 형성되고 슬래브의 차염성이 손실될 것이다. 슬래브의 더 긴 경간이 포물선처럼 변형되고 단부 가장자리가 당겨지지 않는다고 가정하면 긴 경간의 철근에서 총 변형률은 대략 다음과 같다.

$$\varepsilon = \frac{8v^2}{3L^2} \tag{9.18}$$

이 식은 철근의 연장이 슬래브의 길이를 따라 일정한 변형률로 평균화되는 것을 가정하지만 실제로 변형률은 균열 위치에 집중된다. 콘크리트의 균열이 생기면 철근의 변형률은 크게 증가하기 때문에 철근의 파괴를 유발시킨다.

균열이 생기는 곳에서 변형률 수준을 예측하는 것은 복잡하기 때문에 최대철근응력 $0.5f_y$을 기준으로 철근의 평균변형률에 대한 한도가 정의되는 실용적인 접근법이 채택된다. 이로 인해 최대허용변위가 발생한다.

$$v_{mech} = \sqrt{\left(\frac{0.5f_y}{E}\right)_{Reinf't} \frac{3L^2}{8}} \tag{9.19}$$

이 식에는 $l/30$의 한계처짐이 적용된다.

식(9.19)는 역학적 변형률만 고려한 반면에 철근의 온도로 인한 열팽창은 실제로 모든 응력 단계에서 응력 수준을 완화시킨다.

슬래브 깊이 내에서의 차등 열팽창은 이중곡률로 변형될 수 있다. 이는 수직변형이 역학적 변형률의 증가 없이 증가될 수 있기 때문에 슬래브의 막작용을 보조할 수 있다. 열팽창에 대한 구속은 또한 화재시 합성 보의 격자가 좌굴될 수 있고, 역학적 변형률의 증가 없이도 수직변위를 증가시킬 것이다. 그러나 인접한 구조물로 인해 얼마나 많은 열팽창 구속이 존재하는지를 정의하기는 어렵기 때문에 열 좌굴의 영향은 무시된다. 열 곡률의 영향을 포함하기 위해 슬래브를 통한 온도분포를 선형이라 가정하여 일방향 곡률의 해당 열 변위를 다음과 같이 예측할 수 있다.

$$v_{therm} = \frac{\alpha(T_2 - T_1)l^2}{\psi 8h} \tag{9.20}$$

여기서,

v_{therm} =열로 인한 수직변위

α =열팽창계수

T_2 =하부온도

T_1 =상부온도

h =슬래브의 깊이

l =슬래브의 짧은 경간 길이

ψ =보정계수=2.4

보정계수 ψ는 Cardington 실험에서 얻은 변위와 비교하여 계산되었다. 이는 모든 실험에서 $T_2 - T_1 = 770℃$의 온도 차이를 기반으로 한다.

엄밀히 말하면 개별 부분은 슬래브의 경계조건을 처리할 때 일관성 없다는 가정에 기초하여 계산되지만 역학적 및 열적 영향을 종합하여 최대 허용 가능한 처짐이 제공된다(Bailey 및 Moore 2000).

$$v = \frac{\alpha(T_2 - T_1)l^2}{19.2h} + \sqrt{\left(\frac{0.5f_y}{E}\right)_{Reinf't_{20℃}} \frac{3L^2}{8}} \tag{9.21}$$

그러나

$$v = \frac{\alpha(T_2 - T_1)l^2}{19.2h} + l/30 \tag{9.22}$$

짧은 중앙경간을 가로지르는 슬래브의 인장파괴가 생기는 수직변위의 더 좋은 추정치를 얻으려면 많은 연구가 필요하다. 현재 형태에서 한계 기준은 실제 설계 사례에서 적용되는 익숙한 가열로 시험(BSI 1990a)의 경간/30 하한계 한계처짐을 초래한다. 익숙한 요소기반 설계보다 더 복잡한 구조 상호작용이 사용되더라도 건물통제부서 및 소방당국에 지시하는데 유용하다.

화재상황에서 일정 기간 동안 허용되는 한계처짐이 사용된다. 보통의 합성 보 화재실험에서 보는 경간/30 처짐에서 급작스런 파괴에 가깝지만 인장막작용에서 바닥은 처짐을 훨씬 넘어서 구조적으로 안정된 상태로 유지된다는 점도 유의해야 한다. 그러나 관측된 거동에 대해서조차도 가볍게 철근콘크리트 슬래브의 순수 인장파괴에 대해 단순하게 지지된 보의 임박한 급격한 처짐을 나타내기 위해 사용되는 처짐기준을 조합하는 것에는 실제적 논리가 없다.

5) BRE-Bailey 방법을 이용한 합성바닥의 설계과정

기본적인 BRE-Bailey 방법의 설계순서는 그림 9.14와 같다. 이는 대부분의 실제 사례에 적용가능하다.

이 방법은 메쉬가 각 방향에서 단위길이당 다른 영역을 갖는 곳에 직교이방성철근을 허용하기 위해 뒤이어 개발되었다(Bailey 2003). 예측된 단경간 인장균열에 걸친 철근영역이 높은 경우 평형을 유지하기 위해 중심부의 순인장력 균형을 잡아야 하는 짧은 경간을 가로지르는 슬래브의 각 면에서 작은 영역의 콘크리트는 인장균열이 형성되기 전에 파쇄로 파괴될 수 있다. Bailey와 Toh(2007a, 2007b)는 그러한 경우에 대해 기본방법을 확장했다.

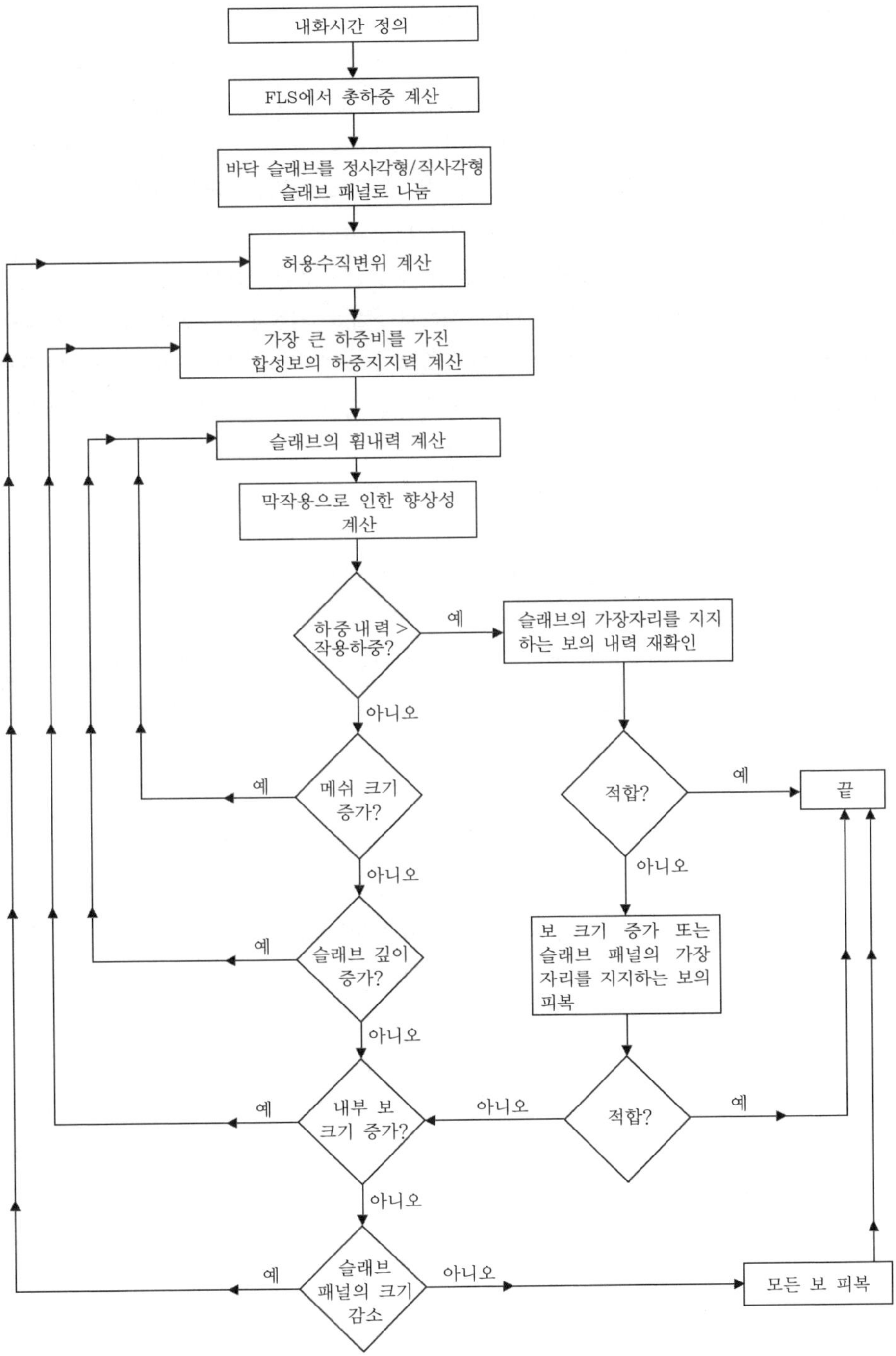

그림 9.14 화재한계상태(FLS)에서 BRE-Bailey방법의 설계 순서

6) BRE 막작용 방법의 추가 개발 : TSLAB

SCI는 원래 설계가이드 문서 P-288(Newman 등 2000)에서 전체적으로 재생산되고 설명된 방법을 포함한 설계표와 함께 TSLAB라는 Microsoft Excel 기반의 스프레드시트를 개발하고 더 많은 아이디어를 발전시킨 두 번째 P-288판(Newman 등 2006)과 함께 출시되었다. 이 도구는 특정 슬래브 패널 형상에 미리 선택된 철근이 만족스러운지 여부를 결정하고 최근에 그 방법에 통합된 모든 진전을 포함한다. TSLAB는 내화피복되지 않은 중간 보 및 합성슬래브에 대한 일차원(1-D) 및 이차원(2-D) 열해석을 수행함으로써 시작된다. 기본적인 방법은 Cardington 화재실험에 근거한 공칭 슬래브 상하부 온도의 가정을 사용하여 슬래브 처짐을 제한하는 반면, TSLAB의 수직처짐한계는 강재 데크의 형상에 따라 두께가 변하는 슬래브 단면의 이차원 열해석으로부터 가중평균으로 얻은 값과 철근온도를 사용하여 계산된다. 식(9.21)과 (9.22)는 최대 허용 가능한 처짐을 계산하기 위해 ISO 834 표준화재체계를 가정하고 필요한 내화시간에 적합한 평균 철근온도에서 평가된 철근 특성과 함께 사용된다. 그러면 기본 식 (9.1)~(9.15)는 슬래브의 향상된 하중능력을 제공하는데 사용된다. 슬래브 인장막작용으로부터 필요한 영향을 제공하기에 부적절한 경우 슬래브 세부 정보는 변경되어야 한다. 일반적으로 이는 더 높은 영역의 철근 메쉬가 지정되었음을 의미한다. 메쉬 면적의 증가만이 한계변위에 영향을 미치지 않는다. 그러나 전체 계산은 슬래브 가장자리 주변의 내화피복된 합성 보에 의해 제공된 완벽한 수직지지가 제공된다는 가정을 토대로 계산된다는 점을 기억해야 한다.

7) 최근 발달 : 가장자리 보의 소성접힘

Abu(2009), Abu와 Burgess(2010) 및 Abu 등(2010, 2011)은 증가된 철근 메쉬 면적으로 설명된 인장막작용 설계방법을 적용한 가장자리 보의 파괴에 대한 영향을 살펴봤다. 내부의 피복되지 않은 보 및 슬래브와 함께 가장자리 보가 접히는 경우 관통깊이 균열이 나타나는 차염성 파괴가 구조(내력) 파괴로 대체되며, 이는 국부적으로 남아 있거나 연쇄붕괴가 될 수 있다. 슬래브 패널의 접힘 파괴 메케니즘은 그림 9.15에 나타나 있다.

슬래브 패널의 모서리 주변에서 서로 다른 내화피복된 보의 소성접힘을 포함한 슬래브 패널의 구조파괴를 고려하는 가장 간단한 방법은 미소변위 항복선 계산에서 사용된 것과 유사한 일 평형식(a work balance equation)을 사용하는 것이다. 이는 합성 거더 또는 보(내화피복되지 않은 중간 및 내화피복된 보)의 평행배치가 온도로 인한 강도 감소로 인해 적용된 화재한계상태 하중을 전달하는 능력을 동시에 잃을 때를 예측하는 데 사용할 수 있다.

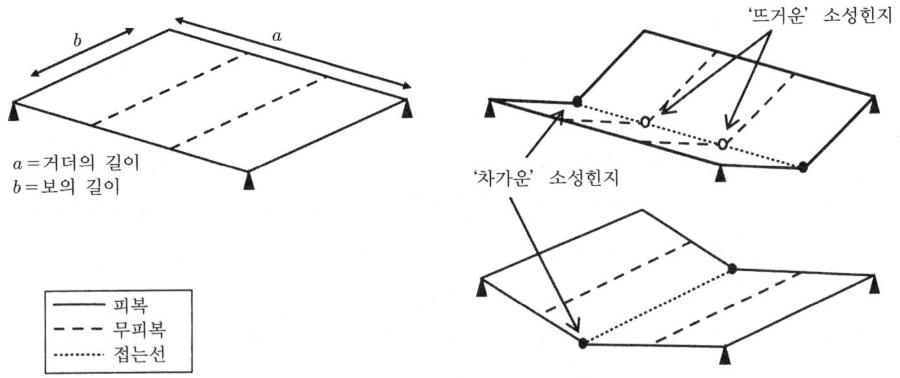

그림 9.15 슬래브 패널 파괴 메케니즘

단일 슬래브 패널에 대한 거더 또는 보의 파괴에 대한 표현은 각각 다음과 같다.

거더 파괴 :

$$\frac{wab}{4} - \left(\frac{4M_{pp}}{a}\right) \geq 0 \tag{9.23}$$

보 파괴 :

$$\frac{wab}{4} - \left(\frac{4M_{ps}}{b} + \frac{2n_{us}M_{us}}{b}\right) \geq 0 \tag{9.24}$$

이러한 식에서 a와 b는 각각 거더 및 보의 길이이다. w는 적용된 화재한계상태 바닥하중, n_{us}는 패널에 내화피복되지 않은 보의 개수이고 M_{us}, M_{ps} 및 M_{pp}는 각각 임의의 주어진 시간에 대응하는 온도에서 내화피복되지 않은, 내화피복된 보 및 내화피복된 합성 거더의 온도의존적 내력이다. 다경간 바닥슬래브의 완전한 폭에 걸쳐 가능한 같은 접힘선을 따라 접히는 여러 인접한 패널로 확장될 수 있다. 이 경우 식(9.23)과 (9.24)는 다음과 같이 표현될 수 있다.

거더 파괴 :

$$\frac{wabn_{panels}}{4} - \left(\frac{2\sum M_{pp}}{a}\right) \geq 0 \tag{9.25}$$

보 파괴 :

$$\frac{wabn_{panels}}{4} - \left(\frac{2\sum M_{ps}}{a} + \frac{2\sum M_{us}}{b}\right) \geq 0 \tag{9.26}$$

여기서, n_{panels}는 접힘에 참여하는 동일한 크기의 인접 패널의 수이고, $\sum M_{us}$, $\sum M_{ps}$는 동일한 접힘선에서 동시에 파괴되는 내화피복되지 않고 내화피복된 보의 온도변형된 소성모멘트 내력의 합이다. 거더 파괴의 경우 $\sum M_{pp}$는 평행한 거더의 소성능력 합이다.

Abu 등(2011)은 서로 다른 패널 크기와 메쉬 철근 영역을 살펴보면서 내화피복된 가장자리 보와 내화피복되지 않은 내부 보를 가진 독립된 합성슬래브 패널에 대한 일련의 연구를 수행했다. 그들은 Vulcan 소프트웨어를 사용한 수치해석 모델링에서 얻은 표준화재가열을 받은 패널의 시간–변위 거동을 식(9.24)에 주어진 단순 접힘파괴 예측과 비교했다. 이러한 비교는 1시간의 표준화재 후에 963℃에 도달하는 두 개의 내화피복되지 않은 보와 함께 9x9m 정사각형 패널을 고려한다. 이때 '1시간'의 내화피복된 가장자리 보는 621℃였다. 그림 9.16b는 4개의 메쉬 영역(142mm^2/m부터 393mm^2/m)에 대해 거의 동시에 갑작스런 처짐이 발생한다는 것을 보여주며 식(9.24)로부터 예측할 수 있다. 반면에 그림 9.16a는 BRE로 표식된 일반적인 방법과 TSLAB에 따른 한계처짐과 함께 네 가지 서로 다른 메쉬 영역의 강도에 대한 인장막작용 방법의 예측을 보여준다. 사용가능한 최대 강도 향상은 한계처짐이 사용되는 적절한 강도향상 곡선의 교차점에 있다. 이는 철근 면적의 증가가 수치해석 모델링이나 소성접힘 메커니즘 계산으로부터의 영향과 뚜렷한 대조를 보이며 내화성을 높이는 데 매우 효율적이라는 것을 제시한다. 예를 들어, A142 메쉬는 원래 또는 TSLAB 기준에 따라 약 27분의 내화성만 생성하지만 메쉬 영역을 두 배로 하면 일반 BRE 방법에 따라 약 90분의 내화성을 생성하고 TSLAB에 따르면 훨씬 더 많아진다. 그러나 실제 시간–처짐거동의 수치해석 모델링과 소성접힘 계산은 거의 동시에 모든 메쉬 영역에 대해 급격한 파괴를 발생시킨다.

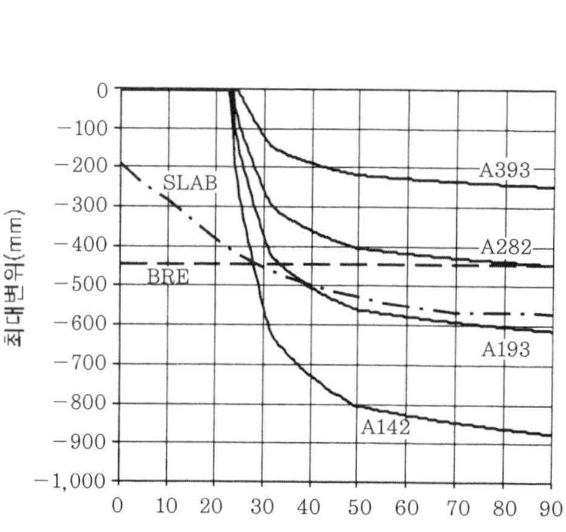

(a) BRE 인장막방법 강도와 처짐한계

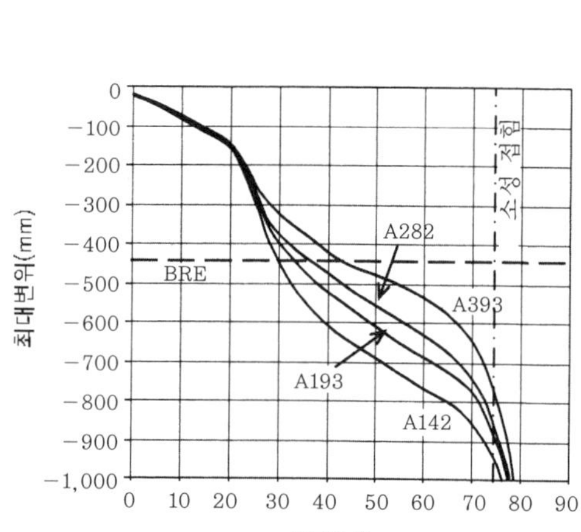

(b) 모델링 변위 시간과 단순 소성 접힘한계

그림 9.16 9×9m 슬래브 패널 결과

여기서 중요한 점은 내화피복된 가장자리 보의 붕괴와 관련된 구조적으로 갑작스런 파괴는 메쉬 영역에 거의 영향을 받지 않으며, 메쉬가 증가함에 따라 중요한 파괴모드인 인장균열을 대신하게 된다는 점이다.

이 작업의 결과로 소성접힘 계산은 2010년에 발행된 TSLAB의 개정판에 포함되었다.

8) 기타 설계 문서

이 절에서 설명한 Bailey-BRE 방법과 매우 유사한 두 가지 설계방법이 Bailey-BRE 방법 등장 이후로 시작되었다. 이 방법들은 여기에서 자세히 설명하지 않는다. 그 방법들은 Bailey-BRE 방법과 약간 다른 점이 있지만 광범위하게 비슷하다. 뉴질랜드의 슬래브 패널 방법(Clifton 등 2001)은 슬래브의 리브에 존재할 수 있는 연속성과 추가 철근 효과를 포함시키기 위해 Bailey-BRE 방법을 확장하였다. 이 방법은 또한 보의 항복선 계산에서 가열된 내화피복되지 않은 합성 보의 내력을 포함한다. 슬래브 크기에 제한을 두지 않으며, 내화피복된 보 및 기둥과 같은 슬래브 패널의 개별 구성요소를 확인한다. 최근에는 유럽에서 자금을 지원하는 프로젝트인 FRACOF(SCI와 CTICM 2009)는 Bailey-BRE 방법을 다시 실험하고 실험에 기초한 것으로 보이는 식(9.22)를 포함하여 $v < (L+l)/30$의 추가 한계처짐 기준을 포함하여 약간의 수정을 가했으며, 현재 TSLAB 소프트웨어에 소성접힘 계산의 버전이 포함되었다.

10장

화재시 구조물의 강건성

10.1 서론

구조설계에서 우발적인 하중(accidential loading) 또는 테러와 같은 악의적인 행위(malicious actions)에 따른 비비례 붕괴(disproportionate collapse) 방지는 점차 중요한 설계 요구사항이 되고 있다. 연쇄붕괴(progressive collapse)는 비비례 붕괴의 최종 형태이며, 2001년 9월 11일 세계무역센터 건물에서 일어난 사건은 화재로 인한 연쇄적인 붕괴로 치명적인 결과를 초래했다. 비비례 또는 연쇄구조 붕괴의 방지는 구조 강건성에 의해 제공되는데, 구조 강건성은 구조 또는 구조적 시스템이 구조적인 파괴 없이 일정량의 손상을 수용할 수 있는 능력에 해당한다(ISE[1] 2010). 구조 강건성은 국부파괴에 의해 크게 영향받지 않는 것을 의미한다. 유로코드 EN 1991-1-7(CEN[2] 1991-2006)에서 강건성에 대한 공식적인 정의는 '화재, 폭발, 충격 또는 인간의 실수로 인한 결과와 같은 사건에 견딜 수 있는 구조물의 능력'이다. 이 장은 화재시 구조물의 강건성에 초점을 맞춘다. 구조물의 강건성은 중요한 연구 주제이지만 화재시 구조물에 대해 충분한 강건성을 얻을 수 있는 수단을 제공하는 확실한 방법론은 아직 없다. 이 장에서 의도하는 것은 화재시 구조적 강건성을 고려한 상황을 정의하고, 화재로 인해 유발되는 비비례 붕괴를 야기할 수 있는 수많은 시나리오를 식별하고, 화재에 대해 강건한 구조설계를 달성하기 위한 방법이 될 수 있는 기본 틀을 제공하는 것이다. 화재에서 조인트(접합부) 거동은 화재시 구조 강건성에 영향을 미치는 중요한 문제이다. 8장에서는 화재시 조인트 거동에 대한 상세한 해설을 제공했으며, 이 장에서는 화재시 구조 강건성에 대한 조인트 거동의 의미에 대해 설명한다.

구조 강건성은 우발적인 하중 또는 악의적인 행위, 특히 예상치 못하고 정량화할 수 없는 하중에 따른 구조적 반응과 관련된다. 화재는 사고의 한 형태이고 그 발생은 드물지만 화재안전은 일상적인 요구사항이며 표준하중으로 취급된다. 구조 화재안전설계는 화재시 구조 강건성을

1) Institution of Structural Engineers

2) Committee of European Normalization

위한 설계와 혼동되어서는 안 된다. 실제로 구조 강건성에 대한 유로코드(EN 1991-1-7, CEN 1991-2006)에는 충격 및 폭발과 같은 극한하중이 포함되지만 화재는 포함되지 않는다. 그렇다고 화재시 구조 강건성을 고려할 필요가 없다는 의미는 아니다. 화재하중에서 비비례 붕괴의 위험을 다루는 것은 표준화재 한계상태 설계에서 다루지 않는 상황을 고려해야 함을 의미한다. 즉 실제 화재하중이 설계 화재하중의 영향보다 더 심할 때 화재하중이 비비례 구조 파괴로 이어지는 시작점일 수 있다. 따라서 화재시 구조 강건성을 확보하는 효과적인 방법을 찾기 위해 비비례/연쇄 구조붕괴로 이어질 수 있는 화재와 관련된 초기 사건을 체계적으로 파악해야 한다.

동시에 구조 강건성을 위한 설계에 소요되는 노력은 비비례 붕괴의 위험과 일치해야 한다는 것을 기억해야 한다. 화재안전은 이미 건물 설계 요구사항에 포함되어 있기 때문에 화재위험이 높은 건물에만 화재시 구조 강건성을 고려해야 한다. 예를 들어, 유로코드 EN 1991-1-7(CEN 1991-2006)은 건물을 건물 1, 2A, 2B 및 3등급으로 분류하고, 위험이 낮은 1등급 건물, 위험수준이 보통인 2(2A 및 2B)등급 건물, 위험이 높은 3등급 건물(병원, 고층 건물, 조립식 건물)로 분류한다. 1등급, 2A등급 및 2B등급 건물의 경우 요구되는 정상적인 화재 한계상태 설계를 수행하는 것 외에는 더 이상의 고려가 이루어지지 않는 것이 바람직하다. 화재시 구조 강건성에 대한 추가 고려사항은 3등급 건물로 제한되어야 한다. 그러나 EN 1991-1-7의 건물 위험분류 체계는 필연적으로 개괄적인 접근 방법이므로 1등급과 2등급 건물에 대해 비비례 붕괴의 위험이 무시된다는 것을 의미하지는 않는다. 이 건물들에서는 위험이 높은 특정사항을 파악하기 위해 비비례 붕괴 위험을 평가해야 한다. 예를 들어 강구조물의 내화피복이 마모를 입을 수 있는 것으로 알려진 지역에 적용되는 경우 구조 강건성을 확보하기 위한 구체적인 조치가 필요하다.

3등급 건물의 구조 강건성을 다룰 때 EN 1991-1-7은 체계적인 위험평가 접근법을 권장한다. 이 장에서는 화재시 구조 강건성을 설명함으로써 위험평가 과정을 돕고자 한다.

10.2 화재로 인한 비비례 붕괴의 원인

규범적인 또는 공학적인 보통의 구조 화재안전 설계는 비비례 또는 연쇄붕괴의 위험을 간과한다. 그러므로 화재하중에서 강건성을 위한 설계는 상온하중에서와 유사한 방식으로 수행되어야 한다. 화재하중에는 고유의 특징이 있기 때문에 화재시 비비례 붕괴위험의 근원을 분석할 필요가 있다. 이는 주로 보통의 구조 화재안전 설계에서 가정된 것들과 관련이 있다. 구조물의 화재공학은 화재구획의 크기, 화재구획 내에서 화재거동의 정량화, 열전달 해석 및 구조적 거동에 대한 결정을 포함한다. 화재로 인한 파괴는 실제 화재조건이 설계가정과 다를 때 발생할 수 있다. 이는 다음에 설명된다.

10.2.1 화재 구획 가정

잠재적인 화재 피해 정도를 통제하는 한 가지 중요한 수단은 내화구획 규정이다. 이 규정에 따르면 화재는 원래의 화재구획 내에 구속되어 있는 것으로 간주된다. 대부분의 경우 이러한 가정이 성립된다. 그러나 드물지만 화재는 초기 화재구획에서 확산될 수 있다. 9장에서 설명한 바와 같이 이는 구획 차염성 파괴(compartment integrity failure)로 불린다. 화재 구획 차염성 파괴의 원인은 충격이나 폭발, 지진, 부적절한 설계/시공/유지관리 또는 남용과 같은 다른 사건으로 인한 내화구조 손상을 포함하여 다양하다. 특히 내화구조의 차염성은 표준화재조건 및 개별 구성요소 기준에 따라 평가되었으며 앞으로도 계속 평가될 것이다. 실제 화재조건이 더욱 심각할 수 있고 다른 개별 내화구조 구성요소 간의 상호작용이 이러한 구성요소 중 일부에 악영향을 미칠 수 있으므로 개별적으로 평가할 때 보다 효과적이지 못하기 때문에 이러한 접근은 적절하지 않을 수 있다. 또한 부적절한 내화구획 설계 및 시공은 결코 배제될 수 없다.

따라서 화재구획 차염성 파괴의 위험은 무시할 수 없으며 화재시 구조 강건성을 고려할 때 잠재적 개시 사건으로 간주되어야 한다. 사실, 강건성을 위한 구조설계에서 구조적 손상의 원인을 알 수 없는 경우 일반적인 설계 시나리오 중 하나는 구조부재를 제거하는 것이다. 이를 화재 안전설계에 적용하면 직접적인 유사점은 내화구획 경계를 제거하는 것이다. 결과적으로 인접한 내화구획으로 화재가 확산된다. 상온에서 구조부재를 제거한 것과 유사한 방식으로 계속해서 내화구획 파괴는 개별 구성요소의 파괴를 한 번에 하나씩 고려해야 한다. 그림 10.1의 2차원 스케치를 사용하여 이를 증명하면 인접한 내화구획에서 수평(그림 10.1a)으로 또는 수직(그림 10.1b)으로 화재가 발생할 수 있다.

(a) 수평부재 파괴(수직 화재 확산)

(b) 수직부재 파괴(수평 화재 확산)

그림 10.1 화재구획 부재 파괴로 인한 화재 확산

화재시 구조 강건성을 위한 설계는 예외적인 경우를 고려해야 하기 때문에 설계가 지나치게 과도하지 않도록 균형을 잡아야 한다. 따라서 세계무역센터빌딩 1과 2의 연쇄붕괴가 항공기 충격으로 인한 차염성 파괴와 여러 층의 동시 점화로 인한 결과였기 때문에 이러한 극한하중조건을 모든 내화설계 시나리오에 대한 요구사항으로 하는 것은 구조적 강건성에 대한 명백한 고려를 필요로 하는 대부분의 경우에서도 터무니없이 비용이 많이 들 것이다. 이 시나리오는 초고층빌딩의 경우 건축주가 필요로 하는 매우 소수의 예외적인 건물에서만 고려해야 한다. 그러나 화재로 인한 비비례 붕괴에 대한 체계적인 위험평가를 필요로 하는 대부분의 건물에서는 내화구조 파괴가 인접한 두 개의 내화구획이 아닌 곳에서는 화재확산을 초래할 수 있다고 가정된다.

10.2.2 화재 안전설계에 대한 정보의 품질

화재가 초기 구획 내에 구속되더라도 규정 요구사항을 충족시키는 설계는 여전히 구조붕괴에 취약할 수 있다. 이는 여기에 설명된 바와 같이 구조화재 안전설계에 많은 불확실성이 있기 때문이다.

화재하중은 상온 구조설계의 역학적 하중과 유사하다. 그러나 표준화재 노출조건은 실제 화재조건을 대표하지는 않지만 여전히 대부분의 구조화재설계의 기초를 형성한다. 또한 매개변수 화재곡선(3장 참조)과 같은 보다 현실적인 화재조건이 사용되는 경우에도 입력 변수, 특히 화재하중의 크기와 관련하여 상당한 불확실성이 있다. 상온 구조설계와 비교하여 신뢰성이론의 틀을 기반으로 적절한 부분안전계수를 도출하기 위해 하중 데이터를 수집 및 분석하기 위한 상당한 양의 연구가 수행되었지만 아직까지 화재하중의 정량화 또는 설계 데이터의 신뢰성에 대한 포괄적인 연구가 이루어지지 않았다. 따라서 부적절한 설계 입력 데이터의 확률이 높다는 것은 놀라운 일이 아니다.

화재거동의 불확실성 이외에도 재료 특성에 상당한 불확실성이 있다. 내화성 평가에는 상온의 하중지지 능력을 계산하는 데 필요한 것보다 훨씬 더 많은 재료특성 정보가 필요하다. 그럼에도 불구하고 내화설계를 위한 정보의 품질은 상온 설계보다 훨씬 낮다. 이는 (1) 화재시 구조붕괴의 가능성은 보통의 하중조건보다 상당히 낮기 때문에 발생하고 (2) 내화설계를 위한 고품질의 데이터를 얻는 것은 본질적으로 훨씬 더 많은 시간을 소비하기 때문에 발생한다. 간단한 예로 강재의 응력-변형률 곡선을 고려해 보자. 상온에서 인장시편 시험을 수행하는 것은 일상적인 작업이다. 따라서 실질적인 시험 및 통계적 분석을 포함하여 이 특성에 대한 가장 활발한 연구가 있었다. 반대로 고온에서의 인장 응력-변형률 관계를 얻는 것은 훨씬 더 복잡할 뿐만 아니라 강재가 영향받을 때 강재에 작용하는 정확한 조건을 확립하는 것도 어렵다. 이는 기존 재료의 물성 데이터 적용 가능성에 의문을 제기한다. 또한 중요성을 인식하지 못할 경우 재료시험 중에 많은 데이터가 수집되지 않을 수 있다. 예를 들어, 상온에서 강재의 응력-변형률 관계를 설정할 때, 강재가 응력 재분배를 위한 연성재료로 취급되도록 충분한 연신율이 제공된다면 총 연신율에 대한 정보는 우선순위가 아니다. 그러나 내화계산에 있어서 구조물의 큰 변형(deformations)으로 인해 큰 변형률(strains)에서 재료가 어떻게 거동하는지 중요하다. 이 정보는 일반적으로 얻지 못한다. 따라서 화재시 사용되는 재료를 정확하게 반영하기에는 역학적 특성 데이터가 충분하지 않다.

고온에서 단순한 양의 강재 응력-변형률 곡선에 대해 설명된 단점은 다음을 포함하여 내화설계에 필요한 다른 재료특성에 대한 좀더 실질적인 문제와 비교할 때 비교적 양호하다.

- 내화피복 재료의 열특성 : 상온 특성에 대한 일부 데이터가 존재하지만, 고온 적용을 위한 신뢰할 수 있는 데이터는 사실상 존재하지 않는다. 특히, 영국에서 적어도 강구조물에 우위를 차지하는 수동 내화피복 재료가 된 내화도료의 거동은 잘 알려져 있지 않다. 화재시 내화도료의 거동에 대한 이해를 돕기 위해 발표된 연구가 있지만 내화도료의 거동에 대한 시간 및 환경조건의 영향에 대해서는 잘 알려져 있지 않다.
- 구조용 재료의 역학적 특성 : 강재는 전통적으로 내화성이 낮다고 인식되어 왔다. 따라서 대부분의 시간과 노력(이전에 언급한 것만큼 필요한 것은 아니지만)은 고온에서 강재의 역학적 특성을 이해하는 데 전념해 왔다. 반대로 콘크리트, 조적조 및 목재를 비롯한 다른 주류 구조공학 재료의 고온에서의 역학적 특성은 아직 잘 알려져 있지 않다.

이러한 단점에도 불구하고 구조적 안전성 향상에 대한 줄어드는 이득(diminishing returns)을 인식하면서 상온의 역학적 특성에 대한 데이터와 유사한 수준으로 고온재료의 역학적 특성을 얻기 위한 광범위한 노력이 요구되지 않는다. 그러나 이는 재료특성에서 이러한 불확실성의 영향이 내화설계에서 설명되어야 함을 의미한다. 구조 강건성을 위한 설계는 이를 위한 가능한 체계를 제공한다.

10.3 설계전략

이 장의 개요에서 설명한 바와 같이 화재로 인한 비비례 구조붕괴의 위험을 고려할 때, 모든 건물에 요구되는 보통의 구조화재 안전설계 이외에 화재 발생시 구조 강건성에 대한 설계는 3등급 건물에 대해 수행하는 것이 제안된다.

3등급 건축구조물에 대한 체계적인 위험평가의 일환으로 비비례 구조붕괴를 유발할 수 있는 10.2절에서 확인된 두 가지 중요한 원인(내화구획 파괴 및 설계정보의 불확실성)에 의해 야기된 위험에 대한 평가가 이루어질 것을 권고한다.

재료특성에 대한 정보의 불확실성에 대해 화재로 인한 구조붕괴의 위험은 민감도 해석(sensitivity analysis)에 의해 효과적으로 통제될 수 있다. 이는 가장 불리한 열적 특성을 사용하여 가장 높은 구조온도를 부여하고 최소한의 구조내력을 제공하는 역학적 특성을 가장 보수적으로 추정하는 것을 포함할 수 있다. 이 과정이 충분하지 않으면 구조물의 비비례 파괴에 대한 국부적인 구조파괴의 영향을 고려할 필요가 있다. 이는 내화구획 파괴에 대한 고려와 일치할 수 있다.

따라서 화재시 구조 강건성을 설계할 때 우발적인 화재하중을 정확하게 식별할 수 없다는 전제하에 3등급 건축구조물에 내화구획 파괴의 영향을 포함시키는 것이 제안된다. 그러나 설계비용이 많이 들지 않도록 하기 위해 건축주가 더 엄격한 기준을 적용하기를 원하더라도 내화구획 파괴에 대한 고려는 한 번에 원래 구획의 단일 구성요소로 제한되어야 한다.

이 절의 나머지 부분에서는 내화구획 구성요소 중 하나를 제거한 결과에 따라 발생할 수 있는 여러 가지 시나리오와 비비례 붕괴를 제어 가능한 설계방법에 대해 설명한다.

10.3.1 수평 구성요소의 손실

구조물에서 내화 바닥구조가 파괴되면 그림 10.2와 같이 수직부재(기둥, 벽)는 측면지지력을 잃을 수 있다. 이 경우 수직부재(그림 10.2의 격자선 C의 기둥)는 증가된 유효길이를 기반으로 설계되어야 한다. 내화 바닥구조 파괴는 수직부재에 대한 측면지지력에 영향을 미치지 않으면 화재는 별도의 내화구획에 구속된 것과 같은 방식으로 진행되고, 수직부재(그림 10.2의 격자선 B의 기둥)의 설계는 변경되지 않는다. 모든 경우에 감소된 부분안전계수를 사용해야 한다. 가열되는 동안 수평부재는 영향을 받은 수직부재에 횡방향 하중을 가할 수 있다. 2.3.3.2)절에서 설명한 것처럼 콘크리트는 횡하중에 의해 야기된 휨모멘트로 인해 비가역적으로 강도의 손실을 입을 수 있다. 따라서 이러한 횡하중은 영향을 받는 기둥에 대한 강건성 설계계산에 포함시켜야 한다. 10.6.2절과 10.6.5절에서는 더 많은 논의를 제공할 것이다.

그림 10.2 기둥 위에 구획 수평부재 손실의 영향

10.3.2 수직 구성요소의 손실

1) 내력벽을 가진 패널 구조물

건축구조물의 강건성에 대한 현재 영국의 요구사항을 불러온 Ronan Point 사건에서 발생한 정확히 같은 코너벽 제거의 경우 결속저항법(tying resistance method)이 적용될 수 있다. 그림 10.3에서 볼 수 있듯이 손상된 수직 지지대 바로 위의 벽은 캔틸레버의 깊은 보(cantilevered deep beam)처럼 작용한다. 손상된 수직 지지대 바로 위의 패널벽 상단에 충분한 결속저항이 있는 경우 손상된 수직부재에 의해 지지된 원래의 수직하중(그림 10.3의 N)은 긴 응력 중심 간 거리에서 작용하는 결속저항(벽의 높이)에 의해 발달된 휨모멘트내력에 의해 저항될 수 있다. 평형 조건은 다음과 같다.

$$F \cdot h = N \cdot s \tag{10.1}$$

손상되지 않은 벽은 위의 각 층의 벽이 관련 바닥하중에 견디는 동일한 하중전달 메케니즘을 개발한다고 가정할 수 있기 때문에 바닥하중에만 저항해야 한다는 것에 주목해야 한다.

추가 설계확인은 인장(결속)력과 그에 수반되는 압축력(벽의 하부, 그림 10.3의 C=F)에 저항하도록 구조물의 나머지 부분을 확인하는 것을 포함한다.

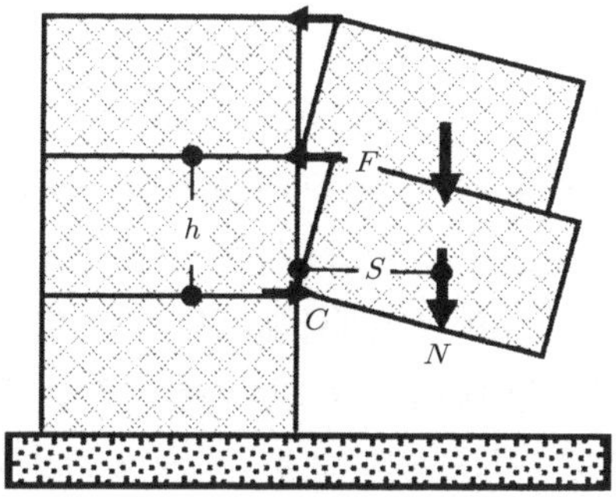

그림 10.3 코너 벽의 손실에 대한 결속하중

내부벽을 제거하는 경우(그림 10.4), 상부의 벽패널은 깊은 보가 되며, 다음과 같은 두 가지 가능한 대체하중전달 메케니즘으로 충분할 수 있다.

1. 손상된 벽 바로 위 벽 평면 내의 아치 작용
2. 중심부에서 상대적으로 높은 휨모멘트 저항으로 휨에서 깊은 보를 단순하게 지지한다. 이 메케니즘을 사용하려면 인장철근(그림 10.4의 두꺼운 선)이 벽의 바닥에 제공되어야 한다.

내력벽을 가진 구조물에서 설계 초기에 이러한 손상이 예상되는 경우 대체하중전달 메케니즘을 쉽게 식별할 수 있다.

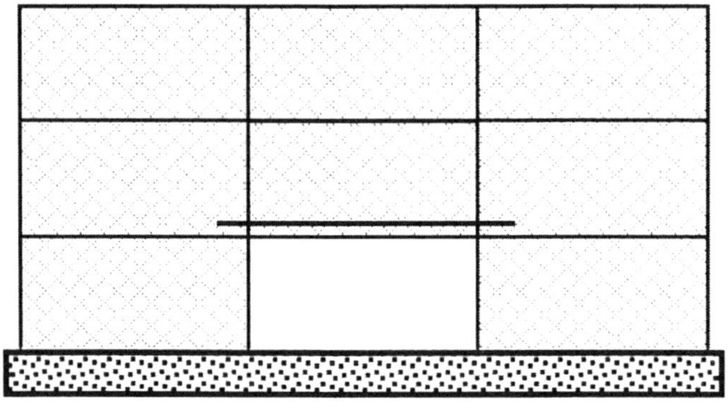

그림 10.4 내부벽 손실

2) 비내력벽을 가진 패널 구조물

(1) 내부기둥 제거

내부지지 기둥이 손실된 이후 한 방향으로 연결된 두 개의 보의 경간은 합쳐지고 유효 보 경간이 훨씬 증가한다. 두 보의 최초 휨내력은 화재시 가해진 하중에 충분히 견딜 수 있을 것 같지 않다. 수평부재가 보(1차원)인 경우 대체하중전달 메케니즘은 아치작용(arching action) 및 현수작용(catenary action)을 포함한다. 수평부재가 슬래브(2차원)인 경우 대체하중전달 메케니즘은 바닥 슬래브에서의 압축 및 인장막작용을 포함한다.

이러한 대체하중전달 메케니즘 중에서 슬래브에서의 압축막작용 또는 보의 아치작용은 효과적일 수 없다. 이러한 하중전달 메케니즘은 구조적 처짐이 작고 구조물의 깊이의 절반 이하인 경우에만 작동한다. 또한 슬래브 또는 보의 수평 압축력에 저항하기 위해 상당한 수평구속을 필요로 한다. 화재 상황에서 슬래브 또는 보 처짐은 훨씬 더 높기 때문에 바닥 슬래브의 인장막작용이 2차 하중전달 메케니즘으로 작용할 수 있다. 그러나 이러한 대체 메케니즘이 부재제거 없이 구조 화재공학 설계에서 아직 활용되지 않았다는 가정에 기반한다.

현수작용은 신뢰할 수 있는 대체하중전달 메케니즘을 제공할 잠재력이 있으며, 다음 절에서 설명한다. 실제로 현수작용은 상온에서 구조 강건성 설계를 다룰 때 결속저항접근법에 내재된 대체하중전달 메케니즘이다. 상온에서 이러한 측면의 유효성은 접합된 구조물에 가해질 수 있는 매우 높은 결속력과 접합부에 필요한 큰 회전 용량으로 인해 의문이 제기되었다(Byfield 2004). 그러나 화재조건 하에서 인장력은 매우 큰 보 처짐과 관계되기 때문에 훨씬 더 낮을 것이다. 현수작용이 어떻게 작동하는지 설명한 후 이 장의 나머지 부분은 화재시 구조 강건성을 제공하는데 필요한 조건을 설명한다.

(2) 모서리 기둥 제거

제거된 수직부재가 건물의 코너에 있는 경우, 보가 가장자리의 수직지지를 제공할 수 없는 경우 바닥슬래브가 압축 또는 인장막작용을 전개하는 것은 불가능하다. 보가 수직으로 제자리에 남아 있다면 기둥이 자리잡은 상황에서 구조적 작용이 변경되지 않기 때문에 바닥슬래브가 대체하중전달 메케니즘을 개발할 필요가 없다. 보의 이러한 축력에 저항하기 위한 어떠한 수평지지 메케니즘이 없기 때문에 보에 아치 또는 현수작용을 사용하는 것은 불가능하다. 유일한 대체하중전달 메케니즘은 보 또는 바닥슬래브의 휨내력 또는 이 둘의 조합이다.

그림 10.5는 대각선을 따라 바닥슬래브의 향상된 휨모멘트 내력을 나타내는 대체하중전달 메케니즘을 보여준다.

보가 추가 휨모멘트 내력을 발달시키기 위한 가능한 방법은 모멘트저항 접합부를 사용하는 것이다. 그러나 이것이 강건성을 제공하기 위해서는 접합부의 휨모멘트 내력이 상온설계에 이미 사용되지 않았거나 강건성을 위해 활용되는 접합부 휨모멘트 내력과 관련하여 충분한 예비력(reserve)이 없어야 한다. 따라서 이 방법은 모멘트저항 접합부가 상온설계에서 단순한 것으로 취급되는 경우에만 효과적이다. 접합부의 실제 휨내력의 예비력은 강건성을 위해 사용될 수 있다.

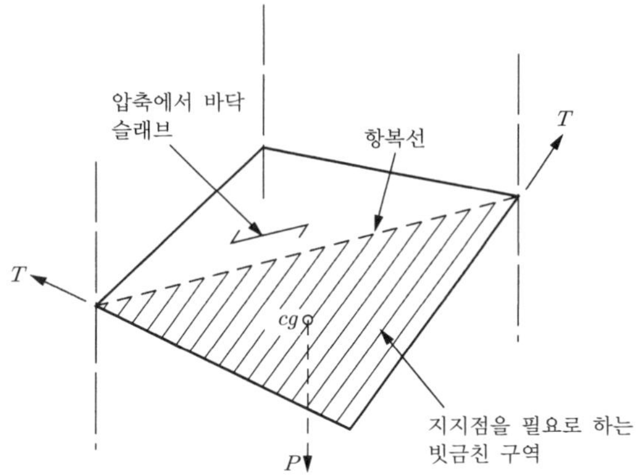

그림 10.5 모서리 기둥의 제거 후 하중-지지 메케니즘[3)]

3) From Khabbazan, M.M., Progressive Collapse, The Structural Engineer, 21 June, pp. 28~32, 2005. With permission

표 10.1은 다른 상황에서 활성화될 수 있는 대체하중전달 메케니즘을 요약한 것이다. 가능한 모든 방법(슬래브, 벽, 보 또는 접합부) 중에서 추가 휨내력을 제공하는 것은 엔지니어에게 친숙하고 다른 구조부재 간에 강한 상호작용을 일으키지 않으며, 더 이상 추구되지 않는다. 그러나 현수작용을 다루는 것은 인접한 구조물, 특히 접합부 성능의 적절성을 고려해야 한다. 이는 10.4절에서 더 자세히 설명된다.

표 10.1 부재 제거에 관한 가능한 대체 하중-지지 메케니즘

구조 형태	제거 부재	대체 하중-지지 메케니즘	실행가능성	추가 고려사항
패널구조	모서리 벽	당김	✓	패널 하부에서의 압축
	가장자리 내부/내부벽	휨	✓	하부 철근 고려
		아치형	✓	벽에 수평으로 지지
	수평(바닥)	변화 없음	✓	가능한 증가된 벽 유효높이
프레임구조	수평(보)	변화 없음	✓	가능한 증가된 기둥 유효높이
	가장자리 내부/내부 기둥	보 현수작용	✓	11.4절 참고
		보 아치작용	✗	과도한 보 처짐
		보 아치/현수작용	✗	수평 지지점의 부재
	모서리 기둥	강접조인트	✓	상온에서 핀접합과 같은 조인트 설계
		슬래브 대각 휨내력	✓	

10.4 현수작용(Catenary Action)

그림 10.6과 같은 보에 대해 생각해 보자. 평형 방정식은 다음과 같다.

$$M_{T,beam} + M_{T,con} + F\delta = M_{applied} \tag{10.2}$$

여기서, $M_{T,beam}$은 보의 정휨모멘트이고, $M_{T,con}$은 접합부의 부모멘트이다. F는 보 축력의 수평성분이며, δ는 수직처짐이다.

보통의 극한한계상태 설계에서 가정된 것처럼 보의 수직처짐이 무시할 정도로 작으면 식(10.2)는 익숙한 휨모멘트 평형방정식이 된다.

$$M_{T,beam} + M_{T,con} = M_{applied} \tag{10.3}$$

이 방정식은 일반적인 화재한계상태 설계에 적용된다.

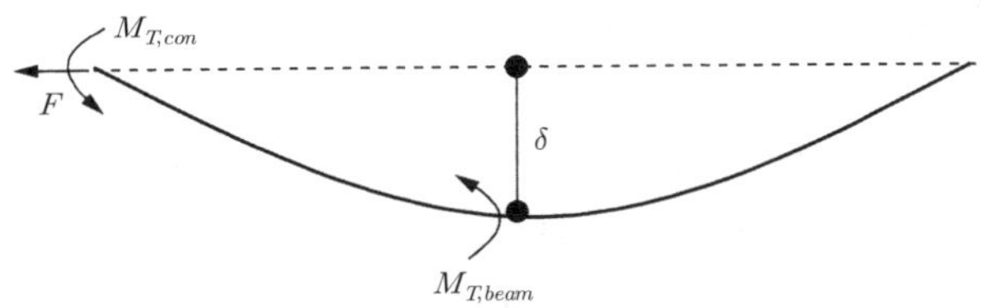

그림 10.6 축력을 가진 보

보 및 접합부 휨모멘트 내력이 더 감소되면 식(10.3)에 표시된 평형조건을 더 이상 충족시킬 수 없다. 강건성 설계에서 다루는 것은 이러한 거동의 상태이다. 이 설계상황에서 현수작용은 식(10.2)에서 $F\delta$로 표현된 대체하중전달 메케니즘이다.

하중전달 메케니즘으로서 현수작용은 강구조 및 철근콘크리트 구조물 모두에서 발달할 수 있지만 강구조물에 대한 현수작용의 적용은 훨씬 더 광범위하게 연구되었고, 다양한 특징과 영향을 입증하기 위해 사용된다.

그림 10.7은 온도가 상승한 축방향으로 구속된 강재 보의 전형적인 수직처짐과 축력곡선을 보여준다. 보의 인장(현수)력은 수축(contraction)이 억제되면 발달한다. 이는 고온에서 발생하는데, 큰 횡방향 처짐의 결과로서 보 단부 사이의 축방향 단축(shortening)이 보의 열팽창을 초과할 때 발생한다. 극도로 높은 강재의 연성으로 인해 강재 보의 파단은 거의 없다. 따라서 현수작용 하에서 이 시스템의 한계상태는 주로 접합부의 특성에 따라 달라진다. 8장에서는 접합부(조인트) 거동과 접합부 거동을 정량화하는 다양한 방법에 대해 설명하였다. 10.5절에서는 현수작업을 완전하게 발달시킬 수 있도록 접합부 거동에 대한 요구사항과 현수작용을 연장하기 위한 접합부 성능을 향상시킬 수 있는 가능한 방법을 설명한다.

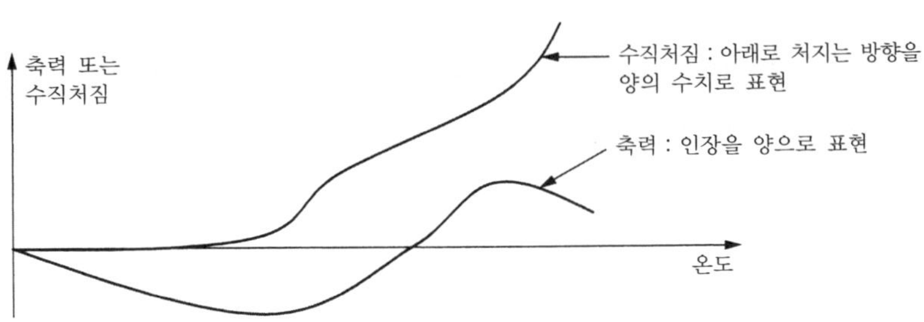

그림 10.7 축방향으로 구속된 보의 일반적인 거동

10.5 접합부에 대한 요구사항

접합부로부터의 기여를 포함하여 보의 휨모멘트 내력이 작용하중을 견디기에 불충분한 경우 [식(10.3)의 왼쪽에 있는 항의 합이 오른쪽보다 작으면]에 현수작용을 필요로 한다. 보의 온도가 증가함에 따라 보의 휨 기여가 감소하고, 식(10.2)로부터 현수작용($F\delta$)의 기여는 증가해야 한다. 현수작용이 충분한지의 여부는 주로 접합부의 회전능력에 따라 달라질 수 있기 때문에 큰 보 처짐 δ가 발생하고 인접구조물의 내력이 생성된 인장력(F)에 견딜 수 있는지 여부에 달려 있다.

10.5.1 필요 회전능력(Required rotation capacity)

현수작용이 발달하기 위해 필요한 회전능력의 양은 보 경간, 작용하중의 수준, 단면 깊이 및 구조온도를 포함한 많은 변수의 영향을 받을 것이다. 현수작용에서 구속된 보의 거동을 계산하기 위한 해석방법은 아직 개발되지 않았다. 그러나 필요한 접합부 회전능력을 얻기 위해 대략적인 크기의 해석을 수행하는 것은 가능하다.

현수작용 단계 동안 크기가 더 작아지는 휨모멘트 내력으로부터의 기여를 무시해서 식(10.2)의 순수한 현수작용 형태는 다음과 같다.

$$F\delta = M_{applied} \tag{10.4}$$

$M_{applied} = \mu M_{pl}$로 가정하자. 여기서, M_{pl}은 상온에서 보 단면의 소성휨모멘트능력이며, μ는 화재시 보의 하중비이다.

일반적인 보 단면의 경우 플랜지는 주로 소성휨모멘트내력에 기여한다. 따라서

$$M_{pl} \approx A_f f_y d \tag{10.5}$$

여기서 A_f는 플랜지 면적, f_y는 강재의 항복응력이며, d는 보의 깊이이다.

순수한 현수작용 하에서 현수력은 보의 단면 인장능력에 도달한다.

$$F \approx A \cdot k_{y,\theta} f_y \tag{10.6}$$

여기서 A는 단면적이며, $k_{y,\theta}$는 온도 θ에서 강재의 항복강도 감소계수이다.

일반적인 강재 보 단면의 경우 $A \approx 3A_f$이다. 근사식(10.5) 및 (10.6)을 식 (10.4)에 대입하면

$$3A_f k_{y,\theta} f_y \delta \approx \mu A_f f_y h \tag{10.7}$$

또는

$$\frac{\delta}{h} \approx \frac{\mu}{3k_{y,\theta}} \tag{10.8}$$

단일경간 보의 경우 하중비는 대략 $\mu = 0.5$이다. 매우 높은 온도(800~1,000℃)에서 현수작용의 경우 $k_{y,\theta} = 0.05 \sim 0.1$이다. 근사식(10.8)은 다음과 같다.

$$\frac{\delta}{h} \approx \frac{5}{3} \sim \frac{10}{3}$$

근사 경간/깊이 비 L/h가 20이라고 가정하면,

$$\frac{\delta}{L} \approx \frac{5/3 \sim 10/3}{20} = \frac{1}{12} \sim \frac{1}{6}$$

이 유도과정에서 많은 가정이 이루어졌으므로 식(10.8)의 결과는 근사치이다. 그럼에도 불구하고, 이러한 처짐의 범위는 범용 소프트웨어인 ABAQUS를 사용하여 수치해석 시뮬레이션을 수행한 Yin과 Wang(2004)이 제시한 처짐의 범위에 근접한다.

보 처짐 형상이 반사인파(half-sine wave)인 경우 처짐의 범위는 $180\left(\frac{1}{12} \sim \frac{1}{6}\right) = 15° \sim 30°$의 접합부 회전(보 단부 회전)과 일치한다. 현수작용 변형 형상이 선형인 경우 단부 회전은 대략 $(15° \sim 30°) \times \frac{2}{\pi} \approx 10° \sim 20°$이다.

기둥 제거의 경우 보 경간은 종종 2배가 된다. 그러므로 작용 휨모멘트는 4배가 될 것이고, 보 단부 회전(필요 접합부 회전능력)은 2배가 될 것이다.

10.5.2 사용 가능한 접합부 회전능력

10.5.1절에 제시된 크기 순서 해석[4)]은 매우 높은 회전능력(10° 이상)을 갖는 접합부를 필요로 한다. 이는 소성휨모멘트 분포를 허용하기 위해 상온에서 요구되는 회전인 일반적으로 30mrad (약 1.7°)[5)]보다 더 높다. 분명히 일부 접합부는 현수작용의 상당한 발달을 허용하기에 충분한 회전능력을 달성할 수 없을 것이다. 이 절에서는 다양한 유형의 강재 보/기둥 접합부의 사용 가능한 회전능력을 간단히 살펴보고 접합부 회전능력을 향상시키는 방법을 살펴본다.

4) order-of-magnitude analysis
5) 30milliradian = 30×1/1,000×180/파이 = 1.718도

Burgess와 그의 연구 그룹(Yu 등 2008, 2009a-d)은 조합된 축방향 인장력과 휨모멘트 하에서 접합부의 고온시험을 수행하였다. 이 하중조건은 현수작용 하에서 접합된 보의 하중조건을 대표하는 것으로 간주되었다. 8장에서는 이 연구에 대한 배경지식을 더 많이 제공하고 보다 자세한 정보를 제시했다. 그림 10.8은 보통의 강재 보/기둥 접합부의 여러 유형의 하중회전 특성의 요약을 보여준다. 조사된 4가지 유형의 접합부 중에서 핀-플레이트, 부분 깊이 엔드 플레이트 및 플러시 엔드 플레이트 접합부는 일반적으로 10° 미만의 회전능력만을 얻을 수 있다. 이러한 회전능력 수준은 상온에서 요구되는 것보다 현저하게 높지만 현수작용의 완전한 발달을 가능하게 하기에는 충분하지 않을 수 있다. 또한 이러한 접합부의 파괴모드는 일반적으로 용접파괴(부분 깊이 엔드 플레이트), 보 웨브 전단(핀 플레이트), 볼트 인장 및 플레이트 전단(플러시 엔드 플레이트)를 포함하여 잘 부러진다. 접합된 보가 현저한 현수작용을 발휘할 수 있도록 필요한 회전능력을 개발할 수 없는 이러한 접합부는 Wang 등이 수행한 일련의 구속된 보-기둥 부분조립체 화재 시험에서도 입증되었다(2011).

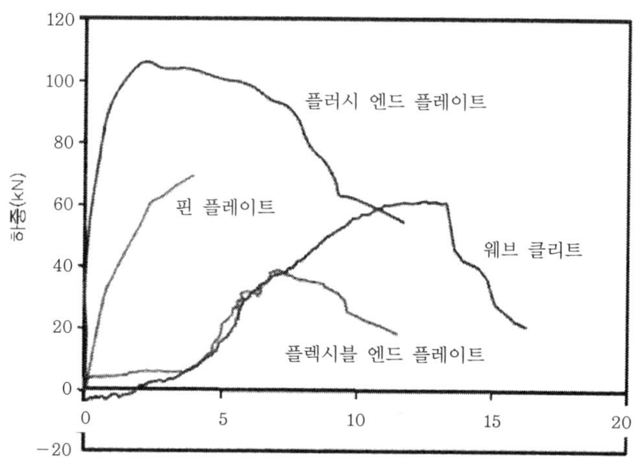

그림 10.8 서로 다른 접합부 형태의 회전능력 예시

반면에 웨브-클리트 접합부는 웨브-클리트의 뒷꿈치가 곧게 펴질 수 있기 때문에 훨씬 더 큰 회전능력을 개발할 수 있는 것으로 나타났다(그림 10.9). 확장된 엔드 플레이트 접합부는 그림 10.10과 같이 엔드 플레이트의 변형으로 인해 높은 회전능력을 달성하는 것으로 나타났다. 그림 10.9에 표시된 웨브-클리트 접합부의 회전능력은 현수작용에 필요한 회전능력의 하한선에 있다. 그럼에도 불구하고 이러한 접합부의 회전능력을 향상시키는 것은 가능하다.

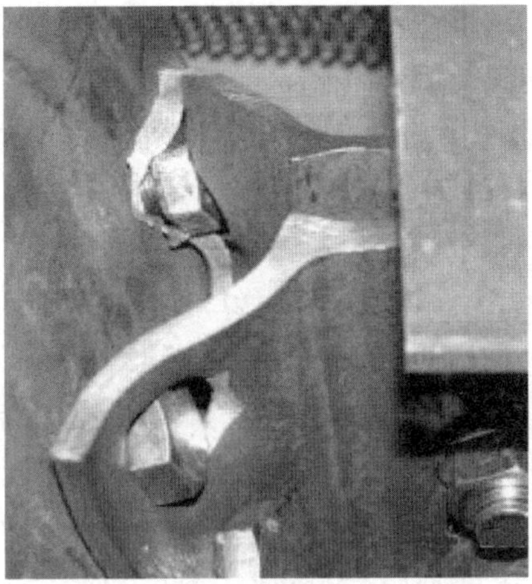

그림 10.9 웨브-클리트 접합부의 변형[6)]

접합부의 회전능력은 접합부의 회전 지렛대 역할을 하는 보의 압축(하부) 플랜지에서 가장 멀리 있는 접합부 구성요소(볼트 열)의 변형 연성에 의해 주로 결정된다. 따라서 연결볼트(connecting bolts)를 보의 압축 플랜지에 가능한 가깝게 집중시키면 접합부의 회전능력은 증가해야 한다. 핀 플레이트, 플렉시블 엔드 플레이트 및 웨브 클리트 접합부에 대해 이러한 원칙을 적용 하는 것은 가능하다.

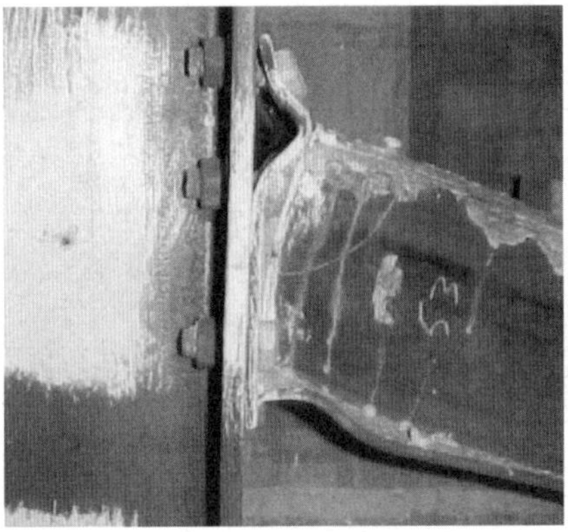

그림 10.10 확장된 엔드-플레이트 접합부의 변형[7)]

6) From Yu, H.X., Burgess, I.W., Davison, J.B., and Plank, R.J., Tying Capacity os Web Cleat Connections in Fire. Part 1 : Test and Finite Element Simulation, Engineering Structures, 31 (3), pp.651~663, 2009c. With permission from Elsevier

7) From Wang, Y.C., Dai, X.H., and Bailey, C.G., An Experimental Study of Relative Structural Fire Behaviour and Robustness of Different Types of Steel Joint in Restrained Steel Frames, journal of Constructional Steel Research, 67(7), pp.1,149~1,163, 2011. With permission from Elsevier

플러시 엔드 플레이트와 확장된 엔드 플레이트 접합부의 경우, 회전연성을 얻는 유일한 방법은 엔드 플레이트의 휨변형(bending deformation)에 의한 것이다. 그러므로 연성이 요구되는 곳에 넓은 볼트 간격을 가진 얇은 엔드 플레이트를 사용해야 한다. 그러나 이로 인해 접합부의 결속능력(tying capacity)이 줄어들 수 있다.

10.5.3 강구조물에 대한 실질적인 영향

보가 현수작용을 완전히 발달시킬 수 있게 하는 데 필요한 매우 큰 접합부 회전능력은 실제로는 달성할 수 없을 수 있다. 이 경우에도 높은 회전능력을 제공하는 것은 일부 현수작용이 발달하게 할 것이고 순수 휨 하에서 회전능력을 초과하여 구조물의 내화성능이 향상된다. 이전 절의 근사해석은 접합된 보가 화재시 작용하중에 견딜 수 있는 유일한 구조부재라는 점에서 가장 보수적인 가정을 하였다. 실제로 구조물의 다른 부분도 화재로 인한 구조붕괴에 저항하는 데 작용할 수 있다. 또한 제거될 것으로 가정된 기둥의 온도가 기둥의 설계 한계온도를 초과하더라도 손상된 구조물의 평형에 기여하기 위해 약간의 후좌굴(postbuckling) 강도를 발달시킬 것이다(Wang 2004). 화재한계상태에서 상당히 낮은 하중으로 인해 손상된 기둥 위의 구조물은 강도가 다소 회복되어 손상된 기둥에 의해 원래 지지된 구조물을 지지한다. 그림 10.11a와 10.11b는 현수작용에서 하중지지 메케니즘에 대한 가장 보수적인 가정과 보다 현실적인 메케니즘을 비교한다.

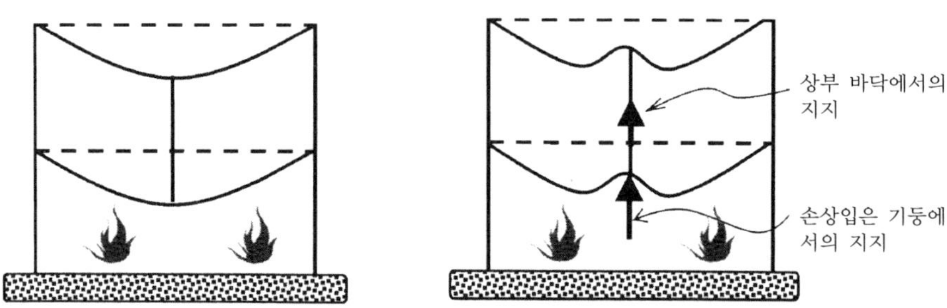

(a) 기둥의 완전한 제거　(b) 잔존강도를 가진 손상된 기둥

그림 10.11 화재에서 손상된 기둥의 두 가지 가능한 상황

강구조물에 신뢰할 수 없는 내화피복의 경우와 예외적인 화재하중이 발생할 경우 가장 바람직한 조건은 대체하중전달 메케니즘으로 구조물이 내화피복되지 않은 강재에 도달할 것으로 예상되는 온도보다 높은 온도에서 견딜 수 있게 하는 경우이다. 이때 온도는 일반적으로 800~1,000℃ 정도이다. 설계시 건물의 중요성이 고려되어야 하는 경우 가장 높은 회전능력을 가진 접합부가 사용되어야 한다. 그러나 강재온도가 설계 한계온도를 약 100℃ 초과할 것으로 예상

되는 경우 대체하중전달 메케니즘은 화재시 강구조물에 이러한 여력을 공급하기에 충분하다. 10.5.4절의 예를 통해 알 수 있다.

10.5.4 현수력에 대한 주변 구조물의 저항

현수작용이 화재시 구조 강건성을 위한 하중지지 메케니즘으로 사용되어야 하는 경우 접합부 이외의 주변 구조물은 구조부재의 혼합된 현수력 및 다른 가해지는 힘에 대해 충분한 저항을 갖도록 설계되어야 한다. 이는 결속법(tying method)을 사용하여 상온에서의 구조 강건성 설계의 요구사항과는 다르다. 상온에서 현수작용 메케니즘은 암묵적으로 가정되지만 접합부 이외의 결속력에 저항하기 위해 접합된 구조물의 내력을 확인할 필요는 없다.

현수작용이 필요한 경우 현수력은 접합부 및 기둥을 포함하여 주변 구조물에 저항할 수 있어야 한다. 그림 10.12는 현수력이 증가하고 최대값에 도달한 다음 고온에서 강재 강도의 감소에 따라 감소하는 것을 보여준다. 현수작용이 일어나도록 하기 위해서는 주변 구조물이 최대 현수력에 견딜 수 있도록 설계되어야 한다.

현재 사용 가능한 정확한 수계산 방법은 없다. Yin과 Wang(2004)에 의한 강재 보의 현수작용에 대한 광범위한 시뮬레이션 결과를 바탕으로 다음과 같은 방법이 제안되었다.

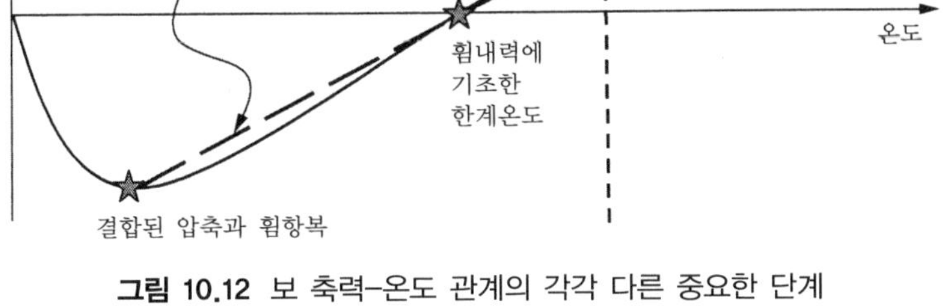

그림 10.12 보 축력-온도 관계의 각각 다른 중요한 단계

그림 10.12는 구속된 보의 축력-온도 관계의 몇 가지 핵심단계를 보여준다. 보는 구속된 열팽창으로 인해 압축력을 증가시킨다. 압축력은 보가 조합된 휨 및 압축 하에서 보의 하중전달능력에 도달할 때 감소하기 시작한다. 이러한 보의 압축력 감소단계는 보가 제로 축하중에서(휨내력에 기반해서) 종래의 한계온도에 도달할 때까지 지속될 것이다. 보가 기존의 한계온도에 도달

하면 보에 가해지는 힘은 순수 휨으로 인해 저항을 받으며 빠른 수직처짐을 겪는 것을 나타낸다. 수직처짐이 급격하게 증가하면 보 단축이 열팽창을 추월하게 되고 현수작용 단계에 들어가게 된다. 한계온도 이상의 온도에서 휨모멘트 내력이 감소하기 때문에 현수작용은 보의 하중전달능력에 기여한다. 이는 현수작용이 지배할 때까지 계속된다. 이 단계에서 보의 축방향 인장력은 보의 인장항복능력에 근접한다. 축력의 정확한 변화는 복잡할 수 있지만 Yin과 Wang(2004)의 광범위한 수치해석 시뮬레이션을 기반으로 하면 이러한 변동은 그림 10.12에서 파선으로 나타낸 선형관계로 나타낼 수 있다. 이 선과 보 인장항복능력-온도 관계의 교차점에서 축력은 보의 최대 축 인장력을 보수적으로 근사화한다.

보 단면의 온도분포가 균일하면 전체 보 인장항복응력에 도달될 것이다. 가장 현실적인 보는 단면에서 불균일한 온도분포를 가지며 전체 단면 인장항복능력에 도달되지 않는다. 그러나 보는 하부 플랜지의 온도에 기초한 단면의 전체 인장항복응력에 도달한다.

예제 10.1

기둥 설계에 대한 현수작용의 영향

그림 10.13은 단순한 규칙적인 바닥구조의 일부분의 구조용 강재 보 배치를 보여준다. 강재 보에 대한 내화피복의 신뢰성은 보장할 수 없기 때문에 강재 보의 온도는 휨에서 보의 한계온도보다 높을 수 있다. 강건성에 대한 설계 요구사항은 부착된 보에서 발달될 추가적인 최대 현수력에 견딜 수 있게 기둥이 안정적으로 유지되도록 보장하는 것이다. 그림 10.13에서 보 B1-B2를 고려하시오.

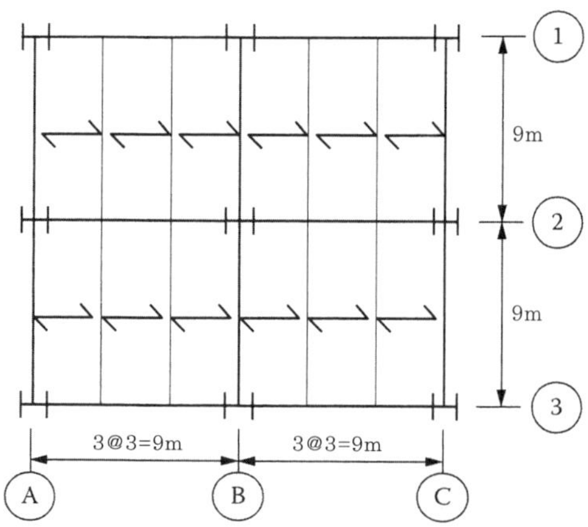

그림 10.13 예제를 위한 바닥 평면

1) 설계 데이터

고정하중 : $G = 3.5\,\text{kN/m}^2$

활하중 : $Q = 5\,\text{kN/m}^2$

상온에서 부분안전계수 : $\gamma_G = 1.35$, $\gamma_Q = 1.5$

우발적인 한계상태에 대한 부분안전계수 : $\gamma_{A,G} = 1$, $\gamma_{A,Q} = 1/3$

강재 등급 : S275 (항복응력 $= 275\,\text{N/mm}^2$)

바닥높이 $= 4\text{m}$

2) 제안된 해결책

(1) 보의 한계온도

보에 대한 UDL$= 3 \times (1.35 \times 3.5 + 1.5 \times 5) = 36.675\,\text{kN/m}$

$M_{\max} = 1/8 \times 36.675 \times 9^2 = 372\,\text{kN}$

영국 강재 단면 크기인 UKB 457×191×67을 사용한다.

$M_{pl} = 0.275 \times 1{,}471 = 404.5\,\text{kN} \cdot \text{m}$

우발적인 화재한계상태에 대해서 :

보에 대한 UDL$= 3 \times (3.5 + 5/3) = 15.5\,\text{kN/m}$

$M_{fire} = 1/8 \times 15.5 \times 9^2 = 157\,\text{kN} \cdot \text{m}$

하중비$= 157/404.5 = 0.388$

한계온도 $T_{\lim} = 685℃$

(2) 보의 축방향 파괴 하중

$A_b = 8{,}550\,\text{mm}^2$, $I = 29{,}380\,\text{cm}^4$

$N_{pl} = 0.275 \times 8{,}550 = 2{,}351\,\text{kN}$

$N_{cr} = \pi^2 EI/L_b^2 = \pi^2 \times 200{,}000 \times 293{,}800{,}000/(9{,}000)^2/1{,}000 = 7{,}160\,\text{kN}$

$\lambda = \sqrt{2{,}351/7{,}160} = 0.573$

EN 1993-1-1(CEN 1993-2005a)에 따른 기둥좌굴곡선 b를 사용하면 :

기둥 축방향 내력 $N_{b,Rd} = 1{,}998\,\text{kN}$

휨모멘트와 축력 사이의 선형 상호작용을 가정할 때, 휨이 있을 때 기둥 축방향 내력은

$$N_{Sd} = (1 - 0.388) \times 1{,}998 = 1{,}223\,\text{kN}$$

(3) 보의 최대 현수력

보의 축방향 강성 $K_b = EA/L_b = 200{,}000 \times 8{,}550/9{,}000 = 190{,}000\,\mathrm{kN/m}$

기둥 크기 UKC $305 \times 406 \times 340$을 고려하고 보가 기둥의 약축에 연결되어 있다고 가정한다.

$I_z = 46{,}850\,\mathrm{cm}^4$

보 축방향 변형에 대한 기둥의 구속 강성 :

$$K_c = \frac{48EI_{c,z}}{(2L_c)^3} = \frac{48 \times 200{,}000 \times 46{,}850 \times 10{,}000}{8{,}000^3} = 8{,}784\,\mathrm{kN/m}$$

주면서

$K_c/K_b = 0.046$

이중 바닥 높이가 사용되는 것에 주목해야 한다.

탄성거동을 가정하면 보의 축방향 압축 내력에 도달하는 온도상승 ΔT는 다음과 같이 얻을 수 있다.

$$\frac{K_b K_c}{K_b + K_c}(0.000012 \times \Delta T)L_b = 1{,}223\,\mathrm{kN}$$

$\Delta T = 114℃$를 주면서, 상온이 20℃인 경우 $T = 134℃$이다.

계산에서 0.000012는 강재의 열팽창계수이다.

그림 10.12에서 소개한 근사값에 따르면 최대 보 현수력은 258kN이며, 여기서 강재의 최대 온도인 800℃에 도달된다. 전체 근사 보의 축력–온도 관계는 그림 10.14에 나와 있다.

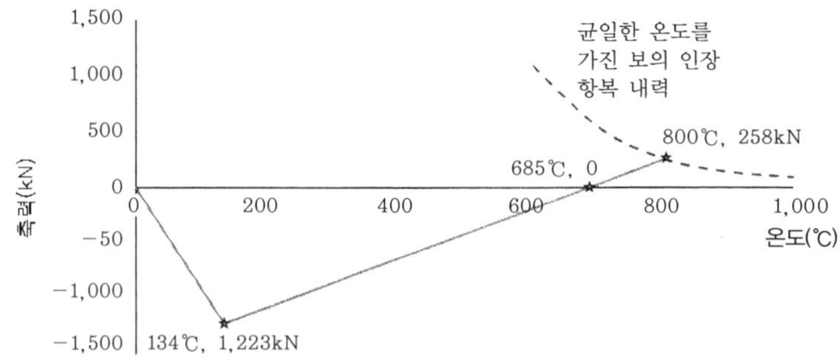

그림 10.14 10.5.4절의 예제에 대한 근사 축력–온도 관계

(4) 필요 회전능력

보는 하부 플랜지가 한계온도보다 115℃ 높은 800℃에 도달할 때까지 생존해야 한다고 가정한다. 웨브와 하부 플랜지의 온도가 800℃에서 동일하고 상부 플랜지 온도가 600℃인 보 단면에서 불균일한 온도분포를 가정한다. 600℃ 및 800℃에서 강재의 강도유지계수는 각각 0.47 및 0.11이다. 플랜지 면적은 2,412mm^{2}이다.

보의 휨모멘트 능력은 대략 다음과 같다(EN 1993-1-2, CEN 1993-2005b).

$$\frac{0.11 \times 404.5}{0.7} = 63.6\,\text{kN} \cdot \text{m}$$

불균일한 온도를 갖는 보 단면의 총 인장항복능력은

$$258 + (0.47 - 0.11) \times 0.275 \times 2{,}412 = 497\,\text{kN}$$

휨모멘트와 축력 사이의 선형 상호작용 곡선을 가정하면, 보의 잔류휨모멘트 능력은 다음과 같다.

$$(1 - 258/497) \times 63.6 = 30.5\,\text{kN} \cdot \text{m}$$

식(10.2)에 따르면, 최대 보 수직처짐은

$$\delta = (157 - 30.5)/258 = 0.49\,\text{m}$$

보의 수직처짐에 대해 반사인 형상이라고 가정하면 필요한 조인트회전능력은 다음과 같다.

$$180 \times (0.49/9) = 9.8℃$$

이러한 수준의 접합부 회전은 몇 가지 일반적인 강재 접합부로 얻을 수 있다.

(5) 기둥 설계의 영향

보의 현수작용이 기둥에 의해 저항되는 경우 기둥 크기는 현수작용을 고려하지 않고 그 이상으로 증가시키거나 기둥 한계온도를 낮춰야 한다.

사용된 기둥 크기에 대해 소성 하중전달능력(단주 기둥)과 선형 휨모멘트-축력 상호작용 곡선을 가정한다.

$$A_c = 43{,}300\,\text{mm}^2,\ W_{pl,z} = 3{,}544\,\text{cm}^3$$

$$N_{pl} = 0.275 \times 43{,}300 = 11{,}907\,\text{kN},\ M_{pl,Rd} = 0.275 \times 3{,}544 = 975\,\text{kN} \cdot \text{m}$$

이 기둥이 10층을 지지하고 각 층에서 $6 \times 9 = 54\,\text{m}^2$의 면적을 지지한다고 가정한다. 화재시 기둥의 축하중은 $10 \times 54 \times (3.5 + 5/3) = 2{,}790\,\text{kN}$이다.

기둥이 보의 현수력을 저항하지 못하면 기둥의 하중비는 $2{,}790/11{,}907 = 0.234$이고 BS 5950 Part 8에 따른 기둥의 한계온도는 691℃이다.

보의 현수력(258kN)은 기둥에 $258 \times 8/4 = 516\,\mathrm{kN}$의 휨모멘트를 발생시킨다. 기둥이 추가 현수작용력에 저항하는 경우 기둥의 하중비는 $2{,}790/11{,}907 + 516/975 = 0.763$이다. 기둥의 한계온도는 약 490℃가 된다.

10.6 기타 고려사항

이 장에서는 화재 하에서 구조 강건성을 설계할 때 가열단계에서 강구조물을 사용하여 주요 요점을 설명하는 예로서 고려해야 할 몇 가지 세부사항을 설명했다. 모든 상황을 다루지 못했고 가능하지도 않았다. 그러나 이 프로세스에 포함된 논리를 다른 문제를 고려할 때 채택할 수 있기를 바란다. 이 과정의 주요 단계는 화재로 인한 국부적인 구조파괴가 발생할 경우 가능한 대체하중전달 메케니즘을 확인하고 손상된 구조물이 화재시 작용하중에 견딜 수 있도록 적합성을 확인하는 것이다. 다음 단락에서는 여러 상황에서 발생할 수 있는 추가 고려사항에 대해 설명한다.

10.6.1 다른 구조형태

다른 대체하중전달 메케니즘이 다른 형태의 구조물에도 존재할 수 있다. 예를 들어, 고층 강구조물의 경우 바닥 높이 트러스가 자주 사용된다. 이러한 바닥트러스는 일반적인 설계에서 수많은 기둥에 의해 지지된다. 화재시 구조 강건성을 위한 전략으로써 트러스는 일부 기둥 지지가 손실되었다는 가정 하에 충분한 하중지지능력이 있는지 확인할 수 있다.

10.6.2 열팽창

열팽창이 구속되면 구조물에 압축력이 발생한다. 콘크리트 구조물에서 보의 구속된 열팽창은 접합된 기둥이 횡방향으로 변형되어 높은 휨을 받을 수 있다. 예를 들어, 그림 2.7c는 Cardington 콘크리트 구조물 화재실험으로부터 얻은 사례를 보여준다. 철근콘크리트(RC) 기둥의 추가 휨모멘트가 화재공학설계 중에 고려되지 않은 경우 RC 기둥 파괴의 위험이 증가하여 구조물에 더 광범위하거나 비비례한 손상을 초래할 수 있다.

구속된 열팽창으로 인한 보의 압축력은 접합된 기둥의 휨강성에 따라 달라지는 주변 구조물의 축방향 구속에 따라 달라진다. 강재 기둥이 파괴에 근접할 때, 강재 기둥의 휨강성은 감소한다. 그러므로 강구조물에서 접합된 강재 기둥이 연쇄붕괴의 원인이 되지 않도록 접합된 보의 압축력을 자체 조정하는 것은 가능하다. 반대로 철근콘크리트 기둥이 접합된 보의 압축하중으로 인해 휨을 받는 경우 균열 형태의 돌이킬 수 없는 파괴가 발생할 수 있다.

가장 중요한 것은 강건성을 위한 설계는 예측 불가능한 예기치 않은 상황을 다루는 것이다. 화재시 구조 강건성을 고려할 때 구속된 열팽창의 문제는 쉽게 식별할 수 있고, 효과적으로 다루어진다면 비비례 붕괴의 원인이 되는 것을 멈춘다.

10.6.3 냉각

냉각단계에서 인장력이 보에 유발될 수 있다. 냉각으로 인한 인장력은 접합부 파괴를 일으키는 것으로 관찰되었지만 냉각단계에서 이 파손의 결과가 항상 바람직하지는 않다. 접합부 부분을 파괴시킴으로써 냉각으로 인한 인장하중을 완화시킬 수 있으며 접합된 기둥에 유리하게 작용할 수 있다. 또한 접합된 기둥이 2개 층 이상에서 안전하도록 설계된 경우 다음과 같은 이유로 접합부 파괴는 중요하지 않다. (1) 화재가 사라지면 파괴가 발생하여 화재가 확산될 위험이 없다. (2) 파괴된 접합부에서 파편 하중은 아래층에 계단식 파괴(a cascading failure)가 발생하지 않는다.

냉각으로 인한 접합부 파괴를 방지해야 하는 경우 강구조물에 대한 한 가지 설계전략은 접합된 보의 한계온도를 약간 낮추는 것이다. Ding과 Wang(2007)은 제한된 실험연구를 수행했다. 그림 10.15는 두 개의 동일한 보에서 축력 발달을 비교하지만 냉각이 시작된 온도의 작은 차이를 비교하였다. 보의 한계온도 근처에서 보 축력의 급격한 변화(축력이 0인 곳) 때문에

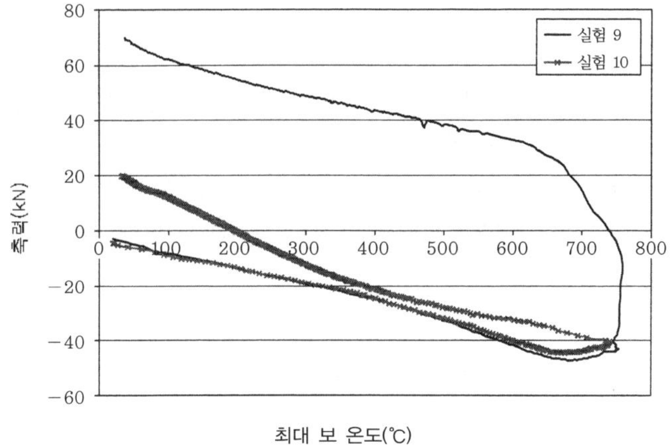

그림 10.15 구속된 보 축력에 대한 냉각 온도의 영향[8]

8) From Ding, J., and Wang Y.C., Experimental Study of Structural Fire Behaviour of Steel Beams to Concrete Filled Tubular Column Assemblies with Different Types of Joints, Engineering Structures, 29, pp.3,485~3,502, 2007. With permission from Elsevier

보의 한계온도보다 몇 도 낮은 온도에서 냉각을 시작함으로써 접합부의 잔류 인장력이 상당히 낮아졌다. 순수 휨(50℃까지)보다 약간 낮은 한계온도로 설계하는 것을 권장한다. 철근콘크리트 구조물의 경우 보의 철근에 약간의 피복 증가(5mm)는 철근의 온도상승을 줄이는 데 충분할 것이다.

10.6.4 동적하중

세계무역센터건물의 전체붕괴는 하부층 기둥이 정적하중에 견디도록 설계되었기 때문에 분명히 낙하구조물로 인한 동적하중의 결과였다. 그러나 화재 하에서 강건성을 위한 구조물을 설계할 때 동적 증폭(dynamic amplification)의 영향을 고려하지 않는 것이 좋다. 이는 화재로 인한 비비례 붕괴가 명백한 설계요건이고 화재피해 후에도 안정적인 구조물의 목적을 달성한 설계인 경우 세계무역센터건물에서 겪은 자유낙하와 비교하여 하중 재분배 과정은 매우 느릴 수 있다는 가정에 근거한다.

10.6.5 철근콘크리트 구조물

철근콘크리트 구조물을 다룰 때 동일한 문제가 존재하지만 비비례 붕괴의 위험에 대한 상세한 정량화를 가능하게 하는 자료는 거의 없다. 그럼에도 불구하고 철근콘크리트 구조물은 강구조물에 비해 한 가지 중요한 이점을 가지고 있다. 신뢰할 수 없는 외부 내화피복 재료의 문제는 존재하지 않는다. 철근콘크리트 구조물에서 화재로 인한 연쇄붕괴의 위험은 강구조물에 비해 낮아질 수 있을 것이다. 마드리드 윈저타워의 거동은 이 진술의 부분적인 증거로 제시될 수 있다. 그럼에도 불구하고 10.6.2절에서 언급한 바와 같이 콘크리트 균열은 돌이킬 수 없기 때문에 열팽창의 영향은 강구조물보다 철근콘크리트 구조물에서 더욱 심각할 것이다. 그러나 열팽창에 대한 설계가 화재로 인한 비비례 붕괴의 위험에 대한 명시적인 평가를 요구하는 중요한 구조물에 대해 예상될 수 있는 일반적인 화재안전 설계에 포함되면 비비례 붕괴를 유도하는 구속된 열팽창의 위험이 낮을 것이다.

10.6.6 다른 우발적인 조건과의 조합

구조 강건성에 대한 설계는 우발적인 상황을 처리하기 위한 것이다. 각각의 우발적인 상황은 이미 발생확률이 매우 적은 드문 사건이다. 두 개 이상의 우발적인 조건의 조합은 구조물에 매우 가혹하고 많은 비용이 든다. 세계무역센터건물 1과 2는 비행기 충돌에 이어 화재로 이어졌으며 화재로 인한 연쇄붕괴를 초래한 것이 세계무역센터건물 붕괴이다. 그러나 이러한 일련의 사건을 설계 고려사항에 포함시키는 것은 원자력 시설과 같은 최고로 중요한 구조물 또는 조합된 우연한 조건이 충분히 높은 발생확률로 확인된 구조물(해양오일 플랫폼 또는 다른 석유화학 플랜트)에 대해 적절할 수 있다. 그러나 이러한 구조물은 특별한 조치가 필요한 구조물이며, 강건성 설계를 위한 우발적인 하중조건을 확인하기 위한 체계적인 위험평가 절차를 이미 갖추고 있다. 3등급 건물 유형에 속하는 대다수의 구조물의 경우 각각의 우발적인 하중조건은 개별적으로 고려되어야 한다.

10.7 결론

이 장에서는 화재공격의 맥락에서 구조 강건성을 설명했다. 비록 화재는 우발적인 사건이지만 일반적인 구조 화재안전 설계는 화재로 인한 비비례 붕괴를 다루지 않는다고 주장했다. 주요 쟁점은 구조 화재안전 설계 가정, 특히 내화피복 재료의 신뢰성 및 내화구획과 관련된 많은 불확실성이 존재한다는 것이다. 이 장에서 제시된 것처럼 화재시 강건성을 다루는 것은 이러한 불확실성에 직면했을 때 화재로 인한 비비례 붕괴의 위험을 완화시키는 것이다. 이 장의 핵심 논거는 구조붕괴의 결과가 매우 심각한 경우(영국 및 유럽의 건물 분류에 따른 3등급 건물) 구조 강건성 설계에 대한 요구사항이 일반 구조 화재안전 설계에서 필요로 하는 것 이상이어야 한다는 것이다.

충분한 강건성을 제공하기 위해 이 장에서는 구조물의 수직부재가 하나의 수평한 내화구조물의 가능한 차염성 파괴로 인한 수직 화재확산을 견딜 수 있도록 설계되어야 한다고 권고한다. 또한 수직부재는 강건성을 위한 추가 설계 고려사항으로 인해 부착된 수평부재에 발생될 수 있는 추가 힘에 견딜 수 있도록 설계되어야 한다. 예를 들어, 보에서 발달된 최대 현수력은 부착된 기둥에 의해 견딜 수 있어야 한다.

매우 큰 변형과 회전은 현수작용과 같은 대체하중전달 메케니즘의 결과로 발달할 수 있다. 최종적인 화재노출 조건에 따라 기존의 접합부 기술은 그러한 하중지지 메케니즘을 완전한 발달을 허용할 수 있는 충분한 변형능력을 제공하지 못할 수 있다. 예를 들어, 강재 보는 적용된 내화피복의 완전 파괴로 인해 피복되지 않은 것처럼 거동하는 경우 현존하는 접합부 기술로는 현수작용이 발달된다하더라도 보가 생존하는 데 충분하지 않다. 그러나 기존의 접합부는 여전히 일부 현수작용의 발달을 가능하게 하기 위해 상당한 회전능력을 가질 수 있다. 이것이 충분한지의 여부는 허용 가능한 손상 정도에 달려 있다. 이 문제는 이 장에서 다루지 않았다. 그러나 수직부재의 안전성을 확보할 수 있다면 비비례 붕괴의 위험은 낮아질 것이다.

11장

구조화재공학의 실무 적용 사례[1])

11.1 서론

이 장은 영국에서 내화피복을 최적화하기 위해 성능기반 접근법이 어떻게 적용되었는지를 기술한다. 적용된 해결책은 구조물 설계를 포함하여 내화피복은 선택된 보에서 제거할 수 있다. 이전 장에서 설명한 다양한 방법과 설계도구가 설계에 사용되었기 때문에 방법론은 새로운 것이 아니지만 그러한 방법과 설계도구들이 실제 프로젝트에 어떻게 적용되었는지를 설명하고 실제 구조물에 적용될 때 4가지 설계방법 사이의 차이점을 검토한다.

영국에서 지어지는 건물들은 건축규정(Building Regulations)의 요구사항을 준수하여야 한다. 건축규정의 조항 B[2])는 화재안전에 관한 것이다. 1984년에 새로운 건축법(Building Act)이 통과되었고, 이어서 1985년에 건축규정이 개정되었다. 1985년 이후로 건축규정의 조항 B의 모든 개정판들은 건물에 의해 달성되어야 하는 기능적인 요구사항들을 규정해 왔다. 화재시 구조적 안정성을 위한 건축규정 요구사항은 '건물은 화재 발생시 합리적인 시간 동안 안정성이 유지되도록 설계 및 시공되어야 한다'라고 명시하고 있다. 설계자와 엔지니어는 다양한 방법으로 이러한 기능적 요구사항들을 준수하고 있다는 것을 보여줄 수 있다. 가장 간단하고 일반적인 접근법은 지침문서 및 설계표준의 사양과 권장사항들을 따르는 것이다. 구조내화에 대한 사양과 표준은 구조부재가 표준화재시험에 따라 시험되고, 검토되고 있는 건물의 용도그룹(purpose group)과 높이에 따라 일정한 기준을 달성하도록 권고한다. 그러나 이미 설명한 바와 같이 대체방법들이 건축규정에 부합하다는 것을 보여주는 데 이용할 수 있다. 비사양의 방법이 적용되는 곳에서 제시된 해결책이 사양에 따른 해결책을 적용해서 얻을 수 있는 것만큼 표준을 달성한다(등가성)는 것을 보여주거나 제시된 해결책인 적절한 성능을 달성할 것이라는 것을 입증하기 위해 성능기반 접근법을 채택할 것이다. 구조내화 측면에서 일반적인 성능기반 접근법은

---

1) The practical application of structural fire engineering for a retail development in the United Kingdom

2) Department of Comunities and Local Goverment[DCLG] 2006

실제화재나 가장 위험한 화재 발생시 전체 지속 시간 동안 그 안정성을 유지할 수 있음을 입증하는 것이다.

11.2 방법론

이 절은 고려 대상 구조물에서 선택된 보에 대해 수동적인 내화피복의 생략을 정당화하기 위해 수행된 5단계를 설명한다.

11.2.1 방법론에 대한 이해관계자의 합의

프로젝트 착수에서 관련 있는 이해관계자들이 접근법에 동의하는 것은 중요하다. 이러한 이해관계자들에는 고객, 보험업자들, 설계팀과 건물관리 관계자가 포함될 수 있다. 다음 사항을 보장할 필요가 있다.

- 성능기반 접근법을 수행함으로써 얻는 가치가 있다.
- 제시된 접근법은 생명안전 또는 보험 위험을 증가시키지 않는다.
- 충분한 정보와 시간을 사용할 수 있다.
- 관리당국이 허가해 줄 것이다.

해석을 시작하기 전에 위의 사항들을 수행하면 발생 가능한 문제점들이 초기단계에서 제기되어 프로젝트의 위험을 감소시킬 수 있다.

11.2.2 설계화재 개발(냉각 포함)

완전 피복된 구조물에서 각기 다른 구조부재 내의 온도상승은 주어진 화재노출(fire exposure)과 유사할 것이다. 구조물이 더 뜨거워짐에 따라 처짐은 증가하고 하중지지 능력이 감소할 것이다. 따라서 서로 다른 완전히 피복된 구조물의 상대적인 성능을 비교할 때 표준화재곡선을 사용하는 것은 가능하다. 그러나 부분적으로 피복된 구조물에서 피복되지 않은 보는 피복된 부재보다 훨씬 빨리 가열되고 식는다. 이러한 차등 가열(differential heating)은 구조물의 성능과 생존기간에 중요한 영향을 미칠 수 있다. 그러므로 이러한 구조물을 설계할 때, 서로 다른 화재 시나리오와 가열방식을 고려하는 것이 중요하다. 예를 들어 가열시간이 짧고 뜨거운 화재는 피복된 보와 피복되지 않은 보 사이에 큰 차등 팽창(differential expansion)을 초래할 수 있으며, 큰 차등 처짐과 큰 접합부 힘을 유발한다. 장시간의 화재는 구조시스템의 전반적인 하중지지 능력에 더 큰 영향을 줄 수 있다.

11.2.3 평가기준 개발

해석을 수행하기 전에 화재의 적절한 성능을 평가하는 데 사용되는 평가기준에 일치시키면 좋은 결과를 얻는다. 적절한 평가기준의 선택은 화재한계상태에서 구조물의 기능적인 요구사항들을 고려해야 한다. 예를 들어 일부 바닥은 구획 바닥(compartment floors)이 되어야 하지만 다른 바닥은 그렇지 않다. 바닥이 구획 바닥인 경우 전반적인 안정성을 유지하고 화재 면에서 화재가 발생하지 않는 면으로 통과하는 연기와 화염을 방지(차염성)하고 노출되지 않은 면에서 과도한 온도 상승을 방지(차열성)할 필요가 있다. 바닥이 구획 바닥이 아닌 경우 단지 전체적인 안정성만 유지하는 것이 필요하다. 마찬가지로 어떤 경우에는 화재의 전체 지속 시간 동안 특정 평가기준을 충족시키는 구조물이 필요하지만 다른 경우에는 가열단계나 피난시간 동안에만 만족하면 된다.

11.2.4 부분골조의 구조를 구축하고 상이한 화재에 대한 해석

화재한계상태에서 구조물의 성능을 평가할 때 얼마나 많은 구조물이 대표적으로 해석되어야 하는지를 결정할 필요가 있다. BS 5950 : Part 8[3]와 같은 단순한 설계법은 개별 부재만을 고려한다. VulcanLite[4], TSLAB[5] 및 SCI P288[6]과 같은 다른 설계법은 개별 경간을 고려한다. 유한요소해석을 채택할 때, 구조물의 많은 부분을 고려하는 것이 종종 유익하고 좀더 현실적이다. 유한요소해석을 위해 채택된 부분골조의 범위는 절대적인 정확성과 사용 가능한 시간 사이의 절충안이다. 일반적으로 전체 구조물을 해석하는 것은 불가능하므로 대표적인 부분골조가 선택되고 적절한 경계조건들이 적용된다.

11.2.5 접합부의 힘 평가

부분적으로 피복된 바닥 시스템에서 발생하는 차등 가열(differential heating)은 높은 접합부 힘을 초래할 수 있다. 따라서 이러한 접합부 힘을 평가하고 적절하게 설계하는 것은 중요하다. 접합부는 작용하는 힘에 저항하도록 설계될 수 있고, 연성접합부는 힘을 줄이기 위해 사용될 수 있으며, 접합부가 파괴되더라도 전체적인 안정성은 유지되도록 구조물을 설계할 수 있다.

---

3) British Standards Institution [BSI] 1990b
4) Huang et al. 2003a, 2003b
5) Newman et al. 2006
6) Newman et al. 2006

예제 11.1

이 장에서 구조화재공학 방법의 실제 적용을 보여주기 위해 사용된 예는 영국 북서부에 있는 대규모 소매, 여가 및 영화관 복합단지이다. 이 단지는 삼각형의 부지에 위치하고 있으며, 건물의 면적은 대략 150×85m이고 2층과 중이층(mezzanine floor)으로 구성되어 있다. 설계 목적상 건물은 건물을 통해 북쪽에서 남쪽으로 걸쳐 있는 신축줄눈[7](movement joint)의 배치로 인해 두 개의 별도 구조물로 간주될 수 있다. 지상층에서 공간은 출입구, 순환 및 소매공간으로 세분화된다. 서비스 센터는 건물의 지상층을 나누는 부지의 중심을 차지한다. 중이층은 지상층과 유사한 용도를 갖지만, 부지의 남쪽 가장자리에 레저시설이 추가되어 있다. 이층 높이(double-height)의 볼링장과 시네마 공간은 중앙홀(concourse)과 분리되어 있으며, 아래에 위치한 서비스 센터를 가로지르는 영화관이 있다.

이 건물은 철골 합성 구조물로 시공되어 금속 데크 위에 현장 합성바닥을 지지하는 보통 하향 합성 보를 포함한다. 이러한 형태의 구조물은 화재시 인장막작용의 이점을 활용하는데, 이상적이며 독립적인(off-grid) 이차 보로부터 내화피복을 생략하기 위해 사용될 수 있다. 건물의 크기와 여러 용도 및 바닥 변경으로 인해 5개의 서로 다른 부분골조가 분석되었다. 승인문서 B(DCLG 2006)에 따르면 건물에 필요한 표준내화시간은 지상 상부에서 점유된 최상층 높이를 기준으로 60분이다.

11.3 설계 화재

보통 건물은 포스트플래시오버 구획화재에 대해 설계되어야 한다. 이는 전통적으로 시간에 대한 구획 온도 상승으로 설명된다. 주어진 건물에서 화재화중 및 구획 특성에 따라 발생할 수 있는 시간-온도 기록이 많다. 분명 모든 가능한 화재의 영향을 평가하는 것은 불가능하다. 따라서 구조화재공학 평가의 중요한 단계는 적절한 설계 화재를 결정하고 동의하는 것이다. 언급한 바와 같이 부분적으로 내화피복된 구조물은 냉각기간을 포함하여 다양한 지속 시간 및 온도 발달로 다수의 화재에 노출되어야 한다. EN 1991 Part 1.2[8]에 제시된 매개변수 화재곡선은 다양한 환기 조건에서 사용되었으며, 그림 11.1에 나와 있다.

7) 두 구조물 사이에 틈을 두고 그 틈을 마감재로 덮거나 연결한 것을 신축줄눈(movement joint 또는 expansion joint)이라 한다.

8) Committee of European Normalization [CEN], 1991–2002

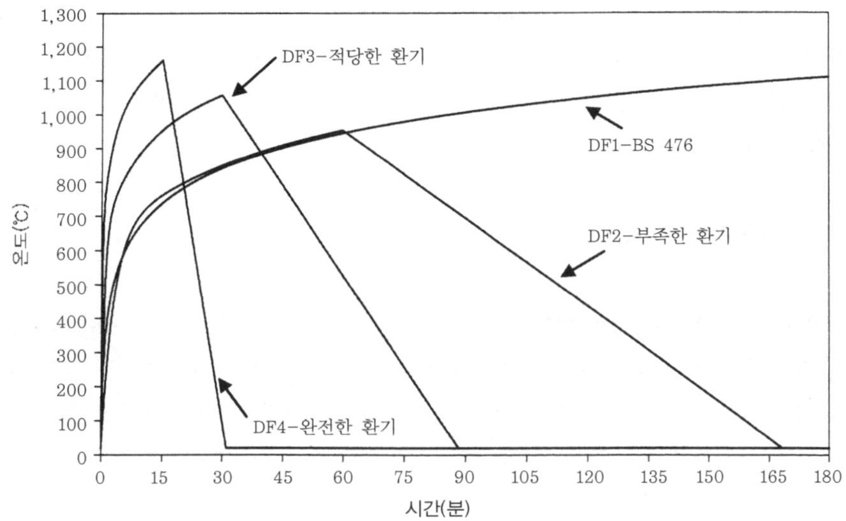

그림 11.1 설계 화재9)

11.4 허용 기준

내화성은 일반적으로 내력(구조안정성), 차염성 및 차열성의 3가지 기준으로 정의된다. 따라서 이러한 각각의 변수들은 평가되어야 한다.

11.4.1 내력(구조안정성)

전체적인 안정성을 확보하기 위해 피복된 보들이 요구된 수준으로 계속해서 성능을 나타낼 것이라고 보장할 필요가 있다. 내화피복된 보의 처짐을 표준화재시험에서 부과된 한계로 제한하면 내화피복된 보의 요구 수준으로 계속해서 성능을 발휘하리라 전망할 수 있다. 따라서 내화피복된 보의 처짐은 경간의 1/20로 제한된다. 포스트플래시오버화재에서 내화피복되지 않은 보는 뜨거워져 강도를 상실하고 궁극적으로 구조물의 전체 안정성에 거의 기여하지 못한다. 따라서 내화피복되지 않은 보에 유사한 처짐 제한을 가할 필요는 없다. 구조의 전반적인 성능은 슬래브가 변형된다면 여전히 다이어프램처럼 작용하기 때문에 슬래브의 성능에 의존하지 않는다. 안정화된 부재(내화피복된 보 및 기둥)의 성능이 보장될 수 있다면 전반적인 안정성이 유지

9) From Block, F.M., Yu, C., and Butterworth, N.A., The Practical Application of Structural Fire Engineering on a Retail Development in the UK, Journal of Structural Fire Engineering, 1(4), 205~218, 2010. With permission

될 것이다. 슬래브 파괴는 국부적인 파괴로 이어질 뿐이다. 그러나 Cardington 화재시험에서 국부 하중지지 능력의 손실 없이 대략 경간의 1/10 정도로 슬래브 처짐이 발생했다. 따라서 처짐이 경간의 1/10로 제한된다면 전반적인 안정성이 유지될 뿐만 아니라 어떤 국부적인 붕괴도 발생하지 않을 것이다.

11.4.2 차염성(Integrity)

차염성에 대한 요구사항은 큰 균열이 바닥 슬래브에서 발생하지 않도록 보장함으로써 달성된다. 대부분의 유한요소 프로그램은 차염성 파괴를 예측할 수 없다. 따라서 바닥 슬래브의 차염성을 유지할 필요가 있을 때 차염성 파괴(integrity failure)가 발생하지 않는다는 것을 보장하기 위해 검토가 이루어져야 한다. 이는 슬래브의 처짐이 곡률(내화피복된 보에 대한 호깅(hogging)으로 유발되는 변형)을 나타내므로 처짐을 제한하여 가장 일반적으로 이루어지며 곡률이 너무 크면 철근이 내화피복된 보에서 파괴될 수 있다. 뿐만 아니라 슬래브의 과도한 처짐은 중간 부분에서 인장 균열을 유발할 수 있다. 이러한 시나리오 중 하나에서 슬래브의 차염성 파괴가 발생할 수 있다. 실제로 곡률은 슬래브를 가로지르는 차등처짐의 함수이다. 그러므로 슬래브 중간 영역과 내화피복된 보 사이의 차등처짐이 산정되어야 한다. 처짐한계에 대한 구체적인 지침을 개발할 수 있도록 충분한 연구 및 실험이 수행되지 않았다. 따라서 일반적으로 처짐은 시험에서 허용 가능한 것으로 입증된 것에 국한된다. BS 476 표준가열로시험(BSI 1990a)은 처짐을 경간의 1/20로 제한한다. 따라서 처짐을 경간의 1/20로 제한한다면 차염성에 파괴가 발생하지 않을 것이다.

11.4.3 차열성(Insulation)

차열성은 처짐에 의해 영향을 받지 않는다(균열이나 폭렬이 발생해도 콘크리트 재료는 금속 데크에 의해 유지됨). 차열성이 손실되기 전에 슬래브에서 차염성 파괴가 발생한다. 따라서 슬래브 두께에 대한 사양에 맞는 요구사항을 준수하여 차열성에 대한 요구사항을 보장해야 한다.

11.5 유한요소해석

건물을 해석하는데 사용된 소프트웨어는 화재 조건에서 바닥 슬래브를 포함한 골조만 있는 강재 및 합성골조의 거동을 주로 모델링하기 위해 개발된 3차원 골조 해석 프로그램인

Vulcan(2008)이다. 유한요소해석 프로세스의 첫 번째 단계는 관련 부분 골조를 결정하는 것이다.

11.5.1 수치해석 모델링

VulcanLite(Huang 등 2003a, 2003b)를 사용하여 개별 경간(bays)에 대한 초기 범위 지정 연구(initial scoping study)를 수행하여 프로젝트의 경제적 생존 가능성을 보여주는 비용 편익(cost-benefit) 분석은 물론 필요한 철근 메쉬 형태를 결정하였다. 이어서 건물의 각 부분에 대한 4개의 대표적인 부분골조(subframes)에 대한 상세한 평가가 이루어졌다. 건물의 기하학적 구조, 제안된 내화피복 체계 및 부분골조의 위치가 그림 11.2에 나타나 있다.

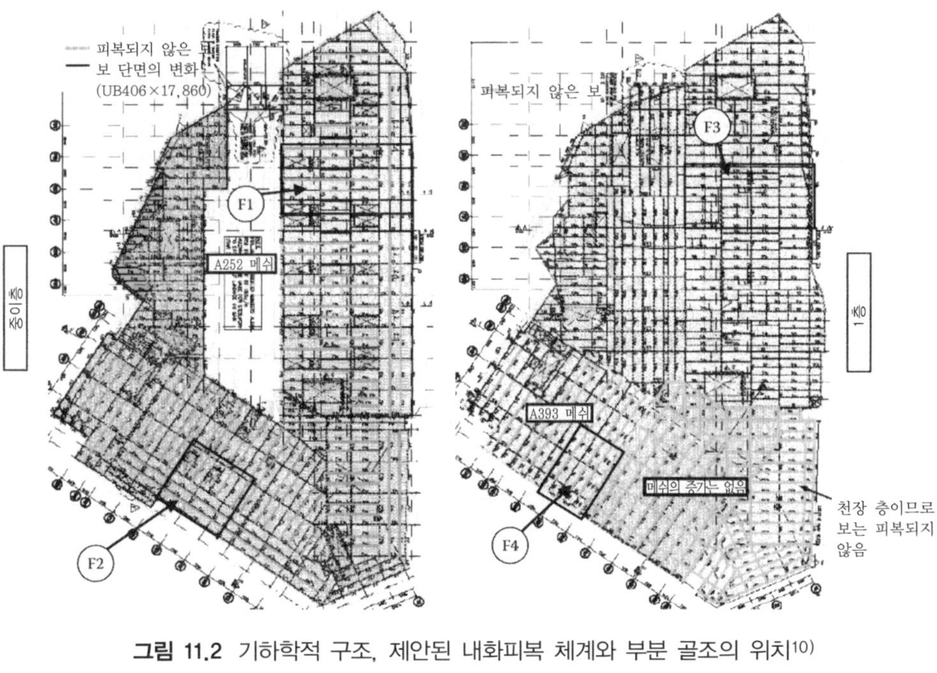

그림 11.2 기하학적 구조, 제안된 내화피복 체계와 부분 골조의 위치[10)]

---

10) From Block, F.M., Yu, C., and Butterworth, N.A., The Practical Application of Structural Fire Engineering on a Retail Development in the UK, Journal of Structural Fire Engineering, 1(4), 205~218, 2010. With permission

이 장에서는 모델 F2와 F3에 대해 설명한다. 그림 11.3은 강재 단면의 참고번호와 평가된 내화피복 체계를 나타낸다. 바닥 보의 강재 단면 크기는 표 11.1에 나타나 있다. 다음은 모델의 주요 특징을 설명한다.

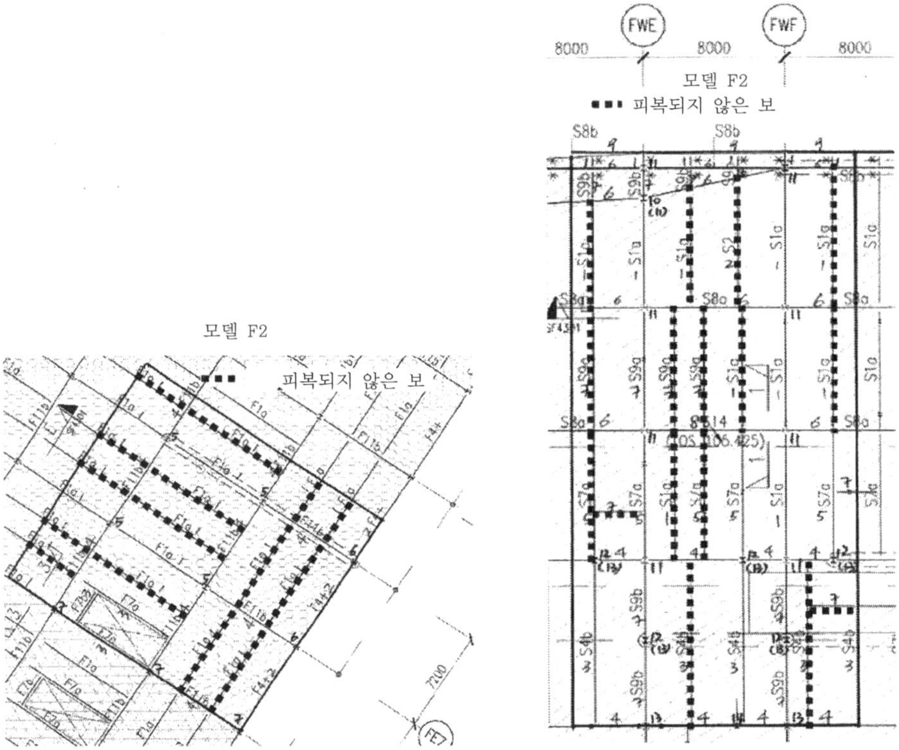

그림 11.3 단면 크기와 피복되지 않은 보의 레이아웃[11]

11) From Block, F.M., Yu, C., and Butterworth, N.A., The Practical Application of Structural Fire Engineering on a Retail Development in the UK, Journal of Structural Fire Engineering, 1(4), 205~218, 2010. With permission.

표 11.1 F2와 F3 모델에 대한 강재 단면 크기[12)]

	보 명칭	단면 크기
모델 F2	F1a	406×140×39UB
	F4	350×350×12.5SHS
	F7a/F7b	457×152×52UB
	F11b	457×191×89UB
	S1a	457×191×67UB
	S2	457×191×74UB
	S4b	533×210×82UB
모델 F3	S5	533×210×92UB
	S7a	533×210×109UB
	S8a/S8b	533×210×122UB
	S9b/S9c	406×140×39UB
	S14	610×305×238UB
	S25	254×146×31UB

1) 콘크리트 슬래브

콘크리트 슬래브는 Vulcan에서 제공되는 비선형의 온도 의존적인 층으로 이루어진(layered) 아홉 개 노드의 슬래브 요소를 사용하여 모델링되었다. 슬래브 요소의 복잡성은 화재시 바닥 변형에 대한 상당한 정확성을 잃지 않으면서 최대 1×1m의 비교적 큰 요소 크기를 허용한다. F2 영역에서 슬래브는 두께가 150mm이며 Ribdeck E60 사다리꼴 데크 위에 타설된다. 1단계 해석의 결과로 중이층에 대해 영국의 철근 메쉬 크기 A252(252m^2/m를 주는 양쪽방향 200의 중심에서 8mm 철근)가 제안되었다. F3 영역에서 바닥 슬래브가 200mm 두께로 안쪽으로 굽은 Holorib 데크 위에서 타설된다. 1단계에서의 해석결과에 따르면 영국의 철근 메쉬 크기 A393(393m^2/m를 주는 양쪽방향 200의 중심에서 10mm 철근)은 구획 바닥에서 슬래브 처짐을 줄이기 위해 필요하다. 35급 보통 중량 콘크리트가 사용되었다. BS5950 : Part 8(BSI 1990b)에 따라 고온에서 콘크리트에 대한 계산에 재료강도계수 1.10을 적용해야 한다. 따라서 수치해석에서 상온에서의 콘크리트 강도는 32N/mm^{2}로 취했다. F2에서처럼 사다리꼴 모양의 데크가 사용되었으므로 슬래브의 연속 부분만이 철근의 최악의 경우 온도분포를 포착하도록 모델링되었다. 그러나 F3에서는 안쪽으로 굽은 데크가 더 균일하게 가열될 때 리브에 평행하고 수직인 다른 강성을 고려하여 슬래브의 전체 깊이가 사용되었다.

12) Block, F.M., Yu., C., and Butterworth, N. A., The Practical Application of Structural Fire Engineering on a retail Development in the UK, Journal of Structural Fire Engineering, 1(4), 205-218, 2010. with permission

2) 경계 조건

구조에서 대칭의 이점을 이용하여 계산시간을 줄였다. 대칭선 위에서 이 선들에 수직인 변형들과 대칭에 걸쳐 회전들은 구속되었다. 이는 모델링되지 않은 인접구조를 설명하기 위한 것이지만 횡방향 구속을 제공한다.

3) 하중

특성 설계하중이 제공되었으며, 화재 한계상태 하중은 BS 5950 : Part 8에 따라 계산되었으며, 고정하중과 영구 부과하중에 대해 1.0의 부분 안전계수를 사용하고, 비영구 부과하중에 대해서는 0.8을 사용하였다. 두 개의 Vulcan 모델이 그림 11.4에 나타나 있다. 선하중(line loads)과 적용된 경계조건도 표시된다. 상부구조물에 의해 도입된 하중은 기둥 상단에서 점하중으로 나타내었다.

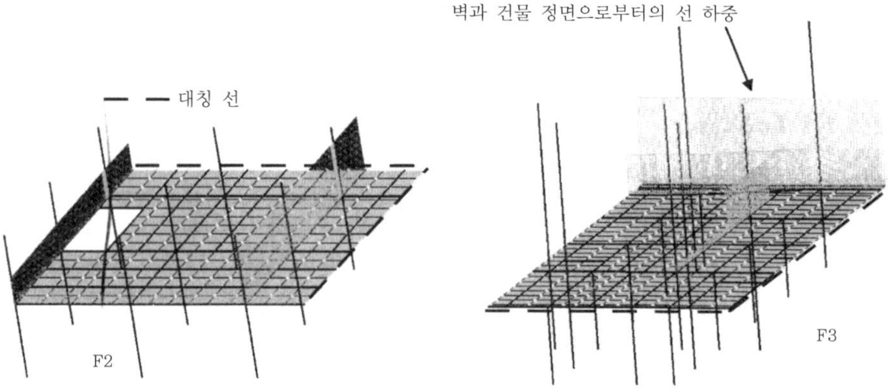

그림 11.4 F2와 F3 Vulcan 모델의 유한요소 메쉬[13)]

11.5.2 재료 온도와 거동

내화피복된 부재에 대한 방화 수준을 결정하기 위해 보와 기둥에서 각각 60분 후에 620℃와 550℃의 온도에 도달했다고 가정했다. 보와 기둥의 열 전달해석은 EN 1993 Part 1.2(CEN 1993-2005b)에 따라 수행되었다. 열곡률(thermal curvature)의 영향을 포함하기 위해 웨브와 각각의 플랜지를 별도로 해석하였다. 콘크리트 슬래브의 경우 콘크리트에 수분이 미치는 영향을

13) From Block, F.M., Yu, C., and Butterworth, N.A., The Practical Application of Structural Fire Engineering on a Retail Development in the UK, Journal of Structural Fire Engineering, 1(4), 205~218, 2010. With permission

포함하여 일차원 열전달 계산이 수행되었다. 세 가지 매개변수 화재의 경우, 슬래브뿐만 아니라 피복 및 무피복의 일반 강재에 대한 결과 온도 기록이 그림 11.5에 나타나 있다.

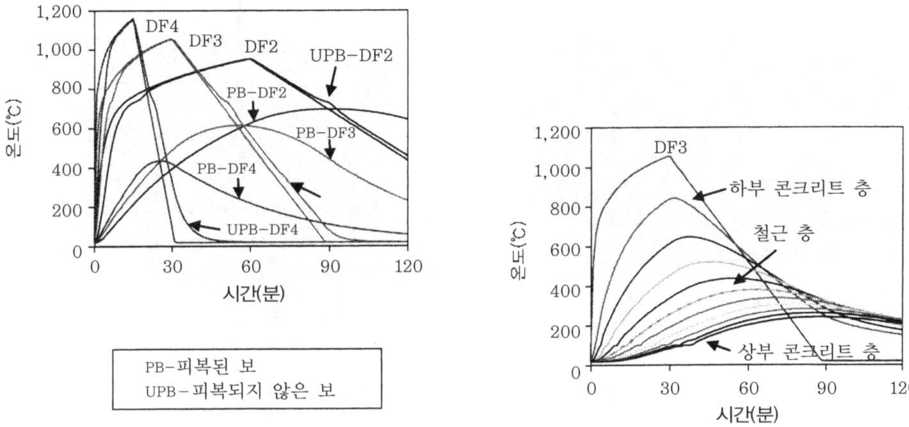

(a) 강재 (b) 콘크리트(층 온도)[14)]

그림 11.5 재료온도

그림 11.5에서 느린(slow) 화재(설계화재 2)는 내화피복된 보와 기둥 모두에 대해 중요하다는 것을 알 수 있다. 빠른 화재(설계화재 4)는 내화피복되지 않은 보의 가장 높은 온도로 내화피복된 보와 내화피복되지 않은 보 사이에 가장 큰 온도 차이를 유발한다.

재료거동에 대해 증가하는 재료온도에 의한 효과를 나타내기 위해 EN 1992-1-2(CEN 1992-2005b) 및 EN 1993-1-2(CEN 1993-2005b)에서 주어진 온도 의존적인 구성관계가 사용되었다.

11.5.3 수치해석의 결과

처진 형상, 처짐과 힘을 포함한 비선형 해석의 결과를 분석하고 평가기준과 비교하였다. 두 모델의 처진 형상이 그림 11.6에 나타나 있는데, 내화피복된 보와 바닥 슬래브의 처짐이 매개변수 화재의 관련 처짐 한계 이상으로 유지되는 것을 볼 수 있다. 모델 F2의 결과는 그림 11.7에 나와 있으며, 내화피복된 보는 국제표준화기구(ISO) 화재(DF1)에서 이 제한을 초과하지만 규정된 내화시간인 60분을 훨씬 넘은 것을 볼 수 있다. 그러므로 독립적인 이차보에 대한 내화피복의 생략이 용인될 수 있다고 할 수 있다.

---

14) From Block, F.M., Yu, C., and Butterworth, N.A., The Practical Application of Structural Fire Engineering on a Retail Development in the UK, Journal of Structural Fire Engineering, 1(4), 205~218, 2010. With permission

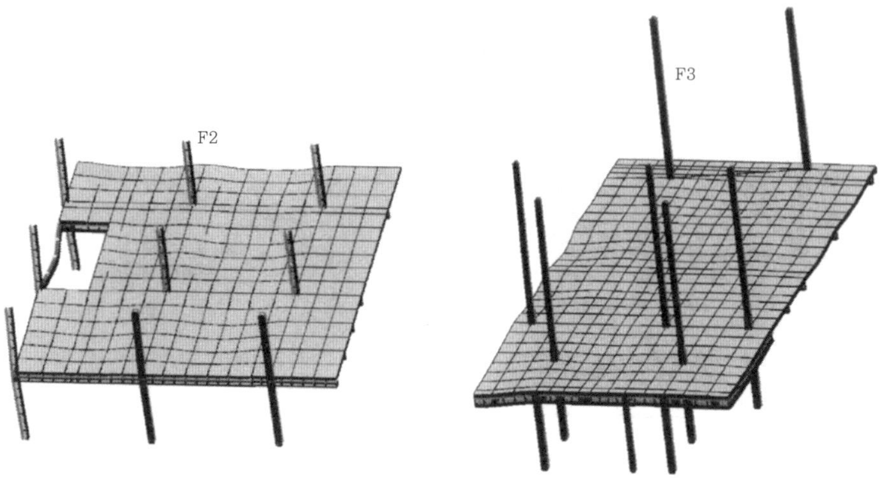

그림 11.6 두 가지 Vulcan 모델의 최대처짐15)

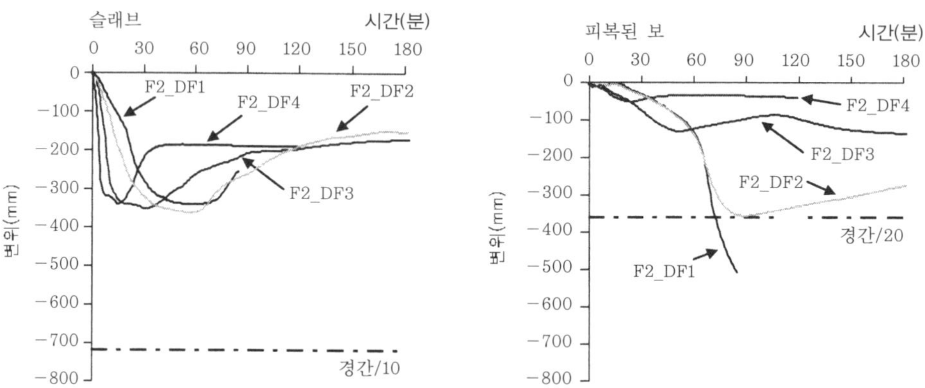

그림 11.7 F2에서 피복된 보와 슬래브의 수직처짐16)

---

15) From Block, F.M., Yu, C., and Butterworth, N.A., The Practical Application of Structural Fire Engineering on a Retail Development in the UK, Journal of Structural Fire Engineering, 1(4), 205~218, 2010. With permission

16) From Block, F.M., Yu, C., and Butterworth, N.A., The Practical Application of Structural Fire Engineering on a Retail Development in the UK, Journal of Structural Fire Engineering, 1(4), 205~218, 2010. With permission

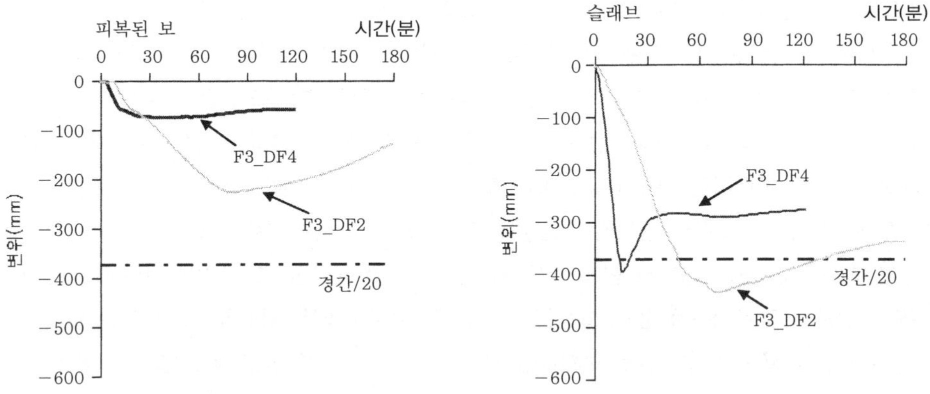

그림 11.8 F3에서 슬래브와 피복된 보의 수직처짐17)

설계화재 2와 설계화재 4에서 모델 F3의 해석이 수행되었다. F3에서 모델링된 바닥은 구획 바닥이므로 경간의 1/20은 슬래브와 내화피복된 보 모두에 대한 처짐한계로 사용해야 한다. 결과는 그림 11.8에 나와 있으며, 두 설계화재에서 슬래브의 최대 차등 처짐이 60분 후에 경간의 1/20보다 큰 것을 볼 수 있다. 내화피복된 보의 처짐은 여전히 경간의 1/20보다 훨씬 작기 때문에 바닥 슬래브의 하중지지 능력이 처짐을 평가 기준으로 제한하기에 충분하지 않다는 것이 분명하다. 내화피복된 보의 증가는 바닥 처짐이 현저하게 줄어들지 않으며, 슬래브의 철근 메쉬를 증가시키거나 현재 피복되지 않은 보를 내화피복하는 유일한 대안이다. 슬래브에 A393 철근 메쉬가 이미 지정되어 있으므로 시네마 바닥을 지지하는 모든 보와 기둥이 구획 바닥의 차염성을 유지하도록 보호된다.

11.6 강재 보 접합부

부분 내화피복된 구조물에서 접합부의 힘은 열팽창이 구속된 기둥과 마찬가지로 내화피복된 보와 내화피복되지 않은 보 사이의 차등 열이동(differential thermal movements)에 의해 좌우된다. 열응력은 구속 수준에 따라 달라지므로 구조물의 힘은 바닥 슬래브와 보와 연결부 사이의 유연성이 증가함에 따라 감소한다. Vulcan은 현재 접합부의 국부거동 또는 보의 국부좌굴의 영향을 포함하지 않는다. 따라서 구조물이 강접합된 것처럼 모델링되기 때문에 소프트웨어에서

17) From Block, F.M., Yu, C., and Butterworth, N.A., The Practical Application of Structural Fire Engineering on a Retail Development in the UK, Journal of Structural Fire Engineering, 1(4), 205~218, 2010. With permission

직접 도출된 접합부 힘은 매우 크게 나타난다. 그러나 이 소프트웨어는 화재 발생시 힘의 현실적인 추세를 나타낼 수 있다. 빠른 화재의 경우 전형적인 곡선이 그림 11.9에 나타나 있다. 화재의 처음 몇 분 동안 내화피복된 보의 인장력과 내화피복되지 않은 보의 압축력이 절정에 이르렀음을 알 수 있다. 이 정점(peak)은 피복되지 않은 보의 빠른 가열과 열팽창으로 인해 발생한다. Carington의 본격적인 화재 테스트에서 볼 수 있듯이 이 정점이 내화피복되지 않은 보의 하단 플랜지에서 국부좌굴을 일으킬 가능성이 매우 높다. 좌굴은 전체 시스템에서 몇 가지 열적 힘을 방출한다. 높은 접합부 힘의 다음 발생은 화재의 냉각단계에서 발생하며 소성변형된 피복되지 않은 보의 수축으로 인해 발생한다. 이는 접합부 파괴가 가장 많이 발생하는 화재단계이다. 이것의 한 예는 Cardington 화재실험에서 볼 수 있는데, 핀플레이트 접합부는 볼트 전단(bolt shearing)에 의해 파괴됐다(그림 2.7b 참조). 구조물의 더 큰 부분에 영향을 미치는 이러한 파괴를 막기 위해 세 가지 선택사항을 사용할 수 있다.

1. 접합부는 작용된 힘에 저항하도록 설계될 수 있다.
2. 보와 보의 접합부에 충분한 연성을 제공하여 내화피복되지 않은 보의 열이동을 차단할 수 있다. Sheffield대학의 실험결과(Yu et al. 2009d)에 따르면 더블 웨브-클리트 또는 부분깊이 엔드 플레이트 연결을 통해 전달할 수 있다. 이러한 접합부는 파단 없이 열이동을 따라갈 만큼 연성이 있기 때문에 화재시 및 그 이후에 수직전단력을 유지해야 한다.

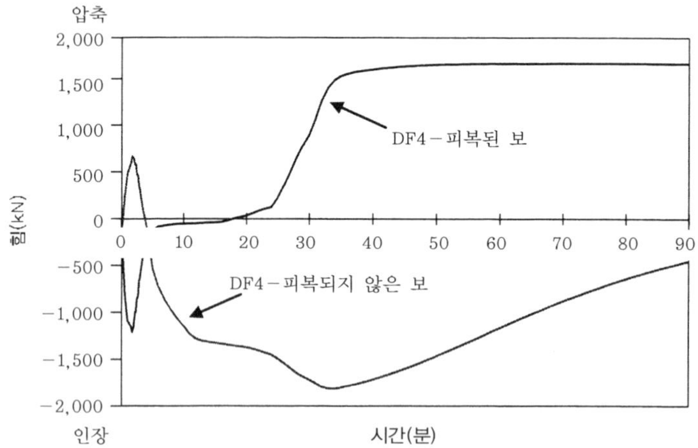

그림 11.9 빠른 설계화재에서 일반적인 접합부 힘(DF4)[18]

18) From Block, F.M., Yu, C., and Butterworth, N.A., The Practical Application of Structural Fire Engineering on a Retail Development in the UK, Journal of Structural Fire Engineering, 1(4), 205~218, 2010. With permission

3. 접합부가 파괴된 후에 피복되지 않은 보는 지지될 수 있다는 것을 보장할 수 있다. 예를 들어, 거더의 하부 플랜지는 내화피복되지 않은 보와 거더의 하부 플랜지를 중첩함으로써 (overlapping) 화재 한계상태에서 내화피복되지 않은 보에 의해 전달된 전단하중을 지지하도록 설계될 수 있다. 이 선택사항의 경우 접합부가 끊어지기 전에 구조물에 유입되는 힘을 최소화하기 위해 접합부의 결속내력을 구조적으로 허용 가능한 최소 수준으로 줄여야 한다.

내화피복되지 않은 보가 있는 경간에서 내화피복된 보와 기둥 사이의 접합부에는 엔드-플레이트가 제공되어야 한다. 이러한 형태의 접합부는 우수한 내화성능을 가지며, 특히 내화피복되지 않은 보가 좌굴될 때까지 초기 인장력을 받을 수 있을 정도로 연성인 동안 엔드 플레이트와 기둥 플랜지 사이의 완전 접촉으로 인해 압축력을 전달하는 데 적합하다.

11.7 단순화된 방법

영국에서는 부분적으로 내화피복된 강구조물을 정당화하기 위해 현재 단순화된 방법이 적용되고 있다. 각각의 방법에는 장점과 단점이 있다.

11.7.1 SCI P288

SCI publication P288(Newman 등 2006)에는 부분적으로 내화피복된 구조물이 화재한계상태에서 충분한 하중지지 능력을 가질 수 있는지 여부를 결정하는 데 사용되는 설계 표가 포함되어 있다. 이 방법은 단일 구조 경간에 적용되며 표를 빠르게 사용할 수 있다. 이 방법은 사각형의 기하학적 구조, 특정 경간 크기 및 최대 60분의 내화시간으로 제한된다. 발생 가능한 처짐이나 접합부 힘을 평가할 수는 없다. 이 표는 BS 476 표준화재곡선에 대한 노출만을 고려한 것으로 내화피복 및 무내화피복 부재 간의 차등 가열의 영향을 고려하지 않는다. 그러므로 부분적으로 내화피복된 구조물을 정당화시키기 위해 SCI P288을 분리하여 사용되지 않아야 한다는 것이다. 그러나 세부 설계 단계에서 훨씬 더 자세히 평가되는 프로젝트 초기의 범위 지정을 연구의 일부로 사용할 수 있다.

11.7.2 TSLAB

TSLAB(Newman 등 2006)은 SCI P288의 표와 동일한 이론적 배경을 사용하는 소프트웨어 프로그램이므로 SCI P288의 범위와 접근방식은 비슷하지만 추가 기능이 있다. 모든 직사각형 형상에 사용할 수 있다. 표준 및 매개변수 화재를 모두 수용할 수 있지만 최대 120분의 내화시간으로 제한된다. 방법론은 개별 경간을 고려한다. 내화피복된 보에 대한 연속성이 없다는 가정은 보수적인 가정이지만 내화피복된 보는 변형되지 않는다고 가정한다. 이는 비보수적인 가정이다. 실용적인 범위 내에서 이러한 가정은 수용 가능한 해결책을 제공하기 위해 보상하지만 이것이 모든 조건에 해당되는지 여부를 알 수 있는 방법은 없다. 돌출된(projected) 보에 연속성이 없는 모서리 또는 구석 경간의 경우에 특히 그렇다. 그러므로 TSLAB는 특정 범위에 해당하는 구조물에만 사용해야 하며 이 구조물은 주의 깊게 사용해야 한다고 생각한다. SCI P288의 표와 마찬가지로 TSLAB는 프로젝트의 초기 단계에서 유용한 도구가 될 수 있다.

11.7.3 VulcanLite

VulcanLite(Huang 등 2003a, 2003b)는 Vulcan(2008)의 맞춤 인터페이스로 '마법사'를 사용하여 합성 강구조물의 단일 경간 모델을 생성한다. 해석의 목적은 골조를 기둥으로 하지 않는 보로부터 내화피복을 생략하는 것이다. VulcanLite는 직사각형 경간 또는 균일하게 분포된 하중에 국한되지 않으며 표준 또는 매개변수 화재를 모델로 하며 어떤 내화시간에 제한되지 않는다. 중요한 점은 VulcanLite는 기본 역학을 기반으로 하고 처짐과 힘을 포함한 화재 조건에서의 실제 구조 성능을 예측한다. 경계 조건을 적절하게 사용하면 내화피복된 보에 대한 연속성의 효과를 모델링 할 수 있으므로 경제적이고 안전하다. 상대적으로 단순한 구조물에 대한 신뢰할 수 있는 해결책을 제공한다. 보다 복잡한 형상의 경우 유효성이 검증된 유한요소 코드를 사용하여 자세한 유한요소 평가를 필요로 한다.

11.8 Vulcan과 단순화된 방법의 비교

이 연구의 일부로 대형 부분골조 모델의 거동을 개별 경간 해석 방법의 결과와 비교하였다. SCI P288의 표는 사무실 이외의 모든 건물에 대해 부과하중(imposed load)의 부분안전계수를 0.8보다는 0.5에 기초하므로 건물연구에 사용할 수 없다.

비교를 위해 모델 F2와 F3 내에서 두 개의 다른 전형적인 경간이 해석되었다. 이 비교의 결과는 표 11.2에 나타나 있다.

표 11.2 각각 다른 해석 접근법의 비교(출처[19])

모델	기준	T-Slab	VulcanLite	Vulcan
F2	슬래브	통과(A393)	통과(A252)	통과(A252)
	가장자리 보	실패	실패	통과
F3	슬래브	통과(A393)	통과(A393)	통과(A393)
	가장자리 보	통과	통과	통과

좀더 고급화된 해석을 실행할 때 이점을 볼 수 있다. 모델 F2의 원래의 가장자리 보는 두 가지 단순화된 방법 모두에서 파괴되었지만 VulcanLite를 사용하여 가장자리 보 크기를 늘린 다음 감소된 격자 두께를 정당화할 수 있다. 그러나 더 많은 구조물이 해석되면 기둥과 그 주변 구조물은 가장자리 보에 대해 안정성을 유지할 수 있도록 충분한 길이방향의 구속을 제공한다. 모델 F3의 경우 모든 접근법은 선택된 설계 메쉬 크기 및 원래의 가장자리 보가 모든 설계 화재시 화재한계상태(FLS[20])에서의 하중에 견딜 수 있음을 보여준다. 이 층에서 지지되는 시네마 좌석은 대부분의 중간 보(intermediate beams)에 상당한 점 하중(point loads)을 도입하여 바닥 슬래브의 파괴를 일으키기 때문에 F3의 최종 해결책은 완전히 내화피복되었다.

이 비교에서 볼 수 없었던 것은 모델 F1에서 기둥 사이의 다수의 보가 축방향 하중과 $P\delta$ 효과가 추가되어 크기가 증가해야 한다는 것이었다. 이는 Vulcan 해석으로만 수집할 수 있으며 모델에 기둥을 포함하는 이점을 보여준다. 초기 연구만 수행하거나 매우 단순한 건물을 해석해야 하는 경우 VulcanLite만으로 충분할 수 있다. 또한 VulcanLite가 TSLAB보다 더 좋다는 것이다. 이는 기본적으로 기본 역학을 사용하여 실제 성능을 예측한다는 사실뿐 아니라 다른 경계 조건을 적용하고, 점하중을 포함하고, 비정형의 기하학적 구조를 모델링하고, 실제 처짐과 힘을 평가할 수 있는 능력 때문이다.

---

19) Block, F.M., Yu, C., and Butterworth, N.A, The Practical Application of Structural Fire Engineering on a Retail Development in the UK, Journal of Structural Fire Engineering, 1(4), 205~218, 20 10. With permission.

20) fire limit state

11.9 결론

이 장에서는 영국의 대규모 소매점 및 레저 건물에 대한 구조화재공학 평가를 요약했고, 영국의 규제 배경에 대해 논의한 후 성능기반 평가의 방법론을 설명했다. 이 방법론의 중요한 부분으로 평가기준은 선택된 보에 대한 내화피복을 생략한 후 건물 규정의 요구사항을 충족시킬 수 있도록 보장하기 위해 지정되었다. 또한, 냉각단계를 포함하여 상이한 환기조건을 갖는 일련의 설계화재에 노출된 부분적으로 내화피복된 구조물을 해석하는 것의 중요성이 강조되었다.

두 개의 큰 부분골조 모델의 예제에서 유한요소해석을 사용하여 온도를 계산하고 구조반응을 결정하고 결과를 처리하는 방법을 보여주었다. 부분적으로 내화피복된 구조물의 접합부 거동에 대해 논의했으며, 화재 발생 중 및 이후에 국부 접합부 거동이 전체 성능에 부정적인 영향을 미치지 않도록 하기 위해 세 가지 선택사항이 제공되었다.

마지막으로 부분적으로 내화피복된 철골콘크리트 합성골조를 정당화하기 위해 여러 가지 사용 가능한 단순화된 방법을 비교하였다. 이 경우 가장 좋은 값(best value)은 유한요소해석을 사용하여 큰 부분골조를 해석하여 얻을 수 있지만 TSLAB 또는 VulcanLite를 사용하면 보수적인 설계가 될 것이라고 결론지었다. 간단한 방법에서 유의해야 할 몇 가지 사항이 소개되었고, VulcanLite는 전체 부분골조에 대해 단순화된 방법과 유한요소해석 사이의 유력한 절충안으로 확인되었다.

용어 설명

- **구조 강건성(structural robustness)**

구조물이 화재, 폭발, 테러와 같은 사건에 대해 어느 정도의 손상 없이 견디는 능력을 말한다.

- **구획화재(compartment fires)**

내화구조로 둘러싸여 있는 구역을 말한다. 구획화재가 꼭 방화구조일 필요는 없지만 화재의 확산을 더디게 할 수 있어야 한다.

- **그림자 계수(shadow factor)**

부재의 형상으로 인해 복사 열전달을 직접받지 못하는 부분에서 나타나는 효과를 나타낸 값이다.

- **넛셀수(Nusselt number)**

유체와 물체 사이의 경계면에서의 열전달을 나타내는 값으로, 물체의 표면을 통해 열이 출입하는 비율을 나타내는 무차원 수이다. 넛셀수가 크면 클수록 같은 열량이 작용할 때, 물체의 표면에서 전도 및 대류에 의한 열전달이 크다는 의미를 가진다.

- **단면형상계수(section factors)**

부재 단면의 전길이를 단면적으로 나눈 값을 단면형상계수라 하고, 단위는 mm^{-1}이다. 비슷한 크기를 가진 H형강에서 '단면형상계수가 줄어든다'는 것은 단면적이 늘어난다는 의미이며, 이때 H형강은 열용량이 늘어나므로 온도저감효과를 보인다.

- **당김힘(tying forces)**

수평이나 수직 묶음(ties)이 보나 기둥과 같은 주요 구조부재 사이(그림 참조)에 있어야만 구조물의 붕괴를 막을 수 있는 강건성(Robustness)을 확보할 수 있다. 이러한 묶음(ties)은 화재나 폭발과 같은 예기치 못한 하중 때문에 2 스팬 프레임 구조에서 가운데 기둥이 파괴되었을 때, 보에서 서로 당기는 힘 즉 인장이 발생하여 아래 그림처럼 보나 기둥 사이의 화살표 방향으로 당김힘이 생겨나게 된다. 또한 구조 부재가 붕괴될 때, 구조적인 연속성과 대체하중경로를 확보하기 위해 필요하다. 이때 수평/수직 묶음에서 발생하는 힘을 당김 힘이라고 한다.

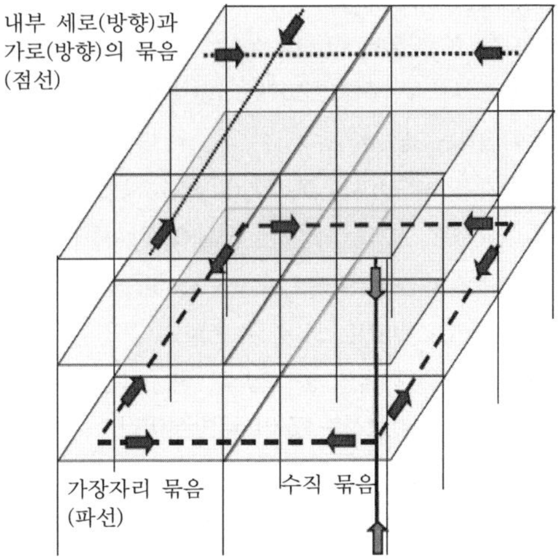

강건성을 제공하기 위한 당김 접근법(NIST 2007)

- **대체 하중–전달(alternative load–carrying) 메케니즘**

대체 하중–전달(alternative load–carrying) 메케니즘은 구조물의 강건성(robustness)을 정의하거나 확보하기 위해 필요한 것으로써 폭발이나 화재하중으로 인하여 구조물의 주요부재, 예를 들어 2 스팬 사이의 기둥이 붕괴될 때, 보나 슬래브의 하중은 가운데 기둥이 아니라 양쪽 끝단의 기둥으로 연결되는 하중–전달경로의 변화가 일어난다. 이때 이 하중의 이동경로가 변화 또는 확보되지 못한다면 보나 슬래브가 붕괴되고, 이는 구조물 전체의 붕괴로 이어질 수 있다.

- **람베르트(Lambert) 법칙**

빛이 어떤 물체를 투과할 때 빛의 반사, 회절, 굴절 등의 현상이 일어나기 때문에 빛의 세기는 작아진다. 람베르트 법칙은 이 빛의 세기를 비교해 놓은 법칙이다. 투과 전과 후의 비에 자연로그를 취하면 이는 물체의 두께에 비례한다. 흡수계수를 이용하여 이를 방정식으로 나타낼 수 있으며, 흡수계수는 물체의 특성에 따라 달라진다. 이를 이용하면 손쉽게 빛의 투과 세기를 알 수 있다.

- **런던 Broadgate 건물 화재**

1990년에 영국 런던의 14층 건물에서 시공 중에 발생한 화재로 내화피복이 없었음에도 불구하고 강재가 1,000℃ 이상의 화재 온도에 도달한 것으로 평가되었으나 구조파괴가 일어나지 않아 영국에서 성능기반 내화설계를 본격적으로 연구하게 된 계기가 되었다.

- **마드리드의 윈저타워 화재**

2005년 2월에 스페인의 마드리드에 있는 106m 높이의 32층 철근콘크리트 구조물에서 발생한 화재로 발화 1시간만에 상부의 10개 층이 무너졌으나 하부 건물은 붕괴하지 않았다.

- **면심(face–centred)**

입방체의 각 모서리와 각 면의 중심에 1개씩의 원자가 배열된 결정구조이며, 한 입방체에 있어서 8개의 꼭짓점과 6개의 면의 중심에 격자점을 가지는 단위 격자로 된 공간을 뜻한다. 원자 충전율은 약 74%이고, 원자가 없는 빈 공간은 26%이다. 이 빈 공간에는 탄소원자가 들어갈 공간이 있다.

- **반사율(reflectivity)**

반사율 또는 알베도(albedo)는 물체가 빛을 받았을 때 반사하는 정도를 나타내는 단위이다. 반사율은 입사되는 전자기파에 대한 반사량으로 계산되며, 일반적으로 0%에서 100%로 표현된다.

- **방사율(emissivity)**

물체가 외부 적외선 에너지를 흡수, 투과 및 반사하는 비율을 말하며, 이론적으로 외부에너지를 흡수만하고 반사하지 않는 물체의 방사율(ε)값은 '1'로 규정된다.

- **비비례붕괴(disproportionate collapse)**

불균형 붕괴라고도 하며, 구조물의 강건성을 정의할 때 사용되거나, 자연재해나 이에 준하는 하중으로 의해 건물의 붕괴될 때 적용되는 용어이다. 이때 하나 이상의 주요 구조부의 파괴로 인한 연쇄붕괴가 발생하는 것이 일반적이다.

- **비열용량(specific heat capacity))**

비열이라고도 하며, 단위질량의 물질의 온도를 단위 온도만큼 상승시키는데 필요한 열량(1g의 물질을 온도 1℃ 상승시키는데 필요한 열량)을 말한다.

- **사양접근법**(prescriptive approach)

건축법규에 명시된 사양적 규정에 의거하여 건축물의 용도, 구조, 층수, 규모에 따라 요구내화시간 및 부재의 선정이 이루어지는 내화설계방법으로 대부분 기준에 제시된 표준화재시험에 기초하여 부재 수준에서 결정된 내화성능을 설계에 사용한다.

- **상변화**(phase change)

물리학에서 상(相, phase)은 일정한 물리적 성질을 가지는 균일한 물질계를 말한다. 또한, 고체가 용융하거나 기체가 응결하는 등의 변화를 상변화라고 한다. 나프탈렌이나 장뇌는 가열하면 액체가 되지 않고 직접 고체에서 기체로 된다.

- **설계화재**(design fire)

구조물의 적절한 화재성능을 평가할 때, 화재시나리오는 반드시 규명되어야 하는데 이 작업을 화재의 설계(Design)라고 말한다. 이때 여러 가지 단계를 필요로 하는데, 특히 설계를 위해 화재의 크기를 정의할 때 온도를 시간의 함수로 표현하는 것이 중요하며, 이는 국제표준과 코드에 문서화되어 있다.

- **슈테판–볼츠만**(Stefan–Boltzmann) **상수**

슈테판–볼츠만 상수(또는 슈테판 상수)는 그리스 문자 σ로 표시되는 물리상수로 슈테판–볼츠만 법칙에서 나오는 비례 상수$(5.67\times10^{-8}\mathrm{W/m^2K^4})$이다. 단위시간에 흑체 표면의 단위면적당 복사하는 전체 에너지는 열역학적 온도의 4승에 비례한다.

- **아크–길이 방법**(Arc–length Method)

이 방법은 비선형해석에서 하나 혹은 그 이상의 중요한 변화를 나타내는 문제를 해석하기 위해 매우 효과적인 방법으로써 복잡한 변곡점 이후의 거동을 매우 정확하게 계산할 수 있으며, 호장법이라고도 한다.

- **연기층**(smoke layer)

실내에서 화재의 열에 의해 발생하는 부력으로 상부는 뜨거운 열기로 가득차고 화재 진행에 따라 계속적으로 하강하게 되며 냉각에 따라 연기층은 상승하게 된다. 최성기 실내 화재에서는 바닥 위로부터 수십 cm에 가깝게 연기층을 형성한다.

- **열방출률**(heat release rates)

화재에 의한 열생성의 속도를 나타내며, 단위면적 및 시간당 방출되는 열 에너지의 크기이다. 화재와 관련하여 가장 중요한 값이다. 열방출률은 다른 요소와 비교할 때 직접적으로 화재의 크기와 손상 가능성을 나타낸다.

- **열전도율**(thermal conductivity)

어떤 물체가 열에너지를 얼마나 잘 전도시키는가를 나타내는 수치로 금속과 같이 높은 열전도율을 가진 재질은 플라스틱과 같은 낮은 열전도율을 갖는 물체보다 더 쉽게 열을 전도한다.

- **열적 휨변형**(thermal bowing)

대부분의 화재에서 벽과 바닥은 한 쪽 면에 대해 열을 받게 되는데, 이러한 경우에 부재의 두께를 따라 온도차가 발생하게 된다. 그 결과 열을 받은 뜨거운 면이 팽창하면서 발생하게 되는 휨을 가리킨다.

- **열팽창**(thermal expansion)

대부분의 물질은 온도가 올라가면 길이와 부피가 늘어나고 온도가 내려가면 다시 줄어든다. 이처럼 온도에 따라 물체의 길이와 부피가 변하는 현상을 열팽창이라 한다. 열팽창은 우리 일상에서 흔히 볼 수 있는 현상이다. 예를 들어 유리컵에 뜨거운 물을 부었을 때 컵이 갈라지는 것은 열팽창 때문에 일어난다.

- **열평판법**(guarded hot plate method)

열전도율 측정방식의 하나로 재료의 열전달 능력을 정확히 측정하기 위해 개발되었으며, 다른 열전도율 측정방식으로는 열선법(hot wire method)과 열유속법(guarded heat flow method)이 있다.

- **인장막작용**(TMA: tensile membrane action)

바닥 슬래브 위에 작용하는 수직하중이 바닥 슬래브의 균열방지 보강 메쉬를 통해 인장에 저항하는 것으로 아래 그림과 같이 콘크리트 슬래브에서 하중이 작용될 때, 압축 링으로 둘러싸인 중심 영역에 인장막을 포함하는 현상을 말하며, 측방으로 구속되지 않은 철근 콘크리트 슬래브의 자기 평형 메케니즘을 의미한다.

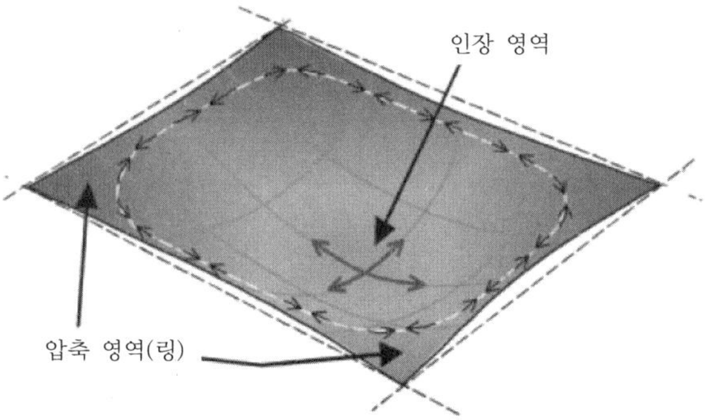

모서리 주변에 면내 구속이 없는 바닥 슬래브의 인장막작용
(그림 출처 : Y. C. Wang, Progress in Structural Engineering and Materials, Vol. 7, pp. 86-102, 2005)

- **일시상태**(transient state)

어떠한 상태에서 변하게 되며, 이전의 상태로 다시 돌아오지 못할 확률이 조금이라도 존재한다면, 이를 일시상태라고 한다. 예를 들어 어떠한 물질이 고체에서 액체로, 액체에서 기체로 그 상태가 변환된 후, 다시 원래의 상태로 반복해서 돌아갈 때 언젠가는 원래의 상태로 돌아가지 못할 경우를 말하며, 시간의 함수를 고려한다.

- **일시상태 변형률**(Load-induced thermal strain : LITS))

하중을 받는 콘크리트가 가열되는 동안에 일어나는 변형률로서 일시 크리프, 시간 의존 '기본' 크리프와 탄성 변형률의 변화로 구성된다. 간단하게 하중 하에서 가열된 콘크리트와 하중 없이 가열된 콘크리트 사이의 측정된 변형률 차이로 볼 수 있다.

• **임계온도**(critical temperature)

건축물 내의 화재가 발생될 것으로 예측되는 방화구획내의 화재 크기를 평가하여 해당 보 및 기둥부재가 구조적으로 능력을 발휘할 수 있는지 여부를 결정할 때 기준이 되는 온도로 해당 구조부재의 임계온도가 실내예측온도보다 높은 경우는 별도의 내화피복이 요구되지 않고 무피복으로 가능하며, 해당 구조부재의 임계온도가 실내온도보다 낮은 경우는 구조적으로 붕괴에 도달하게 됨으로써 내화피복이 필요하다.

• **외부화재 노출 곡선**(external fire exposure curve)

구조물이 구획화재에 노출될 때, 모든 부재가 모두 최고 온도로 열을 받는 것은 아니다. 어떤 부재의 경우에는 열을 덜 받게 되는데, 이때 적용될 수 있는 하중곡선으로 그 관계식은 다음과 같다.

$$T = 660(1 - 0.687e^{-0.32t} - 0.313e^{-3.8t}) + 20$$

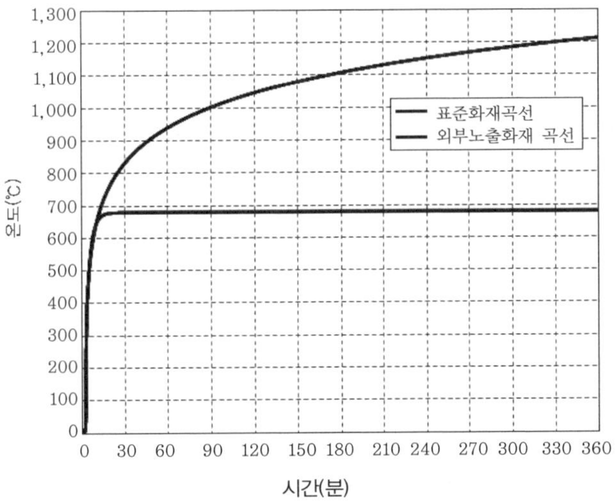

표준화재곡선과 외부노출화재 곡선의 비교

• **자유수**(free water)

생체조직 · 토양 · 젤 · 수용액 속에 존재하면서 이들과 결합되지 않고 자유롭게 이동할 수 있는 물로 결정이나 수용액 · 젤 속에서, 다른 이온과 결합하여 보통의 물로서의 성질을 상실한 것을 결합수라고 한다. 건축에서는 콘크리트의 수화작용에 사용하고 남은 물이 자유롭게 이동할 수 있는 것이다. 콘크리트 속에 머물러 있다가 콘크리트가 대기 중에 방치될 때 증발한다. 화재시험에서 보통 약 100℃에서 증발이 시작되고 약 150℃에 도달했을 때 손실되기 시작한다.

• **잠열**(latent heat)

잠열(潛熱)은 숨은 열을 뜻한다. 어떤 물체가 온도의 변화 없이 상태가 변할 때 방출되거나 흡수되는 열이다.

• **정상상태(steady-state) 시험**

정상상태는 시간에 따른 일, 열, 반응 등의 변화량이 없는 경우를 말하며 흐름이 한 방향일 수도 있고 양방향일 수도 있다. 또한 운동상태가 시간의 흐름과 더불어 변화하지 않는 상태에 있는 것을 말하며, 기계나 장치의 성능 시험이 일반적으로 정상상태에서 행해질 때의 시험을 정상상태 시험이라 한다.

• **주인장-압축 사분면(quadrants)**

평면상에 하나의 직교축을 설정하고 그에 따라 평면을 4개 부분으로 나눈다. 이때 경계를 포함하지 않은 각 부분을 각각 제1, 제2, 제3, 제4사분면이라 한다. 일반적으로 좌표축은 사분면에서 제외한다.

• **질석(vermiculite)**

운모와 같은 결정구조를 가지는 단사정계에 속하는 광물로 버미큘라이트라고도 한다. 색깔은 회백색 또는 갈색이며 진주광택이 난다. 산에 쉽게 분해되고, 양이온 교환능력이 크며 가열하면 팽창한다.

• **차열성(insulation)**

건축물의 구획 부재가 한쪽 면에서 가열될 때, 화재 확산을 막기 위해 가열면 반대쪽의 온도상승을 제한하는 성능으로 KS F 2257-1(건축부재의 내화시험방법-일반요구사항)에서는 비가열면의 온도가 다음과 같이 상승하지 않고 시험체가 구획 기능을 유지하는 경과시간으로 한다.

1) 초기 온도보다 140K를 초과하여 상승하는 것

2) 이동 열전대를 포함한 모든 부분에서 초기 온도보다 180K를 초과하여 상승하는 것

• **차염성(integrity)**

건축구조부재가 한쪽 면에서 가열될 때, 가열면 반대쪽에 화염이나 고온가스의 통과는 다른 이면에 또 다른 화염을 발생하여 더 큰 화재의 위험이 있다. 이때 이 화염의 발생을 방지하는 성능으로 KS F 2257-1(건축부재의 내화시험방법-일반요구사항)에서는 시험 중 다음의 상황이 발생되지 않고 시험체가 구획 기능을 유지하는 경과시간으로 한다.

1) 면 패드 적용시 착화(면 패드의 화염 발생)

2) 균열 게이지의 관통

3) 10초 이상 지속되는 시험체 비가열면에서의 화염 발생

• **총방사율(resultant emissivity)**

물질에서 '에너지가 방사되는 비율의 총합'을 뜻한다. 즉 100이라는 에너지를 가지고 있는 물질이 얼마만큼의 에너지를 외부로 방사하는가 하는 비율이다. 현실에서는 100이라는 에너지를 가지는 물체가 100% 전부를 외부로 방사하는 물질은 없다.

• **체심(body-centred)**

입방체의 각 모서리와 입방체의 중심에 1개의 원자가 배열된 결정구조이다. 원자가 점유하고 있는 비율은 약 68%이고, 원자가 없는 빈 공간은 32%이다. 체심 입방 격자는 총 2개의 원자로 되어 있으며, 32%의 빈 공간에는 탄소원자가 들어갈 수 없다.

• **탄화수소곡선**(hydrocarbon curve)

탄화수소곡선은 화석연료를 사용하는 자동차 연료탱크, 오일탱크, 화학물탱크에서 화재가 발생했다고 가정할 때 사용할 수 있는 화재곡선으로 5분 이내에 945℃까지 급격하게 상승하고 40분 이후에 1,100℃를 유지한다. 이와 같이 연소율이 짧은 시간에 순식간에 초과되는 휘발성 가스나 화학제 등의 물질의 경우 유로코드 2(2004)에서 제안된 탄화수소 화재곡선이 적용되며, 그 관계식은 다음과 같다.

$$T = T_o + 1{,}100[1 - 0.325e^{-0.1667t} - 0.204e^{-1.417t} - 0.471e^{-15.833t}]$$

• **플래시오버**(flashover)

환기가 부족하지 않은(산소공급이 충분한) 구획실에서 화재가 발생하였을 때 미연소 가연물이 화염으로부터 멀리 떨어져 있더라도 천장으로부터 축적된 고온의 열기층이 하강함에 따라 그 복사열에 의해 가열물이 열분해 되고, 이때 발생한 가연성 가스가 지속적으로 가열되어 인화점을 초과하는 순간 빠르게 착화되고 실 전체에 화재가 확산되는 현상

• **한계하중좌굴**(snap-through buckling)

평형상태를 유지하고 있던 구조물이 어느 순간에 미소한 외부하중의 변화에 의하여 갑자기 지금까지의 평형상태와 다른 평형상태로 이동하여 외부하중을 제거하여도 원래의 평형상태로 복귀하지 않는 현상이다. 좌굴을 일으키는 얇은 아치구조에서 연직하중이 임계치를 지나면 아치의 곡률이 하중방향으로 갑자기 변화하면서 인장력으로 하중을 지지하게 되는 현상이 이에 속한다.

• **항복선**(yield line) **메커니즘**

철근콘크리트 슬래브에서 철근이 항복하고 소성회전이 일어나는 곳을 따라 발생하는 균열에 따른 현상으로 극한하중에 대한 해석에서 주로 사용된다. 보를 포함하거나 포함하지 않는 경우의 많은 슬래브에 적용할 수 있다.

• **현수작용**(catenary action)

주위 구조물의 영향으로 인하여 보 부재는 축 구속이 발생하게 된다. 이때 수직하중으로 인하여 압축력이 발생한 뒤, 이 힘은 수직하중이 증가하면서 보의 최대 휨 능력에 도달할 때까지 계속 상승한다. 그 뒤 압축력은 계속 줄어들게 되고, 그 힘의 크기가 0에 도달할 때 적용하중은 보의 휨성능에 의해 지지된다. 그 뒤 축력은 인장력으로 변하게 되는데, 이때의 거동을 현수작용이라고 하며, 손상된 구조물이 대체 평형 형태에 도달할 수 있도록 돕는 메커니즘의 하나이다.

• **형태계수**(configuration factor, view factor)

복사 열전달에서 형태계수란 단면 A에서 단면 B로 복사되는 열의 비율을 말하며, 임의의 위치에서 마주보는 완전 확산성의 두 면에 있어서 면 1에서 방사하는 전방사량 중 면 2의 단위 면적에 들어오는 직접 방사량의 비율이다.

• **회색체**(grey-body) **표면**

표면에 닿는 빛 중 일부는 반사시킨 뒤 일부만 흡수하며, 그 흡수한 빛을 모두 내부에너지로 변환시킨 후, 내부에너지를 전부 그에 상응하는 복사에너지로 방출하는 표면을 말한다.

• **흑체**(black body)

이론적으로 표면에 닿는 모든 빛을 흡수하고, 그 흡수한 빛을 모두 내부 에너지로 변환시킨 후, 내부 에너지를 전부 그에 상응하는 복사 에너지로 방출하는 물체를 가리키며, 이때 흡수율은 1이고 반사율, 투과율이 0인 이상적인 물체이다.

• Anderberg **모델**

초고강도 콘크리트는 일반강도 콘크리트에 비해 결합재 양이 매우 많고, 콘크리트 내부조직구조가 치밀하며, 화재 시 폭렬 및 급격한 내력 저하가 발생할 가능성이 높다. 따라서 초고강도 콘크리트를 이용한 콘크리트 부재는 실제부재 실험을 실시하여 내화성능을 확인할 필요가 있다. 초고강도 콘크리트를 이용한 부재 실험에는 재하능력이 큰 실험 장비가 필요하기 때문에 이에 관한 연구보고가 매우 적은 실정이다. 이에 선행 연구들은 축소 모형에 의한 실험 결과를 이용하여 초고강도 콘크리트의 내화성능을 해석적으로 평가하고 있다. 특히, Anderberg 등은 콘크리트의 총 변형률을 4가지 구성요소(열변형률, 순간적인 응력과 관련된 변형률, 크리프 변형률, 일시상태 변형률)의 합으로 정의한 모델을 제시하고 있으며, 지금까지 가장 이상적인 모델로서 수치구조해석을 실행하기 위해 사용되고 있다.

• Bresler–Pister **기준**(1958)

다축 응력상태에서 콘크리트 강도를 예측하기 위해 유도된 함수로 1축과 2축 파괴 시험결과를 반영하기 위해 파괴 표면의 형상을 조절한다. 이 항복기준은 Drucker–Prager 항복 기준의 확장으로 응력이 변하지 않는 항으로 표현된다.

• Cardington **구조화재 연구**

철골 구조물을 기반으로 하는 건물을 상대로 수행한 대규모 화재실험의 사례는 1990년대에 수행되었던 영국의 Cardington 실험을 대표적으로 꼽을 수 있다. 이 프로젝트에서는 철골 보, 기둥과 콘크리트 슬래브시스템으로 구성된 8층 규모의 합성구조물을 제작하고 5.48kN/m^{2}의 바닥하중을 가력하면서 다양한 형태의 화재실험을 수행하여 시간에 따른 구조물의 온도분포와 처짐을 측정하였다. 이를 통해 가열로에서 단순지지된 구조물의 거동에 비해 실제 건축물에서 구조부재들이 하중의 재분배 과정을 거쳐 화재시 쉽게 파괴에 도달하지 않는 것을 규명하였다.

• Drucker–Prager**의 평면응력**

Tresca나 Mohr–clulomb이론들은 모서리부분들로 인하여 수치해석에 적용할 때 많은 어려움이 있다. 왜냐하면 다각형 형상의 항복기준에 있어 항복이 발생하기 쉬운 방향을 나타내는 법선벡터가 모서리 부분에서 갑자기 변함으로 인해 불연속되기 때문이다. 수치해석에 있어서 이러한 단위벡터의 불연속은 항복곡면을 수치해석적으로 처리하는 과정에서 많은 문제점을 야기한다. 이러한 문제를 해결할 수 있는 이론이 드라커–프라저 이론이다. 이 이론은 주응력을 좌표축으로 하는 3차원 공간상에 타원형으로 표현될 뿐만 아니라 모어–쿨롱 이론의 기하학상의 외접 타원형이 되기 때문에 물체가 파괴되지 않는 안전한 범위가 넓은 특징을 지니고 있다.

• Khoury **모델**

일시상태 변형률(LITS)을 3가지 요소(순간적으로 응력과 관련된 변형률, 크리프 변형률과 일시상태 변형률)로 구성된다고 정의한 모델로 고온 하에서 일반강도, 고강도 및 초고강도 콘크리트 구조의 열-수리-역학적 거동을 수치모델링하기 위한 이론적인 배경을 제시하였다. 하지만 실제 폭렬 등에 의한 단면손실을 모사할 수 없었으며, 연구에서 제시한 손상지수(damage index)로 폭렬의 가능성만을 파악할 수 있었다. Khoury도 제안된 이론에 폭렬 기준이 포함되어 있지 않다고 한계를 지적하였으며, 현재까지 폭렬을 모사하기 위한 여러 가지 이론들이 제시되고 있으나 아직까지 완전히 검증되지 못한 상황이다.

• **Kirchhoff의 법칙**

일정한 온도에서 같은 파장의 복사(전자기파)에 대한 물체의 흡수능과 반사능의 비는 물체의 성질에 관계없이 일정하다는 것을 설명해준다. 방출과 관련된 복사법칙으로 방출률(εA)과 흡수율(αA) 사이에는 매 간단한 관계식이 존재한다. 즉 $\varepsilon A = \alpha A$. 동일한 파장에서는 좋은 방출체가 좋은 흡수체이다. 이 법칙은 방출률과 흡수율에 대해 언급한 것이지 실제 흡수량과 방출량을 언급한 것은 아니다. 이 법칙은 표면의 온도가 복사원의 온도와 동일할 때에는 정확하게 성립된다.

• **Mohr-Coulomb (Coulomb 1776) 기준**

이 이론은 모어(Mohr)의 파괴이론을 프랑스의 물리학자 쿨롱(1736~1806)이 실무 엔지니어들이 쉽게 적용할 수 있도록 수정한 것으로 모어의 파괴이론은 물체 내 어떤 면상의 전단응력(shear stress)이 물체의 전단강도에 도달하였을 때 파괴가 일어나며 전단응력은 그 면상의 수직응력(normal stress)의 함수로 표현된다.

• **Ramberg-Osgood 곡선**

재료의 항복점 근처에서 응력-변형률 사이의 비선형 관계를 설명하기 위해 만든 곡선으로 부드러운 탄소성 전이를 나타내는 소성변형과 함께 경화되는(변형률 경화) 금속의 응력-변형률 관계를 나타내는데 유용하며, 실험 데이터를 기초로 생성된다.

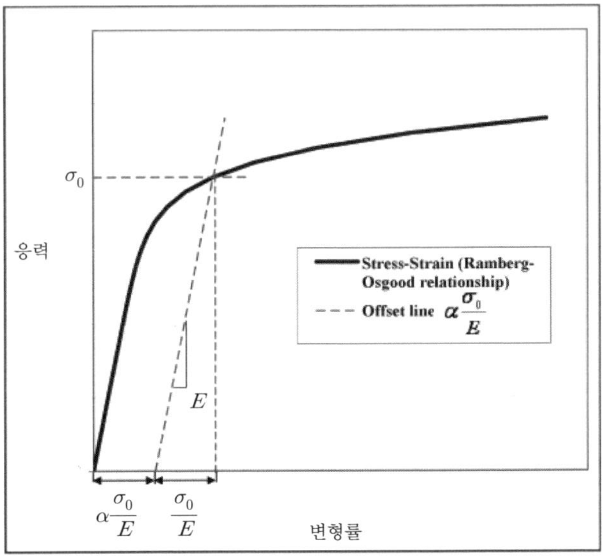

Ramber-Osgood식에 의한 응력-변형률 곡선의 일반적인 표현

- **Schneider 모델**

  Anderberg 모델과 같은 고온에 노출되는 콘크리트의 총변형률에 대한 구성모델로서 총변형률을 열변형률과 역학적 변형률로 나누어 설명한 모델로 좀 더 복잡하고 다른 일시상태(transient) 크리프 변형률 모델과 비교하여 수많은 중요한 변수들을 구성한다. Schneider 모델에서 일시상태 크리프 변형률, 온도 및 작용응력의 관계는 비선형이다.

- **von Mises(1913) 항복기준**

  von Mises 응력은 물체 각 지점에서 응력 성분들에 의한 비틀림 에너지를 표현한 것으로, 변형률 에너지 가설에 기초하여 응력 계산식을 제시한다. 연성재료인 금속재료 해석에서 가장 많이 사용되며, 재료의 항복응력에 도달할 때 항복에 의한 파괴가 발생하는 것으로 최근까지 물체의 파괴를 예측하는 기준으로 가장 널리 쓰이는 기준으로 알려져 있다.

References
참고문헌

ABAQUS (2007), *Abaqus Users' Manual v6.7*, Simulia, RI, USA.

Abecassis-Empis, C., Reszka, P., Steinhaus, T., Cowlard, A., Bieau, H., Welch, S., Rein, G., and Torero, J.L. (2008), Characterisation of Dalmarnock Test One, *Experimental and Thermal Fluid Science,* 32, pp. 1334–1343.

Abu, A.K. (2009), Behaviour of Composite Floor Systems in Fire, PhD thesis, University of Sheffield, UK.

Abu, A.K., and Burgess, I.W. (2010), The Effect of Edge Support on Tensile Membrane Action of Composite Slabs in Fire, keynote paper, *Proceedings of SDSS 2010*, Rio de Janeiro, Brazil, pp. 21–32.

Abu, A.K., Burgess, I.W., and Plank, R.J. (2012), Reinforcement Ratios and Their Effects on Composite Slab Panel Failure in Fire, *Proceedings of the Institution of Civil Engineers and Buildings*, 165(SB).

Abu, A.K., Ramanitrarivo, V., and Burgess, I.W. (2010), Collapse Mechanisms of Composite Slab Panels in Fire, *Proceedings of the Structures in Fire Conference*, East Lansing, MI, USA, pp. 382–389.

ADAPTIC (2008), *Adaptic Users' Manual v1.2,* http //www3.imperial.ac.uk/pls/portallive/docs/1/25733696.PDF.

Al-Jabri, K.S. (1999), The Behaviour of Steel and Composite Beam-to-Column Connections in Fire, PhD thesis, Department of Civil and Structural Engineering, University of Sheffield, UK.

Al-Jabri, K.S., Burgess, I.W., and Plank, R.J. (2002), Prediction of the Degradation of Connection Characteristics at Elevated Temperature, *Proceedings of 3rd European Conference on Steel Structures*, Coimbra, Portugal, pp. 1391–1400.

Alpert, R.L. (1972), Calculation of Response Time of Ceiling-mounted Fire Detectors, *Fire Technology*, 8, pp. 182–195.

American Society for Testing and Materials (ASTM) (1997), *ASTM C 177-97: Standard Test Method for Steady-State Heat Flux Measurements and Thermal Transmission Properties by Means of the Guarded-Hot-Plate Apparatus*, American Society for Testing and Materials, West Conshohocken, PA, USA.

Anderberg, Y., and Thelandersson, S. (1976), *Stress and Deformation of Concrete at High Temperatures. 2 Experimental Investigation and Material Behaviour*, Bulletin 54, Lund Institute of Technology, Sweden.

Ang, C.N., and Wang, Y.C. (2004), The Effect of Water Movement on Specific Heat of Gypsum Plasterboard in Heat Transfer Analysis under Natural Fire Exposure, *Construction and Building Materials*, 18, pp. 505–515.

Ansys (2007), *Ansys Release 11.0, Help System*, Ansys, Canonsburg, PA, USA.

Association for Specialist Fire Protection (ASFP) (2002), *Fire Protection for Structural Steel in Buildings*, Steel Construction Institute and Association for Specialist Fire Protection, London.

Bailey, C.G. (2000), *Design of Steel Structures with Composite Slabs at the Fire Limit State,* Final Report prepared for the Department of the Environment, Transport and the Regions, and the Steel Construction Institute, Report No. 81415, Building Research Establishment, Garston, Watford, UK.

Bailey, C.G. (2001), Membrane Action of Unrestrained Lightly Reinforced Concrete Slabs at Large Displacements, *Engineering Structures*, 23, pp. 470–483.

Bailey, C.G. (2002a), Holistic Behaviour of Concrete Buildings in Fire, *Proceedings of the Institution of Civil Engineers*, 152(3), pp. 199–212.

Bailey, C.G. (2002b), Structural Fire Design of Unprotected Steel Beams Supporting Composite Floor Slabs, Presented at II International Conference on Steel Construction—II CICOM, São Paulo, Brazil.

Bailey, C.G. (2003), Efficient Arrangement of Reinforcement for Membrane Behaviour of Composite Floor Slabs in Fire Conditions, *Journal of Constructional Steel Research,* 59, pp. 931–949.

Bailey, C.G., and Moore D.B. (2000), The Structural Behaviour of Steel Frames with Composite Floor Slabs Subjected to Fire: Part 1: Theory, Part 2: Design, *The Structural Engineer*, 78(11), pp. 19–27, 28–33.

Bailey, C.G., and Toh, W.S. (2007a), Behaviour of Concrete Floor Slabs at Ambient and Elevated Temperatures, *Fire Safety Journal*, 42, pp. 425–436.

Bailey, C.G., and Toh, W.S. (2007b), Small-scale Concrete Slab Tests at Ambient and Elevated Temperatures *Engineering Structures*, 29, pp. 2775–2791.

Bailey, C.G., Burgess, I.W., and Plank, R.J. (1996), Computer Simulation of a Full-Scale Structural Fire Test, *The Structural Engineer*, 74(6), pp. 93–100.

Bailey, C.G., Lennon, T., and Moore, D.B. (1999), The Behaviour of Full-Scale Steel Framed Buildings Subjected to Compartment Fires, *The Structural Engineer*, 77(8), pp. 15–21.

Benichou, N., and Sultan M.A. (2005), Thermal Properties of Components of Lightweight Wood-Framed Assemblies at Elevated Temperatures, *Fire and Materials*, 25, pp. 165–179.

Block, F.M. (2006), Development of a Component-Based Finite Element for Steel Beam-to-Column Connections at Elevated Temperatures, PhD thesis, University of Sheffield, UK.

Bresler, B., and Pister, K.S. (1958), Strength of Concrete under Combined Stresses, *Journal of American Concrete Institute*, September, pp. 321–345.

British Steel (1998), *The Fire Resistance of Steel Buildings*, British Steel, London.

British Steel (1999), *The Behaviour of Multi-Storey Steel Framed Buildings in Fire: A European Joint Research Programme*, British Steel Swinden Technology Centre, Rotherham, UK.

British Standards Institution (BSI) (1987), *British Standard 476, Fire Tests on Building Materials and Structures, Part 20: Method for Determination of the Fire Resistance of Elements of Construction (General Principles)*, British Standards Institution, London.

British Standards Institution (BSI) (1990a), *BS 476: Method for Determination of the Fire Resistance of Elements of Construction: Part 20*, British Standards Institution, London.

British Standards Institution (BSI) (1990b), *BS 5950: Structural Use of Steelwork in Buildings. Part 8: Code of Practice for Fire Resistant Design*, British Standards Institution, London.

British Standards Institution (BSI) (2007), *PD 6688-1-2: Background Paper to the UK National Annex to BS EN 1991-1-2*, British Standards Institution, London.

Brotchie, J.F., and Holley, M.J. (1971), *Membrane Action in Slabs: Cracking, Deflection and Ultimate Load of Concrete Slab Systems*, Publication SP-30, American Concrete Institute, Detroit, Paper 30-16, pp. 345–377.

Byfield, M.P. (2004), Design of Steel Framed Buildings at Risk from Terrorist Attack, *The Structural Engineer*, 16 November, pp. 31–38.

Carslaw, H.S., and Jaeger, J.C. (1959), *Conduction of Heat in Solids*, 2nd ed., Oxford University Press, Oxford, UK.

Chana, P., and Price, B. (2003), The Cardington Fire Test, *Concrete*, 37(1), pp. 28–33.

Clifton, C. (1996), *Fire Models for Large Firecells*, Hera Report R4-83, Heavy Engineering Research Association, Auckland, New Zealand.

Clifton, G.C., Hinderhofer, M.D., and Schmid, R. (2001), *Design of Multi-Storey Steel Framed Buildings with Unprotected Secondary Beams or Joists for Dependable Inelastic Response in Severe Fires*, HERA Steel Design and Construction Bulletin, 60, HERA, Manukau City, New Zealand.

Committee of European Normalisation (CEN) (1990–2002), *EN 1990-2002 and Amendment A1:2005, Eurocode 0: Basis of Structural Design*, CEN, Brussels.

Committee of European Normalisation (CEN) (1991–2002), *EN 1991-1-2-2002, Eurocode 1: Actions of Structures, Part 1-2: Actions of Structures Exposed to Fire*, CEN, Brussels.

Committee of European Normalisation (CEN) (1991–2006), *EN 1991-1-7: 2006, Actions on Structures Part 1-7: General Actions—Accidental Actions*, CEN, Brussels.

Committee of European Normalisation (CEN) (1992–2005a), *EN 1992-1-1-2005, Eurocode 2, Design of Concrete Structures, Part 1-1: General Rules and Rules for Buildings*, CEN, Brussels.

Committee of European Normalisation (CEN) (1992–2005b), *EN 1992-1-2-2005, Eurocode 2, Design of Concrete Structures, Part 1-2, General Rules, Structural Fire Design*, CEN, Brussels.

Committee of European Normalisation (CEN) (1993–1995), *ENV 1993-1-2, Eurocode 3: Design of Steel Structures, Part 1.2: General Rules—Structural Fire Design*, CEN, Brussels.

Committee of European Normalisation (CEN) (1993–2005a), *EN 1993-1-1-2005, Eurocode 3, Design of Steel Structures, Part 1-1, General Rules and Rules for Buildings*, CEN, Brussels.

Committee of European Normalisation (CEN) (1993–2005b), *EN 1993-1-2-2005, Eurocode 3: Design of Steel Structures, Part 1-2: Structural Fire Design*, CEN, Brussels.

Committee of European Normalisation (CEN) (1993–2005c), *EN 1993-1-8-2005, Eurocode 3, Design of Steel Structures, Part 1-8, Design of Joints*, CEN, Brussels.

Committee of European Normalisation (CEN) (1994–2005a), *EN 1994-1-1-2005, Eurocode 4, Design of Composite Steel and Concrete Structures, Part 1-1, General Rules and Rules for Buildings*, CEN, Brussels.

Committee of European Normalisation (CEN) (1994–2005b), EN 1994-1-2-2005, *Eurocode 4: Design of Composite Steel and Concrete Structures: Part 1.2 General Rules, Structural Fire Design*, CEN, Brussels.

Committee of European Normalisation (CEN) (1995–2005a), *EN 1995-1-1-2005, Eurocode 5, Design of Timber Structures, Part 1-1, General Rules and Rules for Buildings*, CEN, Brussels.

Committee of European Normalisation (CEN) (1995–2005b), *EN 1995-1-2-2005, Eurocode 5, Design of Timber Structures, Part 1-2, General Rules, Structural Fire Design*, CEN, Brussels.

Committee of European Normalisation (CEN) (1996–2005a), *EN 1996-1-1-2005, Eurocode 6, Design of Masonry Structures, Part 1-1, General Rules and Rules for Buildings*, CEN, Brussels.

Committee of European Normalisation (CEN) (1996–2005b), *EN 1996-1-2-2005, Eurocode 6, Design of Masonry Structures, Part 1-2, General Rules, Structural Fire Design*, CEN, Brussels.

Committee of European Normalisation (CEN) (1999–2007a), *EN 1999-1-1-2007, Eurocode 9, Design of Aluminium Structures, Part 1-1, General Rules and Rules for Buildings*, CEN, Brussels.

Committee of European Normalisation (CEN) (1999–2007b), *EN 1999-1-2-2007, Eurocode 9, Design of Aluminium Structures, Part 1-2, General Rules, Structural Fire Design*, CEN, Brussels.

Committee of European Normalisation (CEN) (2010), *EN 13381-8-2010: Test Methods for Determining the Contribution to the Fire Resistance of Structural Members, Part 8: Applied Reactive Protection to Steel Members*, CEN, Brussels.

Cooke, G.M.E. (1998), *Tests to Determine the Behaviour of Fully Developed Natural Fires in a Large Compartment*, Fire Note 4, Fire Research Station, Building Research Establishment, Watford, UK.

Coulomb, C.A. (1776). Essai sur une Application des Regles des Maximis et Minimis a Quelquels Problemes de Statique Relatifs, a la Architecture, *Mémoires de Mathématique et de Physique présentés a i Académie Royale des Sciences par Divers Savans, et lûs dans ses Assemblées.*, 7, pp. 343–387.

Dai, X.H., Wang, Y.C., and Bailey, C.G. (2007), Temperature Distributions in Unprotected Steel Connections in Fire, in *Proceedings of the International Conference on Steel and Composite Structures*, ed. Wang, Y.C. and Choi, C.K. Taylor & Francis, London.

Dai, X.H., Wang, Y.C., and Bailey, C.G. (2009), Effects of Partial Fire Protection on Temperature Developments in Steel Joints Protected by Intumescent Coating, *Fire Safety Journal*, 44, pp. 376–386.

Dai, X.H., Wang, Y.C., and Bailey, C.G. (2010a), Numerical Modelling of Structural Fire Behaviour of Restrained Steel Beam-Column Assemblies Using Typical Joint Types, *Engineering Structures*, 32, pp. 2337–2351.

Dai, X.H., Wang, Y.C., and Bailey, C.G. (2010b), A Simple Method to Predict Temperatures in Steel Joints with Partial Intumescent Coating Fire Protection, *Fire Technology*, 46, pp. 19–35.

Department of Communities and Local Government (DCLG) (2006), *The Building Regulations 2000, Fire Safety, Approved Document B*, Her Majesty's Stationary Office, London.

DiNenno, P. (2002), *The SFPE Handbook of Fire Protection Engineering*, 3rd ed., Society of Fire Protection Engineers, Bethesda, MD, USA.

Ding, J., and Wang Y.C. (2007), Experimental Study of Structural Fire Behaviour of Steel Beams to Concrete Filled Tubular Column Assemblies with Different Types of Joints, *Engineering Structures*, 29, pp. 3485–3502.

Ding, J., and Wang, Y.C. (2009), Temperatures in Unprotected Joints between Steel Beams and Concrete-Filled Tubular Columns in Fire, *Fire Safety Journal*, 44, pp. 16–32.

Do, C.T., Bentz, D.P., and Stutzman, P.E. (2007), Microstructure and Thermal Conductivity of Hydrated Calcium Silicate Board Materials, *Journal of Building Physics*, 31, pp. 55–67.

Drucker, D.C., and Prager, W. (1952), Soil Mechanics and Plastic Analysis or Limit Design, *Quarterly of Applied Mathematics*, 10, pp. 157–165.

Drysdale, D. (1998), *An Introduction to Fire Dynamics*, 2nd ed., Wiley, New York.

Elghazouli, A.Y., Izzuddin, B.A., and Richardson, A.J. (2000), Numerical Modelling of Structural Fire Behaviour of Composite Buildings, *Fire Safety Journal*, 35(4), pp. 279–297.

El-Rimawi, J.A. (1989), *The Behaviour of Flexural Members under Fire Conditions*, PhD thesis, University of Sheffield, UK.

Elsawaf, S., Wang, Y.C., and Mandal, P. (2011), Numerical Modelling of Restrained Structural Subassemblies of Steel Beam and CFT Columns Connected Using Reverse Channels in Fire, *Engineering Structures*, 31, pp. 1217–1231.

Federal Emergency Management Agency (FEMA) (2002), *World Trade Center Building Performance Study: Data Collection, Preliminary Observations and Recommendations*, FEMA Technical Report 403, Federal Emergency Management Agency, Washington, DC, USA.

Fletcher, I., Borg, A., Hitchen, N., and Welch, S. (2006), Performance of Concrete in Fire: A Review of the State of the Art with a Case Study of the Windsor Tower, *Proceedings of the Fourth International Workshop on Structures in Fire*, Aveiro, Portugal.

Flint, G. (2005), Fire Induced Collapse of Tall Buildings, PhD thesis, University of Edinburgh, UK.

Franssen, J.M. (2005), SAFIR A Thermal/Structural Program Modelling Structures under Fire, *Engineering Journal of American Institution of Steel Construction*, 42(3), pp. 123–158.

Franssen, J.-M. (2006), Calculation of Temperature in Fire-Exposed Bare Steel Structures: Comparison between ENV 1993-1-2 and EN 1993-1-2, *Fire Safety Journal*, 41(2), pp. 139–143.

Franssen, J.M., and Real P.V. (2010), *Fire Design of Steel Structures*, ECCS Eurocode Manuals, Ernst and Sohn, Berlin.

Franssen, J.M., and Zaharia, R. (2005), *Design of Steel Structures Subject to Fire*, Les Éditions de l'Universite de Liege, Belgium.

Gillie, M. (2009), Analysis of Heated Structures: Nature and Modelling Benchmarks, *Fire Safety Journal*, 44(5), pp. 673–680.

Gillie, M., and Stratford, T. (2007), *The Dalmarnock Fire Tests: Experiments and Modelling: Chapter 8 Behaviour of the Structure During the Fire*, School of Engineering and Electronics, University of Edinburgh, UK.

Gillie, M., Usmani, A.S., and Rotter, J.M. (2001a), A Structural Analysis of the First Cardington Test, *Journal of Constructional Steel Research*, 56(6), pp. 581–601.

Gillie, M., Usmani, A.S., Rotter, J.M., and O'Connor, M. (2001b), Modelling of Heated Composite Floor Slabs with Reference to the Cardington Experiments, *Fire Safety Journal*, 36(8), pp. 745–767.

Hayes, B. (1968), Allowing for Membrane Action in the Plastic Analysis of Rectangular Reinforced Concrete Slabs, *Magazine of Concrete Research*, 20(65), pp. 205–212.

Hayes, B., and Taylor R. (1969), Some Tests on Reinforced Concrete Beam-Slab Panels. *Magazine of Concrete Research*, 21(67), pp. 113–120.

Hu, Y., Burgess, I.W., Davison, J.B., and Plank, R.J. (2008), Modelling of Flexible End Plate Connections in Fire Using Cohesive Elements, *Proceedings of the Structures in Fire Workshop, Singapore*, pp. 127–138.

Hu, Y., Davison, J.B., Burgess, I.W., and Plank, R.J. (2009), Component Modelling of Flexible End-plate Connections in Fire, *International Journal of Steel Structures*, 9, pp. 29–38.

Huang, Z., Burgess, I.W., and Plank, R.J. (2001a), Non-linear Structural Modelling of a Fire Test Subject to High Restraint, *Fire Safety Journal*, 36(8), pp. 795–814.

Huang, Z., Burgess, I.W., and Plank, R.J. (2002), Modelling of Six Full-Scale Fire Tests on a Composite Building, *The Structural Engineer*, 80(19), pp. 30–37.

Huang, Z., Burgess, I.W., Plank, R.J., and Bailey, C.G. (2001b), Strategies for Fire Protection of Large Composite Buildings, *Proceedings of Interflam 2001*, Edinburgh, pp. 395–406.

Huang, Z., Burgess, I.W., and Plank, R.J. (2003a), Modelling Membrane Action of Concrete Slabs in Composite Buildings in Fire. Part I: Theoretical Development, *Journal of Structural Engineering, ASCE*, 129(8), pp. 1093–1102.

Huang, Z., Burgess, I.W., and Plank, R.J. (2003b), Modelling Membrane Action of Concrete Slabs in Composite Buildings in Fire. Part II: Validations, *Journal of Structural Engineering, ASCE*, 129(8), pp. 1103–1112.

Huang, Z., Burgess, I.W., and Plank, R.J. (2004), Fire Resistance of Composite Floors Subject to Compartment Fires, *Journal of Constructional Steel Research*. 60(2), pp. 339–360.

Huang, Z.-F., Tan, K.-H., and Ting, S.-K. (2006), Heating Rate and Boundary Restraint Effects on Fire Resistance of Steel Columns with Creep, *Engineering Structures*, 28(6), pp. 805–817.

Institution of Structural Engineers (ISE) (2010), *Practical Guide to Structural Robustness and Disproportionate Collapse in Buildings*, Institution of Structural Engineers, London.

Instituto Tecnico De Materiales Y Construcciones (Intemac) (2005), *Fire in the Windsor Building, Madrid: Survey of the Fire Resistance and Residual Bearing Capacity of the Structure after the Fire*, Intemac, Madrid, Spain.

International Organisation for Standardisation (ISO) (1975), *ISO 834: Fire Resistance Tests, Elements of Building Construction,* International Organization for Standardization, Geneva.

Kawagoe, K. (1958), *Fire Behaviour in Rooms*, Report No. 27, Building Research Institute, Tokyo.

Khabbazan, M.M. (2005), Progressive Collapse, *The Structural Engineer*, 21 June, pp. 28–32.

Khoury, G.A. (2000), Effect of Fire on Concrete and Concrete Structures, *Progress in Structural Engineering and Materials*, 2(4), pp. 429–447.

Khoury, G.A., Grainger, B.N., and Sullivan, P.J.E. (1985), Transient Thermal Strain of Concrete: Literature Review, Conditions within Specimen and Behaviour of Individual Constituents, *Magazine of Concrete Research*, 37(132), pp. 131–144.

Kirby, B.R., and Preston, R.R. (1988), High Temperature Properties of Hot-Rolled Structural Steels for Use in Fire Engineering Studies, *Fire Safety Journal*, 13(1), pp. 27–37.

Koronthalyova, O., and Matiasovsky, P. (2003), Thermal Conductivity of Fibre Reinforced Porous Calcium Silicate Hydrate-based Composites, *Journal of Thermal Envelope and Building Science*, 27(1), pp. 71–89.

Kruppa, J., Joyeux, D., and Zhao, B. (2005), Scientific Background to the Harmonization of Structural Eurocodes, *Heron*, 50(4), pp. 219–235.

Kupfer, H.B., Hilsdorf, H.K., and Rusch, R. (1969), Behavior of Concrete under Biaxial Stresses, *Journal of American Concrete Institute,* 66, pp. 119–128.

Lamont, S., Lane, B., Flint, G., and Usmani, A.S. (2006), Behavior of Structures in Fire and Real Design—A Case Study, *Journal of Fire Protection Engineering,* 16(1), pp. 5–35.

Law, A. (2010), The Assessment and Response of Concrete Structures Subject to Fire, PhD thesis, University of Edinburgh, UK.

Lawson, R.M. (1990a), Behaviour of Steel Beam-to-Column Connections in Fire, *The Structural Engineer*, 68(14), pp. 263–271.

Lawson, R.M. (1990b), *Enhancement of Steel Beam Capacity in Fire Utilizing Connections*, Steel Construction Institute Publication P-086, Steel Construction Institute, Ascot, UK.

Lawson, R.M., and Newman, G.M. (1996), *Structural Fire Design to EC3 & EC4, and Comparison with BS 5950*, Technical Report, SCI Publication 159, Steel Construction Institute, Ascot, UK.Lennon, T. (1996), *Cardington Fire Tests: Instrumentation Locations for Large Compartment Fire Test*, Building Research Establishment Report N100/98, Building Research Establishment, Watford, UK.

Lennon, T., and Moore, D. (2003), The Natural Fire Safety Concept—Full-Scale Tests at Cardington, *Journal of Fire Safety Engineering*, 38, pp. 623–643.

Lennon, T., Moore, D., Wang, Y.C., and Bailey, C.G. (2007), *Designers' Guide to EN 1991-1-2, EN 1992-1-2, EN 1993-1-2 and EN 1994-1-2 (Designers' Guides to the Eurocodes)*, Thomas Telford, London.

Leston-Jones, L.C. (1997), The Influence of Semi-Rigid Connections on the Performance of Steel Framed Structures in Fire, PhD thesis, Department of Civil and Structural Engineering, University of Sheffield, UK.

Liu, T.C.H. (1996), Finite Element Modelling of Behaviour of Steel Beams and Connections in Fire, *Journal of Constructional Steel Research*, 36(3), pp. 181–199.

Loeb, A.L. (1954), A Theory of Thermal Conductivity of Porous Materials, *Journal of American Ceramics Society*, 37, p. 96.

Luo, M.C., Yin, Y.Z., Lamont, S., and Lane, B. (2005), Eastern Solutions, Focus: Building Design, *Fire Engineering Journal and Fire Protection (FEJ & FP)*, June, pp. 29–31.

Maljaars, J., Twilt, L., Fellinger, J.H.H., Snijder, H.H., and Soetens, F. (2010), Aluminium Structures Exposed to Fire Conditions—An Overview, *Heron*, 55(2), pp. 85–122.

Mehaffey, J.R., Cuerrier, P., and Carisse, G.A. (1994), A Model for Predicting Heat Transfer through Gypsum Board/Wood-Stud Walls Exposed to Fire, *Fire and Materials*, 18, pp. 297–305.

National Institute of Standards and Technology (NIST) (2005), *Federal Building and Fire Safety Investigation of the World Trade Center Disaster: Final Report of the National Construction Safety Team on the Collapses of the World Trade Center Towers (Draft)*, NIST NCSTAR 1 (Draft), National Institute of Standards and Technology, Gaithersburg, MD, USA.

National Institute of Standards and Technology (NIST) (2008), *Federal Building and Fire Safety Investigation of the World Trade Center Disaster: Structural Response and Probable Collapse Sequence of World Trade Center Building 7*, NIST Report NCSTAR 1-9(2), National Institute of Standards and Technology, Gaithersburg, MD, USA.

Newman, G.M., Robinson, J.T., and Bailey, C.G. (2006), *Fire Safe Design: A New Approach to Multi-Storey Steel-Framed Buildings*, 2nd ed., SCI Publication P288, Steel Construction Institute, Ascot, UK.

Park, R. (1964a), Tensile Membrane Behaviour of Uniformly Loaded Rectangular Reinforced Concrete Slabs with Full Restrained Edges, *Magazine of Concrete Research*, 16(46), pp. 39–44.

Park, R. (1964b), Ultimate Strength of Rectangular Concrete Slabs under Short-Term Uniform Loading with Edges Restrained against Lateral Movement, *Proceedings of the Institution of Civil Engineers*, 28, pp. 125–150.

Pettersson, O., Magnuson, S.E., and Thor, J. (1976), *Fire Engineering Design of Structures*, Publication 50, Swedish Institute of Steel Construction, Stockholm.

Pope, N., and Bailey, C.G. (2006), Quantitative Comparison of FDS and Parametric Fire Curves with Post-Flashover Compartment Fire Test Data, *Fire Safety Journal*, 41, pp. 99–110.

Rahamanian, I., and Wang, Y.C. (2012), A Combined Experimental and Numerical Method for Extracting Temperature-Dependent Thermal Conductivity of Gypsum Boards, *Construction and Building Materials*, 26, pp. 707–722.

Ramberg, W., and Osgood, W.R. (1943), *Description of Stress-Strain Curves by 3 Parameters*, Technical Report 902, National Advisory Committee for Aeronautics, Hampton, VA, USA.

Rein, G., et al. (2007a), *The Dalmarnock Fire Tests: Experiments and Modelling: Chapter 10: A Priori Modelling of Fire Test One*, School of Engineering and Electronics, University of Edinburgh, UK.

Rein, G., et al. (2007b), *The Dalmarnock Fire Tests: Experiments and Modelling: Chapter 3: A Priori Modelling of Fire Test One*, School of Engineering and Electronics, University of Edinburgh, UK.

Rein, G., et al. (2007c), Multi-story Fire Analysis for High-Rise Buildings, *Proceedings of the 11th International Interflam Conference*, London, pp. 605–615.

Röben, C. (2010), The Effect of Cooling and Non-Uniform Fires on Structural Behaviour, PhD thesis, University of Edinburgh, UK.

Röben, C., Gillie, M., and Torero, J.L. (2010), Structural Behaviour during a Vertically Travelling Fire, *Fire Safety Journal*, 66, pp. 191–197.

Russell, H.W. (1935), Principles of Heat Flow in Porous Insulators, *Journal of American Ceramic Society*, 18:1.

Sanad, A.M., Rotter, J.M., Usmani, A.S., and O'Connor, M.A. (2000), Composite Beams in Large Buildings under Fire—Numerical Modelling and Structural Behaviour, *Fire Safety Journal*, 35(3), pp. 165–188.

Sawczuk, A., and Winnicki, L. (1965), Plastic Behaviour of Simply Supported Reinforced Concrete Plates at Moderately Large Deflections, *International Journal of Solids Structures*, 1, pp. 97–111.

Schneider, U., and Horvath, J. (2003), *Behaviour of Ordinary Concrete at High Temperatures*, Research Reports of Vienna University of Technology, Institute of Building Materials, Building Physics and Fire Protection 9, Vienna.

Smith, J.M. (1981), *Chemical Engineering Kinetics*, McGraw-Hill, New York.

Spyrou, S., Davison, J.B., Burgess, I.W., and Plank, R.J. (2004a), Experimental and Analytical Investigation of the "Compression Zone" Component within a Steel Joint at Elevated Temperatures, *Journal of Constructional Steel Research*, 60(6), pp. 841–865.

Spyrou, S., Davison, J.B., Burgess, I.W., and Plank, R.J. (2004b), Experimental and Analytical Investigation of the "Tension Zone" Component within a Steel Joint at Elevated Temperatures, *Journal of Constructional Steel Research*, 60(6), pp. 867–896.

Steel Construction Industry Forum (SCIF) (1991), *Investigation of Broadgate Phase 8 Fire*, Steel Construction Institute, Ascot, UK.

Steel Construction Institute (SCI) (1992), *Joints in Simple Construction Vol. 1: Design Methods*, SCI Publication P-105, Steel Construction Institute and BCSA, Ascot, UK.

Steel Construction Institute (SCI) (1993), *Joints in Simple Construction Vol. 2: Practical Application*, SCI Publication P-105, Steel Construction Institute and BCSA, Ascot, UK.

Steel Construction Institute (SCI) and CTICM (2009), *Fire Resistance Assessment of Partially Protected Composite Floors (FRACOF [Centre Technique Industriel des Conservations Metalliques]): Engineering Background*, Technical Report, Steel Construction Institute, Ascot, UK.

Stern-Gottfried, J., Rein, G., Lane, B., Torero, J.L. (2009), An Innovative Approach to Design Fires for Structural Analysis of Non-Conventional Buildings, a Case Study, *Proceedings of International Conference on Applications of Structural Fire Engineering*, Czech Technical University, Prague, Czech Republic.

Sukumar, N. Moës, N., Moran, B., and Belytschko, T. (2000), Extended Finite Element Method for Three-Dimensional Crack Modelling, *International Journal for Numerical Methods in Engineering*, 48(11), pp. 1549–1570.

Suvorov, S.A., and Skurikhin, V.V. (2002), High-Temperature Heat-Insulating Materials Based on Vermiculite, *Refractories and Industrial Ceramics*, 43(11–12), pp. 383–389.

Suvorov, S.A., and Skurikhin, V.V. (2003), Vermiculite—a Promising Material for High-Temperature Heat Insulators, *Refractories and Industrial Ceramics*, 44(3), pp. 186–193.

Tan, K.H., Vimonsatit, V., and Qian, Z.H. (2004), Testing of Plate Girder Web Panel Loaded in Shear at Elevated Temperature, *Proceedings of the Third Structures in Fire Conference*, Ottawa, Canada, pp. 89–97.

TF (2000), Grantham R, Enjily v, Milner M, Bullock M, G Pitts. Multi-story Timber Frame Buildings: A Design Guide, BREPress, Garston.

Thomas, G. (2002), Thermal Properties of Gypsum Plasterboard at High Temperatures, *Fire and Materials*, 26, pp. 37–45.

Tresca, H. (1864). Mémoire sur L'écoulement des Corps Solides Soumis à de Fortes Pressions, *Comptes Rendu de l' Academie des Sciences Paris*, 59, pp. 754.

Usmani, A.S., Chung Y.C., and Torero, J.L (2003), How Did the WTC Towers Collapse: A New Theory, *Fire Safe Journal*, 38, pp. 501–533.

Usmani, A.S., Rotter, J.M., Lamont, S., Sanad, A.M., and Gillie, M. (2001), Fundamental Principles of Structural Bbehaviour under Thermal Effects, *Fire Safety Journal*, 36(8), pp. 721–744.

Varma, A.H., Agarwal, A., Hong, S., and Prasad, K. (2008), Behavior of Steel Building Structures with Perimeter MRFs under Fire Loading Effects, *Proceedings of the Fifth International Conference on Structures in Fire*, Singapore, pp. 266–276.

von Mises, R. (1913), Mechanik der festen Körper im plastisch deformablen Zustand, *Göttingem Nachrichten Mathematisce Physikalische*, 1, pp. 582–592.

Vulcan (2008), Vulcan Solutions Ltd., http://www.vulcan-solutions.com/index.html.

Wald, F., Simöes da Silva L., Moore, D., Lennon, T., and Chladná, M. (2006), Experimental Behaviour of a Steel Structure under Natural Fire, *Fire Safety Journal*, 41(7), pp. 509–522.

Wang Y.C. (2002), *Steel and Composite Structures, Behaviour and Design for Fire Safety*, Spon Press, London.

Wang, Y.C. (2004), Post-Buckling Behaviour of Axially Restrained and Axially Loaded Steel Columns under Fire Conditions, *Journal of Structural Engineering, ASCE,* 130(3), pp. 371–380.

Wang, Y.C., Lennon, T., and Moore, D.B. (1995), The Behaviour of Steel Frames Subject to Fire, *Journal of Constructional Steel Research*, 35, pp. 291–322.

Wang, Y.C., Dai, X.H., and Bailey, C.G. (2011), An Experimental Study of Relative Structural Fire Behaviour and Robustness of Different Types of Steel Joint in Restrained Steel Frames, *Journal of Constructional Steel Research*, 67(7), pp. 1149–1163.

Welch, S., Jowsey, A., Deeny, S., Morgan, R., and Torero, J.L. (2007), BRE Large Compartment Fire Tests—Characterising Post-Flashover Fires for Model Validation, *Fire Safety Journal,* 42, pp. 548–567.

Wickstrom, U. (1982), Temperature Calculation of Insulated Steel Columns Exposed to Natural Fire, *Fire Safety Journal*, 4(4), pp. 219–225.

Wickstrom, U. (1985), Temperature Analysis of Heavily-Insulated Steel Structures Exposed to Fire, *Fire Safety Journal*, 9, pp. 281–285.

Wickstrom, U. (2005), Comments on Calculation of Temperature in Fire-Exposed Bare Steel Structures in prEN 1993-1-2: Eurocode 3—Design of Steel Structures—Part 1-2: General Rules—Structural Fire Design, *Fire Safety Journal*, 40(2), pp. 191–192.

Wong, M.B., and Ghojel, J.I. (2003), Sensitivity Analysis of Heat Transfer Formulations for Insulated Structural Steel Components, *Fire Safety Journal*, 38, pp. 187–201.

Wood, R.H. (1961), *Plastic and Elastic Design of Slabs and Plates, with Particular Reference to Reinforced Concrete Floor Slabs*, Thames and Hudson, London.

Yin, Y.Z., and Wang Y.C. (2004), A Numerical Study of Large Deflection Behaviour of Restrained Steel Beams at Elevated Temperatures, *Journal of Constructional Steel Research*, 60, pp. 1029–1047.

Yu, H.X., Burgess, I.W., Davison, J.B., and Plank, R.J. (2008), Numerical Simulation of Bolted Steel Connections in Fire Using Explicit Dynamic Analysis, *Journal of Constructional Steel Research*, 64, pp. 515–525.

Yu, H.X., Burgess, I.W., Davison, J.B., and Plank, R.J. (2009a), Experimental Investigation of the Behaviour of Fin Plate Connections in Fire, *Journal of Constructional Steel Research*, 65, pp. 723–736.

Yu, H.X., Burgess, I.W., Davison, J.B., and Plank, R.J. (2009b), Development of a Yield-Line Model for Endplate Connections in Fire, *Journal of Constructional Steel Research*, 65(6), pp. 1279–1289.

Yu, H.X., Burgess, I.W., Davison, J.B., and Plank, R.J. (2009c), Tying Capacity of Web Cleat Connections in Fire. Part 1: Test and Finite Element Simulation, *Engineering Structures*, 31(3), pp. 651–663.

Yu, H.X., Burgess, I.W., Davison, J.B., and Plank, R.J. (2009d), Tying Capacity of Web Cleat Connections in Fire. Part 2: Development of Component-Based Model, *Engineering Structures*, 31(3), pp. 697–708.

Yu, H.X., Burgess, I.W., Davison, J.B., and Plank, R.J. (2011), Experimental and Numerical Investigations of the Behaviour of Flush Endplate Connections at Elevated Temperatures, *Journal of Structural Engineering, ASCE*, 137(1), pp. 80–87.

Yu, X., Huang, Z., and Burgess, I.W. (2008b), Nonlinear Analysis of Orthotropic Composite Slabs in Fire, *Engineering Structures*, 30(1), pp. 67–80.

Yuan, J. (2009), Fire Protection Performance of Intumescent Coating under Realistic Fire Conditions, PhD thesis, School of Mechanical, Aerospace and Civil Engineering, University of Manchester, UK.

Zienkiewicz, O.C., and Taylor, R.L. (2000), *The Finite Element Method, Vol. 2: Solid Mechanics*, 5th ed., Butterworth-Heinemann, Oxford, UK.

Zonnoni, M. (2008), Brand Bij Bouwkunde. Cot Instit Voor Veilingheids, *Crisismanagement*.

Index
찾아보기

역자 약력

김상대
고려대학교 건축사회환경공학부 명예교수
고려대학교 건축공학과 공학사
일리노이 주립대학교(UIC) 공학박사
포스코 석좌교수(1998-2014)
세계초고층학회(CTBUH) 회장(2009-2011)

이승재
방재시험연구원 선임연구원
건양대학교 건축학과 학사
고려대학교 건축공학과 석사
University of Manchester M.A.C.E 공학박사

민정기
한국건설생활환경시험연구원 선임연구원
고려대학교 건축강구조공학 석사
University of Canterbury 공학박사
유니슨(주) 기술연구소(2005-2007)
고려대학교 연구교수(2012)

성능기반 구조화재공학

2019년 1월 25일 1판 1쇄 인쇄
2019년 1월 30일 1판 1쇄 발행

저 자	YONG WANG, IAN BURGESS, FRANTISEK WALD AND MARTIN GILLIE
역 자	김상대 민정기 이승재
관리주체	한국초고층도시건축학회 서울시 송파구 법원로11길 7 현대지식산업센터 C동 1101호 TEL. 02) 400-8136 FAX. 02) 549-3745
출판보급처	기 문 당
주 소	서울시 성동구 무학봉28길 4-1
전 화	02) 2295-6171(代)~5
팩 스	02) 2296-8188
출판등록	1976. 10. 7(1-44)
홈페이지	http://기문당 http://www.kimoondang.com
ISBN	978-89-6225-813-4 93540
정 가	28,000원

이 도서의 국립중앙도서관 출판시도서목록(CIP)은 서지정보유통지원시스템 홈페이지(http://seoji.nl.go.kr)와 국가자료공동목록시스템(http://www.nl.go.kr/kolisnet)에서 이용하실 수 있습니다.(CIP제어번호: CIP2019002072)